Holzfrei

Nr. 23
S. 3509—3668

1953
10. Juni

Chemisches Zentralblatt

Vollständiges Repertorium für alle Zweige der reinen und angewandten Chemie

Im Auftrage der Deutschen Akademie der Wissenschaften zu Berlin, der Akademie der Wissenschaften zu Göttingen und der Gesellschaft Deutscher Chemiker
herausgegeben von
Prof. Dr. Maximilian Pflücke

Chefredakteure: Dr. Eugen Klever und Prof. Dr. Maximilian Pflücke

124. Jahrgang

1953

Akademie-Verlag GmbH., Berlin — Verlag Chemie, GmbH., Weinheim/Bergstr.

Inhalt

Namenregister

Chemisches Zentralblatt

1953 **Nr. 23** **10. Juni**

Geschichte. Unterricht.

—, *Ansprachen am 9. Dezember 1952 zur Enthüllung der Haber-Gedenktafel von Professor R. Scheibe im Kaiser-Wilhelm-Institut für Physikalische Chemie und Elektrochemie, Berlin-Dahlem.* **M. v. Laue** *Eröffnungsrede.* — **K. F. Bonhoeffer**, *Fritz Habers wissenschaftliches Werk.* — **K. Göggel**, *Fritz Haber und die BASF.* — **J. D'Ans**, *Schlußwort.* — Kunstdrucktafel. (Z. Elektrochem., Ber. Bunsenges. physik. Chem. **57.** 1—8. 1953.) KLEVER. 1

Albert Michel-Lévy, *Nekrolog über Paul Niggli.* Nachruf u. Würdigung der Verdienste des am 13/1. 1953 verstorbenen bekannten Schweizer Mineralogen u. Petrographen P. NIGGLI (geb. am 26/6. 1888 in Zofingen). (C. R. hebd. Séances Acad. Sci. **236.** 433—35. 2/2. 1953.) KLEVER. 1

Siegfried Flügge, *In memoriam Arnold Sommerfeld 1868—1951.* Ausführliche Würdigung des Lebenswerkes von SOMMERFELD (geb. 5/12. 1868; gest. 26/4. 1951). — Bild. (Angew. Chem. **64.** 37—40. 21/1. 1952. Marburg.) ZAUNICK. 1

A. Ja. Awerbuch, *Die Ideen von D. I. Mendelejew zur Herstellung von konzentrierter Salpeter- und Schwefelsäure.* Gestützt auf Eintragungen u. Skizzen von MENDELEJEW, begründet Vf. die Priorität MENDELEJEWs auf die Herst. konz. HNO_3 u. H_2SO_4 gegenüber VALENTINER, KESSLER u. GAILLARD. (Журнал Прикладной Химии [J. angew. Chem.] **25.** 899—902. Aug. 1952.) LEBTAG. 2

H. Buess, *Die Entwicklung der Gärungstheorie im 18. und 19. Jahrhundert.* Zeittafel. 38 Literaturangaben. (Schweiz. Z. allg. Pathol. Bakteriol. **15.** 102—27. 1952. Basel, Univ., Med.-histor. Abt.) LOCH. 2

Gordon G. Evans, *Ein neuer Versuch über Reaktionsgeschwindigkeiten in der allgemeinen Chemie.* Die bimol. Rk. zwischen ganz reinem $(NH_4)_2S_2O_8$ u. KJ (z. B. beginnend mit 0,1 bzw. 0,2 mol.) eignet sich gut zum Demonstrieren der Abhängigkeit der Reaktionsgeschwindigkeit von der Konz. usw., wobei die Zeit bis zum Erreichen der Farbtiefe einer (z. B. 0,001 mol.) J–KJ-Lsg. gemessen wird. (J. chem. Educat. **29.** 139. März 1952. Medford, Mass., Tufts Coll.) BLUMRICH. 6

A. Adair, *Dissoziationsgrad.* Demonstration des Zerfalls von Moll. in 2 oder mehr Teile an entsprechend beschrifteten u. durchsägten Holzwürfeln, die nach dem angenommenen Dissoziationsgrad auseinandergenommen werden. Ableitung der Gasdichteänderung. (School Sci. Rev. **33.** 408—09. Juni 1952. Tavistock, Kelly Coll.) BLUMRICH. 6

N. Thorpe, *Demonstrieren der Gasadsorption an Aktivkohle.* Mit Br-Dampf beladene Luft wird nach Durchströmen einer A-Kohleschicht farblos. (School Sci. Rev. **33.** 406. Juni 1952. Clitheroe, Royal Grammar School.) BLUMRICH. 6

P. D. Moshei, *Demonstrationsversuche zur Verbrennung von Substanzen.* (Химия в Щколе [Chem. Schule] **1952.** Nr. 6. 55—58. Nov./Dez.) LEBTAG. 6

A. Ss. Ssiwkow, *Über den Ersatz von Silbernitrat durch Bleinitrat.* Vf. schlägt vor, bei Demonstrationsverss. als Reagens für Cl^-, Br^- u. J^- $Pb(NO_3)_2$ statt $AgNO_3$ zu verwenden. (Химия в Щколе [Chem. Schule] **1952.** Nr. 6. 59. Nov./Dez.) LEBTAG. 6

—, Das Akademiemitglied Nikolai Dmitrijewitsch Zelinsky. Zum 90. Geburtstage. Eine Sammlung von Arbeiten unter der Redaktion des Akademiemitgliedes **B. A. Kasanski.** Moskau: Ausg. der Akad. der Wiss. der UdSSR. 1952. (272 S. m. Abb.) 16 Rbl. 50 Kop. [russ.]

A. Allgemeine und physikalische Chemie.

W. L. Gore, Statistical methods for chemical experimentation. London: Interscience Pubns. 1952. (221 S. s. 25,—.

Carl Alfred Jacobson and others, eds., Encyclopedia of chemical reactions. V. 5. New York: Reinhold. (787 S.) $ 15,—.

Frank Henry MacDougall, Physical chemistry. 3rd ed. New York: Macmillan. 1952. (761 S. m. Diagr.) $ 6,—.

Raymond Quelet, Précis de chimie. T. 1. Chimie générale. T. 2. Chimie minérale. Paris: Presses universitaires de France. 1952. (m. Abb.) fr. 1400,— u. fr. 900,—.

A$_1$. Kernphysik und Kernchemie.

E. Corinaldesi, *Stromschwankungen in der Quantenelektrodynamik.* Berechnung des Integrals des Ladungs–Strom-Operators, wobei der Wechselwirkungsoperator durch den entsprechenden Operator in der HEISENBERG-Darst. ersetzt wird. (Nuovo Cimento [9] **9.** 194—95. 1/2. 1952. Ottawa, Can., Nat. Res. Counc., Div. of Phys.)
GERHARD SCHMIDT. 80

P. Bassi, A. M. Bianchi und **C. Manduchi,** *Intensitätsmessung von Čerenkov-Licht.* Die Intensität von ČERENKOV-Licht in Abhängigkeit von der Energie des einfallenden Teilchens wird durch Koinzidenz- u. Antikoinzidenzmessungen mit GEIGER-Zählern u. einem Meßgerät für ČERENKOV-Licht untersucht u. mit den theoret. Kurven für die Intensität, den Emissionswinkel u. den Ionisationsenergieverlust verglichen. Für höhere Energien besteht keine Übereinstimmung mit der Theorie. (Nuovo Cimento [9] **9.** 861—63. 1/9. 1952. Padova, Univ., Ist. di Fis., Ist. Naz. di Fis. Nucl.) WERNER SCHULZ. 90

A. Lundby, E. Fermi, H. L. Anderson, D. E. Nagle und **G. Yodh,** *Streuung von negativen Pionen an Wasserstoff.* (Sitzungsbericht.) Die Streuung von 115 MeV-π^--Mesonen in fl. H_2 wird mit Scintillationszählern in Koinzidenzschaltung unter 90° zum einfallenden Strahl untersucht. Das Verhältnis der gestreuten u. der einfallenden Teilchen ergibt sich zu $(0{,}81 \pm 0{,}05) \cdot 10^{-4}$ u. $(1{,}21 \pm 0{,}08) \cdot 10^{-4}$ ohne bzw. mit H_2 in der Streukammer. Mit Pb-Strahler vor einem zweiten Paar von Beobachtungszählern zur Erhöhung der Empfindlichkeit für energiereiche γ-Strahlen sind die entsprechenden Werte $(0{,}71 \pm 0{,}06) \cdot 10^{-4}$ bzw. $(1{,}73 \pm 0{,}09) \cdot 10^{-4}$. Der hohe Beitrag an energiereichen γ-Strahlen wird hauptsächlich einer Streuung durch Ladungsaustausch mit einem geringen Beitrag durch Strahlungseinfang zugeschrieben, Die Ergebnisse stehen im Einklang mit dem totalen, aus Durchlässigkeitsmessungen erhaltenen Wirkungsquerschnitt von ca. $35 \cdot 10^{-27}$ cm², bei dem der Ladungsaustauschbeitrag 2—3 mal so groß ist wie derjenige der gewöhnlichen Streuung. (Physic. Rev. [2] **86.** 603. 15/5.; Bull. Amer. physic. Soc. **27.** Nr. 1. 28. 31/1. 1952. Univ. of Chicago.) WERNER SCHULZ. 90

D. E. Nagle, H. L. Anderson, E. Fermi, E. A. Long und **R. L. Martin,** *Totale Stoßquerschnitte negativer Pionen an Protonen.* (Vgl. vorst. Ref.) (Sitzungsbericht.) Die Durchlässigkeit von fl. H_2 für 60—230 MeV-π^--Mesonen aus dem Synchrocyclotron wird mit Scintillationszählern untersucht. Die totalen Stoßquerschnitte nehmen mit steigender Energie der Mesonen bis zum geometr. Wert von ca. $60 \cdot 10^{-27}$ cm² bei 160 MeV zu u. bleiben bis zu 220 MeV bei diesem Wert. Der steile Anstieg bei niedrigen Energien ist mit der Annahme verträglich, daß das π-Meson pseudoskalar ist u. pseudovektorielle Wechselwrkg. zeigt. (Physic. Rev. [2] **86.** 603. 15/5.; Bull. Amer. physic. Soc. **27.** Nr. 1. 28. 31/1. 1952.) WERNER SCHULZ. 90

G. Yodh, H. L. Anderson, D. E. Nagle und **H. Stadler,** *Differenz der totalen Wirkungsquerschnitte von Wasserstoff und Deuterium für geladene π-Mesonen.* (Vgl. vorst. Reff.) (Sitzungsbericht.) Die Durchlässigkeitsmessungen an H_2O u. D_2O für π^--Mesonen zeigen, daß die Differenz der totalen Streuquerschnitte $(\sigma_D - \sigma_H)$ für die Mesonenenergiebereiche 92—116 MeV u. 110—134 MeV dicht beim geometr. Wert von 61 mbarn liegt. Im weniger genau gemessenen Bereich von 41—58 MeV scheint die Differenz viel kleiner zu sein. (Physic. Rev. [2] **86.** 603. 15/5.; Bull. Amer. physic. Soc. **27.** Nr. 1. 28. 31/1. 1952.)
WERNER SCHULZ. 90

A. Silverman und **G. Cocconi,** *Relative Erzeugung neutraler Mesonen durch 310 MeV-γ-Strahlen in Wasserstoff und Deuterium.* (Sitzungsbericht.) Die in H_2O, D_2O, CH_2 u. C durch 310 MeV-Bremsstrahlung erzeugten neutralen Mesonen wurden durch Beobachtung eines der beiden Zerfalls-γ-Strahlen (10fache Erhöhung der Zählgröße gegenüber Koinzidenzmessung beider Zerfalls-γ-Strahlen) unter 90° aufgenommen. Die beobachteten Zählungen wurden durch γ-Strahlen mit einer Energie >40 MeV hervorgerufen. Bei Einfallsenergien von ca. 300 MeV wurden für das Verhältnis der Wirkungsquerschnitte für π^0-Erzeugung folgende Werte ermittelt: $\sigma_D/\sigma_H = 1{,}90 \pm 0{,}24$, $\sigma_C/\sigma_H = 10{,}1 \pm 1{,}8$ u. $\sigma_O/\sigma_H = 12{,}7 \pm 2{,}5$. Aus dem ersten Wert folgt annähernde Gleichheit der Querschnitte für Protonen u. Neutronen. (Physic. Rev. [2] **86.** 602. 15/5.; Bull. Amer. physic. Soc. **27.** Nr. 1. 27. 31/1. 1952. Cornell Univ.) WERNER SCHULZ. 90

James Keck und **Raphael Littauer,** *Erzeugung von Photomesonen aus Deuterium.* (Sitzungsbericht.) Vff. untersuchen die Rk. $\gamma + d \rightarrow \pi^- + p + p$ durch Beschuß von D_2O u. H_2O mit Photonen aus der Bremsstrahlung des 310 MeV-Synchrotrons. Mit einem Zählerteleskop werden die durch ihre spezif. Ionisation u. ihre Reichweite identifizierten π-Mesonen unter 90° in Koinzidenz mit den Protonen unter ca. 30° gemessen. Durch die für eine vorgegebene Mesonenenergie ermittelte Energie u. Winkelverteilung der Protonen wird die Energie des Photons u. der Anfangsimpuls des Kernneutrons bestimmt. Der Wirkungsquerschnitt für elast. Wechselwrkg. ergibt sich bei einer Photonenenergie von

220 MeV größenordnungsmäßig zu 10^{-29} cm²/Raumwinkel. (Physic. Rev. [2] **86.** 602. 15/5.; Bull. Amer. physic. Soc. **27.** Nr. 1. 27. 31/1. 1952. Cornell Univ.)
Werner Schulz. 90

Donald L. Clark, *Erzeugung von 40 MeV-π-Mesonen durch 240 MeV-Protonen in sieben Elementen.* Sitzungsbericht zu der C. **1953.** 3348 referierten Arbeit. (Physic. Rev. [2] **86.** 602. 15/5.; Bull. Amer. physic. Soc. **27.** Nr. 1. 27. 31/1. 1952. Univ. of Rochester.)
Werner Schulz. 90

Walter F. Dudziak, *Messung des Wirkungsquerschnittes für die Erzeugung negativer Mesonen in Kohlenstoff durch 341 MeV-Protonen.* (Sitzungsbericht.) Der Erzeugungsquerschnitt wird in der Vorwärtsrichtung zum einfallenden Protonenbündel gemäß der Rk. $p + {}^{12}C \rightarrow \pi^-$ durch magnet. Trennung der geladenen Mesonen u. Nachw. in Ilford C 2 (200 μ)-Emulsion (über 450 Sterne) gemessen. Der Vgl. der Meßergebnisse an π^+- u. π^--Mesonen widerspricht der Beziehung $\sigma^+/\sigma^- = (A + Z)/(A - Z)$. Die Spitzen des π^+- u. π^--Spektr. liegen bei sehr verschied. Mesonenenergien. Die σ^--Spitze liegt unterhalb 25 MeV, die σ^+-Spitze oberhalb 70 MeV, ihr Verhältnis σ^+/σ^- beträgt ca. 15. Innerhalb der Fehlergrenzen ist der Energieintegralwert des π^--Spektr. gleich dem unter 90° zum Protonenbündel erhaltenen. (Physic. Rev. [2] **86.** 602—03. 15/5.; Bull. Amer. physic. Soc. **27.** Nr. 1. 27—28. 31/1. 1952. Berkeley, Calif., Univ. of California.) Werner Schulz. 90

C. P. Leavitt, *Absorption negativer π-Mesonen in Heliumgas.* (Sitzungsbericht.) Die in einem *Be*-Target durch ein Röntgenstrahlbündel erzeugten π^--Mesonen treten in eine mit He-Gas gefüllte Hochdruckkammer (200 at) ein u. werden photograph. nachgewiesen. Jedes im Gas gebremste π^--Meson erzeugt einen einzackigen Stern. Aus dem Verh. im Magnetfeld u. der Reichweite im Gas konnten einige der Teilchen identizifiert u. ihre Energie bestimmt werden. Die meisten Teilchen sind danach Protonen, obwohl in einem Fall das Teilchen schwerer als ein Proton war. (Physic. Rev. [2] **86.** 603—04. 15/5.; Bull. Amer. physic. Soc. **27.** Nr. 1. 28—29. 31/1. 1952. M. I. T.) Werner Schulz. 90

C. Sheer, J. Moore, W. W. Havens jr. und **L. J. Rainwater,** *Die Messung von Neutronenstreuquerschnitten im Resonanzbereich.* (Sitzungsbericht.) Die Meth. der Messung des Streuverhältnisses zum Gesamtwirkungsquerschnitt für langsame Neutronen im Resonanzbereich (1—100 eV) wurde durch Best. des Verhältnisses der von einem dicken Target der zu untersuchenden Substanz gestreuten Neutronen zur analogen Zahl von einem C-Bezugstarget erweitert. Das Verhältnis des Streuquerschnittes (σ_s) zum Gesamtwirkungsquerschnitt (σ_t) wurde durch Vgl. des gemessenen Ausschlagsverhältnisses zu dem aus einem gleichartigen Standardtarget mit bekanntem Wirkungsquerschnitt gewonnen. Der Bereich von σ_s/σ_t wurde von 0,5 auf 1,0 ausgedehnt, wodurch Messungen an schwachen Niveaus u. an Streuungsresonanzen ermöglicht wurden. Die Meth. wurde für Messungen am 5,2 eV- u. 16 eV-Niveau von *Ag* erläutert. (Physic. Rev. [2] **87.** 239. 1/7. 1952. Columbia Univ.) Gerhard Schmidt. 90

D. W. Miller, R. K. Adair, C. K. Bockelman und **S. E. Darden,** *Totale Wirkungsquerschnitte schwerer Kerne für schnelle Neutronen.* Ausführliche Darst. des C. **1952.** 7924 referierten Sitzungsberichtes mit ergänzenden Betrachtungen über die Resonanzabstände bei den totalen Wirkungsquerschnitten von Kernen mit abgeschlossenen Schalen. (Physic. Rev. [2] **88.** 83—90. 1/10. 1952. Madison, Wis., Univ.) Gerhard Schmidt. 95

P. B. Daitch und **J. B. French,** *Die Theorie der Bornschen Approximation von (d, p)- und (d, n)-Reaktionen.* Vff. zeigen, daß in allen wesentlichen Zügen die Butlersche Theorie (vgl. C. **1951.** II. 1241) für (d, p)- u. (d, n)-Rkk. einer Bornschen Approximationsrechnung äquivalent ist. (Physic. Rev. [2] **87.** 900—01. 1/9. 1952. Rochester, N. Y., Univ.) Gerhard Schmidt. 103

R. W. Waniek, R. N. Thorn und **R. B. Holt,** *Vorläufige Ergebnisse aus der Messung kurzer β-Zerfallslebensdauern.* (Sitzungsbericht.) Mit der von Thorn u. Mitarbeitern beschriebenen Anordnung (C. **1953.** 2710) wurden mit Kohleplatten als Targetmaterial Messungen ausgeführt. Bei 12 verschied. Protonenenergien von 20—110 MeV wurde gemessen, wobei der Targetabstand vom Kammermittelpunkt des Cyclotrons variiert wurde. Infolge des Auftretens von einfachen u. Splitter-Rkk. wurde eine Vielzahl von Zertrümmerungsmöglichkeiten beobachtet. Bei verschied. Beschußenergien wurden bekannte Lebensdauern als auch einige neue mit guter Reproduzierbarkeit beobachtet. (Physic. Rev. [2] **86.** 619. 15/5.; Bull Amer. physic. Soc. **27.** Nr. 1. 44. 31/1. 1952.) Weigel. 103

E. M. Reilley, A. J. Allen, J. S. Arthur, R. S. Bender, R. L. Ely und **H. J. Hausman,** *Kernenergieniveaus von ²⁷Al.* Ausführliche u. präzisere Darst. des C. **1952.** 7923 referierten Sitzungsberichtes. (Physic. Rev. [2] **86.** 857—59. 15/6. 1952.)
Werner Schulz. 103

D. M. Van Patter, P. M. Endt, A. Sperduto und **W. W. Buechner,** *Angeregte Zustände von ^{32}P aus der Reaktion $^{31}P(d, p)^{32}P$.* Vff. untersuchen die ^{31}P(d, p)^{32}P-Rk. durch magnet. Analyse der Protonenemission unter 90° eines dünnen phosphorhaltigen Targets beim Beschuß mit 1,8 u. 2,0 MeV-Deuteronen. Die Registrierung erfolgte auf Photoplatten. 16 Protonengruppen konnten einem Übergang in den Grundzustand von ^{32}P, 15 Gruppen einem Übergang in angeregte Zustände im Bereich von 0—4,3 MeV zugeordnet werden. Die Energieniveaus betragen für den ersten angeregten Zustand 77,0 ± 1,7 keV, für 3 Paare 2,2, 2,7 u. 3,3 MeV mit Paarabständen von 50 ± 2, 92 ± 7 bzw. 59 ± 3 keV. Möglicherweise sind noch einige wegen störender Strahlung (Verunreinigung des Targets) nicht identifizierbare Gruppen im Energiebereich von 3,3—4,3 MeV vorhanden. (Physic. Rev. [2] **86.** 502—06. Sitzungsbericht: 630. 15/5. u. Bull. Amer. physic. Soc. **27.** Nr. 1. 55. 31/1. 1952. Cambridge, Mass., MIT, Phys. Dep. u. Labor. for Nucl. Sci and Engng.) WERNER SCHULZ. 103

Ralph Ely jr., A. J. Allen, J. S. Arthur, R. S. Bender, H. J. Hausman und **E. M. Reilley,** *Unelastische Streuung von Protonen an Nickel.* Ausführliche u. präzisere Darst. des C. **1952.** 7923 referierten Sitzungsberichtes. (Physic. Rev. [2] **86.** 859—60. 15/6. 1952. Pittsburgh, Pa., Univ.) WERNER SCHULZ. 103

E. R. Graves und **L. Rosen,** *Energiespektrum von Neutronen aus der Wechselwirkung von 14 MeV-Neutronen mit C, Al, Fe, Cu, Zn, Ag, Cd, Sn, Au, Pb und Bi.* (Sitzungsbericht.) Dünnwandige Kugelschalen der aufgeführten Elemente werden um die nahezu monoenerget. Neutronenquelle aus der Rk. *T*(d,n)^4*He* angeordnet. Die Messung der Energiespektren der gestreuten Neutronen wurden mit Kernemulsionen durchgeführt, wobei für jedes Element mindestens 1000 Bahnen vermessen wurden. Die Energieverteilung der Neutronen genügt für sämtliche untersuchten Elemente, mit Ausnahme von C, der WEISSKOPFschen Formel. Die Intensitätsmaxima liegen unterhalb 1,5 MeV. (Physic. Rev. [2] **87.** 239. 1/7. 1952. Los Alamos Scient. Labor.) GERHARD SCHMIDT. 103

H. G. Thode, *Spaltproduktausbeuten und Schalenaufbau in Atomkernen.* Ergänzung des Überblickes über die Arbeiten des Vf. u. seiner Mitarbeiter um die Erfassung der Massenzahlen u. prozentualen Häufigkeiten der *Cs-*, *Rb-*, *Xe-* u. *Kr-*Isotope sowie um die Aufstellung von Spaltungsketten, die zu Xe, Cs, *Ba*, Kr u. Rb führen, u. von Massenausbeutekurven für spaltbare Kerne, wie z. B. ^{233}*U*, ^{235}U, ^{238}U u. ^{239}*Pu*. (Trans. Roy. Soc. Canada, Sect. III [3] **45.** 1—17. Juni 1951. McMaster Univ.)
GERHARD SCHMIDT. 103

J. W. Motz, *γ-Spektren der Los Alamos-Reaktoren.* Die von einem ^{235}U-Barren im Mittelpunkt des Wasserbehälters u. aus dem Innern des „festen" Reaktors emittierten γ-Strahlen wurden mit einem magnet. COMPTON-Spektrometer in dem Augenblick analysiert, in dem jeder Reaktor auf einer konstanten Arbeitsstufe lief. Für jeden Reaktor wurde ein absol. Spektr. unter Vernachlässigung der Linienstruktur in einem Energiebereich von ca. 0,5 MeV u. 12 MeV bestimmt. In beiden Fällen nahm die Anzahl der pro Energieintervall emittierten Photonen exponentiell mit den Photonenenergien ab, so daß der Wert bei 8 MeV um einen Faktor 10^4 geringer war als der Wert bei 0,5 MeV. Die mittlere Quantenenergie für diese Art von Spektr. war angenähert 1 MeV. Die gesamte Energiefreigabe von γ-Strahlung aus einem ^{235}U-Barren (2,22 cm Durchmesser, 0,426 cm Länge, 28,5 g Gewicht u. 95% Reinheitsgrad) erfolgte bei ca. $2 \cdot 10^{13}$ MeV/Sekunde. (Physic. Rev. [2] **86.** 753—54. 1/6. 1952. Washington, D. C., Nat. Bur. of Stand., Radiat. Phys. Labor.) GERHARD SCHMIDT. 103

M. Ageno, *Anwendung stabiler und radioaktiver Isotope als Indicatoren.* Zusammenfassender Vortrag über die Tracermeth. in Chemie, Physik, Biologie u. Medizin. (Suppl. del Nuovo Cimento Nr. 2. (zu [9] **9.**) 108—18. 1952. Roma, Ist. Super. di Sanità, Labor. di Fis.) R. K. MÜLLER. 105

Ernest C. Anderson und **Hilde Levi,** *Einige Probleme der Radiokohlenstoff-Altersbestimmung.* Es wird ein ausführlicher Vgl. des Netzwandzählers mit einem Gaszähler unter besonderer Berücksichtigung der Probleme der Radiokohlenstoffaltersbest. gegeben. Kurven für die Genauigkeit u. den Anwendungsbereich der Meth. als Funktionen des Zähluntergrundes u. der Zähldauer werden angegeben. Die Fehler auf Grund einer Verseuchung mit nicht aus dem Untersuchungsmaterial stammenden C werden diskutiert. (Kgl. danske Vidensk. Selsk., mat.-fysiske Medd. **27.** Nr. 6. 1—22. 1952. Kopenhagen, Univ., Zoophysiol. Labor.) WEIGEL. 105

J. R. Arnold und **W. F. Libby,** *Radiokohlenstoff-Altersangaben.* 1. Mitt. Die nach dem Radiokohlenstoffverf. ermittelten Altersangaben beruhen auf dem $T_{1/2}$-Wert von 5568 ± 30 Jahren für ^{14}C. Zur Prüfung der Genauigkeit der Meth. wurde die Zählzeit allg. auf 48 Std. begrenzt. Die Fehlergrenzen erstrecken sich bei den einzelnen Kohle-, Holz-, Torf-, Pflanzen- u. Sedimentproben aus verschied. Teilen der Erde von 100 bis

1500 Jahren. (Science [Washington] **113.** 111—20. 2/2. 1951. Chicago, Ill., Univ., Inst. for Nucl. Stud.) GERHARD SCHMIDT. 105

W. F. Libby, *Radiokohlenstoff-Altersangaben.* 2. Mitt. (1. vgl. vorst. Ref.) Zusammenstellung der Radiokohlenstoffdaten für die Zeit vom 1. 9. 1950 bis 1. 9. 1951. Die Liste enthält die Daten für verschied. Fundstätten in Mesopotamien, Westasien, Westeuropa, Amerika, Südamerika, Japan, Westafrika u. Australien. (Science [Washington] **114.** 291—96. 21/9. 1951.) GERHARD SCHMIDT. 105

Helmut de Terra, *Radiokohlenstoff-Altersbestimmung und der fossile Mensch in Mexiko.* (Vgl. vorvorst. Ref.) Die Arbeiten von ARNOLD u. LIBBY (l. c.) schließen eine Anzahl von Altersbestimmungen von Pflanzen aus prähistor. Ablagerungen im Golf von Mexiko ein. Bei der Sammlung dieser Objekte fand Vf. teilweise versteinerte Überreste des Tepexpanmenschen. Die Radiokohlenstoffzählung bestätigte die ursprüngliche Schätzung des Vf. von 11000—12000 Jahren für die menschlichen Knochen. (Science [Washington] **113.** 124—25. 2/2. 1951. Santa Fé, Mus. of New Mex.) GERHARD SCHMIDT. 105

Frank H. H. Roberts jr., *^{14}C-Altersangaben und Archäologie.* Vf. berichtet über die Anwendung der von LIBBY u. Mitarbeiter (vgl. vorst. Reff.) entwickelten ^{14}C-Altersbestimmungsmeth. in der Archäologie. Trotz mitunter relativ großer Abweichungen gestattet die Meth. Altersbestimmungen im Bereich von 1000—25000 Jahren, wie an einer Reihe von Beispielen gezeigt wird. (Trans. Amer. geophysic. Union **33.** 170—74. April 1952. Washington, D. C., Smithsonian Inst., Bur. of Amer. Ethnol.) WEIGEL. 105

I. H. Ford und **E. E. Picciotto,** *Untersuchung der Mineralien der Seltenen Erden durch Neutronenabsorption.* Vff. bestimmen die Mineralien Seltener Erden durch Absorption therm. Neutronen, wobei die mkr. Lokalisierung durch die Verwendung photograph. Emulsionen (ILFORD C 2) erfolgt, die mit *B* als Neutronendetektor beladen waren. Die Wirkungsquerschnitte für den Einfang therm. Neutronen weichen für die verschied. Elemente der Seltenen Erden sehr stark voneinander ab u. besitzen für *Sm* u. *Gd* die bisher größten Werte von ca. 10000 bzw. 40000 barn. Bei einer Versuchsreihe wurden zwei Schnitte von *Monazit* u. *Bastnäsit* von 4 mm² u. 1mm Dicke auf eine 100 μ dicke ILFORD C 2-Platte gebracht, die mit B durch Imprägnierung in einem Borsäure- u. Boraxbad (p_H 7) beladen war. (Nuovo Cimento [9] **9.** 141—44. 1/2. 1952. Bristol, Univ., Dep. of Geol.; Bruxelles, Univ. Libre, Centre de Phys. Nucl.) GERHARD SCHMIDT. 105

T. R. Kaiser, *Über die erforderliche Hochfrequenzspannung am Synchrotron für hochenergetische Elektronen.* Vf. bringt ein Rechenverf. für die Ermittlung der Höhe der hochfrequenten Beschleunigungsspannung, die zum Betrieb eines Synchrotrons für die Erzeugung von 100 MeV-Elektronen erforderlich ist. (Proc. physic. Soc., Sect. B **64.** 502—07. 1/6. 1951. Manchester, Univ., Physic. Labor.) REUSSE. 112

Hannes Alfvén und **Olle Wernholm,** *Ein neuer Beschleunigertyp.* Vff. diskutieren die Möglichkeit der Ionenbeschleunigung in elektr. Feldern, die durch Raumladungseffekte hervorgerufen worden sind. Die Elektronen aus einer Kathode werden durch elektrostat. u. magnet. Linsen scharf fokussiert, die Raumladungswolke wird durch ein magnet. Hochfrequenzfeld zweier LECHER-Systeme fortbewegt. In die Bewegungsrichtung werden positive Ionen geschossen, die etwas hinter dem Brennfleck durch eine maximale Feldstärke von 0,25 MV/cm beschleunigt werden. Die Impulsleistung des Hochfrequenzmagnetfeldes muß hierbei ca. 10^6 W betragen. (Ark. Fysik **5.** Nr. 12. 175—76. 1952. Stockholm, KTH, Inst. för Elektronik.) H. HAUSWALD. 112

D. R. Chick und **F. J. Miranda,** *Das anfängliche Verhalten einer Protonenbeschleunigungsröhre; Entartung und deren Ursachen.* Nach dreimonatigem Betrieb zeigte die von Vff. beschriebene elektrostat. Beschleunigungsröhre (J. sci. Instruments **27.** [1950.] 337) häufigen Durchschlag u. eine allmähliche Abnahme der maximal erreichbaren Spannung. Die Nachprüfung ergab u. a. eine stellenweise Verdampfung von Al an der Anodenseite der Elektroden u. kleine durch Überschläge hervorgerufene Löcher in dem Vakuumzement. (J. sci. Instruments **29.** 340—41. Okt. 1952. Aldermaston, Berks., Assoc. Electr. Ind. Ltd., Res. Labor.) H. HAUSWALD. 112

J. Adam, *Ein schneller Abtastmechanismus für ein Geiger-Zähler-Röntgenspektrometer.* Zur Unters. der bevorzugten Orientierung in Metallen wird das Präp. mit einer Frequenz von 150 pro Min. gleichzeitig in vertikaler u. horizontaler Richtung durch den Röntgenstrahl abgetastet. Die beweglichen Teile der App. werden durch Stahlstäbe geführt. (J. sci. Instruments **29.** 324—25. Okt. 1952. Harwell, A. E. R. E.) H. HAUSWALD. 112

W. C. Porter und **W. E. Ramsey,** *Ein Stromkreis für die Entladungsbegrenzung in Geiger-Müller-Zählern.* Ausführliche Darst. der C. **1953.** 2709 referierten Arbeit mit genauen Angaben der Rückkopplungsschaltung. (J. Franklin Inst. **254.** 153—63. Aug. 1952. Swarthmore, Pa., Franklin Inst., Bartol Res. Found.) H. HAUSWALD. 112

Edward Fairstein, *Ein Differential- und Integraldiskriminator vom Schleif-(sweep)-Typ.* Mit der beschriebenen Schaltung können die Impulshöhenverteilungen von Scintillations-, Proportional- u. Parallelplattenzählern automat. mittels eines Schreibgerätes oder manuell mittels eines eingebauten Integrators oder eines äußeren Untersetzers aufgenommen werden. Durch eine untere u. eine obere Spannungsgrenze wird eine feste, einstellbare Schlitzbreite vorgegeben, die kontinuierlich u. period. über einen Spannungsbereich von 100 V hinwegstreicht. Das Gerät kann an jeden Verstärker, dessen Anstiegszeit $>$ 0,1 μSek. ist, angeschlossen werden. Der Zählverlust beträgt bei 100000 Zählungen pro Min. ca. 1%. (Rev. sci. Instruments **22.** 761—65. Okt. 1951. Oak Ridge, Tenn., Oak Ridge Nat. Labor., Chem. Div.) H. Hauswald. 112

A. O. Mathai, *Eine Anordnung zum Aufladen von Elektroskopen.* Der außen versilberte Glaskörper einer mit 230 V Wechselstrom betriebenen Glühlampe liefert zusammen mit einem Glimmerkondensator von 0,1 μFarad eine gegen Erde negative Spannung von 300 V, die zum Aufladen von Elektroskopen verwendet werden kann. (J. sci. Instruments **29.** 337. Okt. 1952. Travancore, India, Univ.) H. Hauswald. 112

O. A. Weinreich und **H. Bleecher,** *Ionisationsmesser mit einer mit Thoriumoxyd überzogenen Kathode.* Vff. beschreiben ein Ionisationsvakuummeter, das als Kathode mit ThO_2 überzogene Ir- oder Rh-Drähte verwendet u. sich durch bemerkenswerte Unempfindlichkeit gegen plötzliche Lufteinbrüche auszeichnet. (Rev. sci. Instruments **23.** 56. Jan. 1952. Swarthmore, Pa., Franklin Inst. Bartol Res. Foundat.) Pistor. 112

H. Tellez-Plasencia, *Berechnung des Ionisationsmeßfehlers in einer elektrodenlosen Kammer.* Bei einer mit Elektroden ausgerüsteten Ionisationskammer ist für die gesamte Meßzone das Feld radial. Sättigung u. volle Energieausnutzung der Ionen sind gegeben. Fehlen dagegen in einer Kammer die Elektroden, so erweist sich das Feld nicht mehr als homogen; auch die Bedingung für die Sättigung u. volle Energieausnutzung ist nur unvollkommen erfüllt. Aus diesem Grunde führt Vf. ein Korrekturglied ein, das mathemat. abgeleitet wird. Es zeigt sich, daß dieses neue Glied sich auf einen vom Vf. bereits in früheren Arbeiten (J. Physique Radium **9.** [1948.] 240 u. **11.** [1950.] 93) behandelten allg. Energieausdruck zurückführen läßt. (J. Physique Radium **12.** 89—92. Febr. 1951. Labor. Central des Serv. chim. de l'État.) Surawski. 112

R. H. Ellis jr., H. H. Rossi und **G. Failla,** *Das Bremsvermögen von Polystyrol und Acetylen für α-Teilchen.* Vff. weisen nach, daß innerhalb von 1% das Bremsvermögen von Polystyrol u. Acetylen gleich ist. In einem mit gereinigtem Acetylen gefüllten Behälter erreichen Po-α-Teilchen eine fensterlose Ionisationskammer. Die Ionisationsänderung bei Einführung eines dünnen Polystyrolfilms wird durch das Bremsvermögen des Films über die äquivalente Gasmenge in mg/cm^2 ausgedrückt. (Physic. Rev. [2] **86.** 562—63. 15/5. 1952. New York, Columbia Univ., Radiolog. Res. Labor.) H. Hauswald. 112

Lincoln G. Smith, *Magnetische Elektronenmultiplier für den Nachweis positiver Ionen.* Vf. beschreibt den Aufbau zweier 15stufiger Elektronenmultiplier, bei denen die Fokussierung zwischen einer Be–Cu-Dynode zur nächsten durch gekreuzte elektr. u. magnet. Felder erfolgt, die spezif. für den Nachw. von schwachen Strömen oder Stößen positiver Ionen in magnet. Feldern entwickelt wurden. Die eine Anordnung mit Dynoden im Abstand von 3/8 in. ist brauchbar in Feldern zwischen ca. 250—460 Oe, die andere mit 1/8 in. Abstand zwischen den Dynoden in Feldern zwischen 300 u. 1100 Oersted. (Rev. sci. Instruments **22.** 166—70. März 1951. Upton, Long Island, N. Y., Brookhaven Nat. Labor.) v. Harlem. 112

W. E. Liversage, *Der Einfluß von Röntgenstrahlen auf die Isolationseigenschaften von Polytetrafluoräthylen (P. T. F. E.).* Bei der Messung von Röntgenstrahlintensitäten in Ionisationskammern mit *Polytetrafluoräthylen* (**I**) als Isolator entstehen Meßfehler infolge Änderung des Widerstandes der Isoliermasse unter der Wrkg. der Röntgenbestrahlung. Vf. hat **I** als Isolator in einem Meßkondensator mit Dosen von 200, 6000 u. 13500 r bestrahlt u. festgestellt, daß dabei die Anfangsladung des Meßkondensator von 300 V um 1,5 bzw. 46 bzw. 233 V abnahm. (Brit. J. Radiol. **25.** 434—36. Aug. 1952. London, Lambeth Hosp., Phys. Dep.) Reusse. 112

Edwin M. McMillan, Wade Blocker und **Robert W. Kenney,** *Die r-Einheit bei 320 und 160 MeV.* Die r-Einheit wird zum Teil als Maß für die Strahlungsdosis (absorbierte Energie pro g Gewebe), zum Teil als Maß für die Röntgenintensität gebraucht. Bei sehr harten Röntgenstrahlen ist diese letztere Definition deshalb weniger klar, weil hier die Sekundärstrahlen infolge ihrer größeren Härte einen wachsenden Anteil zur Gesamtionisation liefern. Vff. diskutieren die Möglichkeiten, diese Unsicherheit in der Best. der wahren Röntgenintensität durch Messungen mit Ionisationskammern zu eliminieren, u. vergleichen ihre Meßergebnisse bei 320 u. 160 MeV-Röntgenstrahlen mit Angaben anderer

Autoren. (Physic. Rev. [2] **81.** 455. 1/2. 1951. Berkeley, Calif., Univ. of California, Dep. of Phys., Radiat. Labor.) Reusse. 112

Norman Feather, Nuclear stability rules. New York: Cambridge Univ. Press. 1952. (162 S. m. Diagr.) $ 4,—.

A_2. Optisches Verhalten der Materie.

W. N. Christiansen und **J. V. Hindman**, *Ein vorläufiger Überblick über die 1420 MHz-Linien-Emission von galaktischem Wasserstoff.* Es ist bekannt, daß in der Milchstraße interstellare Gaswolken auftreten, die aus H_2 bestehen. Vff. geben einen Überblick über die 1420 MHz-H_2-Linien-Emission bei 270° galakt. Länge, die sich durch das galakt. Zentrum u. Antizentrum ausbreitet. Die Strahlungsquelle liegt in Form eines Bandes von veränderlicher Intensität entlang dem galakt. Äquator vor. Die Messung des Linienprofils zeigt beträchtliche Variationen mit einer Minimalbreite von 0,12 MHz. Zwischen den galakt. Längen 170 u. 240° zeigen sich Doppellinien. Der Wechsel in der Spitzenhelligkeit der Linie entlang dem galakt. Äquator kann von der Linienverbreiterung herrühren, die die galakt. Rotation verursacht. Ferner deutet sie die Existenz von hochemittierenden Regionen an. (Austral. J. sci. Res., Ser. A **5.** 437—55. Sept. 1952. Sydney, Univ. Grounds, C. S. I. R. O., Div. of Radiophys.) D. Hahn. 113

Denise Crespin und **John W. Swensson**, *Das ultraviolette Spektrum des Überriesensterns 3·Puppis.* Für die Absorptionslinien des Spektralbereichs 3120—3354 Å (Dispersion 16 Å/mm bei 3200 Å) werden eine Wellenlängentabelle mit geschätzten Intensitäten u. Identifizierungen sowie Tabellen einiger charakterist. *Fe* II-, *Ti* II- u. *Cr* II-Multipletts gegeben. Die Unters. der Linienintensitäten zeigt, daß die Anregungstemp. bei 3 Puppis niedriger als in dem Überriesen α Cygni oder in dem Zwerg α Lyrae, aber größer als in der ausgedehnten Atmosphäre von PGC 1985 u. ähnlicher Objekte ist. Das Multiplett $a^4 D—z^6 D^0$ ist anomal schwach im Vgl. zu den Multipletts mit Termen der Multiplizität 4 u. 2. (Bull. Cl. Sci., Acad. roy. Belgique [5] **38.** 376—92. 1952. Liège, Univ., Inst. d'Astrophys.) F. W. Krüger. 113

P. Swings, *Identifizierung und astronomische Bedeutung der verbotenen Linien des Eisens und anderer Metalle.* Vf. diskutiert die verbotenen Linien der Ionisationszustände von Fe I bis Fe XV u. gibt Objekte an, in denen sie identifiziert worden sind. [Fe I] konnte bisher noch nicht beobachtet werden, seine Entdeckung in Sternspektren kann vermutlich nur in Absorption, zugehörig zu den Multipletts $a^5D—a^3F$, a^5P, a^3P, b^3F, b^3P, c^3P, a^3D, b^3D erfolgen. Außer den im UV beobachteten [Fe II]-Linien müssen intensive verbotene Linien im Ultrarot in den Schalenspektren von Sternen mit Anregungstempp. zwischen 5000 u. 6000° zu beobachten sein. Das Hauptmultiplett von [Fe IV] $a^4G—a^4F$ befindet sich im Bereich um 5000 Å. Es besteht die Möglichkeit, daß die in vielen Objekten beobachtete Linie 5041 Å die charakterist. Linie von [Fe IV] ist. Ferner werden die verbotenen Linien verschied. Ionisationszustände von *Ni, Cr, Mn, Ti, Co, Zr, Cu, P, Ca, Ar* diskutiert. — 27 Literaturangaben. (Bull. Cl. Sci., Acad. roy. Belgique [5] **38.** 253—63. 1952. Liège, Univ., Inst. d'Astrophys.) F. W. Krüger. 113

M. Migeotte und **A. H. Nielsen**, *Vergleich von Sonnenspektren, aufgezeichnet am Mount Wilson (Vereinigte Staaten) und Jungfraujoch (Schweiz).* Ein Vgl. der hochaufgelösten Spektren in der Umgebung von 24475, 15025 u. 14300 Å, aufgenommen am Jungfraujoch u. Mount Wilson, zeigt bzgl. der Strahlungsabsorption durch ird. Wasserdampf, daß die gewöhnlichen Beobachtungsbedingungen am Jungfraujoch wesentlich günstiger als am Mount Wilson sind. (Bull. Cl. Sci., Acad. roy. Belgique [5] **38.** 366—75. 1952. Liège, Univ., Inst. d'Astrophys.) F. W. Krüger. 113

W. Smosarski, *Polarisation des Himmelslichtes und Sonnenstrahlung.* Mit Hilfe von Messungen über den Zeitraum von **1927—1939** werden Beziehungen zwischen Sonnenstrahlung S, Polarisation der Himmelsstrahlung P u. Wasserdampfgeh. der Luft D herzuleiten versucht. Es zeigt sich im allg. ein gleicher Gang von S u. P, bes. in den Sommermonaten. Die Beziehungen zwischen D u. P bzw. D u. S sind nicht so deutlich, jedoch zeigt die Änderung von D mit dem Polarisationsgrad, bes. für die Monate März, April, Mai, August, September u. November einen klareren Gang als die Änderung der Sonnenstrahlung mit D. (Bull. Soc. Amis Sci. Lettres Poznań, Sér. B. Nr. **11.** 23—38. 1951. Poznań, Univ., Obs. Météorol.) Rudolph. 113

Miguel L. Espinosa, *Untersuchung von Standardproben mit starkem Paschen-Back-Effekt.* Vf. entwickelt die Eigenwertgleichung der magnet. Niveaus eines Spektralterms für die Unters. des Zeeman-Effekts von *Mn I* mit teilweisem Paschen-Back-Effekt. Das Multiplett $z^6P^0 \rightarrow e^6D$ von Mn I wird berechnet u. gemessen (Tabelle). Es werden einige verbotene Komponenten gefunden. (An. Real Soc. españ. Física Quím., Ser. A **48.** 211—18. Juli/Aug. 1952. Madrid, Inst. de Optica Daza de Valdés.) R. K. Müller. 114

Miguel L. Espinosa, *Kräfteberechnung an Proben mit starkem Paschen-Back-Effekt.* (Vgl. vorst. Ref.) Auf Grund der Gleichung für die Eigenwerte wird ein Ausdruck für die bei vorliegendem PASCHEN-BACK-Effekt ausgesandte Energie abgeleitet, der für Kombinationen eines Niveaus T_J^M, mit einem anderen, nicht durch den PASCHEN-BACK-Effekt gestörten Niveau gilt, ferner ein Ausdruck von allg. Charakter für die Stärke der magnet. Komponenten. Für das Vork. verbotener Komponenten wird eine Erklärung gegeben. (An. Real Soc. españ. Física Quím., Ser. A **48.** 219—22. Juli/Aug. 1952.) R. K. MÜLLER. 114

M. L. Espinosa, *Deutung des Multipletts mit starkem Paschen-Back-Effekt.* (Vgl. vorst. Reff.) Vf. findet Übereinstimmung der theoret. Berechnung der Linien im Multiplett $z^6P \rightarrow e^6D$ von *Mn I* bei einem Magnetfeld von 85000 Oersted mit den Meßwerten. 22 gemessene verbotene Linien werden klassifiziert. Die Abweichungen von der Regel der g-Permanenz liegen bei den untersuchten Termen z^6P u. e^6D unter 0,2 bzw. 0,4%. (An. Real Soc. españ. Física Quím., Ser. A **48.** 223—32. Juli/Aug. 1952.) R. K. MÜLLER. 114

H. Kopfermann, *Quadrupolfrequenzen in Kristallen* (Zusammenfassung einer Arbeit von **H. G. Dehmelt** und **H. Krüger.**) Es wird über Unterss. zur Messung der reinen Quadrupolfrequenzen des Cl- u. J-Kerns in Kristallen berichtet, die aus Moll. zusammengesetzt sind, die die Quadrupolkerne in einer kovalenten p-Bindung enthalten. In Abwesenheit jedes magnet. Feldes liegt der Ursprung der Energiekopplung nur bei der Wechselwrkg. des kernmagnet. Quadrupolmomentes mit dem inhomogenen elektr. Feld am Kern. Unter der Annahme, daß dieses rotationssymm. um die Richtung der p-Bindung (Z-Achse) liegt, wird eine Formel für die Energieaufspaltung gegeben, die die Komponente des Kernspins sowie den Feldgradienten entlang der Z-Achse enthält. Für Cl (Kernspin = 3/2 für beide Isotope) gibt es zwei Niveaus u. daher für jedes Isotop eine Übergangsfrequenz. Diese Übergänge wurden in kristallinen *trans-Dichloräthylen* bei 83° K beobachtet, u. zwar bei 35,48 u. 27,96 MHz. Die Linienbreiten sind 10 kHz. Unter der Annahme eines gleichen Feldgradienten für beide Isotope ist das gemessene Frequenzverhältnis gleich dem der Cl-Quadrupolmomente, $Q_{35}/Q_{37} = 1,2688$. — Jod wurde untersucht in den Verbb. CH_3J, JCN, SnJ_4 u. J_2. Da der Kernspin von J = 5/2 ist, gibt es drei Niveaus u. zwei Absorptionslinien mit dem Frequenzverhältnis 2: 1. Die experimentellen Ergebnisse sind tabellar. zusammengestellt. (Physica **17.** 386—87. März/April 1951. Göttingen.) GOTTFRIED. 121

M. Soutif und **R. Gabillard,** *Untersuchung eines Übergangsphänomens in Kernresonanz.* Es wird über Unterss. mit Hilfe der Autodynmeth. berichtet, die im Prinzip von ROBERTS entwickelt wurde. Das gewählte Übergangsgebiet wird durch die Verwendung einer plötzlichen Änderung des Polarisationsfeldes u. nicht des hochfrequenten Anregungsfeldes charakterisiert. Die Meth. wird genau beschrieben; es wird gezeigt, daß hierbei ein komplexer Effekt gemessen wird, u. zwar eine Mischung von Dispersion u. Absorption. Das Anregungsfeld wird konstant gehalten u. das kontinuierliche Polarisationsfeld auf einem Wert gehalten, der sehr nahe demjenigen liegt, der für die Resonanz notwendig ist. Man legt plötzlich 50 Hz an, so daß man den Resonanzwert erreicht. Die Messungen werden mittels eines Oscillographen mechan. registriert. Die Meth. wurde auf reines *W.* sowie auf schwach konz. Fe^{3+}-Lsgg. angewandt. (Physica **17.** 319—27. März/April 1951. Paris, École Norm. Sup., Labor.) GOTTFRIED. 121

Minoru Fujimoto und **Junkichi Itoh,** *Paramagnetisches Mikrowellenresonanzspektrum.* Es wird über Messungen der paramagnet. Resonanzabsorption für Mikrowellen durch Einkristalle von $K_2CuCl_4 \cdot 2\,H_2O$ u. $(NH_4)_2CuCl_4 \cdot 2\,H_2O$ bei 2900 MHz u. Zimmertemp. berichtet. In beiden Salzen wurde nur eine Resonanz beobachtet. Weiter konnte geschlossen werden, daß die beiden Salze ein sehr geringes anisotropes Verh. haben, obwohl sie eine ziemlich komplizierte Struktur besitzen. Ebenso sind die magnet. Eigg. in beiden Verbb. nahezu identisch. (Physica **17.** 266—68. März/April 1951. Osaka, Univ., Dep. of Phys., u. Res. Inst. of Accoust. Sci.) GOTTFRIED. 121

Earle K. Plyler und **Nicolo Acquista,** *Infraroteigenschaften von Caesiumbromidprismen.* Prismen aus CsBr sind besser als die aus KRS–5. Sie erzeugen am zweiten Spalt des Spektrometers schärfere Bilder. Vff. bauen ein CsBr-Prisma mit einem Brechungswinkel von 55° in ein PERKIN-ELMER-Spektrometer ein u. machen damit zahlreiche Aufnahmen von Spektren im Gebiet zwischen 15 μ u. 38 μ. Die Ergebnisse werden mit denen verglichen, die mit einem 26° KRS–5-Prisma aufgenommen worden sind. Die Dispersion des CsBr zwischen 15μ u. 38 μ ist ungefähr gleich der des KRS–5, aber die effektive Auflösung ist ungefähr zweimal so groß. Es werden die Auflösung einer Gruppe von Rotationslinien von H_2O-Dampf bei 28,4 μ in drei Komponenten, die langwelligen Banden des CS_2 u. $CHCl_3$ im Dampfzustand beobachtet u. ausgemessen. (J. Res. nat. Bur. Standards **49.** 61—63. Aug. 1952. Washington.) D. HAHN. 122

M. M. Paranjpe, *Das Intensitätsminimum der Mie-Streuung als Maß für die ultramikroskopische Tropfengröße.* Aus der Richtung des Minimums der Intensität des gestreuten Lichtes läßt sich die Größe der streuenden Teilchen unabhängig von ihrer Gestalt bestimmen, da diese Richtung ein Maß für das Vol. nichtsphär. Tropfen ist. Der günstigste Bereich für eine Messung nach dieser Meth. liegt bei Tropfendurchmessern von $\sim 10^{-5}$ cm. (J. Univ. Bombay [N. S.] **20.** Nr. 5. A 16—18. März 1952. Bombay, Inst. of Sci.) EICHHOFF. 122

K. Lehovec, C. A. Accardo und **E. Jamgochian,** *Injizierte Lichtemission von Siliciumcarbidkristallen.* (Vgl. C. **1952.** 2627.) (Sitzungsbericht.) Über eine früher an blauen SiC-Kristallen beobachtete Erscheinung hinaus stellten Vff. auch bei hellgrünen SiC-Kristallen eine „injizierte Lichtemission“ fest, wenn ein Strom in Flußrichtung durch die p–n-Grenzschicht des Kristalls fließt. Die spektrale Verteilung u. die Abklingzeiten sind, wahrscheinlich infolge verschied. Verunreinigungen, sehr unterschiedlich. Bei Zimmertemp. ist die Farbe grün u. gelb. Die Ausbeute des grünen Lichts bei grünen Kristallen wächst stark mit abnehmender Temp. gemäß $2 \cdot 10^{-8}$ exp (1370/T) Lichtquanten je durchgehendes Elektron. Bei dunkelblauen Kristallen setzte die Lichtemission bei Spannungen oberhalb 1,8 V (an der Grenzschicht) ein u. ist somit etwas geringer als es dem Wert $h\nu/e$ der längsten emittierten Wellenlänge entspricht. Der Strom durch die Sperrschicht besteht aus einem nicht gleichgerichteten u. einem gleichgerichteten Anteil, wovon nur letzterer zur Lichtemission beiträgt. (Physic. Rev. [2] **86.** 615. 15/5.; Bull. Amer. physic. Soc. **27.** Nr. 1. 40. 31/1. 1952. Signal Corps Engng. Labor.) SPEER. 125

John J. Hill und **Jack Aron,** *Untersuchung der Thermolumineszenz von durch Röntgenbestrahlung verfärbtem Calciumfluorid.* (Sitzungsbericht.) Unters. der Entfärbung von durch Röntgenstrahlen verfärbten CaF_2-Kristallen durch Aufnahme der glow-Kurve. Im Spektralgebiet 320—650 mμ wurden 15 Banden beobachtet mit Maxima bei 343, 365, 371, 379, 381, 415, 427, 437, 457, 478, 489, 522, 535, 543 u. 574 mμ. Etwa die Hälfte von ihnen wurde wegen ihrer schwachen Intensität erstmalig beobachtet. Die Banden E, F, H mit geringer Anfangsintensität verschwinden langsamer als die Banden I, J u. K mit relativ großer Anfangsintensität. (Physic. Rev. [2] **86.** 615. 15/5.; Bull. Amer. physic. Soc. **27.** Nr. 1. 40. 31/1. 1952. Lewis Labor. NACA.) SPEER. 125

A_3. Elektrizität. Magnetismus. Elektrochemie.

F. Llewellyn Jones und **D. E. Davies,** *Mechanismus der sekundären Ionisation bei der Niederdruckentladung in Wasserstoff.* Vff. untersuchten den Einfl. der Kathodenbeschaffenheit auf den elektr. Durchschlag, speziell die Einw. von Ndd. elektropositiver u. -negativer Atome auf *Ni, Al, Ag, Cu* u. *Mo*-Kathoden. Der Druck wurde dabei so niedrig gehalten, daß die Stoßionisation prakt. vernachlässigt werden konnte. Die Auslösung von Sekundärelektronen an der Kathode wird durch Aufprall von positiven Ionen, angeregten Atomen oder Photonen bewirkt. Die Analyse der gemessenen Kurven (Verhältnis Primärionisation/Sekundärionisation als Funktion des Verhältnisses Feldstärke/Druck), die scharfe photoelektr. Maxima bei 150 V/cm·mm Hg zeigen, ergab, daß die hohe photoelektr. Emission von Kathoden mit niedriger Austrittsarbeit auf die in der Entladung vor dem Durchschlag entstehenden Photonen geringer Energie zurückzuführen ist. Bei reinen Metallen dagegen verdankt die Sekundärelektronenemission u. damit die Sekundärionisation ihr Entstehen vorwiegend dem Aufprall positiver Ionen. Die Photoemission durch Photonen hoher Energie kann dagegen vernachlässigt werden. (Proc. physic. Soc., Sect. B **64.** 519—27. 1/6. 1951. Swansea, Univ. Coll., Dep. of Phys.) REUSSE. 131

J. W. Hiby und **M. Pahl,** *Die Geschwindigkeitsverteilung einzelgestreuter Moleküle in Gasen.* Ein Mol.-Strahl, in dem a) alle Moll. die gleiche Geschwindigkeit haben oder b) eine MAXWELLsche Geschwindigkeitsverteilung herrscht, wird in einem Gas gestreut. Die Verteilung der Geschwindigkeiten (v_2) nach der Streuung, die mittlere Geschwindigkeit u. die mittlere freie Weglänge werden berechnet. Im Fall b) sind die Abweichungen gegenüber dem Primärstrahl nur ca. 10%. Das Verhältnis der v_2-Komponente in Richtung des Strahls zur Anfangsgeschwindigkeit ist im Mittel 0,403. (Z. Physik **130.** 348—55. 1951. Hechingen, Max-Planck-Ges., Forschungsstelle für Spektroskopie.) KIRSCHSTEIN. 131

G. Möllenstedt, *Diskrete Energieverluste von 35-keV-Elektronen bei Wechselwirkung mit Atomen und Molekülen.* Die Meth. der Geschwindigkeitsanalyse schneller Elektronen nach Zusammenstößen mit neutralen Atomen u. Moll. im Gaszustand wird geprüft. Die untersuchten Gase sind N_2, O_2, H_2, *He*, C_6H_6, CO_2, H_2O, $C_6H_4(CH_3)_2$ u. $C_2H_5OC_2H_5$. Sie werden in den Analysator durch ein EWALDsches Einlaßventil eingelassen, wobei sich das Vakuum von ca. 10^{-4} mm Hg auf nur 10^{-3} mm Hg erniedrigt. Es werden ihre diskreten Energieabgaben festgestellt u. mit den bereits vorliegenden Werten verglichen.

Es zeigt sich, daß auch bei hohen Elektronengeschwindigkeiten die gleichen Terme angeregt werden. (Z. Naturforsch. **7a.** 465—70. Juli 1952. Mosbach, Süddeutsche Laborr.; Tübingen, Univ., Physikal. Inst.) D. HAHN. 131

W. M. Brubaker, *Potential- und Feldstärkeverteilung in planparallelen Dioden für Ströme unterhalb der Raumladungsbegrenzung.* Die Normierung der Ströme, Spannungen, Abstände u. Feldstärken erfolgt so, daß sie zu meßbaren physikal. Größen in Beziehung gesetzt werden u. daß die normierten Größen zwischen 0 u. 1 variieren, wenn der Strom von 0 auf die Raumladungsgrenze wächst. Diagramme verschied. Potential- u. Feldstärkeverteilungen bei Benutzung der so definierten dimensionslosen Parameter werden mitgeteilt. (Physic. Rev. [2] **83.** 268—70. 15/7. 1951. East Pittsburgh, Pa., Westinghouse Res. Labors.) PIEPLOW. 135

Werner Ploch, *Massenabhängigkeit der Elektronenauslösung durch isotope Ionen.* (Vgl. C. **1952.** 6171.) Im Zusammenhang mit der Messung von Ionenströmen im Massenspektrometer mit Hilfe eines Elektronenvervielfachers wird die Frage untersucht, wie weit der ausgelöste Elektronenstrom von der Isotopenmasse der einfallenden Ionen abhängig ist. Für ^6Li u. ^7Li wurden γ_6/γ_7-Werte zwischen 1,1 u. 1,2 bei Verwendung verschied. Metalle (Cu, Mo, Pt, Be, Ni, Cr–Ni) u. Beschleunigungsspannungen zwischen 200 u. 7000 V gefunden (γ = ausgelöster Elektronenstrom/einfallender Ionenstrom). ^{39}K u. ^{41}K ergaben $\gamma_{39}/\gamma_{41} = 1{,}03 \pm 0{,}01$. (Z. Naturforsch. **5a.** 570—71. Okt. 1950. Marburg/Lahn, Univ., Physikal. Inst.) R. LEVI. 135

Donald A. Melnick und **Douglas M. Warschauer,** *Eine Theorie der Photoleitfähigkeit von Zinkoxyd.* (Sitzungsbericht.) Die Photoleitfähigkeit von gepreßtem u. gesintertem ZnO kann durch einen bimol. Prozeß mit einer Zeitkonstante von 1 oder mehreren Std. u. gleichzeitig einen monomol. Prozeß mit einer Zeitkonstante von einigen Min. beschrieben werden, dem noch kürzere Prozesse mit sehr kleinen Amplituden überlagert sind. Der Minutenprozeß wird als quasitherm. Gleichgewichtseinstellung der angeregten Elektronen zwischen dem Leitfähigkeitsband u. einem 0,6—0,7 eV unter diesem gelegenen Band gedeutet, während der langsamere Prozeß einer bimol. Rekombination zwischen Elektronen im 0,7 eV-Band u. in traps befindlichen Löchern zugeschrieben wird. Die Näherungslösung gibt in Verbindung mit empir. bestimmten Parametern die experimentelle Kurve gut wieder. (Physic. Rev. [2] **86.** 614. 15/5.; Bull. Amer. physic. Soc. **27.** Nr. 1. 39. 31/1. 1952. Univ. of Pennsylvania.) SPEER. 135

B. I. Djatlowitzkaja, *Optische Faktoren und effektive Tiefe beim Photoeffekt von Antimon–Cäsium-Kathoden.* Fortführung der früheren Arbeiten (vgl. C. **1948.** II. 564 u 1263) über opt. u. photoelektr. Eigg. von Sb–Cs-Photokathoden, jetzt über einen größeren Dickenbereich der Sb–Cs-Schicht (15—700 mμ). Die früher festgestellte Gegenphasigkeit der Kurven für direkten Photostrom u. opt. Reflexionsvermögen gilt auch über den gesamten erweiterten Dickenbereich. Während in den früheren Arbeiten die effektiven Weglängen nach der Formel von PARTZSCH u. HALLWACHS (Ann. Physik **41.** [1913.] 247) bestimmt wurden, wird jetzt eine neue Meth. des Vgl. zwischen Theorie u. Experiment benutzt, welche im Gegensatz zu jener die Interferenzerscheinungen berücksichtigt u. zu viel höheren Werten für die effektiven Weglängen führt (40 mμ bei λ = 630 mμ). Die Grenzaustrittstiefe der Photoelektronen wird entsprechend bei λ = 630 μ zu 25 mμ bestimmt. (Журнал Технической Физики [J. techn. Physik] **22.** 84—100. Jan. 1952. Kiew, Phys. Inst. der Akad. der Wiss. der UkrSSR.) LENZ. 135

S. W. Kurnick, *Die Wirkungen des hydrostatischen Druckes auf die Ionenleitfähigkeit des AgBr.* Vf. untersucht die Frage, ob im AgBr FRENKEL- oder SCHOTTKY-Fehlordnung vorliegt unter Benutzung von theoret. u. experimentellen Grundlagen, die von KOCH u. WAGNER (vgl. C. **1938.** II. 1189) u. TELTOW (vgl. C. **1950.** I. 949) geschaffen worden sind. Die verwendete Versuchsanordnung wird sehr eingehend beschrieben. Gemessen wurden zunächst die Leitfähigkeitsverhältnisse zwischen $CdBr_2$, verunreinigtem u. reinem AgBr bei 202, 251 u. 289° u. bei Drucken zwischen 0 u. 8000 kg/cm². Aus diesen Werten werden graph. das Verhältnis der Beweglichkeiten von Ag^+-Leerstellen u. Ag^+ auf Zwischengitterplätzen sowie die Konz. der Defektstellen ermittelt. Dieser Meth. liegt die Annahme zugrunde, daß die Assoziation zwischen Cd^{2+} u. Leerstellen bei geringen Cd^{2+}-Konzz. zu vernachlässigen ist, was für Werte unter 0,1% sowohl durch die Messungen des Vf. als auch die TELTOWs bestätigt wird. Es wird angegeben, wie aus der Abhängigkeit der gefundenen Werte vom Druck die Volumenänderung pro Mol Fehlordnung sowie die freien Voll. der Ag_0^+- u. der $Ag_{\square}^+$-Beweglichkeiten abgeleitet werden können. Für das mol. Fehlordnungsvol. wurden 16 cm³, für das mit der Beweglichkeit der Ag^+-Leerstellen verbundene freie Vol. 7,4 cm³/Mol u. entsprechend für Ag^+ auf Zwischengitterplätzen 2,7 cm³/Mol bei Tempp. unter 300° gefunden. Diese Werte lassen die Annahme zu, daß unterhalb 300° im AgBr FRENKEL-Fehlordnung vorliegt. Der Einfl. der Korngrenzenleitfähigkeit auf die Zuverlässigkeit der Meßergebnisse wird erörtert. Bei Tempp. über 300° ergibt sich für niedrige Drucke ($0-8\cdot10^{-3}$ kg/cm²) u. reines AgBr ein unverhältnismäßig starker Leitfähigkeitsanstieg. Die Anwendung des TUBAND-Vers. (vgl. Handb. Experimentalphysik **XII**, Teil 3 [1932.]) zeigt, daß auch über 300°, ebenso wie es für Tempp. unter 300° schon länger bekannt war, das Br^- keinen Anteil an der Leitfähigkeit des AgBr hat. Das abweichende Leitfähigkeitsverh. des AgBr bei Tempp. über 300° wird auf einen mit steigender Temp. steigenden Anteil an SCHOTTKYscher Fehlordnung zurückgeführt. (J. chem. Physics **20.** 218—28. Febr. 1952. Chicago, Ill., Univ., Dep. of Phys.) R. LEVI. 135

K. Hauffe, *Fehlordnungserscheinungen und Leitungsvorgänge in ionen- und elektronenleitenden festen Stoffen.* Zusammenfassende Darst. der Erscheinungen der Ionen- u. Elektronenleitung in einfachen Kristallen u. in Mischphasen sowie ihrer Beziehungen zur Fehlordnung. — 238 Literaturzitate. (Ergebn. exakt. Naturwiss. **25.** 193—292. 1951. Greifswald.) R. LEVI. 135

A. E. Middleton, C. S. Peet, O. J. Mengali und **R. S. Sirrine,** *Gleichrichter aus reduziertem TiO_2 für hohe Temperaturen* (Sitzungsbericht.) Vff berichten über die Herst. u. die Eigg. von aus red. TiO_2 hergestellten Gleichrichtern. Die Gleichrichterwrkg. bleibt bis zu 300° bestehen. Vgll. zwischen Se-, Cu_2O- u. TiO_2-Gleichrichtern ergaben, daß die TiO_2-Gleichrichter die prakt. Anforderungen eines Hochtemperaturgleichrichters erfüllen. (Physic. Rev. [2] **86.** 647. 15/5. 1952.) v. HARLEM. 135

C. S. Peet und **A. E. Middleton,** *Analyse der Gleichrichtercharakteristiken von für hohe Temperaturen verwendbaren Gleichrichtern aus reduziertem TiO_2.* (Sitzungsbericht.) Die Analyse der Eigg. von typ. Gleichrichtern aus red. TiO_2 ergab, daß die SCHOTTKYsche Diffusionstheorie der Gleichrichtung anwendbar ist. Die Strom–Spannungs-Charakteristiken u. das Verh. der Kapazität der Sperrschicht wurde in Abhängigkeit von der Temp., der angelegten Spannung u. der Austrittsarbeit der Gegenelektrode untersucht. Der Kontaktwiderstand wurde durch Extrapolation der Strom–Spannungs-Kurve auf Spannung Null ermittelt. Die Höhe des Sperrpotentials wurde aus der Neigung der Kontaktwiderstand/Temp.-Kurve zwischen Zimmertemp. u. 200° bestimmt. Die Höhe des Sperrpotentials geht direkt mit der Austrittsarbeit der Gegenelektrode, was bedeutet, daß die Gleichrichterschicht in dem Zwischenraum zwischen dem red. TiO_2 u. der Gegenelektrode liegt. Der Wert α, der experimentelle Wert für e/kT in der SCHOTTKYschen Diffusionsgleichung variierte zwischen 0,3 u. 0,8/V an Stelle von 40/V bei Zimmertemperatur. Die Analyse der Kapazitätscharakteristik der Sperrschicht als Funktion der Spannung u. Temp. gibt Aufschlüsse über die Dicke der Sperrschicht u. die Anzahl der Stromträger im Sperrgebiet. Das Auftreten der Gleichrichterwrkg. bei hohen Tempp. ist augenscheinlich bedingt durch ein hohes Diffusionspotential nach SCHOTTKY. (Physic. Rev. [2] **86.** 647. 15/5. 1952.) v. HARLEM. 135

W. J. Whitesell II und **V. A. Johnson,** *Berechnung des Einflusses eines magnetischen Feldes auf den Hall-Koeffizienten von unreinen Halbleitern.* (Sitzungsbericht.) Wie viele Unterss. gezeigt haben, ist bei Halbleitern der HALL-Koeff. R vom Magnetfeld H abhängig. Die theoret. Behandlung von HARDING benutzt die LORENTZ-Lsg. der BOLTZMANN-Gleichung u. nimmt an, daß die mittlere freie Weglänge l der Leitungselektronen unabhängig von der Energie ist. Diese Elektronen sind jedoch verschied. Arten von Streuung unterworfen, bes. Gitterstreuung mit einer energieunabhängigen mittleren freien Weglänge u. der RUTHERFORD-Streuung mit einer freien Weglänge proportional dem Quadrat der Energie. Auf dieser Basis wurden die Integrale, die die Abhängigkeit des R von H darstellen, ausgewertet unter Benutzung von $l = l_L \cdot L_I/(l_L + l_I)$, wo L_L konstant u. l_I proportional E^2 ist. Die Abhängigkeit des R von H ist abhängig von der Streuung an den Verunreinigungen. Im allg. nimmt R mit anwachsendem H ab, aber die Größe dieser Abhängigkeit ist abhängig von dem Anteil der Streuung an den Verunreinigungen. Die berechnete Änderung von R mit H ist gegenüber den Beobachtungen zu klein. (Physic. Rev. [2] **86.** 648. 15/5. 1952. Purdue Univ.) v. HARLEM 137

J. E. Goldman, *Kollektive Elektronentheorie des Sättigungsmoments von Legierungen.* (Sitzungsbericht.) Mit der kollektiven Elektronentheorie wird der Einfl. von Legierungselementen auf die Sättigungsmagnetisierung des Muttermetalls behandelt. Wenn das gelöste Atom sich in der Ordnungszahl um einige Einheiten vom Muttermetall unterscheidet, so wird dadurch die Besetzungswahrscheinlichkeit für die Energiezustände am Boden des 3d-Bandes klein. Die Spins werden negativ u. die Sättigung nimmt ab. (Physic. Rev. [2] **86.** 599. 15/5.; Bull. Amer. physic. Soc. **27.** Nr. 1. 24. 31/1. 1952. Carnegie Inst. of Technol.) FAHLENBRACH. 137

J. S. Kouvelites und **L. W. McKeehan,** *Magnetostriktive Schwingung verlängerter Sphäroide. Nickel–Eisen- und Nickel–Kupfer-Legierungen.* An einer Reihe von Ni–Fe- u. Ni–Cu-Legierungen werden die Längenmagnetostriktionswerte, diejenigen des E-Moduls in Abhängigkeit von der Feldstärke u. die Anfangspermeabilitäten gemessenen u. die Werte der inneren Spannungen nach der KERSTENschen Theorie berechnet u. mit anderen Werten verglichen. Bei den Ni–Fe-Legierungen werden die gleichen Messungen nach Magnetfeldabkühlung, nach n. Glühung u. im kaltverformten Zustande bestimmt. Die aus diesen Messungen bestimmten Elementarbereichgrößen stimmen sehr gut mit den Ergebnissen des BARKHAUSEN-Effektes überein. Für alle n. geglühten Legierungen mit flächenzentrierter Kristallstruktur gilt im Schaubild: E-Moduländerung–Magnetisierung der gleiche Kurvenzug. (Physic. Rev. [2] **86.** 898—904. 15/6. 1952. New Haven, Conn., Yale Univ., Sloane Phys. Labor.) FAHLENBRACH. 137

Françoise Gaume-Mahn, *Über den Ferromagnetismus bestimmter Gadolinium-Magnesium-Legierungen.* Gd–Mg-Legierungen mit einem Gd-Geh. >68% sind bei tiefen Tempp. ferromagnetisch. Die intermetall. Verb. GdMg (86,6% Gd) scheint bei den Legierungen mit 68—87% Gd das ferromagnet. Verh. zu bestimmen, u. zwar den gleichbleibenden CURIE-Punkt von 102° K, der dem GdMg zuzuschreiben ist u. oberhalb des CURIE-Punktes die Gültigkeit des CURIE-WEISSschen Gesetzes. Dafür spricht auch, daß von den drei Legierungen mit 72,84 u. 92% Gd die Susceptibilität bei 78° K u. bei einem Magnetfeld von 250 Oe mit $55 \cdot 10^{-3}$ bei der 84% Gd–Mg-Legierung den höchsten Wert besitzt. Bei den Gd–Mg-Legierungen mit mehr als 87% Gd tritt auch bei tiefen Tempp. Ferromagnetismus auf, wobei noch nicht entschieden ist, ob dieses ferromagnet. Verh. sich aus dem Ferromagnetismus von GdMg u. von reinem Gd zusammensetzen läßt. Das magnet. Atommoment nimmt zwischen 77 u. 84% Gd von 6,87 auf 7,49 BOHRsche Magnetonen (μ_B) zu, erreicht also weder den Wert des metall. Gd (7,946 μ_B) noch den von Gd^{3+} (7,942 μ_B). (C. R. hebd. Séances Acad. Sci. **235.** 352—54. 4/8. 1952.) FAHLENBRACH. 137

Ramón de Lucas Ortueta, *Ferrite.* Überblick über die magnet. Eigg. der Ferrite im Zusammenhang mit chem. Zus. u. kristallograph. Struktur, ihre Theorie, die Herstellungs- u. Formgebungsverff. u. die Verwendung in elektr. Apparaten. (Ion [Madrid] **12.** 255—60. 285. Mai 1952. Patronato Investig. científ., Labor. Inst. Torres Quevedo.) METZENER. 137

Roger Vautier, *Die Magnetostriktion der Kobaltferrite als Funktion der Zusammensetzung.* Die Feldstärkeabhängigkeit der Längenmagnetostriktion bei Raumtemp. wird an einer Reihe von Co-Ferriten mit Mol-% von CoO zwischen 35 u. 48% gemessen. Im isotropen Zustande ist die Magnetostriktion bei allen Proben stets negativ. Die Werte werden mit wachsender Feldstärke stärker negativ u. nehmen in Feldern zwischen 8000 u. 12000 Oe asymptot. Grenzwerte an. Die negativen Magnetostriktionswerte wachsen mit zunehmenden CoO-Gehalten. Verschied. Behandlungen beeinflussen den Kurvenverlauf wahrscheinlich durch Anisotropiebildungen. Anisotrope Ferrite besitzen in der Vorzugsrichtung positive Magnetostriktionswerte, die mit wachsender Feldstärke linear zunehmen. Senkrecht zur Vorzugsrichtung ist die Magnetostriktion wieder negativ. (C. R. hebd. Séances Acad. Sci. **235.** 356—58. 4/8. 1952. Paris, Bellevue.) FAHLENBRACH. 137

H. Aspden, *Eine Methode zur Messung der ferromagnetischen Hysteresisverluste mittels zweier Fluxmeter.* Beschreibung einer Schaltung unter Verwendung von zwei Fluxmetern. (J. sci. Instruments **29.** 5—7. Jan. 1952. Cambridge, Trinity Coll.) v. HARLEM. 137

A. I. Bulanowa, M. N. Michnewitsch und **W. B. Peretz,** *Über die Bestimmung der Koerzitivkraft von inhomogen magnetisierten Proben.* Vff. betrachten die ballist. Methoden zur Best. der Koerzitivkraft inhomogen magnetisierter zylindr. Proben im offenen magnet. Kreis u. vergleichen die damit erhaltenen Ergebnisse. (Журнал Технической Физики [J. techn. Physik] **22.** 1325—33. Aug. 1952.) AMBERGER. 137

Albert W. Overhauser, *Paramagnetische Relaxation in Metallen.* (Sitzungsbericht.) Zur Spinrelaxation eines entarteten Elektronengases tragen 5 Prozesse bei: a) Wechselwrkg. mit den von Gitterschwingungen herrührenden magnet. Feldern, b) mit den elektr. Feldern gleichen Ursprungs, c) mit den Kernspins, d) mit den Spins anderer Elektronen, e) mit den durch translator. Bewegung der anderen Elektronen herrührenden Feldern. Nur Übergänge 1. Ordnung durch die erwähnten Störungen werden behandelt u. mit Ausnahme des Falles c) die Elektronen mittels ebener Wellen dargestellt, entsprechend einer unabhängigen Bewegung in einer Potentialmulde konstanter Tiefe. Der wichtigste Prozeß ist der durch e) gegebene. Die Relaxationszeit ergibt sich angenähert umgekehrt proportional der Temperatur. Der Einfl. der Austausch- u. Korrelationsenergie, die Linienbreite u. Sättigungseffekte, die bei Resonanzabsorptionsverss. von Bedeutung sind, werden kurz gestreift. (Physic. Rev. [2] **86.** 646. 15/5. 1952. Berkeley, Univ. of California.) v. HARLEM. 137

I. G. Schtscherbakow, B. M. Lapschin und **I. I. Sasslawski,** *Über die Anwendung der PbO_2-Elektrode als Indicator auf die Säure–Basen-Umsetzung.* Untersucht wurde bei 20° das zeitliche Verh. der PbO_2 (**I**)-Elektrode in $Pb(NO_3)_2$, KNO_3, $Ba(NO_3)_2$, $Mg(NO_3)_2$, $Ni(NO_3)_2$ u. $Pb(NO_3)_2 + HNO_3$. Es ergab sich eine zeitliche Veränderung des Potentials als Funktion von p_H u. Natur des Elektrolyten. Dies ist die Folge des Kationenaustausches zwischen dem anod. **I** u. der Elektrolytlösung. Bei der Rk. von **I**-Pulver mit den untersuchten Elektrolyten ändert sich der p_H-Wert. Hieraus wird geschlossen, daß die **I**-Elektrode für die p_H-Best. nur dann verwendbar ist, wenn im Elektrolyten die Metallkationen fehlen. Bei der Rk. zwischen **I** u. Salzlsg. treten H-Ionen in die Lsg., so daß der p_H-Wert abnimmt. Aus dem Verh. der **I**-Elektrode im Syst. HNO_3 (**II**)–W. geht hervor, daß das Potential bei 13,05 Mol/Liter **II** durch ein Maximum geht u. nach einem Minimum erneut ansteigt. Bei 17,81 Mol/Liter **II**, entsprechend $HNO_3 \cdot H_2O$, wird der Anstieg sehr steil. Im Bereich 22,52—22,95 Mol/Liter (95,0—96,6% **II**) nimmt das Potential bes. stark zu, um oberhalb dieser Konz. konstant zu bleiben. Hier zeigt das Syst. **II**–W. Puffereigenschaften. Die Zunahme der Protonaktivität bis zum Punkt $HNO_3 \cdot H_2O$ ist durch die Zunahme der Konz. von H_3O^+ bedingt, oberhalb dieses Punktes durch die Zunahme der Konz. von $H_2NO_3^+$. Bei ca. 95% **II** tritt nach Sasslawski (vgl. C. **1949. II.** **1362**) das Ion $H_3NO_3^{2+}$ auf, das bei bestimmter **II**-Konz. unbeständig wird u. unter Abspaltung von H_3O^+ in NO_2^+ übergeht. (Журнал Прикладной Химии [J. angew. Chem.] **25.** 761—66. Juli 1952. Iwanowo, Chem.-Technol. Inst.) Lebtag. 139

Dwight E. Couch und **Abner Brenner,** *Ein Hydridbad für die elektrolytische Abscheidung von Aluminium.* Die besten Abscheidungen werden aus einer äther. 2—3mol. $AlCl_3$- u. 0,5—1,0mol. LiH-Lsg. erhalten. Die Ndd. sind duktil. Je Std. werden 0,025 bis 0,05 mm abgeschieden. Die erreichbare Dicke der Abscheidungen beträgt 0,75 mm. Die Härte liegt je nach den Arbeitsbedingungen zwischen 37 u. 97 Vickers. Bei Zusatz von *β.β'-Dichloräthyläther* wird die größte Härte erreicht. Weiter wird der Einfl. verschied. anorgan. Zusätze auf die Art der Abscheidung aus einem Bad aus geschmolzenem $AlBr_3$–KBr untersucht. (J. electrochem. Soc. **99.** 234—44. Juni 1952. Washington, D. C., Nat. Bur. of Standards.) J. Fischer. 141

R. Piontelli, *Gesichtspunkte zur Theorie der Elektrodenprozesse mit Elektronenübergängen.* Eine mathemat. Betrachtung der Elektrodenprozesse bei Elektrolysen führt zu dem Schluß, daß 1. die Beschaffenheit des Elektrodenmaterials keinen Einfl. auf den idealen Wert des Potentials ε_g hat, 2. die Differenzen $\varepsilon_a - \varepsilon_g$ u. $\varepsilon_i - \varepsilon_g$ im allg. zum selben Zeitpunkt gleich groß oder klein sind (wie im Fall des Austausches von Metallionen); ε_a ist das Potential der Zelle, wenn kein äußerer Strom fließt, u. ε_i das Potential im Augenblick des Stromflusses. Für Redoxsyst. besteht kaum eine Symmetrie dieser Differenzen beiderseits von ε_g, wie sie mit den Elektroden M/M^+ gefunden wird. In jedem Fall sind aber die Werte von ε_a u. ε_g experimentell zu realisieren. 3. Dieses Verh. wird vom Gesichtspunkt der Thermodynamik irreversibler Phänomene diskutiert, u. zwar unter der besonderen Annahme der Existenz eines „chem. Widerstandes", der die Reaktionsgeschwindigkeiten an den Elektroden verlangsamt, so daß beim Fließen eines äußeren Stromes ein Teil der elektr. Arbeit nicht ausgenutzt wird (Phänomene der Überspannung). 4. Zu den Fällen des „chem. Widerstandes" gehört auch die Elektronenaustrittsarbeit, die für das Syst. Metall/Vakuum definiert worden ist. Ferner wird diskutiert die auf der Elektrodenoberfläche bestehenden Hemmungen sowie die Wechselwrkg. der aktivierten Komplexe mit der Oberfläche u. den Einfl. der Konfigurationsänderungen infolge der Elektrodenreaktionen. (J. Chim. physique Physico-Chim. biol. **49.** C 53—65. Jan. 1952.) Surawski. 142

Geneviève Sutra, *Über die Wasserstoffüberspannung.* Vf. gibt einen neuen Mechanismus der H_2-Überspannung an, bei dem die Protonen an der Oberfläche adsorbiert werden u. in das Innere der Kathode eindringen. Nachdem das Metall gesätt. ist, entwickelt sich Wasserstoff. Es werden ferner Berechnungen durchgeführt, die eine gute Übereinstimmung der Theorie mit den experimentell gefundenen Daten zeigen. (J. Chim. physique Physico-Chim. biol. **49.** C 66—69. Jan. 1952.) Surawski. 143

P. J. Hillson, *Adsorption und Wasserstoffüberspannung.* Vf. untersucht die Intensität mit der capillarakt. Stoffe an Metallelektroden, die H_2 entwickeln, adsorbiert werden u. die Wrkg., die diese Stoffe auf Überspannung u. Elektrodenkapazität zeigen. Die Unterss. wurden in n. HCl-Lsgg. durchgeführt, um die verschiedensten Überspannungswerte, wie sie die Literatur angibt, miteinander vergleichen zu können. Die untersuchten Adsorbate sind: *n-Hexanol, n-Capronsäure, Hexylaminchlorhydrat* u. *p-Toluolsulfonsäure.* Das Elektrodenmaterial besteht aus *Ni, W, Ag, Ta* oder *Au.* Oberflächenakt. Substanzen rufen keine Überspannung durch Verdrängen von H-Ionen aus der Doppelschicht hervor. Ihre Wrkg. stellt vielmehr in Wahrheit eine Adsorption an der Oberfläche dar, wodurch Bldg. von relativ dicken Schichten zwischen Elektrodenoberfläche u. Doppelschicht eintritt u. somit die Entladung des H-Ions hemmt. Die verschied. Metalle unterscheiden sich sehr in ihrem Verh. gegenüber den adsorbierten Stoffen. Diese Differenzen sind durch die Adsorptionsenergien von H u. O an den verschied. Metallen bedingt. Organ. Moll., wie Hexanol oder die undissoziierte Capronsäure, die nur durch schwache van der Waalssche Kräfte adsorbiert werden, können nicht den chem. fest adsorbierten H oder O von den Metallen verdrängen. Diese organ. Verbb. haben somit kaum Einfl. auf die Überspannung solcher Elektroden. Die p-Toluolsulfonsäure ist aber bedeutend fester an die Ni-Elektrode gebunden u. zeigt demzufolge auch eine Überspannung. (J. Chim. physique Physico-Chim. biol. **49**. C88—96. Jan. 1952.) Surawski. 143

Harry C. Gatos und **Herbert H. Uhlig**, *Passivität von Eisen in Salpetersäure.* Es werden Fe-Filme auf Glas in HNO_3 (D. 1,42) getaucht. Wird die Probe direkt vom Vakuum in die Säure gebracht, so entsteht ein Verlust von 0,18 mg/cm^2, bevor das Fe passiv wird. Vorbehandlung mit O_2 oder Zugabe von 0,1 g KNO_2/50 cm^3 verringert den Verlust auf 0,09 mg/cm^2. N_2 oder entlüftetes W. haben keinen Einfluß. CO wirkt wie O_2-Beladung. O_2-Beladung u. eine Nachbehandlung bei 10^{-6} mm Hg zeigen keine Wirkung. Der O_2 ist also nur an der Oberfläche adsorbiert u. bildet kein Oxyd. Vorbehandlung der Filme in entlüftetem W. mit 0,1% $K_2Cr_2O_7$ über 2 Std. läßt von der Säure kein Fe lösen. Teilweises Abwaschen der Sperrschicht läßt vermuten, daß die Chromate reversibel adsorbiert oder teilweise „chemisorbiert" sind. Es wird angenommen, daß die Substanzen, die das Inlösunggehen des Fe verhindern, kathod. Zonen bilden, die dann die Passivierung der anod. Zonen beschleunigen. Bestätigt wird diese Anschauung durch die anod. Polarisation von Fe. (J. electrochem. Soc. **99**. 250—58. Juni 1952. Cambridge, Mass., Massachusetts Inst. of Technol., Dep. of Metallurg., Corrosion Labor.) J. Fischer. 143

W. Feitknecht und **A. Gaumann**, *Über die Passivierung von Blei in Schwefelsäure und über die sich an der positiven Platte des Bleiakkumulators abspielenden Zwischenprozesse.* Die anod. Passivierung von Pb in H_2SO_4 bei konstanter Stromdichte wird durch Messen der Spannungsänderung, des Widerstandes u. des Anodenpotentials der Zelle untersucht. Weiterhin prüfen Vff. das Entstehen einer $PbSO_4$-Schicht sowie ihre Umwandlung in PbO_2 mit einem Elektronenmikroskop. Nach Bldg. einer festen $PbSO_4$-Schicht auf der Pb-Oberfläche verläuft die Passivierung nach folgendem Schema: $Pb \rightarrow Pb^{2+} + 2e$; $Pb + 2\,H_2O \rightarrow PbO_2 + 4e + 4\,H^+$, woraus sich die Bldg. einer dünnen PbO_2-Schicht ergibt, die für Elektronen allein durchlässig ist. Die Umwandlung des $PbSO_4$ erzeugt eine dünne Lösungsschicht: $2OH^- \rightarrow 2e + 2OH$; $PbSO_4 \rightarrow SO_4^{2-} + Pb^{2+}$, woraus $Pb(OH)_4^{2+} \rightarrow PbO_2 + 2H^+$ folgt. Die Pb-Anoden verlieren durch Zerstörung der PbO_2-Schicht ihre Passivierung: $PbO_2 + 4H^+ + 2e \rightarrow Pb^{2+} + 2H_2O$. Der Mechanismus der an der positiven Bleiplatte ablaufenden Prozesse gleicht dem der Oberflächenfilme. (J. Chim. physique Physico-Chim. biol. **49**. C135—44. Jan. 1952.) Surawski. 143

T. Bjerge, Elektricitet og magnetisme. 3. aendrede udg. København: Munksgaard. 1951. (272 S. m. Abb.) Kr. 24,—.

A$_4$. Thermodynamik. Thermochemie.

R. E. Wilson, *Temperaturrichtwerte.* Die Internationale Temperaturskala von 1927, die sich an die thermodynam. Skala von Lord Kelvin anschließt, ist durch die Internationale Temperaturskala von 1948 ersetzt worden. Deren Festpunkte sind: O_2-Punkt —182,97°, Eispunkt 0,00°, Dampfpunkt 100,00°, Schwefelpunkt 444,60°, Ag-Punkt 960,80°, Au-Punkt 1063,00° beim Richtwert des Luftdrucks 1013,250 mb. Geändert sind: 1. der Silberpunkt ist von 960,5 auf 960,8° erhöht, was die Thermokreuzmessungen zwischen 630 u. 1063° bis zu 4‰ ändert; 2. die Konstante c_2 in der Strahlungsformel ist auf 1,438 cm·Grad neu festgesetzt, was sich auf Pyrometermessungen (oberhalb des Goldpunkts) auswirkt; 3. die Wiensche Formel ist durch die Plancksche Formel ersetzt, womit die bisherige obere Gültigkeitsgrenze wegfällt. (Mod. Refrigerat. **55**. Nr. 654. 302—04. Sept. 1952. U. S. Nat. Bur. Standards.) Pauli. 146

V. J. Berry und **E. W. Hough**, *Mögliche Erklärung der Briggsschen Grenzwerte für negative Drucke.* Die von Briggs (C. **1951**. I. 165) erhaltenen Grenzwerte für negative Drucke von *W.*, C_6H_6 u. $C_6H_5NH_2$ wurden mit Werten verglichen, die nach einer von Furth (Proc. Cambridge philos. Soc. **37**. [1941.] 252) angegebenen Formel berechnet wurden. Für die Temperaturabhängigkeit wurde eine gute Übereinstimmung mit den experimentell erhaltenen Daten erzielt. Lediglich in der Nähe des Gefrierpunktes wurden Abweichungen beobachtet, die nach Ansicht der Vff. auf Oberflächeneffekte der Gefäßwände zurückzuführen sind, deren Natur bisher noch nicht erforscht ist. (J. appl. Physics **23**. 931. Aug. 1952. Tulsa, Okla., Stanolind Oil and Gas Comp.) Klaffke. 148

Philip Closmann und **Richard T. Swin**, *Koexistenz von flüssigem Helium I und II.* Eine 55 cm lange Röhre von 0,86 cm Durchmesser, die mit He gefüllt war, wurde am oberen Ende auf 80° K u. am unteren auf 2,16° K gehalten. Die Temperaturverteilung wurde mit einem 1,5 cm langen Widerstandsthermometer gemessen. Bei Drucken über 2,2 at war die Temp. bis 4 cm unterhalb des oberen Endes konstant 2,16° K. Phasengrenzen waren dabei nicht zu beobachten; erst unterhalb des krit. Drucks war ein Meniskus zu erkennen. (Physic. Rev. [2] **86**. 576—77. 15/5. 1952. Houston, Tex., Rice Inst.) KIRSCHSTEIN. 149

H. D. Beckey und **W. E. Groth**, *Eine neue Methode zur Anreicherung von Isotopen im Übergangsgebiet zwischen Knudsen -und Poiseuille-Strömung.* Ein bisher unbekannter Trenneffekt für gasförmige Isotope wurde im Übergangsgebiet zwischen KNUDSEN- u. POISEUILLE-Strömung gefunden: werden zwei Gefäße durch eine Capillare, deren Durchmesser etwa gleich λ/r ist (λ mittlere freie Weglänge der Gasmischung), miteinander verbunden, das eine Ende der Capillare gekühlt u. das andere erwärmt, so reichert sich die leichte Komponente am kalten, die schwere am warmen Ende der Capillare an („Negativer Effekt"). Die Druck- u. Zeitabhängigkeit dieses Effektes wurde bei Mischungen von H_2 u. D_2 u. von *He* u. *Ne* untersucht. Durch eine Modifizierung der Versuchsordnung (Rückstromrohr mit POISEUILLE-Strömung) konnte im Druckbereich der reinen KNUDSEN-Strömung das Vorzeichen des Effektes umgekehrt werden („Positiver Effekt"). Als Ursache des negativen Effektes wurde gefunden, daß die durch den Konzentrationsgradienten verursachte „Vorwanderung" infolge der Änderung der mittleren freien Weglänge entlang der Capillare weniger separativ ist als die „Rückwanderung", die durch den Temperaturgradienten verursacht wird. Die Theorien von POLLARD u. PRESENT (C. **1948**. E. 546) über die Selbstdiffusion von Gasen in langen Capillaren u. die von PRESENT u. DE BETHUNE (C. **1950**. I. 1194) über die Diffusion einer bin. Gasmischung, welche die Existenz einer nichtviscosen, nichtseparierenden Strömung im Übergangsgebiet zwischen KNUDSEN- u. POISEUILLE-Strömung zeigten, wurden durch Einbeziehung der Wrkg. von Temperaturgradienten erweitert. Es ergaben sich dann die experimentell gefundenen Anreicherungseffekte. (Z. Naturforsch. **7a**. 474—80. Juli 1952. Bonn, Univ., Inst. für Physikal. Chem.) KLEVER. 149

Karlheinz Schmidt, *Experimentelle Untersuchungen am Ranque-Wirbelrohr.* Es werden Meßergebnisse über den Wanddruck- u. Wandtemperaturverlauf eines aus einem wärmeisolierenden Kunststoff hergestellten Wirbelrohres mitgeteilt, um eine von SCHULZ-GRUNOW (Kältetechnik **2**. [1950.] 273) gegebenen Erklärung des RANQUE-Effektes (J. Physique Radium **4**. [1933.] 112) nachzuprüfen, nach der als Ursache eine bisher unbekannt gebliebene intensive Schichtung angenommen wird u. die Turbulenz in dieser Schichtung als Kältemaschine arbeitet. Es zeigte sich, daß die theoret. Überlegungen mit den zwangsläufigen Folgerungen aus den Verss. übereinstimmen. (Z. Naturforsch. **7a**. 480—86. Juli 1952. Aachen, TH, Inst. für Mechanik.) KLEVER. 149

H. P. Broida und **G. T. Lalos**, *Rotationstemperaturen von OH in verschiedenen Flammen.* (Vgl. C. **1952**. 6808 u. **1953**. **1766**.) Um die Intensitätsverteilung von Zwischen-Rkk. u. Reaktionsprodd. sowie der Entw. eines Verbrennungsmechanismus zu bestimmen, untersuchen Vff. die Intensität der OH-Emission in verschied. kleinen Bereichen der BUNSEN-Typ-Flammen H_2, C_2H_2, CH_4 u. C_3H_8, welche mit O_2 vermischt sind. Sie bestimmen die Reaktionstempp. sowie ihre Intensität. Die gemessenen Tempp. der Reaktionszone ändern sich wenig mit dem Mischungsverhältnis für ein gegebenes Brennmaterial u. sind größer als die adiabat., was einen Mangel an Wärmegleichgewicht andeutet. In heißen Gasen jenseits der Reaktionszone wurde Rotations- u. Elektronengleichgewicht gefunden. Die Konz. des in den verbrannten Gasen gebildeten OH wurde so groß gefunden, daß sie sehr leicht die Emission von der Reaktionszone verbergen kann. (J. chem. Physics **20**. **1466**—71. Sept. 1952. Washington, D. C., Nat. Bur. of Standards, Div. of Heat and Power.) D. HAHN. 157

U. Neubert, *Schlierenaufnahmen fortschreitender Flammen in langgestreckten elektrischen Querfeldern.* Vf. verbrannte *Propan* in langgestreckten Bomben quadrat. Querschnitts. Zur Beobachtung des Flammenfortschrittes u. der Flammenflächenveränderung beim Ein- u. Austritt u. Durchströmen eines elektr. Kondensators wurden mit Hilfe des Funkens Momentschlierenaufnahmen gemacht. Beim Anlaufen der Flamme auf das inhomogene Feld wächst die Flammengeschwindigkeit v etwas an, um sich im Feld selbst wieder zu verlangsamen. Dabei verschwinden die dunklen, breiten Konturen der Flamme, welche die Existenz der hydrodynam. Diskontinuitätsfläche anzeigen. Beim weiteren Fortschreiten im Felde rutscht die Flamme an der negativen Feldplatte auf Grund der größeren Flammenfläche mit 4—5facher Flammengeschwindigkeit entlang. Nach dem Verlassen des Kondensators sinkt v wieder auf den ursprünglichen Wert von 1 m/sec herab. Der kleinere Dichtegradient im Felde deutet darauf hin, daß hier die Flamme energieärmer ist als bei fehlendem elektr. Feld. (Brennstoff-Chem. **33.** 370—75. 19/11. 1952. Braunschweig.) ROEDER. 157

E. U. Franck, *Zur Wärmeleitung in Gemischen chemisch reagierender Gase.* Mit Hilfe der auf ONSAGER u. MEIXNER zurückgehenden Ansätze der Thermodynamik irreversibler Prozesse leitet Vf. die allg. Wärmestromgleichung für Gasgemische mit chem. reagierenden Komponenten ab. Die Gleichung berücksichtigt neben dem Transport von Reaktionswärme durch Diffusion auch noch den durch Thermodiffusion bedingten. Von dieser Gleichung ausgehend werden speziell die Mischung zweier Edelgase (*Ar–He*) mit gleicher Enthalpie u. einer solchen von Komponenten ungleicher Enthalpie ohne die Möglichkeit zu chem. Rkk. behandelt. Vf. untersucht weiterhin die Wärmeleitung in Gasmischungen, deren Partner mit u. ohne Änderung der Teilchenzahl mit merkbarer Wärmetönung miteinander reagieren, wie z. B. N_2O_4 u. J_2. Numer. Berechnungen zeigen, daß der Thermodiffusionsanteil bis auf ca. $^1/_3$ der n. Wärmeleitfähigkeit ansteigen kann, andrerseits aber nur wenige % des nicht davon zu trennenden Diffusionsanteils beträgt. Die für bin. Gasmischungen gültige allg. Wärmestromgleichung läßt sich auch für die Behandlung der Wärmeleitfähigkeit reiner, zweiatomiger Gase bei geringer Anregung von Rotation u. Schwingung verwenden u. führt zu einer Erweiterung des EUCKENschen Ansatzes für die Wärmeleitfähigkeit solcher Gase. (Z. physik. Chem. **201.** 16—31. Nov. 1952. Göttingen, Univ., Inst. für Physikal. Chem.) E. HEINRICH. 158

Mark von Stackelberg, Kalorisch-chemische Rechenaufgaben. Berlin, Göttingen, Heidelberg: Springer. 1952. (71 S. m. 2 Abb.) 8°. DM 5,80.

A_5. Grenzschichtforschung. Kolloidchemie.

P. W. Geld, N. W. Saimskich, N. N. Sserebrennikow und **Ju. P. Nikitin,** *Oberflächenspannung von Eisen–Silicium-Legierungen.* Unter Anwendung von Si von 98,13% Reinheit wurde bei 1480° die Oberflächenspannung σ der Fe–Si-Legierungen in Abhängigkeit von der Si-Konz. an der Grenze mit H_2 u. Schlacke untersucht. Es zeigte sich, daß Si eine starke Abnahme von σ bedingt. Es wurde hierbei angenommen, daß bei einem Si-Geh. <33,3 Gew.-% die Legierung als *FeSi* (**I**) vorliegt, während oberhalb dieser Grenze daneben freies Si vorliegt. Die Isotherme σ–Si-Geh. in % weist bei 31% einen Knickpunkt auf. Diese Abweichung gegenüber 33,3% wird mit Ungenauigkeiten des Vers. oder durch die Verunreinigungen von Si erklärt. Die σ-Abnahme mit steigendem Si-Geh. in den Si-reichen Schmelzen weist darauf hin, daß hier als oberflächenakt. Si auftritt. Es wird gezeigt, daß auf das Syst. **I**–saure Schlacke die Addivitätsregel anwendbar ist. Für die Systeme Fe–saure Schlacke, Sulfid–Metall u. Sulfid–Schlacke gilt sie nur halbquantitativ. (Журнал Прикладной Химии [J. angew. Chem.] **25.** 687—95. Juli 1952. Uraler Polytechn. Kirow-Inst., Lehrstuhl für Theorie der metallurg. Prozesse.) LEBTAG. 166

W. D. Ponomarew und **L. P. Ni,** *Zur Theorie der Filtration.* Vff. zeigen, daß die von BELKIN (Журнал Химической Промышленности [J. chem. Ind.] 7—8. [1946.] 10) aufgestellten Gleichungen für den Filtrationsvorgang nicht berücksichtigen, daß außer durch die Änderung der Gesamtvolumenporosität die Zunahme des spezif. Widerstandes des Nd. bei dessen Kompression auch durch die Änderungen des Unebenheitskoeff. des unkomprimierten Nd., die Form des Porenquerschnitts u. die Zunahme des toten Porenraumes verursacht wird. Die beiden Größen werden zusammenfassend als Porenkonfiguration bezeichnet. Es werden Gleichungen für die Beziehungen zwischen dem spezif. Widerstand des komprimierten u. dem des unkomprimierten Nd. unter Berücksichtigung der Porenkonfiguration u. der Unebenheitsänderung sowie für die Filtrationsgeschwindigkeit für die beiden Fälle abgeleitet. (Журнал Прикладной Химии [J. angew. Chem.] **25.** 730—39. Juli 1952. Inst. für chem. Wiss. der Akad. der KasachSSR.) LEBTAG. 171

G. A. H. Elton und **F. G. Hirschler,** *Bestimmung der elektrokinetischen Ladung und des Potentials nach dem Sedimentationsverfahren.* 2. Mitt. *Pyrexglas in wässerigen Kaliumchloridlösungen.* (1. vgl. C. **1952.** 6339.) Aus Messungen der Sedimentationsgeschwindigkeit wurden die elektrokinet. Ladungen u. die Potentiale von Pyrexglasteilchen in verd. wss. KCl-Lsgg. berechnet. Die Werte für Mikrokugeln u. unregelmäßig geformte Teilchen zeigten gute Übereinstimmung. Um die Brauchbarkeit von Ag–AgCl-Elektroden für elektrokinet. Messungen zu rechtfertigen, wurden weiterhin Unterss. mit KCl-Lsgg., die AgCl gelöst enthielten, vorgenommen, wobei nur bei sehr verd. Lsgg. die Ergebnisse von denen, die bei reinen KCl-Lsgg. erhalten wurden, abwichen. (J. chem. Soc. [London] **1952.** 2953—55. Aug. Battersea Polytechnic.) KLAFFKE. 174

R. P. Mitra und **H. B. Mathur,** *Titrationskurven der Tonmineralien Attapulgit und Nontronit.* An den mit 0,03 n HCl in die H-Form umgewandelten Tonsubstanzen *Atta-*

pulgit (I) u. *Nontronit* (II) untersuchen Vff. potentiometr. u. konduktometr. die Neutralisation mit KOH u. $Ba(OH)_2$. Drei Wendepunkte, entsprechend 3 verschied. Neutralisationsstufen, werden gefunden. In Ggw. von KCl bzw. $BaCl_2$ zeigen sich infolge von Austausch-Rkk. bei den Titrationen Verschiebungen der Wendepunkte. Dieser Adsorptionseffekt wird bei p_H 5,7 u. 9 mit n/1 $BaCl_2$ für I u. II geprüft. Die Ergebnisse werden auf Grund der Gitterstruktur der Mineralien als Neutralisation isomorpher H-Ionenladungen der Oktaeder- u. Tetraederschichten diskutiert. (J. physic. Chem. **56**. 633—37. Mai 1952. Delhi, Indien, Univ., Dep. of Chem.) WEITBRECHT. 176

George A. Last und **Melvin A. Cook**, *Sammler-Drücker-Gleichgewichte bei der Flotation.* 1. Mitt. *Anorganische Drückersubstanzen für Metallsulfide.* An dem Syst. *Kalium-n-amylxanthogenat* (I)–*Na_2S* (II)–*Bleiglanz* untersuchen Vff. im Konzentrationsbereich von 0—500 mg I/Liter u. 0—150 mg II/Liter bei 25° die Flotationsgleichgewichte mit der Blasenaufnehmmeth. von COOK u. DIGRE, wobei mit KCl eine Ionenstärke von 0,2 u. mit verschied. Pufferlsgg. ein p_H zwischen 5,7 u. 13,3 eingestellt wird. Die graph. mitgeteilten Ergebnisse werden als ein hydrolyt. einseitiger Adsorptionsmechanismus der freien Sammler- u. Drückersäure auf Grund der Theorie von COOK diskutiert. Von den bereits untersuchten Systemen *Pyrit, Chalkopyrit, Markasit, Bornit, Tetraedrit, Covellin, Bleiglanz* u. *Sphalerit* mit n-Amylxanthogenat, *Allylxanthogenat, Diäthyldithiocarbamat, Diallyldithiocarbamat* u. *Di-n-amyldithiocarbamat* als Sammler sowie $Na_2S \cdot 9H_2O$ u. *NaCN* als Drücker werden schließlich die Adsorptionskonstanten u. Adsorptionspotentiale berechnet. Unter Berücksichtigung der Hydrolysenkonstante ergibt sich eine Übereinstimmung mit der Theorie. (J. physic. Chem. **56**. 637—42. Mai 1952. Salt Lake City, Utah, Univ., Dep. of Metallurgy.) WEITBRECHT. 176

George A. Last und **Melvin A. Cook**, *Sammler-Drücker-Gleichgewichte bei der Flotation.* 2. Mitt. *Drückerwirkung von Tannin und Quebracho.* (1. vgl. vorst. Ref.) An den Systemen *Bleiglanz–Kalium-n-amylxanthogenat–Tannin* u. *Bleiglanz–Kalium-n-amylxanthogenat–Quebracho* werden Verss. bei 25±0,5° über die Flotation mit koll. Drückersubstanzen im p_H-Bereich 6,2—12,0 angestellt. Die Ergebnisse werden graph. mitgeteilt u. können unter Berücksichtigung der tabellar. mitgeteilten Dissoziations- u. Adsorptionskonstanten durch die Theorie der hydrolyt. freien Säureadsorption gedeutet werden, wobei die Drückerwrkg. mit dem undissoziierten Radikal $—C_6H_2(OH)_3$ zusammenhängt, obwohl 2 oberflächenakt. Gruppen, Carbonsäure- u. Phenolgruppen, vorhanden sind. Schließlich ergeben sich Anzeichen dafür, daß Gerbstoffe in Form von Micellen nicht als Drücker wirksam sind. (J. physic. Chem. **56**. 643—48. Mai 1952. Salt Lake City, Utah, Univ., Dep. of Metallurgy.) WEITBRECHT. 176

Leon Lapidus und **Neal R. Amundson**, *Die geschwindigkeitsbestimmenden Vorgänge bei der radialen Adsorptionsanalyse.* Vff. versuchten ihre schon früher aufgestellten Gleichungen für Adsorptionsvorgänge an runden Adsorptionsscheiben, die auf einem Teller, dessen Rand für den Flüssigkeitsabfluß vielfach radial durchbohrt ist, ruhen u. in deren Mitte für den Zufluß ein ebenfalls mehrfach radial durchbohrter Einsatz sich befindet, zu prüfen u. die Geschwindigkeitsabhängigkeit der Verteilung zu klären. Die radiale Adsorption bietet nach Ansicht der Vff. gegenüber der vertikalen Säulenanordnung verschied. Vorteile. Vff. geben eingehende theoret. Begründung u. Erläuterung ihrer auf der chem. Reaktionskinetik oder den Diffusionsmechanismen in der fl. oder festen Phase basierenden Gleichungen. Sie diskutieren deren Ordnungsverhältnisse mit besonderer Rücksicht auf die Einflüsse, welche maßgebende Unterschiede der der Adsorption zugrunde liegenden Mechanismen zur Folge haben. So wird der Einfl. der Teilchengröße des Adsorbens, der Fließgeschwindigkeit, von Diskontinuitäten im Adsorptionsverlauf bei zeitlicher Unterbrechung u. die Berechnung der Gleichungsparameter besprochen. Bei der Adsorption von K^+ aus 34,94 mmol. *KCl*-Lsg. an *Dowex 50* ergibt sich Diffusion in fl. Phase als geschwindigkeitsbestimmender Schritt, während dies bei der Adsorption von *$CuSO_4$* u. *Essigsäure* Diffusion in fester Phase ist u. in keinem der 3 Fälle ein chem. Reaktionsmechanismus sich geltend macht. (J. physic. Chem. **56**. 373—83. März 1952. Minneapolis, Minn., Univ. of Minnesota.) WINGCHEN. 177

G. Hesse, Irmgard Daniel und **G. Wohlleben**, *Aluminiumoxyde für die chromatographische Analyse und Versuche zu ihrer Standardisierung.* Viele Al_2O_3-Präpp. weisen für die Chromatographie eine unzulängliche Reproduzierbarkeit auf. Vff. haben die Eigg. dieses Adsorbens, das je nach Herst. alkal., neutral oder sauer reagiert u. daher Stoffe unterschiedlich adsorbiert u. sich auch bei der Eluierung unterschiedlich verhält, eingehend untersucht. Sie versuchten durch vergleichende Messungen zu vergleichbaren Präpp. mit konstanten Eigg. zu gelangen. Es wurden daher in vielen Präpp. die Filtriergeschwindigkeit, Aktivität, Aktivitätsstufen u. -reihen, die Austauschaktivität u. die Adsorptionsgeschwindigkeit (Halbwertszeit) bestimmt u. die Rolle der Korngröße untersucht. Für die Kriterien wurden dann prakt. Meßmethoden ausgearbeitet (u. a. die Azobenzolzahl mit absol. Cyclohexan als Lösungsm. für den Farbstoff). Die Ergebnisse führten zu Kennzahlen, die in Zusammenarbeit mit der Fa. MAX WOELM, Eschwege, die auch die Herst. von Al_2O_3-Präpp. übernommen hat, aufgestellt wurden. Die Kennzahlen sind für drei nunmehr hergestellte Präpp. charakteristisch. Es werden u. a. folgende Werte angegeben: Al_2O_3 (WOELM): Alkal.: p_H 9; Filtriergeschwindigkeit für W. cm^3/Min. 0,13; Aktivitätsstufe I; alkalifrei: 7,5; 0,13; I; sauer: 4; 0,15; I. Die Halbwertszeiten sind besser als 5 Sek.; die Schüttdichten liegen zwischen 0,9 u. 1,0. (Angew. Chem. **64.** 103—07. 21/2. 1952. Freiburg/Br.) WINGCHEN. 177

A_6. Strukturforschung.

F. Verdaguer, C. Sánchez del Rio, R. Keller und **A. Kind,** *Beugung langsamer Neutronen durch mikrokristallines Pulver von UO_2 und CeO_2.* Nach dem von KELLER angegebenen Verf. (vgl. C. **1951.** II. 774) werden Durchlässigkeitsmessungen mit monokinet. Neutronen in mikrokrist. UO_2- u. CeO_2-Pulvern durchgeführt. Die theoret. Unters. der Wirkungsquerschnittskurven als Funktion der den Neutronen zugeordneten Wellenlänge gestattet die Best. des Wertes u. Vorzeichens der Streuamplitude von U u. Ce. (Helv. physica Acta **25.** 79—86. 1/2. 1952. Genève, Univ., Inst. de Phys.) GERHARD SCHMIDT. 181

L. Shenfil, W. E. Danielson und **J. W. M. DuMond,** *Ein punktfokussierender Monochromator für Kleinwinkelröntgenbeugung.* (Sitzungsbericht.) Einen anastigmat. Punktfokus von monochromat. Strahlung erhält man durch zwei aufeinanderfolgende Reflexionen von zwei zylindr. gebogenen Quarzkristallen, deren Fokalkreise senkrecht zueinander liegen. Die zu untersuchende Probe befindet sich zwischen dem zweiten Kristall u. dem Punktfokus; der abgebeugte Strahl trifft auf den photograph. Film, der am Punktfokus senkrecht zum nichtabgebeugten Strahl angebracht ist. Das Interferenzbild besteht aus konzentr. Ringen um den Punktfokus, dessen Auswertung leicht ist. Auflösbar sind noch Interferenzen bis zu 6 Min. im Winkelmaß von dem Primärstrahl. Die Untergrundschwärzung ohne Substanz beträgt weniger als ca. 1/5000 der Intensität des Primärstrahls, u. zwar bei einem Beugungswinkel von 10 Minuten. Von *Dow Latex 580 G* wurden Interferenzringe bis zur zwanzigsten Ordnung erhalten. Vorläufige Messungen an 11 Ringen verschied. Aufnahmen ergaben einen mittleren Teilchendurchmesser von 2692±3 Å. (Physic. Rev. [2] **85.** 739. 15/2. 1952.; Bull. Amer. physic. Soc. **26.** Nr. 7. 5. 30/11. 1951. California, Inst. of Technol.) GOTTFRIED. 181

R. L. Berry, M. B. Waldron und **G. V. Raynor,** *Diskussion der vorgeschlagenen äußeren Brillouin-Zonen, anwendbar auf Titan.* Diskussion der von NICHOLAS (C. **1953.** 2401) vorgeschlagenen Meth. zur Konstruktion der äußeren BRILLOUIN-Zonen für kub. Gitter im Hinblick auf die unterschiedliche, von den Vff. angegebene Methode. (Research **3.** [1950.] 195). (Research **5.** 240. Mai 1952. Birmingham, Univ., Dep. of Metall.) SPEER. 181

Clarence Zener, *Die Theorie von D_0 für die Atomdiffusion in Metallen.* Die Theorie der Diffusions-Aktivierungsentropie ΔS in Metallen wird von der Zwischendiffusion auf die Eigendiffusion u. die chem. Diffusion ausgedehnt. Es wird festgestellt, daß ΔS immer positiv ist. Bei sehr niedriger Konz. stimmt das empir. gefundene ΔS mit dem theoret. positiven ΔS sehr gut überein. Das scheinbar stark negative ΔS, das häufig für chem. Diffusion bei großer Konz. gefunden wird, muß entweder auf Versuchsungenauigkeiten oder auf das Vorhandensein von kurzen netzförmigen Diffusionswegen (infolge Inhomogenität an Korngrenzen u. Störstellen) zurückgeführt werden. Es wird vorausgesagt, daß die negativen Werte von ΔS positiv werden, wenn sehr kleine Konzz. in Proben mit großer Korngröße (damit geringe Bedeutung der Korngrenzen) vorhanden sind. (J. appl. Physics **22.** 372—75. April 1951. Chicago, Ill., Univ., Inst. for the Study of Metals.) KLEFFNER. 197

P. L. Chang und **W. D. G. Bennett,** *Diffusion von Wasserstoff. Vorgänge in Eisen und Eisenlegierungen bei erhöhten Temperaturen.* Inhaltlich ident. mit der C. **1952.** 5965 referierten Arbeit. (Iron and Steel **25.** 240—43. 17/5. 1952.) J. FISCHER. 197

R. E. Hoffman, *Die Selbstdiffusion von flüssigem Quecksilber.* (Sitzungsbericht.) Unter Verwendung der von ANDERSON u. SADDINGTON (J. chem. Soc. [London] **1949.** 381) beschriebenen Meth. wurde zwischen 0 u. 90° der Selbstdiffusionskoeff. D von fl. Hg bestimmt. Die Ergebnisse lassen sich durch $D = 1{,}26 \cdot 10^{-4} \exp(-1150/RT)$ darstellen u. stehen mit den Viscositätsdaten in besserer Übereinstimmung als die von HAÏSSINSKY u. COTTIN (vgl. J. Physique Radium **11.** [1950.] 611) erhaltenen. (Physic. Rev. [2] **86.** 585. 15/5.; Bull. Amer. physic. Soc. **27.** Nr. 1. 10. 31/1. 1952. Gen. Electr. Res. Labor.) FUCHS. 197

James W. Edwards, Rudolph Speiser und **Herrick L. Johnston,** *Struktur und thermische Ausdehnung einiger Metalle bei hohen Temperaturen durch Röntgenuntersuchung.* 1. Mitt. *Platin, Tantal, Niob und Molybdän.* Es werden Kristallstruktur u. therm. Ausdehnung von Pt (99,95), Ta (99,9), Nb (99,8), Mo (99,9) zwischen 1100 u. 2500° K durch Röntgenunters. bestimmt. Alle Metalle haben in diesem Temperaturbereich eine gleichmäßige therm. Ausdehnung u. weisen keine Strukturänderung auf. Die bleibende Dehnung von Ta-Drähten nach Glühen bei 2473 u. 2773° K scheint eher durch Kristallreorientierung u. -wachstum in bevorzugter Richtung als durch Änderung der Kristallstruktur hervorgerufen zu werden. Für die therm. Ausdehnung werden quadrat. Gleichungen entwickelt: für Pt $\Delta a_0/a_0 = 7{,}543\cdot10^{-6}\,(T-291) + 2{,}362\cdot10^{-9}\,(T-291)^2$. a_0 = Gitterkonstante bei 291° K u. Δa_0 = Änderung der Gitterkonstanten zwischen 291° K u. höheren Temperaturen. Die Gleichung gilt zwischen 1140 u. 2005° K mit einer Abweichung von $\pm0{,}19\cdot10^{-3}$. Für Ta gilt zwischen 1135 u. 2495° K $\Delta a_0/a_0 = 6{,}080\cdot10^{-6}\cdot$ T — 291) + $7{,}50\cdot10^{-10}\,(T-291)^2$ mit einer Abweichung von $\pm0{,}20\cdot10^{-3}$. Für Nb gilt zwischen 1115 u. 2474° K $\Delta a_0/a_0 = 7{,}951\cdot10^{-6}\,(T-291) + 6{,}96\cdot10^{-10}\,(T-291)^2$ mit einer Abweichung von $\pm0{,}09\cdot10^{-3}$. Für Mo gilt, bezogen auf 273° K zwischen 1126 u. 1819° K $\Delta a_0/a_0 = 0{,}987\cdot10^{-3} + 2{,}40\cdot10^{-6}\,(T-273) + 2{,}20\cdot10^{-9}\,(T-273)^2$ mit einer Abweichung von $\pm0{,}08\cdot10^{-3}$. Die so errechneten Ausdehnungskoeffizienten $\alpha = \Delta a_0/a_0$ werden mit experimentellen Werten u. Werten aus GRUENEISENs Näherungsgleichung verglichen u zeigen, daß man sehr gut von niedrigen u. gemäßigten zu höheren Tempp. extrapolieren kann. (J. appl. Physics **22.** 424—28. April 1951. Columbus, O., Ohio State Univ., Cryogenic Labor Dep. of Chem.) KLEFFNER. 197

R. L. Fullman, *Die freie Flächenenergie zusammenhängender Zwillingskornflächen in Kupfer.* Das Verhältnis der freien Flächenenergie zusammenhängender Zwillingsflächen zu der durchschnittlichen freien Korngrenzenenergie in Cu wird durch Messung der an den Schnittpunkten von Zwillingsflächen u. Korngrenzen gebildeten Winkeln zu $0{,}035\pm0{,}006$ bestimmt. (J. appl. Physics **22.** 448—55. April 1951. Schenectady, N. Y., Gen. Electr. Res. Labor.) KLEFFNER. 197

R. L. Fullman, *Kristallographie und freie Flächenenergie nicht zusammenhängender Zwillingsflächen in Kupfer.* (Vgl. vorst. Ref.) Es werden die Kristallographie u. freie Flächenenergie nichtzusammenhängender Zwillingsflächen in Cu untersucht. Man findet, daß die nichtzusammenhängenden Zwillingsflächen annähernd einer {113}-Fläche des einen Kristalls u. einer {355}-Fläche des anderen Kristalls parallel sind. Das Verhältnis der freien Flächenenergie nichtzusammenhängender Zwillingsflächen zu der durchschnittlichen freien Energie an den Korngrenzen in Cu ist durch die Formel $\sigma_V/\sigma_G = -(\cos\theta_1 + \cos\theta_2)$ gegeben u. errechnet sich zu $0{,}80\pm0{,}015$. (J. appl. Physics **22.** 456—60. April 1951.) KLEFFNER. 197

R. C. Gifkins, *Kornveränderungen bei langsamer Dehnung. Pb–Tl-Legierungen* mit ca. 5 At.-%, bes. aber mit 8 At.-% Tl zeigen bei niedriger Dauerbelastung bis zum Bruch eine außerordentlich große Dehnung, z. B. bei einer anfänglichen Belastung von 0,21 kg/mm² eine Dehnung von 372% in 221 Tagen. Dabei tritt, wie Röntgenunterss. zeigten, keine augenfällige Rekristallisation ein. Ebenso konnten weder Gleitlinien noch Vorzugsorientierungen beobachtet werden, u. selbst nach dem Bruch waren noch einige Körner relativ ungestört. Dagegen zeigten einzelne größere Körner stark unregelmäßige Grenzen, die halbinselförmig in andere Körner hineinragen. Diese durch gegenseitige Quetschung hervorgerufene Deformation einzelner Körner kann zum Teil den Mechanismus der Dehnung bei niedriger Dauerbelastung erklären. (Nature [London] **169.** 238—39. 9/2. 1952. Melbourne, Univ., Baillieu Labor.) KLEFFNER. 200

C. Crussard, *Experimentelle Untersuchungen über die plastische Verformung von Metallkristallen.* Übersicht über die plast. Gleichung der Einzelkristalle, die mechan. Zwillingskristallbldg., die Härtung, das Fließen u. die Legierungen. (Métaux **26.** 279—91. Juli/Aug. 1951.) WESLY. 200

R. I. Garrod, J. W. Suiter und **W. A. Wood,** *Eine elektronenmikroskopische Untersuchung über die Wirkung von Temperatur und Spannungsbeanspruchung auf den Deformationsmechanismus von Aluminium.* Vff. untersuchten durch Formvar- u. Oxydabdrucke an polykristallinen Proben die plast. Verformung über einen Temperatur- u. Spannungsbereich. Die elektronenmkr. Beobachtungen bestätigten die Ansichten von WOOD, WILMS u. RACHINGER (C. **1952.** 5479), daß es 3 Grundstufen im Deformationsmechanismus der Metalle gibt, die „Gleit-, Zell- u. Grenzmikroflußprozeß" genannt werden. Im ersten Stadium erfolgt ein Gleiten im Inneren der Körner, aber keine Veränderung an den Korngrenzen. Wenn Temp. u. Spannungsanteil passend eingestellt werden, ist in der Zellstufe kein Gleiten sichtbar. Die Zellgrenzen sind so scharf wie die Korngrenzen. In der Grenzmikroflußstufe geschieht keine Veränderung im Innern der Körner. In den beiden Stadien des Zell- u. Grenzmikroflusses aber treten Linien hervor, ähnlich beim Gleitstadium; sie finden sich aber nur an den Korngrenzen u. parallel zu deren Richtung. (Philos. Mag. [7] **43.** 677-85. Juni 1952.) HARTMANN-FAHNENBROCK. 200

B. H. Alexander, M. H. Dawson und **H. P. Kling,** *Die Deformation von Golddraht bei hoher Temperatur.* Golddrähte (999) werden bei hohen Tempp. (920, 970, 1020°) geringen Zugbeanspruchungen unterworfen u. die Kraft/Zeit-Beziehungen ermittelt. Die Kriechkurven sind den allg. für Metalle bei niedrigen Tempp. erzielten Kurven ähnlich. Bei geringer Beanspruchung (bis $120 \cdot 10^5$ Dyn/cm²) sind Dehnung u. Kraft proportional; d. h. der Fluß des Drahtes zeigt viscoses Verhalten. Es werden der Viscositätskoeff. u. seine Temperaturabhängigkeit besprochen u. einige Theorien, welche das viscose Verh. von Metallen erklären sollen, diskutiert. Die Oberflächenenergie (aus den Kurven ermittelt) beträgt zwischen 920 u. 1020° 1200—1700 Dyn/cm. Die Aktivierungsenergie wird zu 48000 cal/Mol bestimmt. (J. appl. Physics **22.** 439—43. April 1951. Bayside, N. Y., Sylvana Electric Products, Inc., Metallurg. Labors.) KLEFFNER. 200

B. Chalmers, Progress in metal physics. London: Pergamon Pr. 1953. (408 S. m. Abb.) s. 60,—.

A₇. Gleichgewichte. Kinetik.

Paul Hagenmuller, *Beitrag zum Studium der Nitrite in wässeriger Lösung.* Vf. macht auf Grund von Messungen der Gefrierpunktserniedrigung die Existenz von NO_2^--Ionen enthaltenden Anionkomplexen in wss. Lsgg. der Nitrite des Hg(II), Cd, Pb, Cu u. Co(II) wahrscheinlich. Die Formel dieser Komplexe ist abhängig von der Natur des komplexbildenden Metalls u. des Kations in der Lösung. Im allg. ist die Anzahl der NO_2^--Ionen größer bei zweiwertigen als bei einwertigen Metallen, was aber darauf zurückgeführt wird, daß immer 2 Komplexe vorhanden sind, deren Umwandlungsgleichgewicht jedoch jeweils stark nach der einen oder anderen Richtung verschoben ist. Die Formeln entsprechen meistens den mit anderen Ionen gebildeten, bereits bekannten Komplexen. Das Koordinationsmaximum beträgt 4 in guter Übereinstimmung mit der Theorie von KOSSEL-MAGNUS. In die Komplexverbb. mit 4 NO_2^--Ionen können beim Cu u. Cd für ein NO_2^--Ion ein H_2O-Mol. aufgenommen werden. Die Komplexverbb. dissoziieren weitgehend in ihre einfachen Komponenten, u. zwar um so mehr, je schwächer die Basennatur des Kations ist. Diese Regel gilt streng für die Alkalimetalle, bei den Erdalkalimetallen dissoziieren dagegen bei Ggw. von Ba-Ionen die Komplexe stärker als bei Ggw. von Sr- oder Ca-Ionen. Die Mg-Komplexe sind weniger dissoziiert als die Erdalkalikomplexe. Die Komplexe des Mn, Cu, Ni u. Zn entsprechen in ihrer Dissoziation der Reihenfolge der p_K-Werte der jeweiligen Basen. Wegen ihrer starken Dissoziation sind die Komplexe nach keinem der üblichen Verff. isolierbar. Bei geringem Zusatz von NaOH oder H_2S werden sie augenblicklich zersetzt. Der Zusatz von starken Säuren wirkt weniger radikal, hier ist die Zers. bedingt durch das Freiwerden der gesamten HNO_2 u. durch die Reaktionswärme. Ohne Zweifel bilden sich dabei die entsprechenden Komplexe mit den Ionen der betreffenden starken Säure. In bezug auf das komplexgebundene Metall gilt die Regel, daß die Komplexe um so stabiler sind, je elektropositiver das Metall ist. Die übliche Ausnahme macht das Cd. Als vermutliche Struktur des NO_2 im Komplex wird O=N—O— angesehen. Die Ergebnisse werden eingehend diskutiert. (Ann. Chimie [12] **6.** 5—52. Jan./Febr. 1951. Paris, Labor. du Prof. Chrétien, Chimie M. P. C.) NIEMITZ. 223

Donald F. Othmer und **Mahesh S. Thakar,** *Wechselbeziehungen zwischen Löslichkeit und Verteilungskoeffizient.* Ebenso wie man die Löslichkeit eines festen Salzes [*Harnstoff, Saccharose,* NH_4-, *Cu-* u. *Na-Sulfat,* $KMnO_4$ u. $Ca(OH)_2$] in W. in Abhängigkeit vom Dampfdruck des W. durch Verwenden eines logarithm. geteilten Koordinatennetzes graph. durch gerade Linien darstellen kann, ergeben sich auch bei Lsgg. in 2 Lösungsmitteln, wie Ae. u. W. (*Bernsteinsäure, Dimethylamin, Trimethylamin*), Toluol u. W. (Trimethylamin, *2.3.4-Trimethylpyridin*) oder CCl_4 u. W. (Br_2), gerade Linien, wenn man als logarithm. unterteilte Ordinate den Verteilungskoeff. u. als logarithm. unterteilte Abszisse den Dampfdruck des W. aufträgt. Die zugrunde liegenden Gleichungen erklären diese Beziehungen u. lassen Schlüsse auf die latente mol. Verdampfungswärme der Fl. zu. Ebenso kann man die Gleichung der Form $\log P = A/T + B$ geradlinig mit einer logarithm. unterteilten Achse für den Druck P u. einer reziprok geteilten für die Temp. T darstellen. (Ind. Engng. Chem. **44.** 1654—56. Juli 1952. Brooklyn, N. Y., Polytechn. Inst. of Brooklyn.) MIETHING. 224

I. M. Korenman, F. Ss. Frum und **W. G. Tschebakowa,** *Das Löslichkeitsprodukt von Bleihydroxyd.* Bei 22, 40 u. 60° durchgeführte p_H-Messungen in 0,05 mol. Lsgg. von $Pb(NO_3)_2$ mit u. ohne KNO_3 nach Zugabe von NaOH ergaben, daß das Aktivitätsprod. von $Pb(OH)_2$ mit steigender Temp. etwas zunimmt u. $1,1-3,5 \cdot 10^{-20}$ beträgt. Die Veränderung der Ionenstärke der Lsg. übt einen wesentlichen Einfl. auf das Löslichkeitsprod. aus, der mit steigender Temp. stärker wird. (Журнал Общей Химии [J. allg. Chem.] **22.** (**84.**) 1731—34. Okt. 1952. Gorki, Univ., Lehrstuhl für analyt. Chemie.) LEBTAG. 224

A. C. Egerton und **D. R. Warren,** *Wirkung der Absauggeschwindigkeit auf die zweiten Explosionsgrenzen.* BALDWIN u. PRECIOUS (C. **1952.** 5701) beobachteten eine Wrkg. der Evakuierungsgeschwindigkeit v auf die zweite Explosionsgrenze in H_2/O_2-Gemischen. Vff. wiederholten die Verss. an H_2/O_2- u. CO/O_2-Gemischen u. erklären den beobachteten Effekt, der nur in reinen Gefäßen auftritt u. nicht in solchen, deren Wände mit *KCl* bedeckt sind, dadurch, daß die im Anfangsstadium der Explosion gebildeten Reaktionsprodd. den Verzweigungsfaktor auf 0 reduzieren. Die Theorien der Vff. u. der von BALDWIN u. PRECIOUS werden miteinander verglichen. (Nature [London] **170.** 420—21. 6/9. 1952. London, Imp. Coll., Dep. of Chem. Engng. and Applied Chem.) ROEDER. 225

Kunio Takei, *Über photoreversible Reaktionen.* 1. Mitt. *Photoreversible Reaktionen komplexer Quecksilber(II)-salze.* Die Nachprüfung der Ansicht von RAO (C. **1929.** I. 201), bezgl. der Lichtwrkg. auf den Komplex $HgJ_2 \cdot 2HgS$ mittels chem. Rkk., EMK.-Messung entsprechender Ketten u. der magnet. Eigg. ergab, daß RAOs Theorie korr. werden sollte im Sinne $HgJ_2 \cdot 2\,HgS$ (gelb) $\underset{\text{Wärme}}{\overset{\text{Licht}}{\rightleftharpoons}}$ $HgJ_2 \cdot 2\,HgS^*$ (schwarz), so daß es sich bei der Licht-Rk. nur um eine Änderung im Elektronenzustand (Anregung), bei der umgekehrten Rk. um eine Wärme-Rk. handeln dürfte. (J. chem. Soc. Japan, pure Chem. Sect. [Nippon Kagaku Zassi] **73.** 202—04. März 1952. [Orig.: japan.]) SCHULER. 226

Kunio Takei, *Über photoreversible Reaktionen.* 2. Mitt. *Kinetische Untersuchung einer photoreversiblen Reaktion eines komplexen Quecksilber(II)-salzes.* (1. vgl. vorst. Ref.) Die Reaktionsgeschwindigkeiten für die direkte u. umgekehrte Rk. $HgJ_2 \cdot 2\,HgS$ wurden bestimmt u. außerdem die Aktivierungsenergie für letztere zu 12,8 kcal/Mol. berechnet. (J. chem. Soc. Japan, pure Chem. Sect. [Nippon Kagaku Zassi] **73.** 204—07. März 1952. [Orig.: japan.] Fukuoka, Kyushu Univ.) SCHULER. 226

K. G. Mijesserow, *Die Acidität von Aluminiumsilicaten und ihre Beziehung zur katalytischen Wirksamkeit.* Durch Einführung von Na-Ionen (aus NaCl oder Na-Acetat) wird die katalyt. Aktivität von *Al-Silicaten* (**I**) abgeschwächt (Verss. mit Cyclohexen). Offenbar sind die gegen Na austauschbaren Zentren Träger der katalyt. Aktivität. Vf. nimmt an, daß es sich bei den für die Austauschacidität u. hydrolyt. Acidität maßgebenden Ionen um die OH-Gruppen des in **I** enthaltenen *Silicagels* (**II**) handelt. Mit Al_2O_3 aktiviertes **II** zeigt sowohl katalyt. Aktivität als auch beide Arten der Acidität, während nicht aktiviertes **II** nur hydrolyt. Acidität, Al_2O_3 allein keine Acidität u. keine katalyt. Aktivität aufweist. (Доклады Академии Наук СССР [Ber. Akad. Wiss. UdSSR] [N. S.] **87.** 627—30. 1/12. 1952.) R. K. MÜLLER. 227

Makoto Niwa und **Mitsuo Yamaguchi,** *Die Sinterung von Katalysatoren.* 1. Mitt. *Die Sinterung von reduziertem Kupfer und Einfluß von geringen Promotorenzusätzen.* Aus Cu $(NO_3)_2$ wird das *Cu* mittels NaOH bzw. $(NH_4)_2CO_3$ (**I**) gefällt, die Promotoren werden dem I-Nd. als Nitrate von *Ni, Th, Pb* u. *Na* zugesetzt u. auf 300° 2 Std. erhitzt. Die Red. erfolgt bei 80—106° in 3—8 Stunden. Die Oberflächenentw. wird mittels Adsorption von *Methylenblau* (**II**) in mg/g Cu (vgl. EMMET, C. **1945.** I. 1466) vor u. nach der Sinterung (bei 200° 1 Std.), bzw. bei verschied. Dauer u. Temp. derselben ermittelt u. in Kurven dargestellt. Die Adsorption von **II** ist z. B. vor bzw. nach der Sinterung bei NaOH-Fällung, Red. bei 106° in 6 Std.: 18,4 bzw. 14,3; bei **I**-Fällung 6,7 bzw. 0,3; bei Zusatz von 0,1% Ni 6,3 bzw. 2,6, bei 0,1% ThO_2 9,5 bzw. 3,2; bei 0,1% PbO 6,1 bzw. 0,1; bei 0,1% $NaNO_3$ (**III**) 14,3 bzw. 9,0; bei 0,5% **III** 15,6 bzw. 12,0 u. bei 0,1% Ni + 0,5% **III** 13,1 bzw. 10,3. Ausführliche Erörterung der Erscheinungen u. zum Teil auch der Aktivierungsenergien. (J. chem. Soc. Japan, pure Chem. Sect. [Nippon Kagaku Zassi] **73.** 159—62. März 1952. [Orig.: japan.] Japan. Industr., Res. Inst.) SCHULER. 227

Makoto Niwa und **Mitsuo Yamaguchi,** *Die Sinterung von Katalysatoren.* 2. Mitt. *Die katalytische Reaktion von reduziertem Kupfer und seine Sinterung.* (1. vgl. vorst. Ref.) Die Aktivität des Cu-Kontaktes wird beurteilt nach der Geschwindigkeitskonstanten K_1 der Rk. $C_2H_5OH \rightleftharpoons H_2 + CH_3CHO$ u. läuft weitgehend parallel mit den Ergebnissen der Methylenblauadsorption. Die katalyt. Aktivität der mit verschied. Zusätzen u. Fällungsmitteln (vgl. 1. Mitt.) hergestellten Cu-Katalysatoren wird vor u. nach einer Sinterung bei 250° (20, 60 u. 180 Min.) verglichen. Der Einfl. des Ni (0,08, 0,1 u. 0,5%) ist vor allem auf die Verzögerung der Sinterung des Cu zurückzuführen. Die Ansicht, Cu verdanke seine katalyt. Wrkg. überhaupt nur dem Ni-Zusatz, ist angesichts der Versuchsergebnisse nicht haltbar. Am besten erwies sich ein mit NaOH gefällter, 0,1% Ni enthaltender Cu-Katalysator K_1 vor bzw. nach der Sinterung 14,3 bzw. 14,2. Die höhere Aktivität des mit NaOH gefällten CuO bzw. Cu gegenüber dem mit $(NH_4)_2CO_3$ gefällten wird auch auf Verzögerung der Sinterung durch Reste von zurückgebliebenem $NaNO_3$ erklärt u. begründet. (J. chem. Soc. Japan, pure Chem. Sect. [Nippon Kagaku Zassi] **73.** 162—64. März 1952. [Orig.: japan.]) SCHULER. 227

Arthur A. Frost and Ralph G. Pearson, Kinetics and mechanics; a study of homogeneous chemical reactions. New York: Wiley. 1953. (350 S. m. Diagr.) $ 6,—.

B. Anorganische Chemie.

Klaus Clusius und **Hans Hürzeler,** *Reaktionen mit schwerem Stickstoff.* 4. Mitt. *Darstellung von $Na^{15}NO_2$ und $K^{15}NO_3$ aus schwerem Stickstoff.* (3. vgl. C. **1953.** 1312.) Es wird eine Meth. zur Darst. von reinem krist. $Na^{15}NO_2$, (^{15}N-Geh. 2,50 At.-%), das beliebig haltbar ist, beschrieben, bei der der als Ausgangsmaterial dienende schwere N über Stickoxyde verlustfrei verarbeitet wird. Die Verbrennung des N_2 erfolgt dabei im Hochspannungslichtbogen. Die durch die Folge-Rkk. des gebildeten NO entstandenen N_2O_4 u. N_2O_3 werden durch Ausfrieren dem Syst. entzogen. Dabei ist dafür Sorge zu tragen, daß nur kleine Konzz. von N_2O_4 bzw. NO_2 vorliegen u. daß die Umsetzung des N_2O_3 mit W. bzw. NaOH-Lsg. bei möglichst tiefer Temp. erfolgt, damit die Zerfalls-Rk. des Nitrits in den Hintergrund tritt. Bzgl. der einzelnen Bedingungen der Rkk. u. der eingehenden Beschreibung der App. muß auf das Original verwiesen werden. — In der gleichen App. läßt sich ohne Kühlung mit KOH reines krist. $K^{15}NO_3$ mit einem Geh. von 2,23 At.-% ^{15}N erhalten. (Helv. chim. Acta **35.** 1103—07. 16/6. 1952. Zürich, Univ., Physikal.-chem. Inst.) KLEVER. 275

W. A. Michaltschenko, *Synthese von Calciumhydrosilicaten in nichtwässerigen Lösungen.* Zwecks Nachprüfung der Richtigkeit der Annahme (Журнал Прикладной Химии [J. angew. Chem.] **19.** [1946.] 12), daß die Verschiedenheit der Zus. von Ca-Hydrosilicaten durch die Polydispersität der für die Synth. verwendeten *SiO_2* (**I**) bedingt ist, wurde als Ausgangsmaterial für die Herst. von **I** *Tetraäthoxymonosilan* (**II**) verwandt. Hierbei wird **I** von mol. bzw. Ionendispersität erhalten. Bei Anwendung von absol. A. als Lösungsm. wurde ein völlig homogenes Gemisch von **II** u. $CaCl_2$ (**III**) erhalten.Durch Verseifung der homogenen Lsgg. von **II** u. **III** in A. wurden feste Phasen erhalten, die nach ihrem Geh. an **I** u. **III** genau den in der Literatur beschriebenen Ca-Hydrosilicaten entsprachen: 0,5 $CaO \cdot SiO_2$; 0,59 $CaO \cdot SiO_2$; 2/3 $CaO \cdot SiO_2$; 4/5 $CaO \cdot SiO_2$; 1 $CaO \cdot SiO_2$; 3/2 $CaO \cdot SiO_2$; 5/3 $CaO \cdot SiO_2$; 2 $CaO \cdot SiO_2$; 3 $CaO \cdot SiO_2$. Beim Auswaschen mit A. statt mit W. wurden die lösl. Elektrolyte ohne Hydrolyse der neugebildeten Verbb. entfernt. Die bei der Verseifung gebildeten Gele waren völlig homogen u. verhielten sich wie chem. Verbindungen. (Журнал Прикладной Химии [J. angew. Chem.] **25.** 803—07. Aug. 1952.) LEBTAG. 283

Donald L. Graf, *Veränderungen der thermischen Umwandlungskurven von Dolomiten mit niedrigem Eisengehalt.* Salzreiche Dolomite zeigen bei der therm. Analyse Abweichungen in den Kurven gegenüber salzfreien Dolomiten. Nach dem Auslaugen der Salze (Chloride von K, Na, Ca u. Mg) sind die Kurven ident. mit den natürlichen salzfreier Dolomite. (Bull. geol. Soc. America **62.** 1444. Dez. 1951. Urbana, Ill., Geol. Survey.) ENSSLIN. 283

A. P. Ljuban und **W. G. Mantschinski,** *Temperaturänderung der Carbonate bei ihrer Erhitzung im Gasstrom.* Untersucht wurde die zeitliche Temperaturänderung von *Kalkstein* (**I**), *Magnesit* (**II**) u. *Dolomit* (**III**) beim Erhitzen im Gasstrom verschied. Geschwindigkeit (CO_2, N_2, H_2). Bei genügend großer Gasgeschwindigkeit werden die horizontalen Abschnitte auf den Erwärmungskurven von **I** nach den tieferen Tempp. verschoben. Die Kurven verändern hierbei ihre Neigung. Dasselbe gilt für **II**. Das sogenannte chem. Sieden von **I** u. **II** erfolgt innerhalb eines bestimmten Temperaturbereiches. Im Gegensatz zu **I** nimmt die Zersetzungsgeschwindigkeit von **III** mit steigender Geschwindigkeit des N_2-Stromes fast nicht zu. Die Verschiebung auf der **I**-Kurve ist im H_2-Strom stärker als in N_2. Mit steigender Stromgeschwindigkeit fällt die Temp. des chem. Siedens. Es gibt eine obere Grenze der Gasgeschwindigkeit, wo die Zers. nicht mehr beeinflußt wird. Für **I** liegt die niedrigste Temp. des Haltepunktes bei 750—760°. Die Ergebnisse werden mit Hilfe der Gasdiffusion an die Oberfläche des sich zersetzenden Carbonates u. der Geschwindigkeit der chem. Umwandlung erklärt. (Журнал Прикладной Химии [J. angew. Chem.] **25.** 808—17. Aug. 1952.) LEBTAG. 283

I. Dvornik und **E. Herrmann,** *Über den Mechanismus der aggregierenden Wirkung von Mehl oder Stärke auf das disperse System Rotschlamm in Aluminatlösung.* Im Anschluß an Unterss. über das Fließverh. von Rotschlamm in Aluminatlsg. (C. **1953.** 2881) wird die aggregierende Wrkg. von Stärke auf dieses Syst. eingehend studiert. Bei der Betrachtung des Rotschlamms, der keinen chem. eindeutig definierten Körper darstellt, als Gesamtsyst. stellen Vff. fest, daß die Anlagerung von Stärke eine Chemosorption ist, bei der ein Oberflächenkomplex gebildet wird. Voraussetzungen für die aggregierende Wrkg. der Stärke sind eine bestimmte OH-Konz. u. eine erhöhte Temperatur. Je nach den Bedingungen lassen sich zwei ganz verschied. Vorgänge unterscheiden: 1. die reversible Aggregierung; diese wird durch nicht- bzw. nicht vollständig aktivierte Stärke im Bereich unterhalb 15 g Al_2O_3/Liter bei erhöhter Temp. u. bei allen Laugenkonzz. bei niedriger Temp. hervorgerufen; 2. die irreversible Aggregierung tritt durch aktivierte Stärke oberhalb 15 g Al_2O_3/Liter bei erhöhter Temp. auf. Der komplexen Bindung der Stärke an den Rotschlamm geht eine Aktivierung durch Alkoholatbldg. voraus. Bei steigender Zugabe von Stärke treten Veränderungen in der Struktur der gebildeten Rotschlamm–Stärke-Aggregate auf. Vff. zeigen, daß die Stärke unter bestimmten Umständen als Schutzkoll. wirken kann. Abschließend werden die aus den experimentellen Ergebnissen gewonnenen Schlußfolgerungen für die Praxis des Bayer-Verf. kurz zusammengefaßt. (Kolloid-Z. **128.** 75—86. Sept. **129.** 53. Nov. 1952. Zagreb, Jugoslavien, Inst. für Leichtmetalle.) Gisela Heinrich. 294

N. A. Reschetnikow und **G. G. Diogenow,** *Irreversibel-reziprokes System aus den Chromaten und Hydroxyden des Kaliums und Lithiums.* Im Syst. $K_2(OH)_2$ (I)–K_2CrO_4 (II) entspricht das Eutektikum 15 Mol.-% **II**, F. 358°, polymorphe **I**-Umwandlung bei 375°. In Li_2CrO_4 (III)–II entsteht die Verb. $Li_2CrO_4 \cdot K_2CrO_4$ (**IV**), F. 550°. Das Eutektikum entspricht 74 Mol.-% **III** u. 415° bzw. 46 Mol-% **III** u. 546°. Bei 440° findet eine polymorphe **III**-Umwandlung statt. Im erstmals untersuchten Syst. $Li_2(OH)_2$ (**V**)–**III** liegen vor: *4 LiOH·3 Li₂CrO₄* (**VI**), F. 430°; *LiOH·Li₂CrO₄* (**VII**), F. 460°. Eutektica: 45 Mol-% **III** bei 318°; 64 Mol-% **III** bei 427°; 78 Mol-% **III** bei 450°. **VII** ist als saures Salz von H_4CrO anzusehen, **VI** als Mischsalz von Hexahydro- u. Dihydromonochromsäure. Aus der Polytherme von Li, K‖ OH, CrO_4 folgt, daß im stabilen Dreieck **V–III–II** vorliegen: **VI** (1,5%); **VII** (2,3%); **IV** (7,4%); 4 nonvariante Punkte (davon 2 eutekt.) u. 2 Übergangspunkte, entsprechend 339°, LiOH, **IV**, **VI**; 378°, **II**, **IV**, **VII**; 373°, LiOH, **IV**, **II**; 369°, **VI**, **VII**, **II**. Im stabilen Dreieck **V–I–II** liegt das Feld der Verb. *2 LiOH·KOH* (**VIII**), die mit KOH feste, bei 220° zerfallende Lsgg. bildet. Dem Eutektikum bei 200° entsprechen die Gleichgewichtsphasen KOH, **VIII**, **II**, dem Übergangspunkt bei 335° die Phasen LiOH, **VIII**, **II**. (Доклады Академии Наук СССР [Ber. Akad. Wiss. UdSSR] [N. S.] **85.** 819—22. 1/8. 1952.) Lebtag. 335

C. Mineralogische und geologische Chemie.

Paul Pellas, *Über die spontane Zerstörung der Kristallgitter radioaktiver Mineralien.* Es wurde die Einw. von α-Strahlen auf Kristallgitter mit teilweise kovalenter Bindung sowie auf Kristallgitter mit Ionenbindungen untersucht. Für den ersten Fall wird festgestellt, daß oberhalb einer gewissen Geschwindigkeit oder genauer, von dem Augenblick an, an dem die Geschwindigkeit des schweren Teilchens kleiner ist als die Elektronengeschwindigkeit der äußeren Bahn, der Energieverlust plötzlich aufhört u. das Teilchen in den Ruhezustand kommt, nachdem es eine Reihe von elast. Stößen mit den Atomen des Gitters gehabt hat. Ein getroffenes Atom kann nun, wenn die erlangte Energie genügend hoch ist, ein neues Atom verdrängen u. so fort, bis die Energie des prim. Teilchens oder der getroffenen sek. u. tert. Atome zu schwach ist, um die Bindungen der Atome im Gitter zu sprengen. Diese Wigner-Effekte haben zur Folge, die Atome des Gitters aus ihren Gitterpositionen zu entfernen u. sie in Zwischengitterlagen einzuordnen. Wenn die Strahlung genügend akt. ist, dann geht die kristalline Struktur in einen quasimorphen, metamikten Zustand über. Zum Unterschied von dem glasartigen Zustand rekrist. das metamikte Mineral nach Zuführung einer gewissen Aktivierungsenergie unvollkommen im Verlauf einer exothermen Reaktion. — Im Falle von Ionengittern nehmen die durch einen Wigner-Effekt verdrängten Atome fast plötzlich wieder einen Platz ein, der ihrem früheren Platz im nichtgestörten Gitter äquivalent ist. Dies erklärt u. a., warum z. B ein *Uraninit,* der ca. 2 Milliarden Jahre akt. ist, auch nach einer Strahlung von $5{,}6 \cdot 10^{20}$ α/cm² sein ursprüngliches Gitter behalten hat. — Zum Schluß wurden für einige Mineralien mit teilweise kovalenter Bindung die geringsten Strahlungsintensitäten abgeschätzt, um sie in den metamikten Zustand überzuführen. Für *Allanit* wird $2{,}3\ (\pm 20\%) \cdot 10^{17}$ α/cm², für *Fergusonit* $4\ (\pm 20\%) \cdot 10^{17}$ α/cm² u. für *Thorit* $1\ (\pm 10\%) \cdot 10^{19}$ α/cm² angegeben. (C. R. hebd. Séances Acad. Sci. **233.** 1369—71. 26/11. 1951.) Gottfried. 378

A. E. J. Engel und **Celeste G. Engel,** *Ursprung und Entwicklung der Hornblende-Andesin-Amphibolite und verwandter Arten.* Diese Gesteine können durch skarnartige Metasomatose aus Carbonatsedimenten, sowie durch therm. Umwandlungen von Tuffen,

Mergeln, Gabbromassen, Dioritschollen oder Basaltlaven ohne nennenswerte chem. Änderung entstehen. (Bull. geol. Soc. America **62.** 1435—36. Dez. 1951. Pasadena, Calif. Inst. of Technol.) Ensslin. 378

Ludwig Stegmüller, *Über Flüssigkeitseinschlüsse in Fluoritkristallen.* Neben Fremdmineraleinschlüssen finden sich in Fluoritkristallen massenhaft Flüssigkeits–Gas-Einschlüsse. Diese haben vorwiegend oder gänzlich unkristallonom. Gestalt oder sind von kristallonom. Ebenen begrenzt. Letztere sind entweder hexaedr. oder tetraedr. (dreiseitige Pyramiden). Ihre Anordnung geht parallel den oktaedr. Spaltflächen. Ihre Größe schwankt zwischen Hundertstel u. mehreren mm Durchmesser. Da die Fluoritkristalle nach den Würfelebenen wachsen, müssen die in den Oktaederebenen liegenden Einschlüsse sek. sein, indem durch Druck oder Temperaturschwankungen der Lsgg. Spaltrisse nach (111) aufbrechen, in die die Lsgg. eindringen. In Kristallen von Loussa in Steiermark wurden in den Hohlräumen weitere ebenfalls würflige Kristalle beobachtet, bei denen es sich vermutlich um *NaCl* handelt. (Heidelberger Beitr. Mineralog. Petrogr. **3.** 179—85. 1952. München, TH, Mineralog.-petrogr. Inst.) Hiller. 378

Ss. A. Tschaikowski, *Erscheinungen der Überhitzung flüssiger Einschlüsse in Mineralien.* Die mkr. Unters. von fl. Einschlüssen in einem *Quarz*-Kristall aus Wolhynien zeigte, daß es sich um sek. Bildungen handelt, d. h. um solche, die erst nach der Kristallisation u. dem Schließen der auftretenden Risse entstanden sind. Über die Temperaturverhältnisse der Mineralbldg. solcher Einschlüsse läßt sich nur innerhalb des gesamten Komplexes von Homogenisierungstemp., Druck, Zus. der Einschlüsse usw. urteilen, die alle in enger Beziehung zueinander stehen. (Доклады Академии Наук СССР [Ber. Akad. Wiss. UdSSR] [N. S.] **76.** 455—57. 21/1. 1951. Kiew, Schewtschenko-Univ.) v. Mickwitz. 378

G. F. Claringbull und **M. H. Hey,** *Eine Neuuntersuchung von Tobermorit.* Da Tobermorit als ident. mit *Gyrolith* angesehen wurde, die Verb. andererseits als Kaliumsilicathydrat I im Zement bedeutsam ist, wurde er nochmals untersucht. Es wurde das Originalmaterial von der Insel Mull von Tobermory pier u. Bloody Bay, sowie Material von Loch Egnort auf Skye röntgenograph. untersucht. Die Diagramme waren von Gyrolithdiagrammen verschieden, mit denen des synhtet. Materials gleich. Analyse (Material von Loch Egnort): SiO_2 46,17, Al_2O_3 4,26, FeO 0,15, MgO Sp., CaO 35,15, Na_2O 0,56, K_2O 0,25, H_2O 13,47%. D. = 2,458. Als Formel wird $CaSiO_3 \cdot H_2O$ angenommen, bei dem 3 Ca durch 2 Al u. Ca durch $(Na, K)_2$ teilweise ersetzt werden kann. (Mineralog. Mag. J. mineralog. Soc. **29.** 960—62. Sept. 1952. British Museum, Dep. of Mineralogy.) Hiller. 380

V. R. Wilmarth, H. L. Bauer, M. H. Staatz und **D. G. Wyant,** *Uran in Fluoritlagerstätten.* Uran ist ein häufiger Begleiter der Fluoritvorkommen. In prim. Lagern unterscheidet man den Fluorit-, den Fluorit–Quarz–Sulfid- u. den Fluorit–Sulfid-Typ, welche *Pechblende* u. andere prim., neben sek. Uranmineralien, wie *Schröckingerit, Torbernit, Autunit, Uranophan, Carnnotit* u. *Sklodowskit* enthalten können. Purpurgefärbter *Flußspat* ist ein häufiger Begleiter radioakt. Lagerstätten, aber nicht charakterist. dafür. (Bull. geol. Soc. America **62.** 1543—44. Dez. 1951.) Ensslin. 384

Frederick Stugard jr., Donald G. Wyant und **Arthur J. Gude III.,** *Sekundäre Uranlagerstätten in den Vereinigten Staaten.* Neben den Vanadaten *Carnotit* u. *Tyuyamunit* sind die wichtigsten Uranmineralien sek. Bldg. die Phosphate *Autunit* u. *Torbernit,* sowie das Silicat *Uranophan.* Wirtschaftlich von geringerer Bedeutung sind die Oxyde *Gummit* u. *Pechblende,* die Phosphate *Dumontit* u. *Uranocircit,* die Silicate *Kasolit, Sklodowskit* u. *Soddeit,* die Arsenate *Zeunerit* u. *Uranospinit,* die Sulfate *Zippeit, Uraconit* u. *Johannit* u. die Carbonate *Rutherfordit* u. *Schröckingerit.* Bei der Verwitterung scheint ein Teil der Uranmineralien sehr leicht beweglich u. auswaschbar zu sein. (Bull. geol. Soc. America **62.** 1542. Dez. 1951. Denver, Colo., U. S. Geol. Survey.) Ensslin. 384

Robert U. King und **Frank B. Moore,** *Pechblendelagerstätten in den Vereinigten Staaten.* Pechblende kommt in Gängen u. Breccien, pyrometasomat. Lagern, Pegmatiten u. sedimentären Gesteinen vor, von denen die beiden ersteren wirtschaftlich am bedeutendsten sind. In den Gängen ist das Erz in denen des Quarz–Fluorit-Typs fein verteilt. In mesothermalen Gängen tritt es unregelmäßig verteilt auf. Mit vorkommende Mineralien sind *Bleiglanz, Zinkblende, Kupferkies, Pyrit, Silber*-Mineralien u. *Gold,* während Kobalt u. Nickel im Gegensatz zu Canada fast vollständig fehlen. (Bull. geol. Soc. America **62.** 1537—38. Dez. 1951. Denver, Colo., U. S. Geol. Survey.) Ensslin. 384

J. A. Retty und **A. E. Moss,** *Eisenerzlagerstätten von New Quebec und Labrador.* Die Erze bestehen aus *Limonit, Hämatit* u. etwas *Magnetit,* welche zum Teil manganhaltig sind. Die Lager sind durch Auslaugen von Eisensilicaten u. Carbonaten entstanden, wobei die SiO_2 weggeführt wurde. Vorräte 417 Mill. Tonnen reiche Erze. (Bull. geol. Soc. America **62.** 1471—72. Dez. 1951. Montreal, Can.) Ensslin. 384

R. B. Elliott, *Trachyophitische Struktur in Carbonbasalten.* Aus dem Langholm-Distrikt, Dumfriesshire, wird ein Basalt vom Jedburghtyp beschrieben. Der Mineralbestand ist: *Feldspat* 55%, *Olivin* 6%, *Augit* 11%, *Chlorit* 17%, *Magnetit* 9%, *Calcit* 2%. Charakterist. ist die ophit. Struktur, die mit Fließstruktur kombiniert ist. Die Kristallisation der Feldspäte selbst u. relativ zu den Augiten zeigt, daß zuerst die Feldspäte gebildet wurden, die dann zur Fließstruktur ausgerichtet wurden, u. dann folgte die Kristallisation der Augite. Diese Struktur ist auch von tert. Basalten von Grönland beschrieben u. soll trachyophit. genannt werden. (Mineralog. Mag. J. mineralog. Soc. **29.** 925—28 Sept. 1952. Nottingham, Univ., Dep. of Geol.) HILLER. 385

Morna Mathias, *Ein ungewöhnlicher Cordieritfels von Upington, Kap-Provinz.* Cordieritfels von Upington, Kap-Provinz, wird petrograph. untersucht. Er ist das Prod. einer Metasomatose an pelit. Sedimenten unter Aufnahme von Al u. Mg. Es enstand ein Gestein von porphyroblast. Cordierit mit *K-Feldspat, Oligoklas, Biotit, Andalusit* u. *Quarz*, das der Pyroxenhornfelsfazies entspricht. Analyse des Cordierits: SiO_2 48,40, TiO_2 0,05, Al_2O_3 32,15, FeO 9,80, Mn 0,23, MgO 7,25, CaO Sp., Na_2O 0,39, K_2O 0,07, H_2O^+ 1,58, H_2O^- 0,16, P_2O_5 0,03%. Formel: $(Mg, Fe^{2+}, Mn)_{2,00}Al_{3,94}$, $Si_{5,04}O_{18}(H_2O)_{1,10}$, D. 2,66, $n_\alpha = 1,543$, $n_\beta = 1,553$, $n_\gamma = 1,555$, $2 V_\alpha = 71^0 40'$. Während der Metamorphose wurde ein Teil des Andalusit in *Sillimanit* umgewandelt. Bei sinkender Temp. u. zunehmendem Streß fand in Ggw. von überschüssigem W. rückläufige Metamorphose statt, die sich jedoch nicht bis zum Gleichgewicht auswirkte. Dabei wurde der Cordierit zum Teil in *Pinit* umgewandelt u. Andalusit u. K-Feldspat serizitisiert. In dieser Phase entstand wahrscheinlich auch der Geh. an *Turmalin* u. *Apatit.* (Mineralog. Mag. J. mineralog. Soc. **29.** 936—45. Sept. 1952. Kapstadt, Dep. of Geology.) HILLER. 385

Alfred Kingsley Wells, *Strukturelle Eigenarten einiger Bushveld-Norite.* Vf. untersucht die Strukturen von Gesteinen des Bushveld: *Bronzitanorthosite, Leukonorite,* gefleckte (mottled) *Anorthosite* u. *Melanorite.* Im einzelnen werden die Beziehungen zwischen *Bronzit* u. *Plagioklas, Pyroxen* u. Plagioklas, die Reaktionssäume von *Klinopyroxen* um Bronzit u. die coronophit. Einschlüsse von Bronzit, Klinopyroxen u. Plagioklas behandelt. Bei letzteren handelt es sich um zum Plagioklas annähernd ophit. struierte Bronzite, die koronaartig von Klinopyroxen umgeben sind. Hierfür wird xenolith. Ursprung angenommen. (Mineralog. Mag. J. mineralog. Soc. **29.** 913—24. Sept. 1952. London, Univ., King's Coll.) HILLER. 385

Virgil E. Barnes, *Neue Tektitvorkommen in Texas.* Beschreibung einiger neuer Vorkommen von *Tektiten*, welche von Himmelskörpern stammen u. durch Einschmelzen sedimentärer Gesteine, wie sie auf der Erde auftreten. entstanden sind. Der Brechungsindex von 3 Proben wurde zu $1,489 \pm 0,003$ bestimmt. (Bull. geol. Soc. America **62.** 1422. Dez. 1951.) ENSSLIN. 397

D. Organische Chemie.

D_1. Allgemeine und theoretische organische Chemie.

Axel Johansson, *Röntgenographische Identifizierung von Zuckerthiobenzhydraziden.* Um den Nachw. kleiner Mengen von Zuckern zu erleichtern, wurden zunächst Pulveraufnahmen der *Thiobenzhydrazide* der folgenden Zucker hergestellt: *L-Ribose, D-* (**I**), *L-* (**II**) u. *DL-Arabinose* (**III**), *D-Xylose* (**IV**), *D-Lyxose, L-Rhamnose, D-Glucose* (**V**), *D-Mannose, D-Galaktose* (**VI**), *D-Fructose* (**VII**), *L-Sorbose* (mit Kristall-H_2O bzw. mit C_2H_5OH). Die Hauptlinien sind tabellar. zusammengestellt. Zu bemerken ist noch, daß das Diagramm von **III** vollkommen verschieden ist von denen von **I** oder **II**; es handelt sich demnach bei **III** um eine wirkliche racem. Verbindung. Hierauf wurden von den folgenden bin. Gemischen in Zuss. von 0—100% ebenfalls Pulverdiagramme angefertigt: **II–IV**; **I–V**; **V–VI**; **V–VII** u. **VI–VII**. — Endlich wurden noch von den *5-Polyoxyalkyl-2-phenyl-1.3.4-thiodiazolen* der folgenden Zucker Pulverdiagramme hergestellt: *D-Ribose, L-* (**VIII**), *D-Arabinose* (**IX**), *DL-Arabinose* (**X**), *D-Xylose, D-Lyxose, L-Rhamnose, D-Altrose, D-Glucose, D-Talose, D-Mannose* u. *D-Galaktose.* In diesem Fall waren die Diagramme von **VIII, IX** u. **X** ident.; **X** muß demnach in Konglomerat der akt. Formen sein. (Ark. Kemi **4.** Nr. 4. 17—32. 1952.) GOTTFRIED. D 116

S. C. Sirkar und **H. N. Swamy**, *Über die Elektronenspektren von o-Dichlorbenzol im festen Zustand.* Mikrophotogramme der UV-Absorptionsspektren von o-Dichlorbenzol (**I**) zeigen für fl. **I** (40°) 3 breite Banden (35848, 36876, 37910 cm^{-1}) ohne Feinstruktur, für festes **I** (—180°) 3 intensive Banden (35939, 36983, 38036 u. 39081 cm^{-1}), von denen die 3 ersten auf jeder Seite von je 1 schwächeren begleitet sind. Da Schwingungsübergänge mit einer Energie 352 cm^{-1} (Abstand der 1. Hauptbande vom langwelligen Begleiter) bei —180° vernachlässigbar sind, schließen Vff. auf eine 3fache Aufspaltung der Elektronenenergieniveaus, die nicht durch gewöhnliche VAN DER WAALSsche Kräfte verursacht sein kann. Dieser Einfl. einer Zustandsänderung auf das Elektronenspektr., der von anderen Autoren auch bei Bzl. beobachtet wurde, stützt die Hypothese, daß sich beim Erstarren dieser Substanzen virtuelle Bindungen zwischen Nachbarmoll. bilden. (J. chem. Physics **20.** 1177. Juli 1952. Calcutta, Indian Assoc. for the Cultivat. of Sci.) F. W. KRÜGER. D 118

N. A. Ismailow und **W. A. Kremer,** *Zwei Arten des Lösungsmitteleinflusses auf die Fluorescenzspektren und -ausbeuten von Salicylsäure und Rhodamin B extra.* Vff. messen die Absorptions- u. Fluorescenzspektren von mit 313 mμ erregter fester sowie in verschied. Lösungsmitteln gelöster *Salicylsäure* u. *Na-Salicylat* in Konzz. 0,01—0,005 Mol/Liter, sowie von mit 546 mμ erregtem in 0,1 mol. H_2SO_4 oder Na-Alkoholat u. verschied. Lösungsmitteln gelöstem *Rhodamin-B extra.* Fluorescenzspektr. u. Ausbeute hängen vom Einfl. des Lösungsm. auf das Verhältnis der Ionen zur nichtdissoziierten Substanz sowie von Menge u. Charakter der sich bildenden Anlagerungsprodd. ab. In chem. einheitlichen Lösungsmitteln, bei denen die Anlagerungsprodd. des gelösten Stoffes die gleiche Struktur wie das Lösungsm. besitzen, hängt die Fluorescenzausbeute von der Zähigkeit u. der Assoziation des Lösungsm. ab. Fluorescenzspektr. u. Ausbeute sind gleich, wenn die sich bildenden Anlagerungsprodd. u. physikal. Eigg. der Lsg. gleich sind. Eine Identität der Fluorescenz- u. Absorptionsspektren der sauren Stammlsg. in reinen Lösungsmitteln mit den entsprechenden Spektren der sauren Stammlösungen in einem inerten Lösungsm. unter Zugabe der gleichen reinen Lösungsmittel beweist die Identität der sich bildenden Anlagerungsprodd. in beiden Fällen. (Известия Академии Наук СССР, Серия Физическая [Nachr. Akad. Wiss. UdSSR, physik. Ser.] **15.** 565—72. Sept./Okt. 1951. Charkow, Gorki-Univ.) AMBERGER. D 118

E. Bonitz und **Th. Förster,** *Lichtabsorption und Fluorescenz aromatischer Amine in überalkalischer Lösung.* Die Absorptions- u. Fluorescenzspektren von *3-Aminopyren-5.8.10-trisulfonat* (**I**) u. seiner *N-Monomethyl-*(**II**) u. *N.N-Dimethylverb.* (**III**) in W., NH_3 sowie in „überalkal." Lsgg., in fl. NH_3 bei Ggw. von $NaNH_2$, werden im Gebiet 250 bis 800 mμ untersucht. Die Farbe der Lsg. des **I** in NH_3 ist ebenso wie in W. gelb, schlägt aber bei Amidzusatz in Rot um. Einen ähnlichen Umschlag zeigt auch **II, III** dagegen nicht. Der Farbumschlag wird durch Entstehen eines neuen Absorptionsmaximums bei 5750 Å verursacht, das der Bldg. eines Aminations $R{-}NH^-$ unter Protonenabspaltung zuzuschreiben ist. Auch das Fluorescenzspektr. wird bei Amidzusatz verändert (neues Emissionsmaximum bei 5920 Å gegenüber ca. 5000 Å vor Amidzusatz). Als Träger der Fluorescenz wird ein angeregtes Amination-$R{-}NH^-$ angesehen. Mit diesem Spektr. stimmt auch das Fluorescenzspektr. wss.-alkal. Lsgg. (1nNaOH) überein (Maximum um 5800 Å), das auch dem angeregten Amination zugeschrieben wird (Entstehung hierbei aus dem angeregten Amin durch Dissoziation entsprechend $R{-}NH_2^* \rightarrow R{-}NH^- + H^+$). Die Verhältnisse bei **II** sind weitgehend ähnlich. Die Substituenten $-NH^-$ u. $-NCH_3^-$ sind als bes. starke Auxochrome anzusehen, wie ein Vgl. mit anderen Substituenten zeigt. (Z. Elektrochem., Ber. Bunsenges. physik. Chem. **56.** 137—40. Febr. 1952. Göttingen, Max-Planck-Inst. für physikal. Chem.) RUDOLPH. D 118

Ja. E. Schmuljakowski und **Ss. N. Alexandrow,** *Spektrum der Kombinationsstreuung von 3.4.4-Trimethylpenten-(2).* Zur Unters. diente *3.4.4-Trimethylpenten-(2)* (**I**) mit den Konstanten Kp. 111,9°; $D.^{20}{}_4$ 0,7388; n_D^{20} 1,4232. Nachst. die Frequenzen der RAMAN-Linien u. die zugehörigen, auf die Cyclohexanskala (Intensität der Frequenz $\Delta\nu$ = 802 cm^{-1} gleich 250 Einheiten) bezogenen Intensitäten (I). $\Delta\nu$ (I) = 173 (6 br.), 268 (6 br.), 321 (10 br.), 370 (8), 386 (8), 465 (6), 535 (21), 550 (4), 694 (74), 769 (4), 825 (20), 859 (4), 889 (4), 924 (25), 944 (6), 994 (5), 1033 (9), 1073 (4), 1100 (5), 1149 (5 br.), 1198 (27), 1211 (4), 1264 (6), 1292 (3), 1332 (18), 1362 (5), 1378 (17), 1444 (28), 1467 (22), 1658 (79), 2863 (68), 2911 (117 dp.), 2961 (105), 3059 (6); hierbei ist br. = breit, dp. = doppelt. Die Frequenz 1658 cm^{-1} entspricht der Doppelbindung. Nach den von STEPANOW (Журнал Физической Химии [J. physik. Chem.] **20.** [1946.] 917) gefundenen Gesetzmäßigkeiten charakterisiert die Frequenz 694 cm^{-1} die Schwingungen nebenst.

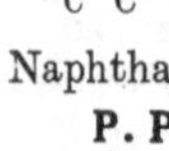

Atomkomplexes; die Frequenzen 924, 1198 u. 1264 cm^{-1} entsprechen der Verzweigung am Ende der Kette. — Bei der Hydrierung ging **I** in n. Rk. in *2.2.3-Trimethylpentan* über; dessen RAMAN-Spektr. entsprach den Literaturangaben. (Доклады Академии Наук СССР [Ber. Akad. Wiss. UdSSR] [N. S.] **82.** 931—33. 21/2. 1952. Leningrad, Wiss. Forschungsinst. für Naphthabearbeitung u. Gewinnung künstl. flüss. Brennstoffs.) R. KNOBLOCH. D 120

P. P. Schorygin und **A. Ch. Chalilow,** *Anwendung der Untersuchung der Intensität von Ramanlinien zur Erforschung von Molekülverbindungen.* Die Unters. der RAMAN-Spektren, bes. der für Benzolderivv. charakterist. Linie $\sim$1600 cm^{-1} (Erregung Hg 4358,3 Å) der Systeme *Anilin* + *Ameisensäure* u. *Anilin* + *Essigsäure* mit CCl_4 als

Eichsubstanz ergibt das Fehlen einer echten Salzbldg., dagegen das Auftreten von Mol.-Bindungen. Analoges gilt für eine Lsg. von *p-Nitranilin* in *Essigsäure*. Die Intensitäten von 1600 cm^{-1} können zur Lsg. der Frage des Valenzzustandes des N-Atoms am Benzolring dienen, diejenigen über die Nitrogruppen zur Beurteilung des Charakters der Substituenten in p-Stellung. (Журнал Физической Химии [J. physik. Chem.] **25.** 1475 bis 1478. Dez. 1951. Moskau, Physikal.-Chem. Karpow-Inst.) AMBERGER. D 120

P. Krumholz, *Anomale Farbe von Chelatverbindungen.* Es ist eine große Anzahl tief gefärbter Chelatverbb. bekannt, deren Komponenten im sichtbaren Gebiet keine oder nur schwache Absorption zeigen, wie z. B. die *Ferro-tri-α.α'-dipyridyl* (**I**) u. *-tri-o-phenanthrolin* (**II**)-Ionen. Da diese Komplexe diamagnet. sind u. daher abgeschlossene Elektronenschalen des Metallatoms aufweisen, beruht die Farbe derartiger Verbb. wahrscheinlich nicht auf Elektronenübergängen innerhalb der Metallatome. Der Vgl. der Absorptionsspektren des **I**-Ions ergibt im sichtbaren u. UV-Gebiet nicht nur das gleiche 2-Bandensyst., sondern auch qualitativ gleiche Bandenstruktur, so daß die Absorption im Sichtbaren sehr wahrscheinlich den koordinierten Moll. zuzuschreiben ist u. die zugehörigen Elektronenübergänge im wesentlichen von der gleichen Art sind wie die im UV-Bereich. Das UV-Spektr. des **I**-Ions ist dem von *α.α'-Dipyridyl* u. seinen Salzen ähnlich u. beruht demnach anscheinend auf geringfügig modifizierten Übergängen innerhalb der einzelnen koordinierten Moleküle. **I** bildet anscheinend eine Ausnahme, da das sehr ähnliche **II**-Ion keine derartige Ähnlichkeit zwischen sichtbarer u. UV-Absorption aufweist. (Nature [London] **167.** 570. 7/4. 1951. São Paulo, Brasilien, Res. Labor. of Orquima S. A.) K. MAIER. D 122

H. Jermain Creighton, *Organische Elektrochemie.* Überblick über Ziele u. Methoden. — 46 Literaturangaben. (J. electrochem. Soc. **99.** 127 C—130 C. Juni 1952. Swarthmore, Pa., Swarthmore Coll.) J. FISCHER. D 130

J. S. Dryden und **R. J. Meakins,** *Dielektrische Eigenschaften einiger Einlagerungsverbindungen des Hydrochinons.* Vff. bestimmten die dielektr. Absorption der Einlagerungsverbb. von CH_3OH (**I**), H_2S (**II**), *HCN* (**III**), CCl_3CN (**IV**) u. SO_2 (**V**) mit *Hydrochinon* (**VI**) bei 50 u. 8600 kHz. Für die Clathratverb. von **VI** mit **I**, **II** u. **III** ist die Vergrößerung der relativen Durchlässigkeit ε' gegenüber **VI** ungefähr proportional dem Dipolmoment des eingelagerten polaren Mol.; die Verbb. von **VI** mit **IV** u. **V** zeigen eine geringere Vergrößerung von ε. Hierfür wird eine Bewegungshinderung der polaren Moll. im Gitter von **VI** verantwortlich gemacht. Für alle Verbb. ist ε' für beide Frequenzen nahezu gleich. (Nature [London] **169.** 324. 23/2. 1952. Australia, Nat. Stand. Labor., Div. of Elektrotechnol.) GABRIELE GÜNTHER. D 132

R. McWeeny, *Die diamagnetische Anisotropie großer aromatischer Systeme.* 1. und 2. Mitt. 1. Allg. Prinzipien. Es wird eine kurze Besprechung über die magnet. Eigg. langer aromat. KW-stoffe u. die Anwendbarkeit verschied. wellenmechan. Methoden zur Berechnung der diamagnet. Susceptibilität gegeben. Die endlich großen Teile der meisten Koks- u. Kohlenruße sind nicht genügend groß, um als krist. behandelt zu werden, u. müssen daher als große Moll. betrachtet werden. Berechnungen gewisser einfacher Typen von Moll. sind dazu erforderlich, um den Einfl. der Größe u. Gestalt auf die magnet. Eigg. solcher Kohlen zu klären. Für Systeme dieser Abmessungen sollte die Molekülbahnmeth. nach LONDON anwendbar sein, u. in der Tat gibt diese das einzig ausführbare Näherungsverf. für dieses Problem. — 2. Die p-Polyphenyle. Diese Meth. wird nun angewendet zur Berechnung der diamagnet. Anisotropie der p-Polyphenyle, welche als einfachste Form von aromat. Ketten betrachtet werden können. Eine fast vollkommen lineare Beziehung zwischen der diamagnet. Anisotropie u. der Kettenlänge wird abgeleitet. In diesem Fall ist die Molekülbahnmeth. auf Ketten bis mindestens 2000 Ringe anwendbar. Weitere genaue experimentelle Unterss. solcher Moll. sind dringend erwünscht, um eine genaue Prüfung der ganzen Theorie durchführen zu können. (Proc. physic. Soc., Sect. A **64.** 261—75. 1/3. 1951. Durham, Univ., King's Coll., Labor. of Phys. Chem. and Coke Res.) v. HARLEM. D 137

Martin Kilpatrick und **Fred E. Luborsky,** *Die Basizität aromatischer Kohlenwasserstoffe in bezug auf Flußsäure in wasserfreier Flußsäure als Lösungsmittel.* Vff. haben in einer hauptsächlich aus Monelmetall u. Kel-F (Polytrifluorchloräthylen) angefertigten Spezialapp. die Leitfähigkeit von *KF*, *Bzl.* u. *methylsubstituierten Benzolen* in HF-Lsg. bei 20° mit u. ohne Zusatz von BF_3 gemessen. Die reine wasserfreie HF mit einer spezif. Leitfähigkeit von $1-4\cdot10^{-4}$ $Ohm^{-1}\cdot cm^{-1}$ wurde durch Erhitzen von KHF_2 u. Dest. durch eine mit Teflonspänen gefüllte Monelkolonne hergestellt. Untersucht wurden die folgenden, bes. gereinigten KW-stoffe: *Bzl.* ($Kp._{760}$ 80,2°, n_D^{20} 1,5008), *Toluol* ($Kp._{760}$ 110,8°, n_D^{20} 1,4966), *o-Xylol* ($Kp._{760}$ 144,1°, n_D^{20} 1,5043), *m-Xylol* ($Kp._{760}$ 139,0°, n_D^{20}

1,4971), *p-Xylol* (Kp.$_{760}$ 138,7°, n_D^{20} 1,4954), *Mesitylen* (I; Kp.$_{760}$ 164,7°, n_D^{20} 1,4979), *Pseudocumol* (Kp.$_{760}$ 168,9°, n_D^{20} 1,5002), *Hemimellitol* (Kp.$_{760}$ 176,5°, n_D^{20} 1,5134), *Isodurol* (II; Kp.$_{760}$ 197,6°, n_D^{20} 1,5132), *Prehnitol* (III; Kp.$_{760}$ 204,6°, n_D^{20} 1,5197), *Pentamethylbenzol* (IV; F. 51,6—51,9° korr.), *Durol* (V; F. 79,1—79,3 korr.) u. *Hexamethylbenzol* (VI; F. 165,1—166,0° korr.). — Die Äquivalentleitfähigkeit nimmt von Bzl. bis zum **VI** zu. Mit abnehmender Konz. steigen die Leitfähigkeitskurven steil an, wie es für schwache Elektrolyte in einem Lösungsm. mit hoher DK. charakterist. ist. Die Meßergebnisse zeigen übereinstimmend mit früheren Unterss., daß sich die Methylbenzole in HF wie schwache Basen verhalten u. daß in diesen Lsgg. ein Säure–Base-Gleichgewicht (**A**) $Ar + HF \rightleftharpoons ArH^+ + F^-$ besteht, dessen Lage von dem Ausmaß der Methylsubstitution u. von der Stellung der Methylgruppen abhängig ist. Die Gleichgewichtskonstanten dieser Rk. liegen zwischen 10^{-8} (für Bzl.) u. 10^{-2} (für **VI**). — Bei Zugabe von BF_3 steigt die Leitfähigkeit im allg. an, bis ein Molverhältnis BF_3:KW-stoff von 1:1 erreicht ist, bleibt dann gleich u. sinkt bei einem Molverhältnis von 3:1 wieder leicht ab. Abweichend verhalten sich die Lsgg. von **I, II, IV, VI** u. KF, deren Leitfähigkeit bei BF_3-Zusatz zunächst abfällt, kurz vor dem Molverhältnis 1:1 wieder wenig ansteigt u. dann gleich bleibt. In Ggw. von BF_3 existiert ein weiteres Gleichgewicht (**B**) $F^- + BF_3 \rightleftharpoons BF_4^-$, das Gleichgewicht **A** wird infolge der Umwandlung von F^--Ionen in BF_4^--Ionen nach rechts verschoben, u. die Leitfähigkeit der Lsg. ist erhöht. Wenn das Gleichgewicht **A** bereits weit rechts liegt, wie bei **I, II, IV** u. **VI**, bewirkt der BF_3-Zusatz nur eine geringe Vermehrung der Ionen, u. da das BF_4^--Ion viel weniger beweglich als das F^--Ion ist, tritt eine Erniedrigung der Leitfähigkeit ein. — Die Leitfähigkeiten von **III** u. **V** in HF verändern sich in einigen Std. zu dem Wert von **II**. Demnach erfahren **III** u. **V** eine Isomerisierung zu **II**, die durch BF_3 beschleunigt wird. Bei den anderen Benzolderivv. wurde keine Isomerisierung festgestellt. Das Kation ArH^+ scheint bei den Isomerisierungs-Rkk. in dem Syst. HF–BF_3 eine wesentliche Rolle zu spielen. (J. Amer. chem. Soc. **75**. 577—84. 5/2. 1953. Chicago, Ill., Illinois Inst. of Technol., Dep. of Chem.) FORCHE. D 138

Charles V. Banks und **Anton B. Carlson**, *Bestimmung der Säuredissoziationskonstanten von verschiedenen vic.-Dioximen.* Vff. verwenden die Meth. zur Best. der Dissoziationskonstanten monobas. Säuren aus ihren Absorptionsspektren nach STENSTRÖM u. GOLDSMITH (J. physic. Chem. **30**. [1926.] 1683) zur Best. schwacher dibas. Säuren. Die wss. Lsg. eines vic.-Dioxims wird mit NaOH-Lsg. auf ein bestimmtes p_H gebracht. Anschließend Messung der UV-Absorptionsspektren bei steigenden p_H-Werten mit einem CARY-Spektrophotometer. Eintragen der bei den verschied. p_H-Werten erhaltenen Absorptionskurven in ein Diagramm (Abszisse: Wellenlänge in mμ; Ordinate: Absorption $\log_{10}$ 1/T). Berechnung der Dissoziationskonstante K_1' aus den Absorptionskurven für das einfach geladene Ion nach $K_1' = A_s - A_s^0/A_s' - A_s[H^+]$, wobei A_s (= $\log_{10}$ T Lösungsm./TLsg.) die Absorption einer Mischung der beiden absorbierenden Molekelarten, A_s^0 die Absorption der undissoziierten Molekel u. A_s' die Absorption des einfach geladenen Anions ist. Für das zweifach geladene Ion gilt entsprechend $K_2' = A_s - A_s'/A_s'' - A_s \cdot [H^+]$; A_s'' = Absorption des zweifach geladenen Anions. Die nach der Theorie von DEBYE u. HÜCKEL anzubringende Korrektur für die Aktivitätskoeffizienten wird berechnet nach $pK = p_H + \log_{10}$ [Säure]/[Salz] $+ 0{,}509\ \mu^{1/2}/(1 + \mu^{1/2})$, wobei die Klammern die mol. Konzz. bezeichnen u. μ die Ionenstärke ist. — Es ergeben sich folgende Säuredissoziationskonstanten: *2.3-Butandiondioxim* pK_1' 10,6 ± 0,1 bzw. pK_2' 11,9 ± 0,3; *1.2-Cyclohexandiondioxim* 10,6 ± 0,2 bzw. 12,4 ± 0,5 u. *1.2-Cycloheptandiondioxim* 10,7 ± 0,2 bzw. 12,3 ± 0,5. (Analytica chim. Acta [Amsterdam] **7**. 291—301. Okt. 1952. Ames, Iowa, Iowa State Coll., Inst. for Atomic Res., Dep. of Chem.) BARCHET. D 139

A. N. Kappanna und **K. M. Joshi**, *Wechselstromelektrolysen.* 1. Mitt. *Oxydation von Glucose.* Die Wrkg. von Wechselstrom von 3—50 Hz auf wss. Lsgg., die 20 g KBr u. 180 g Glucose pro Liter u. suspendiertes $CaCO_3$ enthalten, wird an Pt- u. Graphitelektroden untersucht. Vergleichsweise werden entsprechende Gleichstromelektrolysen ausgeführt. Das Reaktionsprod. ist *Gluconsäure*, die vermutlich in homogener Rk. unter Vermittlung des elektrolyt. gebildeten Broms entsteht. Die Ausbeuten in der Wechselstromzelle liegen unterhalb derer in der Gleichstromzelle, sie sinken zudem mit wachsender Frequenz ab. Die Graphitelektroden geben wesentlich schlechtere Ausbeuten als die Pt-Elektroden. Es wird dies mit einem gegenüber dem Pt größeren Adsorptionsvermögen des Graphits für die Entladungsprodd. u. einer dadurch erleichterten Vereinigung derselben erklärt. Steigende Stromdichten führen auch zu einem Steigen der Stromausbeute. Die gleiche Gesetzmäßigkeit wurde auch für die Bromausbeute bei der Elektrolyse einer KBr-Lsg. gefunden, doch ist auffällig, daß die Bromausbeuten wesentlich unter den Gluconsäureausbeuten liegen. Es läßt sich dies nur damit erklären, daß die Geschwindigkeit der Glucoseoxydation durch das Brom größer ist als die Reduktionsgeschwindigkeit des Broms

ohne Ggw. von Glucose im Wechselfeld. Die Glucoseoxydation ist nicht reversibel. (J. Indian chem. Soc. **29.** 69—76. Febr. 1952. Nagpur, Coll. of Sci., Dep. of Chem.)
GABRIELE GÜNTHER. D 141

J. E. Page, *Polarographie organischer Verbindungen.* Übersichtsref. mit 289 Literaturangaben über die Polarographie (P.) organ. Verbindungen. Im einzelnen werden behandelt: Allg. Grundlagen (polarograph. Strom, Kondensations- oder Reststrom, Überführungsstrom, Diffusionsstrom, Adsorptionsstrom, katalyt. Strom u. kinet. Strom, sowie Halbwellenpotential), prakt. P. (Einfl. des Lösungsm., des Basenelektrolyten, der Temp. u. des O_2, Pt-Mikroelektroden, Differential-P., Derivat-P. u. oscillograph. P.), analyt. Anwendungen der P. (Anwendungsbereich der P., Unters. von Mischungen, Maximaunterdrückung, amperometr. Titration, Vorteile der polarograph. Analyse), Anwendungen der P. in der Reaktionskinetik, polarograph. Oxydations- u. Reduktionsmechanismus, reversible Oxydations- u. Reduktionssysteme, Beispiele hierfür, irreversible Oxydations–Red.-Systeme u. Beispiele hierfür (ungesätt. KW-stoffe, organ. Peroxyde, Aldehyde, Ketone, Carbonsäuren, Halogenverbb., Nitroverbb., verschied. N-haltige Verbb., verschied. S-haltige Verbb. u. metallhaltige Verbb.). Abschließend weist Vf. auf den großen Wert der P. hin, die er als gute Ergänzung anderer physikal. Techniken wie Infrarot- u. UV-Absorptionsspektrographie anspricht. (Quart. Rev. (chem. Soc., London) **6.** 262—301. 1952. Middlesex, Greenford, Glaxo Labor. Ltd.) NIEMITZ. D 142

N. Trappeniers, *Über das Gesetz der übereinstimmenden Zustände und die Zustandsdiagramme von Tetrachlor- und Tetrabromkohlenstoff.* In Analogie zu dem Gesetz von DE BOER u. MICHELS (Physica **5.** [1938.] 945) über die übereinstimmenden Zustände der Edelgase wird ein entsprechendes Gesetz für die Verbb. mathemat. entwickelt, bei denen 1. n gleiche Atome gleichwertige Lagen um das gleiche Zentralatom einnehmen, 2. die potentielle Energie solcher Moll. gleich der Summe der Atompotentiale ist u. 3. die Atompotentiale a) auf intramol. Wechselwrkg. (also unabhängig vom Vol. des Syst.), b) auf den gegenüber allen anderen Moll. bestehenden VAN DER WAALSschen Kräften beruhen. Die derart definierten Moll. werden als „ähnlich" bezeichnet, z. B. CCl_4 (**I**) u. CBr_4 (**II**), da in ihnen die Wrkg. des zentralen C-Atoms auf das intermol. Feld im Vgl. zu denen der Halogenatome zu vernachlässigen ist. Hierfür gilt, wenn a den Abstand der Atome vom Zentrum, r_0 den der Atommitten gleicher Atome beim Minimum der potentiellen Energie u. Φ_0 die Tiefe der Potentialmulde bedeuten, a/r_0 = const., nämlich $a_I/r_{0I} = 0{,}478$ u. $a_{II}/r_{0\,II} = 0{,}473$, ferner $\Phi_{0II}/\Phi_{0I} = 1{,}395$, gleich dem Verhältnis der absol. FF. (1,45) u. der absol. Umwandlungstempp. (1,418), berechnet auf Grund der Zahlenwerte bei gewöhnlichem Druck. Diese Gleichungen sollen aber auch bei höheren Drucken für korrespondierende Zustände gelten, u. es kommen noch hinzu V/v_0 = const., sowie $P/\varphi_0 \cdot v_0$ = const., wenn V das spezif. Vol., P der Druck u. $v_0 = N \cdot r_0^3$ ist. Anscheinend sind aber die von BRIDGMAN aufgenommenen Zustandsdiagramme von **I** u. **II**, die neben der fl. je 3 feste Phasen aufweisen, ganz verschieden voneinander. Die Umrechnung der **II**-Kurven nach dem Gesetz der übereinstimmenden Zustände ist zwar nur für einen Teil der Schmelzkurven möglich, da **II** sich schon von ca. 100° an schnell zers.; aber für die Umwandlungskurve der I- in die III-Phase, die nur beim **II** bekannt war, führte sie in Übereinstimmung mit der piezometr. Analyse zur Entdeckung derselben Kurve u. der I-Phase auch beim **I** u. bewies die Identität der Umwandlungskurven der II- in die III-Phasen für **I** u. **II**. Die Umwandlungskurve der II- u. IV-Phasen beim **I** im Gebiete hoher Drucke hat wahrscheinlich auch beim **II** ihr Analogon, da BRIDGMAN eine Umwandlung desselben bei >10000 at gefunden hat. (Ind. chim. belge **16.** 372—78. 1951. Inst. Belge des Hautes Pressions.) METZENER. D 146

Giulio Milazzo und **Leonello Paoloni,** *Dampftension, latente Wärme und Molekulargewicht des Selenophens.* Die Dampftension von *Selenophen* (**I**, aus C_2H_2 + Se) wird zwischen —78,5 u. +27° gemessen. Die Kurve der Abhängigkeit des Drucks von 1/T zeigt bei —65,3° einen Knick, der einem Umwandlungspunkt entspricht. Die latente Schmelzwärme ergibt sich zu 1532 kcal/Mol, die Umwandlungswärme zu 16642 kcal/Mol. Die kryoskop. Best. des Mol.-Gew. in Bzl. zeigt Abnahme mit abnehmender Konzentration. Bei ca. 0,62 Mol/Liter liegt dimere Assoziation des **I** vor. Die Befunde lassen die Ähnlichkeit im Verh. von **I** u. Thiophen erkennen, die damit erklärt wird, daß die Kräfte, die die Assoziation des **I**-Mol. u. ähnlicher Moll. mit heterocycl. Fünfring bewirken, aus den Restvalenzen der Heteroatome stammen. (Ist. super. Sanità, Rend. **14.** 673—85. 1951.)
R. K. MÜLLER. D 152

W. K. Ssementschenko und **Je. L. Sorina,** *Hysteresis der Viscosität im kritischen Gebiet.* Die Viscosität (η) der bin. Flüssigkeitssysteme *Nitrobenzol–Hexan* u. *Triäthylamin–W.* zeigt im krit. Temperatur- u. Konzentrationsgebiet der Mischbarkeit Hysteresiserscheinungen. Die Hysteresis trat bei Wiederholung der Messungen nur dann auf, wenn die ganze Kurve, beginnend bei dem Gebiet des homogenen Zustandes über das mikroheterogene Gebiet der krit. Opalescenz bis zum Gebiet des gewöhnlichen dispersen Zustandes mit der für ihn charakterist. milchigen Trübung durchschritten worden war. Hierbei verschiebt sich nicht nur die η-Kurve, sondern auch das Maximum befindet sich an anderer Stelle. Aber auch die im 2. Bestimmungscyclus ermittelten η-Werte sind nicht beständig, sondern ändern sich im 3. Cyclus weiter. Für Mischungen, die von der krit. Konz. entfernt sind, aber noch schwache Opalescenz in eng begrenztem Temperaturintervall (einige $^1/_{100}$° C) zeigen, ist die Hysteresis bes. groß. Bei Annäherung an die krit. Konz. verringern sich die Hysteresiserscheinungen u. werden für eine Mischung von der krit. Konz. überhaupt nicht beobachtet. Das Gebiet der Konzz., in dem dieAnomalien bei η festgestellt wurden, läßt sich in ein vorkrit. u. ein krit. (zu letzterem gehören bei der Löslichkeitskurve die Konzz., bei denen sich „Unterkühlung" u. „Überhitzung" zeigt) zerlegen. Zur Erklärung der Hysteresiserscheinungen wird angenommen, daß in den 2 Gebieten Überlagerungen von Phasenübergängen 1. Art u. der krit. Erscheinungen stattfindet. Bei bestimmten Tempp. würden sich danach in einem bestimmten Bezirk des Flüssigkeitsvol. die krit. Erscheinungen entwickeln, sobald dort die Konz. der krit. gleich wird. Im übrigen Vol. würden die Phasenübergänge 1. Art erfolgen, die auf die mit ihnen coexistierenden krit. Erscheinungen Einfl. haben, ihre Irreversibilität u. Unbeständigkeit verursachend. Die Hysteresis würde demnach die Unvollständigkeit des Übergangs in den krit. Zustand charakterisieren. Für die krit. Konz. sind die krit. Erscheinungen reversibel, da sie in ganzen Vol. der Fl. vor sich gehen. Diesen Anschauungen entspricht, daß die Hysteresiserscheinungen sich für Systeme mit oberer (Nitrobenzol–Hexan) u. unterer (Triäthylamin–W.) krit. Lösungstemp. in verschied. Richtungen (Erhöhung, bzw. Erniedrigung von η u. der Tempp. ihrer Maxima) entwickeln. Das entspricht den verschied. Vorzeichen der Lösungswärme. Zugaben geringer Mengen oberflächenakt. Stoffe (0,046 Mol.-% Isoamylalkohol) beseitigen die Hysteresiserscheinungen. (Доклады Академии Наук СССР [Ber. Akad. Wiss. UdSSR] [N. S.] **84.** 1191—93. 21/6. 1952.) WÖRFFL. D 172

H. J. C. Tendeloo, A. E. Mans und **G. De Hoogh,** *Titration adsorbierter Säuren.* 4. Mitt. (3. vgl. Recueil Trav. chim Pays-Bas **68.** [1949.] 253.) Während die Titrationskurven für die drei isomeren *Oxybenzoesäuren* in wss. Lsg. im Adsorptionsgleichgewicht mit Noritkohle prakt. keinen Unterschied zeigen, sind deutliche Unterschiede bei den Titrationskurven für *Maleinsäure* u. *Fumarsäure* vorhanden; aber auch bei ihnen sind die Unterschiede in der Acidität der beiden Säuren, von denen die Fumarsäure stärker adsorbiert wird, verringert. Neben der bisherigen Erklärung der adsorbierten Säuren als mehrbas. Polysäuren lassen sich die Erscheinungen auch auf Grund eines DONNAN-Gleichgewichtes erklären. Die Tatsache, daß die Titrationskurven für Salicylsäure nicht ident. sind, wenn man mit NaOH bzw. $Ca(OH)_2$ titriert, beweist mindestens qualitativ, daß die Verteilung der Ionen zwischen der adsorbierten Phase u. der Lsg. nach dem DONNAN-Gleichgewicht erfolgt. Entsprechend der Theorie von OVERBEEK wird durch Erhöhung der Menge an Adsorbens die adsorbierte Säure zunächst allmählich schwächer, darauf scheint die Acidität der Säure wieder wenig anzusteigen. (Recueil Trav. chim. Pays-Bas **70.** 191—201. Febr. 1951.) HENTSCHEL. D 176

B. Szigeti, *Torsionsschwingungen langer Kettenmoleküle.* 2. Mitt. *Die Torsionspolarisation isolierter langkettiger Ketonmoleküle in der gestreckten Konfiguration.* (1. vgl. C. **1952.** 5421.) Vf. erörtert den Einfl. der Torsionsschwingungen auf die stat. DK. langkettiger KW-stoffe. Langkettige Moll. werden in der gestreckten Konfiguration betrachtet unter Vernachlässigung zwischenmol. Wechselwirkungen. Die Torsionsschwingungen bestehen aus einer Überlagerung einer Translations- (senkrecht zur C-Ebene) u. Rotationsbewegung (um die Kettenachse). Die Beziehung zwischen ihren Amplituden wird abgeleitet. Bei langkettigen Ketonen mit der CO-Gruppe in der Nähe der Kettenmitte wird das mittlere Quadrat der Amplitude der Torsionsschwingung der CO-Gruppe berechnet u. hierfür ein Wert gefunden, der bei jeder Temp. nahezu proportional zur Kettenlänge ist. Die mit den Torsionsschwingungen zusammenhängende Polarisierbarkeit der Ketone wird berechnet; sie ist im Vgl. zum üblichen Effekt innerer Schwingungen sehr groß. Diese Polarisierbarkeit ist jedoch kein Teil der üblicherweise Orientierungspolarisation genannten Gesamtpolarisation. (Trans. Faraday Soc. **48.** 400—09. Mai 1952. Liverpool, Univ., Dep. Theor. Phys.) SCHÄFF. D 182

Charles C. Price, *Schätzung der elektrischen Effekte von Gruppen am Benzolring.* Die bei der elektrophilen Substitution entstehenden ion. Zwischenverbb. werden herangezogen, um die aktivierende bzw. desaktivierende Wrkg. von Substituenten auf die C-Atome des Benzolkerns zu verstehen. Eine Abschätzung der Ladungsverteilung dieser Zwischenverbb. u. der Ladung der Substituenten führt zu Werten für die elektr. Wechselwirkungsenergie zwischen Kern-C-Atomen u. Substituenten, die die orientierende Wrkg.

der letzteren gut erklärt. Die Betrachtungen können auch herangezogen werden, um den Einfl. der Substituenten auf die Elektronenverteilung des Benzolringes oder der C—Cl-Doppelbindung abzuschätzen, doch wird betont, daß diese elektrostat. Kräfte nicht die allein wirksamen sind. (J. Amer. chem. Soc. **73.** 5833—36. Dez. 1951. Notre Dame, Ind., Univ., Dep. of Chem.) GABRIELE GÜNTHER. D 182

Hans Kuhn und **Wernhard Huber,** *Zur Frage der Zahl der Elektronen im π-Elektronengas der organischen Farbstoffe.* Vff. zeigen, daß die Annahme von NIKITINE (vgl. C. **1951.** I. 1127; J. Chim. physique Physico-Chim. biol. **47.** [1950.] 798 u. **48.** [1951.] 44) über die Zahl der Elektronen im π-Elektronengas der Polymethinfarbstoffe (Lokalisierung von 2 Elektronen an den N-Atomen) zu falschen Folgerungen führt, bes. bzgl. der Orthogonalität der Wellenfunktionen u. des Einfl. des Ersatzes von CH durch N in der Kette. — Bisher war bei der Berechnung der Energieeigenwerte E ein einfaches Kastenpotential angenommen worden. Vff. berechnen jetzt die E bei Annahme zusätzlicher Potentiale an der Stelle der N-Atome ($V_1 \sim 3{,}4 \cdot 10^{-20}$ ergcm). Berücksichtigung dieser Störung ergibt längerwellige Absorption, das gleiche Ergebnis wird auch bei Vergrößerung der Ausdehnung des Elektronengases erzielt. Das erste, einfache Modell kann also als gute Näherung gelten. (J. Chim. physique Physico-Chim. biol. **48.** 381—84. Sept./Okt. 1951. Basel, Univ., Inst. de Chim. et Phys.) KRESZE. D 184

Adelheid Kofler, *Zur Kenntnis der Hexachlorcyclohexane und ihrer Gemische.* 1. Mitt. *Polymorphie.* Zur Unters. der bei den sechs isomeren *Hexachlorcyclohexanen* (I), α, β, γ, δ, ε u. ζ-I, etwa auftretenden polymorphen Formen der einzelnen Isomeren wurden durch Mikrosublimation auf der KOFLERschen Heizbank erhaltene Kristalle mkr.-kristallograph. untersucht. — α-I tritt nur in der einen schon bekannten monoklin-prismat. Form auf mit dem Mikro-F. 158°. — Bei β-I tritt neben der bekannten stabilen kub. Form eine neue instabile monokline Form auf. Sie entsteht stets zusammen mit der stabilen Form durch Sublimation bei ∼180° u. bildet sechseckig begrenzte, monokline Blättchen. Die instabilen Kristalle sind nur wenig haltbar u. wandeln sich fast schlagartig in die stabile Form um; der F. konnte nicht ermittelt werden. — Bei γ-I wurden 3 Modifikationen beobachtet, wobei sich die 2. u. 3. Form in bezug auf die 1. Form enantiotrop verhalten. Die bei Zimmertemp. beständige Form II ist monoklin-prismat., opt.-positiv mit 2 V = 60° u. den Brechungsindices α = 1,62; β = 1,64; γ = 1,67. Der Umwandlungspunkt II ⇌ I liegt bei 112,5°, die FF. von I u. II liegen sehr nahe beieinander; II hat F. 113,5°, während F. von I nur ∼0,1° höher liegt. Die Umwandlung III ⇌ I liegt bei 86°. Die Modifikationen III u. I sind schwach, II wesentlich stärker doppelbrechend. Aus der Schmelze krist. zuerst I in größeren, stengligen rhomb. Kristallen aus; beim Sinken der Temp. lagert sich I in III um. Das enantiotrope Verh. von I u. II kann wegen der geringen F.-Differenz nur an bes. reinen Präpp. beobachtet werden. — δ-I besitzt zwei Modifikationen von FF. 138 u. 139°; die beiden Formen sind enantiotrop mit einem Umwandlungspunkt bei 132°. Bei der Sublimation (100—105°) treten beide Formen auf, in überwiegendem Maße die hexagonale Hochtemperaturform I. Die bei Zimmertemp. beständige Form II bildet monokline, stärker doppelbrechende Stengel oder flächenreiche Körner. — ε-I tritt nur in einer Form auf; durch Sublimation bilden sich sechseckige Täfelchen von monokliner Symmetrie. — Bei ζ-I tritt außer der stabilen monoklinen Form noch eine zweite, sehr instabile Modifikation auf; diese entsteht aus der Schmelze immer prim., wandelt sich aber sofort in die stabile Form um. (Chem. Ber. **84.** 376—81. 10/5. 1951. Innsbruck.) GOTTFRIED. D 190

Adelheid Kofler, *Zur Kenntnis der Hexachlorcyclohexane.* 2. Mitt. *Zweistoffsysteme.* (1. vgl. vorst. Ref.) Von den verschied. polymorphen Modifikationen des *Hexachlorcyclohexans* wurden die drei zwischen den α-, γ- u. *δ-1.2.3.4.5.6-Hexachlorcyclohexanen* möglichen Zweistoffdiagramme unter dem Heizmikroskop ermittelt u. dabei sowohl die Schmelzkurven der stabilen als auch der instabilen Modifikationen festgestellt. Graph. sind die Schmelzdiagramme der γ(γ I u. γ II)–α-Modifikationen, der δ(δ I u. δ **II**)–α- sowie der γ(γ I u. γ II)–δ(δ I u. δ II)-Modifikationen wiedergegeben. Die bei Raumtemp. beständige Form γ II gibt mit der α-Form ein Eutektikum bei 98° u. 27% α, während das entsprechende Eutektikum von γ I bei 93° u. 25% α-Geh. liegt. Die beiden δ-Formen δ I u. δ II verhalten sich im Diagramm δ–α bei einer Schmelzpunktsdifferenz von 1° enantiotrop mit einem Umwandlungspunkt bei 132°. Die Eutektika der beiden Formen mit der α-Form unterscheiden sich um 2° ($E_1 = 112°$; $E_2 = 110°$). In dem Syst. γ–δ ergeben sich die folgenden eutekt. Tempp.: 81° für γ I: δ I (39% δ), 86,5° für γ II: δ I (42% δ), 85° für γ I: δ II (36% δ) u. 90° für γ II: δ II (39% δ). Es wird noch die Gehaltsbest. in den Isomerengemischen besprochen. (Chem. Ber. **84.** 427—33. 1951. Innsbruck.) GOTTFRIED. D 190

M. A. Lasheen, *Die Kristallstruktur von Naphthalintetrachlorid,* $C_{10}H_8Cl_4$. Zur Unters. geeignete Kristalle von *Naphthalintetrachlorid* (I) wurden aus Chlf. erhalten. Es wurden zuerst magnet. Messungen durchgeführt. Die folgenden Werte wurden erhalten: χ_1-χ_2 = 56,2·10^{-6}; χ_1-χ_3 = 2,6·10^{-6}; χ_3-χ_2 = 53,2·10^{-6}; χ_3 ist der Wert der diamagnet. Suszeptibilität entlang der **b**-Achse, χ_1 u. χ_2 die Werte entlang der beiden in der (0 1 0)-Ebene u. aufeinander senkrecht stehenden Hauptachsen. Der Winkel zwischen χ_2 u. der **a**-Achse (positiv im stumpfen Winkel β) beträgt +23,2°, der Winkel zwischen χ_1 u. der c-Achse —0,5°. Die magnet. Messungen zeigen, daß der Kristall magnet. nahezu einachsig ist. Die gefundene Anisotropie ist die eines einzelnen Benzolrings; das Mol. besteht wahrscheinlich aus einem Benzolring u. einem Cyclohexanring, der, mit den 4 Cl-Atomen, keinen oder nur einen sehr geringen Einfl. auf die Werte der magnet. Anisotropie ausübt. Dies besagt, daß χ_1 u. χ_3 in der Ebene des Benzolrings u. χ_2 senkrecht zu ihm verlaufen. Die **b**-Achse ist daher in der Ebene des Mol., u. da das Mol. selbst eine Symmetrieachse besitzt, besteht große Wahrscheinlichkeit, daß die **b**-Achse mit der langen Achse des Mol. zusammenfällt. — WEISSENBERG-, Schwenk- u. Drehaufnahmen ergaben für die monokline Zelle die Dimensionen a = $7{,}92_5 \pm 0{,}03$ Å; b = 10,25±0,04 Å; c = 14,25 ±0,05 Å; β = 112,6±0,5°. Raumgruppe ist I 2/C; Z = 4. Die Struktur wurde durch PATTERSON-Projektionen auf die drei Hauptebenen u. eine FOURIER-Synth. aufgeklärt. Vorausgesagt sei, daß die gefundene Struktur derjenigen entspricht, die auf Grund der magnet. Messungen vorausgesagt worden war. Die gefundenen Parameter sind: Cl_I (x in Å) = —0,088; (y in Å) = 2,563; (z in Å) = 5,106; Cl_{II} 1,849; —0,034; 5,670; C_I —0,341; 1,011; 4,267; C_{II} 0; —0,199; 5,185; C_{III} 0; —1,438; 4,255; C_{IV} 0; — 6,54; 4,957; C_V 0; —3,873; 4,255. Im Gitter sind die 6 C-Atome des Benzolrings u. die zwei nächsten C-Atome des Cyclohexanrings innerhalb der Fehlergrenzen koplanar. Die 4 Cl-Atome des Mol. haben die Konfiguration 1 ε, 2 $\varkappa$, 3 $\varkappa$, 4 ε. Die mittlere Länge der C—C-Bindungen im Benzolring beträgt 1,40 Å; der C—C-Abstand der Atome, die dem Benzol- u. Cyclohexanring gemeinsam angehören, ist 1,39 Å. Die übrigen C—C-Atome im Cyclohexanring haben einen mittleren Abstand von 1,55 Å. Die mittlere Länge der C—Cl-Bindungen ist 1,80 Å. Die intermol. Abstände sind alle gleich oder höher als der übliche VAN DER WAALS-Typ. (Acta crystallogr. [Copenhagen] **5.** 593—98. 10/9. 1952. London, Univ. Coll.) GOTTFRIED. D 195

Earl L. Muetterties und **Eugene G. Rochow,** *Komplexe von Bortrifluorid mit Amiden. Formamid, Acetamid* u. *Dimethylformamid* (I) vermögen ein Mol BF_3 unter Bldg. von Komplexverbb. anzulagern. Aber nur der Komplex mit **I** ist so beständig, daß er gereinigt werden kann. Die geringere Reaktionsfähigkeit dieses Komplexes ist auf die stärkere Basizität des N u. die Abwesenheit von an N gebundenen H-Atomen zurückzuführen.

Versuche: *Bortrifluorid-Tetrahydrofuranätherat,* durch Einleiten von BF_3 in durch 24std. Kochen über NaOH, Dest., 7std. Kochen über $LiAlH_4$ u. abermalige Dest. gereinigtes *Tetrahydrofuran* (**II**) bei 0° bis zur Sättigung u. Dest. der Fraktion vom $Kp._{1,2}$ 58°. — *Dimethylformamid–BF_3,* $C_3H_7ONF_3B$, F. 58—59°, $Kp._{0,1}$ 100°; durch langsames Einrühren einer Lsg. von 0,09 Mol **I** in 20 g **II** in eine Lsg. von 0,1 Mol BF_3–**II**-Ätherat in 10 g **II** bei 0°, Abdampfen des Lösungsm. unter vermindertem Druck u. Umkristallisation des Rückstands aus **II**. Die Verb. wird von W. sofort zers., ist aber gegen sd. A. sehr beständig. Mit Nitronacetat wird Nitronfluoborat gefällt. In dem Ultrarotspektr. des Komplexes zeigt sich keine Verschiebung der Carbonylbande des Amids bei 5,9 μ. (J. Amer. chem. Soc. **75.** 490—91. 20/1. 1953. Cambridge, Mass., Harvard Univ., Mallinckrodt Labor., Dep. of Chem.) FORCHE. D 223

C. W. L. Bevan, *Nucleophiler Austausch von Fluor in aromatischen Verbindungen.* 1. Mitt. Um den Einfl. von aktivierenden u. inaktivierenden Substituenten auf den nucleophilen Austausch an einem aromat. C-Atom zu studieren, untersuchte Vf. die Umsetzung von in p-Stellung zum F-Atom substituierten *o-Fluornitrobenzolen* mit Na-Äthylat in absol. A. gemäß $RC_6H_3(NO_2)F + OC_2H_5^- \rightarrow RC_6H_3(NO_2)OC_2H_5 + F^-$ bei verschied. Tempp. u. bestimmte die Geschwindigkeitskonstanten u. Aktivierungsenergien (s. Original) für die Verbb. mit R = NH_2, H, F, Cl, Br u. J. *4-Amino-1-fluor-2-nitrobenzol,* F. 98°. — *o-Fluornitrobenzol,* F. —5,3°, $Kp._{22}$ 112°. — *1.4-Difluor-2-nitrobenzol,* F. —12°, $Kp._{25}$ 103°. — *4-Chlor-1-fluor-2-nitrobenzol,* F. 10°. — *4-Brom-1-fluor-2-nitrobenzol,* F. 19°. — *1-Fluor-4-jod-2-nitrobenzol,* F. 35,5°. — *1-Fluor-2.4-dinitrobenzol* (R = NO_2), F. 26°, reagiert so schnell (Geschwindigkeitskonstante bei —20,22° 16,6 Liter·sec^{-1}·Mol^{-1}), daß die Best. der Aktivierungsenergie unmöglich ist. Die Versuchsergebnisse zeigen, daß alle Halogene im Vgl. zu H aktivierend wirken, u. zwar in der Reihenfolge J $\sim$ Br > Cl $\gg$ F. Die NH_2-Gruppe hat inaktivierenden Effekt. Der Einfl. von p-Substituenten ist bei dieser Rk. aber wesentlich schwächer als bei der von BERLINER u. MONACK (J. Amer. chem. Soc. **74.** [1952.] 1574) untersuchten Rk. zwischen o-Bromnitrobenzolen u. Piperidin, was mit der größeren nucleophilen Stärke des Äthylats im Vgl. zu Piperidin erklärt wird. (J. chem. Soc. [London] **1953.** 655—57. Febr. Exeter, Univ. Coll.) FORCHE. D 225

A. I. Titow, *Theorie der Nitrierung von gesättigten Kohlenwasserstoffen und von Seitenketten der Arylparaffine.* Übersicht (Theorien, Reaktionsmechanismen, Reaktionsprodd., elektronentheoret. Deutung). — 78 Literaturangaben. (Успехи Химии [Fortschr. Chem.] **21.** 881—913. Aug. 1952. Moskau.) H. FRÖHLICH. D 225

B. P. Fedorow und **N. W. Ptitzina,** *Untersuchung auf dem Gebiet der Anthracenderivate.* 10. Mitt. *Relative Aktivität der meso-Kohlenstoffatome des Anthracens und 9.10-Dichloranthracens bei Oxydationsreaktionen.* (9. vgl. C. **1952.** 4606.) In vorliegender Arbeit wurde die Oxydation von Anthracen (**I**) u. 9.10-Dichloranthracen (**II**) durch Cl_2 in W. bei 2—3° u. 15—16° bzw. 20—21° untersucht. Ungeachtet dessen, daß die Rkk. im heterogenen Syst. verlaufen, wurde versucht, zu bestimmten Ergebnissen in bezug auf die Reaktionsgeschwindigkeit zu kommen. Um die eine wesentliche Rolle spielenden Diffusionsprozesse von Vers. zu Vers. nach Möglichkeit ident. ablaufen zu lassen, wurde auf gleiche Vorbehandlung von **I** u. **II** (Korngröße; Herst. der Paste durch Anrühren mit W.) u. auf gleiche Wirksamkeit der Schüttelvorr. Wert gelegt. Das analyt. am Cl_2-Verbrauch festgestellte Ansteigen der Reaktionsgeschwindigkeit annähernd proportional der anfangs vorhandenen Cl_2-Menge u. ihre Verlangsamung durch die sich bildende oder von vornherein zugesetzte HCl gaben Veranlassung, versuchsweise $-d[Cl_2]/dt = k[Cl_2]/[HCl]$ zu setzen. Die Ergebnisse bestätigten diese Gleichung in zufriedenstellender Weise u. zeigten auch, daß **II** um ein vielfaches langsamer als **I** oxydiert wird. Bei der Rk. von **I** wurden *Anthrachinon* (62%), *9.10-Dioxyanthracen* u. *Oxanthron* (zusammen 7%), *9-Oxyanthracen* (3%), **II** (12%) u. eine *Verb.* nicht ermittelter Konst. (C 87,1%; H 4,1%; F. >300°; gelbe Nadeln; 1%), die bei der Oxydation mit CrO_3 in Essigsäure *Anthrachinon* gibt, erhalten. Es wird ein Reaktionsmechanismus, bei dem außer HOCl hydratisiertes Cl^+ als Oxydationsmittel wirksam ist, besprochen. — Die Oxydation von **I** u. **II** mit $K_2Cr_2O_7$ + verd. H_2SO_4 oder mit $KMnO_4$ + verd. KOH ergab, daß **I** in beiden Fällen viel schneller als **II** u. daß **I** in alkal. Medium 4—5 mal schneller, **II** 60—80 mal schneller als in saurem Medium oxydiert wird. (Известия Академии Наук СССР, Отделение Химических Наук [Nachr. Akad. Wiss. UdSSR, Abt. chem. Wiss.] **1952.** 124—36. Jan./Febr. Inst. für organ. Chem. der Akad. der Wiss. der UdSSR.) WÖRFFEL. D 225

Sidney I. Miller und **Richard M. Noyes,** *Jodidionkatalyse der Eliminierung von Jod aus trans-Dijodäthylen und der Addition von Jod zu Acetylen.* Die nach Schema $C_2H_2J_2 + J^- \rightleftharpoons C_2H_2 + J_3^-$ verlaufende Rk. wurde in Methanol bei Tempp. unterhalb 110° durch Titration des in Freiheit gesetzten J_2 verfolgt. Die Rk. wurde als bimol. Gleichgewichts-Rk. behandelt. Die Voraussetzungen für die Gleichwertigkeit von Hin- u. Rück-Rk., daß nämlich 1. das Gleichgewicht $J_2 + J^- \rightleftharpoons J_3^-$ sich schnell einstellt u. ganz auf der Seite des Trijodions liegt u. 2. das Acetylen in Lsg. bleibt, waren weitgehend gegeben. Die Geschwindigkeitskonstante der Hin-Rk. sowie die Gleichgewichtskonstante K der Rk. wurden gemessen u. aus ihnen die Reaktionskonstante k_2 der Rück-Rk. berechnet. cis-Dijodäthylen zeigte auch bei 140° während 12 Std. keine nennenswerte Reaktion; bei der präparativen Darst. des Dijodäthylens durch Anlagerung von Jod an Acetylen wurde andererseits nur die trans-Verb. gewonnen. Die gemessenen k sind unabhängig von der Konz. an Dijodäthylen, sinken aber etwas mit steigender Jodidkonz. (negativer Salzeffekt). Die folgenden Werte für die k sind auf die Ionenstärke Null extrapoliert. $k_1 = 1{,}83 \cdot 10^{-6}$ [Liter/Mol·Sek.]; $K = 1{,}45 \cdot 10^{-2}$; $k_2 = 1{,}27 \cdot 10^{-4}$ (für t = 78,92°). Aktivierungsenergie u. -entropie der Hin-Rk. wurden zu 29,4 kcal/Mol bzw. —3,7 cal/Mol·Grad ermittelt, entsprechende Werte der Rück-Rk. sind 19,5 kcal/Mol u. —23 cal/Mol·Grad. Für das Gleichgewicht ist $\Delta H = 9{,}9$ kcal/Mol u. $\Delta S = 19$ cal/Mol·Grad. Vff. halten den nebenst. Komplex für die wahrscheinlichste Form des Übergangszustandes. Er soll durch Angriff eines Jodions auf $C_2H_2J_2$ entstehen u. sich weiter in einem oder zwei Schritten zers., je nachdem ob die $C{-}J_2^-$ u. die C—J-Bindung gleichzeitig oder nacheinander aufgespalten werden. Für die Additions-Rk. halten Vff. den vorgeschlagenen Mechanismus — geschwindigkeitsbestimmender Angriff von J_3^- auf C_2H_2 — für unwahrscheinlich. (J. Amer. chem. Soc. **74.** 3403—06. 5/7. 1952. New York, Columbia Univ., Dep. of Chem.)

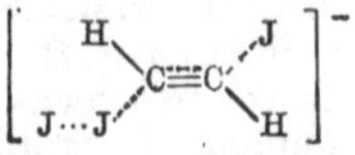

MANTHEY. D 225

E. S. Halberstadt und **J. E. Prue,** *Kinetische Salzeffekte bei der Zersetzung von Diacetonalkohol in Lösungen von Tetraalkylammoniumhydroxyden.* Dilatometr. Messungen der Hydroxylionen-katalysierten Zers. von *Diacetonalkohol* bei 24,77° in Lsgg. von Tetraalkylammoniumhydroxyden (wobei Alkyl = Methyl, Äthyl, n-Propyl, n-Butyl u. n-Amyl) ergeben einen starken linearen Anstieg der Katalysenkonstanten $K/[OH^-]$ mit wachsender OH^--Konzentration. Mit KOH zeigt sich dagegen ein leichter Abfall. Die Katalysenkonstanten konvergieren gegen den Mittelwert 0,4969 (bzw. bei 25° $0{,}508_3$) bei unendlicher Verdünnung. Der Anstieg erreicht mit R = n-Propyl ein Maximum. Der Ausdruck für die Reaktionsgeschwindigkeit wird in seiner einfachsten Form als $v = k'[A][OH^-]f_A \cdot f_{OH^-}/f_{AOH^-}$ formuliert, wobei A = Diacetonalkohol, AOH^- der Übergangszustand u. f die entsprechenden Aktivitätskoeffizienten sind. Der Anstieg der Katalysenkonstanten wird dem Faktor f_{OH^-}/f_{AOH^-} zugeschrieben wegen Einw. der entgegengesetzt geladenen Tetraalkylammoniumionen auf den Übergangszustand u. (bzw. oder) das OH^--Ion. In Erwägung wird auch eine Abnahme von f_{AOH^-} wegen Anziehung der großen organ. Kationen auf den großen organ. Übergangszustand entgegengesetzter Ladung gezogen. Zusätzliche Messungen mit KJ/KOH u. Tetraäthylammoniumjodid/KOH zeigen lineare Abnahme bzw. Zunahme der Reaktionsgeschwindigkeit mit wachsender Jodidkonz.; wird KJ durch Tetraäthylammoniumjodid ersetzt bei konstanter Ionenstärke, erhält man ebenfalls lineare Zunahme der Reaktionsgeschwindigkeit vom Minimalwert bei reinem KJ bis zum Maximalwert bei reinem Tetraäthylammoniumjodid. (J. chem. Soc. [London] **1952.** 2234—36. Juni. Reading, Univ.) Manthey. D 225

Emile Cherbuliez und **Maria Fuld**, *Über die Acidolyse von Estern.* Vff. untersuchten die irreversible Acidolyse von *Acetessigsäureäthylester* (I) mit Essigsäure (II) u. Buttersäure (III) bei 129° durch Verfolgung der CO_2-Entw. u. titrimetr. Best. der Acidität. Die Molverhältnisse zwischen I u. II bzw. III waren 1: 1,5: 1 u. 1 : 5. Vff. fanden für das Verhältnis 1: 1 eine bimol., für 5: 1 u. 1: 5 eine monomol. Reaktion. Die berechneten Reaktionsgeschwindigkeitskonstanten k fallen am Anfang der Rk., bei Vernachlässigung dieses Teils der Rk. wurde bei II u. 1: 1 ein konstanter k-Wert erhalten. Vff. nehmen an daß dieses Verh. auf Ggw. von W. zurückzuführen ist, das katalyt. wirkt u. durch Hydrolyse der Ester während der Rk. verbraucht wird. Bei Verwendung wasserfreier III wurde gute Konstanz, bei Zugabe von W. wieder obiges Verh. festgestellt. Zugabe von absol. A. führte zu wachsenden k-Werten, da bei dessen Veresterung das katalyt. wirksame W. gebildet wird. Da sowohl die volumetr. als auch die titrimetr. Best. des Acidolysengrades zu übereinstimmenden Werten führte, nehmen Vff. an, daß W. nicht durch Verseifung des Esters u. folgende Veresterung des freigemachten Alkohols wirksam ist. Als geschwindigkeitsbestimmender Schritt wird angesehen:

$$R_1COOR_2 + R_3COOH \rightleftharpoons R_1-\overset{\displaystyle OH}{\underset{\displaystyle OR_2}{\overset{|}{\underset{|}{C}}}}-OCOR_3,$$

das irreversibel in $R_1COOH + R_3COOR_2$ zerfällt. — Vff. untersuchten ferner die Acidolyse von *Benzoesäureäthylester* (IV) mit II. Beim Molverhältnis 1 : 10 werden nach 14,5 Std. am Rückfluß nur 3,3% IV acidolysiert, während beim Verhältnis 1: 5 u. Zugabe von 0,15 Mol H_2SO_4 nach 6 Std. 74%ig. Acidolyse festgestellt wurde. Ersatz der H_2SO_4 durch W. führte zu keiner nachweisbaren, konz. HCl nur zu geringer Acidolyse. Einleiten von gasförmigem HCl in eine Mischung von IV u. II u. Kochen am Rückfluß oder Erhitzen der kalt mit HCl gesätt. Mischung im Einschlußrohr führte zu keiner Acidolyse. Da aber gasförmiger HCl wie H_2SO_4 die Veresterung u. Verseifung katalysiert, wird die Annahme bestätigt, daß die Acidolyse nicht bzw. nur geringfügig über Verseifung u.Wiederveresterung des Alkohols verläuft. (Helv. chim. Acta **35.** 1280—86. 16/6. 1952. Genf, Univ., Labor. für pharmazeut. Chem.) Gnauck. D 225

H. G. Walker jr. und **H. S. Owens**, *Die Hydrolyse von Betainamiden und -esterchloriden.* Da Betainhydrochlorid zur Herst. wasserlösl. Derivv. von unlösl. Aminen dient, untersuchten Vff. die Hydrolyse von *Betaincyclohexylesterchlorid* (I) u. von *Betainanilidchlorid* (II) im sauren u. alkal. Medium. In alkal. Lsg. konnte die Rk. mit I infolge großer Geschwindigkeit selbst bei 0° u. in 80%ig. wss. A. nicht durch Titration verfolgt werden. Es wurden daher Leitfähigkeitsmessungen in Na-Borat- bzw. Chinin–Chininsulfat–K_2SO_4-Puffern (III) bei 25,0° u. 32,1° gewählt. Nicht umgesetzter Ester wurde im Na-Boratpuffer als Reineckat gravimetr. bestimmt. Die alkal. Hydrolyse von II wurde titrimetr. verfolgt, die saure von I (0,0099 Mol) wurde bei 100° mit 0,01mol HCl bis zum 80%ig. Umsatz während mehr als 2 Wochen verfolgt, die von II ergab mit 0,02mol HCl bei 100° nach mehreren Tagen keine Reaktion. Für die alkal. Verseifung von I im III-Puffer wurden bei der Ionenstärke 0,20 (KCl) u. Berücksichtigung der Aktivität a an OH^-, an Stelle der Konz., die bimol. Konstanten k_2 (in Liter/Mol·Min.) gefunden: 905 (25°, a_{OH^-} $9{,}77 \cdot 10^{-7}$), 915 (25°, a_{OH^-} $9{,}77 \cdot 10^{-7}$), 1370 (32,1°, a_{OH^-} $9{,}55 \cdot 10^{-7}$), die Aktivierungsenergie beträgt danach ca. 10400 cal. Die Verringerung der Verseifungsgeschwindigkeit im Vgl. mit Betainäthylester wird ster. Faktoren zugeschrieben. Die alkal. Hydrolyse von II ergab für $k_2 \cdot 10^2$ in W. beim Molverhältnis von $OH^-/II = 2:1$ bei 64,90°: 3,70; bei 79,90°: 10,1; beim Verhältnis 3 : 1 bei 79,90°: 9,8; in 80 Vol.-%ig. Methanol bei 79,90° u. 2: 1: 6,5. Die Aktivierungsenergie beträgt ca. 15900 cal. Für die saure Hydrolyse von I wurde infolge stark positiven Salzeffektes keine reine Reaktionsordnung gefunden. Für die erste Hälfte der Rk. wird k_2 zu $6{,}5 \pm 0{,}6 \cdot 10^{-3}$ Liter/Mol·Min. abgeschätzt. Für die gegenüber Cyclohexylacetat 80mal langsamere Hydrolyse von I wird als Ursache ster. Beeinflussung durch die 3 Methylgruppen am N, außer der +-Ladung, vermutet. — *Betainanilidchlorid* (II), $C_{11}H_{17}ON_2Cl$, aus Anilin u. dem sauren Chlorid von Betain, umkrist. aus Isopropylalkohol–Isopropyläther. — *Betaincyclohexylesterchlorid* (I), $C_{11}H_{22}O_2NCl$, nach LINCH, A. PP. 2 359 862, 2 359 863 u. 2 359 864, umkrist. aus Aceton–Chloroform. (J. Amer. chem. Soc. **74**. 2547—49. 20/5. 1952. Albany, Calif., West. Reg. Res. Labor.) GNAUCK. D 225

G. B. Kistiakowsky und **Walter L. Marshall**, *Die photochemische Zersetzung von Keten.* 3. Mitt. (2. vgl. C. **1950**. II. 2779.) Vff. verfolgen durch Druckmessungen, massenspektrograph. Analyse u. Infrarotspektroskopie die photochem. Zers. von *Keten.* Es zeigt sich, daß gebildetes Methylendiradikal (I) sehr rasch mit CO zum Keten zurückreagiert. Die Rk. scheint 3. Ordnung zu sein. Durch Rk. mit symm.-Dideuteroäthylen wird erhärtet, daß I mit Äthylen Trimethylenradikal bildet, das sich zum *Propylen* umlagert. I vermag auch durch Anlagerung an Keten *Allen* zu bilden. Der Mechanismus der Zersetzungs-Rk. wird diskutiert. (J. Amer. chem. Soc. **74**. 88—91. Jan. 1952. Cambridge, Mass., Harvard Univ., Gibbs Chem. Labor.) GABRIELE GÜNTHER. D 226

John T. Barr, J. Donald Gibson und **R. H. Lafferty jr.**, *Die Chlorierung von 1.1-Difluoräthan und 1-Chlor-1.1-difluoräthan.* Die therm. Chlorierung von *1-Chlor-1.1-difluoräthan* (I), CH_3–$CClF_2$, wird durch die Ggw. von Fe entscheidend beeinflußt. In Strömungsrohren aus Cu oder Ni setzt sich I mit Cl_2 unterhalb 400° nicht um. Dagegen tritt in einem Fe-Rohr schon bei 200—400° — also unterhalb der normalerweise für die Chlorierung u. HCl-Abspaltung von Chlorfluoräthanderivv. (vgl. MCBEE u. Mitarbeiter, C. **1947**. 720.) erforderlichen Temp. — eine starke HF-Abspaltung u. erschöpfende Chlorierung der hieraus entstandenen Prodd. ein. Demnach scheint $FeCl_3$ ein spezif. Katalysator sowohl für die HF-Abspaltung als auch für die Chlorierung von I zu sein. Auch der Fe-Geh. in dem verwendeten Metall ist von Einfluß. Beim Arbeiten im Monelrohr bei 300° enthalten die Prodd. ca. 60%, in rostfreiem Stahl ca. 20% u. in Eisen nur 10% des ursprünglich vorhandenen Fluors. Durch Verdünnung der Reaktionskomponenten mit N_2 läßt sich der F-Geh. der Prodd. etwas erhöhen. — Bei der photochem. Chlorierung von I in einer Pyrexapp. ist unterhalb 200° keine HF-Abspaltung zu beobachten. Die Chlorierung setzt bei ca. 125° ein u. liefert bei 200° Umsätze von ca. 40%. Auf die Zus. der Prodd. hat es keinen wesentlichen Einfl., ob die Belichtung mit sichtbarem oder UV-Licht vorgenommen wird. Im Dunkeln findet bis 225° keine Rk. statt. — Die photochem. Chlorierung von *1.1-Difluoräthan* (II), CH_3–CHF_2, liefert kein CH_2Cl–CHF_2, aber bei schwacher Cl_2-Gabe geringe Mengen $CHCl_2$–CHF_2. Als Hauptprodd. treten je nach der Cl_2-Menge CCl_3–$CClF_2$, CH_2Cl–$CClF_2$ u. $CHCl_2$–$CClF_2$ auf.

Versuche: Die therm. Chlorierung von I wurde in elektr. geheizten zölligen, 40 cm langen Rohren aus Fe, rostfreiem Stahl, Monel, Ni u. Cu, die Füllungen aus dem gleichen Metall enthielten, ausgeführt. In einem Fe-Rohr entstanden aus 100 g I bei 200° u. einer Verweilzeit von 2 Sek. (berechnet auf die Ausgangsmaterialien bei Zimmertemp.) 72 g fl. u. feste Prodd. von der Zus. 30% CH_2Cl—CCl_2F, 15% CCl_3—$CClF_2$, 10% CCl_3—CCl_2F u. 40% C_2Cl_6. Bei 300° u. einer Verweilzeit von 3 Sek. bestand das Prod. (15 g) aus 5% CCl_3—CCl_2F, 45% CCl_2=CCl_2 u. 45% C_2Cl_6. Ein unter denselben Bedingungen in einem Rohr aus rostfreiem Stahl erhaltenes Prod. (68 g) hatte die Zus. 10% CCl_3—$CClF_2$, 35% CCl_2=CCl_2, 5% CCl_3—CCl_2F u. 45% C_2Cl_6. Ebenso lieferte ein Monelrohr 46 g eines aus 5% CH_2Cl—$CClF_2$, 20% CCl_2=$CClF$, 25% CH_2Cl—CCl_2F, 20% CCl_3—$CClF_2$, 20% CCl_2=CCl_2, 5% CCl_3—CCl_2F u. einer Spur C_2Cl_6 bestehenden Produkts. — Die photochem. Chlorierungsverss. wurden in einem Pyrexglaskolben unter Belichtung mit zwei 500 Watt-Glühlampen durchgeführt. Die aus I mit 31—40%ig. Umsatz erhaltenen Prodd. hatten die Zus. 5—10% CH_2Cl—$CClF_2$, 10—16% $CHCl_2$—$CClF_2$ u. 74—85% CCl_3—$CClF_2$. —Die photochem. Chlorierung von II lieferte bei einem Cl_2 : II-Verhältnis von 8 : 1 u. 4,5 : 1 nur CCl_3—$CClF_2$. Bei einem Cl_2 : II-Verhältnis von 1,9 : 1 bestand das Prod. aus 6% $CHCl_2$—CHF_2, 13% CH_2Cl—$CClF_2$, 18% $CHCl_2$—$CClF_2$ u. 63% CCl_3—$CClF_2$; bei einem Cl_2: II-Verhältnis von 1 : 1 aus 12% $CHCl_2$—CHF_2, 50% CH_2Cl—$CClF_2$, 30% $CHCl_2$—$CClF_2$ u. 8% CCl_3—$CClF_2$. (J. Amer. chem. Soc. **74**. 4945—46. 5/10. 1952. Oak Ridge, Tenn., Union Carbide and Carbon Corp., Carbide and Carbon Chemicals Div., K-25 Plant, Res. Labors.) FORCHE. D 227

Giuseppe Travagli, *Der Einfluß verschiedener Säuren auf die katalytische Hydratation des Acetylens.* Mit Hilfe eines gasometr. Verf. wird die Absorption von C_2H_2 in einigen Säuren bei 2 n-Konz. u. 40° in Abwesenheit u. bei Ggw. von Hg(II)-Salzen verfolgt. Die Wirkungsstärke der geprüften Säuren liegt in der Reihenfolge: $HClO_4 > H_2SO_4 > HNO_3 \geq C_6H_5SO_3H > H_3PO_4 > H_3AsO_4$. Bei HCl findet sich kein Unterschied in der Absorptionsgeschwindigkeit mit u. ohne Hg-Salz. (Gazz. chim. ital. **81**. 64—68. Jan. 1951. Ferrara, Univ.) HENTSCHEL. D 227

D_2. Präparative organische Chemie. Naturstoffe.

A. A. Petrow, A. W. Frost und **M. I. Batujew,** *Isomerenumwandlungen von Olefinkohlenwasserstoffen an Aluminiumsilicaten.* Die Isomerenumwandlungen der Olefin-KW-stoffe wurden im Strömungssyst. durchgeführt; als Katalysator diente ein Aluminiumsilicat vom Typ HOUDRY. Bei der Reaktionstemp. von 250° erfolgte kein Cracken, da nur KW-stoffe C_6—C_8 zur Unters. gelangten, bei denen Cracken nicht unterhalb 350° beginnt. Das Reaktionsprod. bestand aus 85—90% fl. Katalysat u. 10—15% Koks. Der fl. Anteil wurde fraktioniert u. sodann in der Monomerenfraktion (60—80% des Rohprod.) die Trennung in gesätt. u. ungesätt. KW-stoffe durchgeführt. Zu dem Zweck wurde diese Fraktion mit HBr-Gas behandelt; dann wurden die Grenz-KW-stoffe abdest. u. die zurückbleibenden Monobromide über die Mg-organ. Verbb. in Grenz-KW-stoffe verwandelt; deren Struktur entsprach derjenigen der ungesätt. KW-stoffe des Katalysats. Aromat. KW-stoffe waren in den Monomerenfraktionen nicht vorhanden. Die Lage der Doppelbindung wurde nach einem bes. ausgearbeiteten, im einzelnen nicht beschriebenen Verf., das auf der Messung der Geschwindigkeit der Abspaltung von HBr aus vicinalen Dibromiden in wss. Medium beruht (Dibromide aus Olefinen mit tert. Doppelbindung spalten die doppelte Menge HBr ab), ermittelt. Zur Deutung des Isomerisationsvorgangs wird die Bldg. von Zwischenprodd. mit Cyclopropanring angenommen, die sodann Spaltung an der Stelle der am ausgesprochensten asymm. Bindung erleiden — eine Annahme, die die sich bildenden Isomerisationsprodd. bis zu einem gewissen Grade vorauszusagen gestattete. Unter am „meisten asymm. Bindung“ wird diejenige der 3 C—C-Bindungen im Cyclopropanring verstanden, an deren C-Atomen möglichst „ungleichwertige“ Substituenten haften, wofür die Anzahl der C-Atome der letzteren entscheidend ist, z. B. ist dies in 1.1.2-Trimethylcyclopropan die Bindung zwischen $C_{(1)}$ u. $C_{(3)}$.

Versuche: Die ungesätt. Ausgangsverbb. wurden gewöhnlich aus den entsprechenden Alkoholen hergestellt. Die Lage der doppelten Bindung in den ungesätt. Verbb. des Reaktionsprod. ist in vorliegender Mitt. nicht angegeben, dies soll in einer späteren Veröffentlichung erfolgen. Meistens ging sie von dem C-Atom, an dem die Seitenkette haftete, aus. Nachst. wird in ( ) die aus dem Bromid mittels der GRIGNARD-Verb. erhaltene gesätt. Verb. genannt. *Hexen-(1)*, enthält vielleicht Hexen-(2), Kp. 63—68°; $D.^{20}_4$ 0,6749; n_D^{20} 1,3900. Katalysat: 2-Methylpentan (60% 2-Methylpentan u. 40% n-Hexan). — *3-Methylpenten-(3)*, Kp. 69°; $D.^{20}_4$ 0,6952; n_D^{20} 1,4026. Katalysat: 2-Methylpentan (dasselbe). — *2-Methylpenten-(2)*, Kp. 65—66°; $D.^{20}_4$ 0,6870; n_D^{20} 1,3965. Katalysat: 2-Methylpentan (nicht angegeben). — *2.3-Dimethylbuten-(2)*, Kp. 70—72°; $D.^{20}_4$ 0,7108; n_D^{20} 14087. Katalysat: 2.3-Dimethylbutan (dasselbe). — *2.2-Dimethylbuten-(3)*, Kp. 41—43°; $D.^{20}_4$ 0,6556; n_D^{20} 1,3765. Katalysat: 2.3-Dimethylbutan (dasselbe). — *2.4-Dimethylpenten-(2)*, Kp. 79—82°; $D.^{20}_4$ 0,6960; n_D^{20} 1,4010. Katalysat: 2.4-Dimethylpentan (dasselbe). — *2-Äthylhexen-(1)*, Kp. 120°; $D.^{20}_4$ 0,7300; n_D^{20} 1,4168. Katalysat: 2-Methylheptan (nicht angegeben). — *Cyclohexen*, Kp. 82—83°; $D.^{20}_4$ 0,8109; n_D^{20} 1,4443. Katalysat: Methylcyclopentan (50% Methylcyclopentan u. 50% Cyclohexan). — *1-Methylcyclohexen-(3)*, Kp. 102—103°; $D.^{20}_4$ 0,7998; n_D^{20} 1,4420. Katalysat: 80% Methylcyclohexan (5- u. 6gliedrige Naphthene je 50%). — *1-Methylcyclohexen-(1)*, Kp. 110—111°, $D.^{20}_4$ 0,8147; n_D^{20} 1,4502. Katalysat: 80% Methylcyclohexan (nicht angegeben). — *1-Methylcyclopenten-(1)*, Kp. 75—76°; $D.^{20}_4$ 0,7761; n_D^{20} 1,4270. Katalysat: Methylcyclopentan (dasselbe). — *1-Butylcyclopenten-(1)*, Kp. 155—157; $D.^{20}_4$ 0,8110; n^{20} 1,4490. Katalysat: 55% 6gliedrige Naphthene(nicht angegeben). (Известия Академии Наук СССР, Отделение Химических Наук [Nachr. Akad. Wiss. UdSSR, Abt. chem. Wiss.] **1951.** 745—52. Nov./Dez. Erdölinst. der Akad. der Wiss. der UdSSR.)

V. WILPERT. 520

I. N. Nasarow und **Ss. A. Wartanjan,** *Acetylenderivate.* 117. Mitt. *Synthese und Umwandlung von Vinyläthinylcarbinolen, die eine Methoxygruppe enthalten.* (116. vgl. C. **1953.** 2913.) Durch Hydrieren von 1-Methoxy-5-methylhexen-(4)-on-(3) (**I**) wurde *1-Methoxy-5-methylhexanon-(3)* (**II**) dargestellt, welches im Gegensatz zu anderen aliphat. oder alicycl. Ketonen nicht zur Kondensation mit Vinylacetylen befähigt ist. Es lieferte unter den Reaktionsbedingungen ein nichtdestillierbares Polymerisat. Durch Umsetzen von **II** mit Vinylacetylenyl-MgBr wurde *β-Methoxyäthylisobutylvinyläthinylcarbinol* (**III**) dargestellt. Die Hydrierung von **III** lieferte *β-Methoxyäthylbutylisobutylcarbinol* (**IV**), das auch aus **II** mit Butyl-MgCl erhalten wurde. Unter dem Einfl. von $HgSO_4$ in Methanol ging die Isomerisation von **III** in *5-Isobutyl-7-methoxyheptadien-(1.4)-on-(3)* (**V**) leicht vonstatten, jedoch erfolgte unter den Versuchsbedingungen Anlagerung von Methanol unter Bldg. von *1.7-Dimethoxy-5-isobutylhepten-(4)-on-(3)* (**VI**). Bei der Dest. von **VI** mit p-Toluolsulfonsäure wurde **V** zurückgebildet. Die Hydrierung von **V** u. **VI** führte zu *5-Isobutyl-*

7-methoxyheptanon-(3) bzw. *1.7-Dimethoxy-5-isobutylheptanon-(3)*. Die Konst. von **VI** wurde durch die Bldg. von **II** u. *β-Methoxypropionsäure* bei der Ozonisierung bewiesen. **III** ließ sich mittels 50%ig. H_2SO_4 leicht dehydratisieren u. lieferte dabei ein hauptsächlich aus *5-Isobutyl-7-methoxyheptadien-(1.5)-in-(3)* (**VII**) bestehendes Dienin. Bei der Hydrierung von **VII** entstand *5-Isobutyl-7-methoxyheptan* (**VIII**). **VII** gab beim Behandeln mit $HgSO_4$ in wss. Methanol *5-Isobutyl-7-methoxyheptadien-(1.5)-on-(4)* (**IX**), welches bei der Darst. unter Anlagerung von Methanol teilweise in *2.7-Dimethoxy-5-isobutylhepten-(5)-on-(4)* (**X**) überging. Aus letzterem kann **IX** durch Dest. mit p-Toluolsulfonsäure zurückgewonnen werden. Die Hydrierung ergab bei **IX** *5-Isobutyl-7-methoxyheptanon-(4)*, bei **X** *2.7-Dimethoxy-5-isobutylheptanon-(4)*. Bei der Ozonisation von **IX** entstanden *HCO_2H*, *Isovaleriansäure* (**XI**) u. *Methoxyessigsäure* (**XII**), wodurch seine Konst. bestimmt ist. Durch Einw. von H_3PO_4 erfuhr **IX** den für Vinylallylketone charakterist. Ringschluß zu *3-Methyl-1-isobutyl-2-methoxymethylcyclopenten-(1)-on-(5)* (**XIII**). Dieses ließ sich am Pt-Kontakt nicht hydrieren u. lieferte mit Pd nur schwierig das entsprechende *Cyclopentanonderiv.* (**XIV**). Bei der Oxydation von **XIII** mit $KMnO_4$ u. bei der Ozonisation wurden *HCO_2H*, **XI** u. **XII** erhalten. Außerdem bildete sich aber bei der Oxydation eine beträchtliche Menge *β-Isobutyl-γ-methoxymethyl-α.δ-diketocapronsäure* (**XV**) u. bei der Ozonisation *α-Isobutylbutyrolacton-β-carbonsäure,* letztere durch Abspaltung von Methanol aus *α-Isobutyl-α'-methoxymethylbernsteinsäure* (**XVII**). HCO_2H, **XV** u. **XVII** können nur aus 3-Methyl-1-isobutyl-2-methoxymethylcyclopenten-(3)-on-(5), das sich offenbar durch Isomerisation von **XIII** bei den Oxydations-Rkk. bildete, entstanden sein. Eine derartige Verschiebung der Doppelbindung wurde schon früher am Beispiel von 1.3-Dimethylcyclopenten-(1)-on-(5) beobachtet u. eingehend untersucht. Beim Behandeln mit NH_3 bildete sich aus **IX** *2-Methyl-5-isobutyl-6-methoxymethylpiperidon-(4)* (**XVIII**). Aus **I** u. Vinylacetylenyl-MgBr wurde *Isobutenyl-β-methoxyäthylvinyläthinylcarbinol* (**XIX**) erhalten, welches außerordentlich leicht unter Wasserabspaltung in *7-Methoxy-5-isobutenylheptadien-(1.5)-in-(3)* (**XVI**) überging. Hydrieren von **XIX** u. **XVI** lieferte **IV** u. **VIII**. Verss. zur Isomerisation von **XIX** mißlangen. Ebensowenig ließ sich **XVI** in wss. Methanol in Ggw. von $HgSO_4$ hydratisieren; hierbei trat nur Verharzung ein. Abgesehen von **XIV** u. **XVIII** lieferten die Ketone dieser Arbeit mit Semicarbazid u. 2.4-Dinitrophenylhydrazin keine krist. Derivate.

Versuche: *1-Methoxy-5-methylhexanon-(3)* (**II**), Kp.$_{11}$ 64—65°. Man hydriert 883 g **I** in Ggw. von 15 g RANEY-Ni bei 110 at u. 23°, Dauer 6 Std.; n_D^{20} 1,4193; 878 g (Ausbeute). — *β-Methoxyäthylisobutylvinyläthinylcarbinol* (**III**), $C_{12}H_{20}O_2$, Kp.$_{11}$ 110 bis 111°. Man stellt aus 39 g Mg u. 162 g C_2H_5Br in 700 cm³ Ae. die GRIGNARD-Verb. her, leitet unter Kühlen mit W. (5°) in 3 Std. 90 g Vinylacetylen ein u. rührt 2 Std. bei Zimmertemp. u. 1 Std. bei sd. Ae.; hierzu tropft man 200 g **II**, im gleichen Vol. Ae. gelöst, unter Kühlen mit W. in 5 Std. zu u. rührt noch 4 Std.; Fl.; D^{20}_{20} 0,9232; n_D^{20} 1,4730; (Mol.-Refr. $[MR]_D$) 59,57; polymerisiert sich beim Aufbewahren; 180 g. — *β-Methoxyäthylbutylisobutylcarbinol* (**IV**), $C_{12}H_{26}O_2$, Kp.$_{13}$ 110—111°; durch Hydrieren von **III** (Pt; A.); 7,5 g aus 10 g. Entsteht auch bei der Umsetzung von **II** mit n-C_4H_9MgCl in Ae.; 7 g aus 14,2 g **II**. Fl. mit spezif. Geruch; D^{20}_{20} 0,8740; n_D^{20} 1,4390; $[MR]_D$ 60,79. — *Isobutenyl-β-methoxyäthylvinyläthinylcarbinol* (**XIX**), $C_{12}H_{18}O_2$, Kp.$_9$ 110 bis 111°; aus **I** u. $CH_2 = CH \cdot C \equiv CMgBr$ analog Vorst.; man fraktioniert das Reaktionsprod. unter N_2; D^{20}_{20} 0,8228; n_D^{20} 1,5060; $[MR]_D$ 62,04; beim Aufbewahren sich verdickende Fl. mit spezif. Geruch; 74 g aus 100 g **I**. Die Hydrierung (Pt; A.) ergibt **IV**. — *1.7-Dimethoxy-5-isobutylhepten-(4)-on-(3)* (**VI**), $C_{13}H_{24}O_3$, Kp.$_{10}$ 128—130°. Man rührt 50 g **III**, 50 g Methanol u. 4 g $HgSO_4$ 4 Std. bei 40°, gibt währenddessen weitere 3 g des Sulfats zu, gießt die Fl. ab u. neutralisiert sie mit Sodalsg.; gelbe, eigenartig riechende Fl.; D^{20}_{20} 0,9403; n_D^{20} 1,4650; $[MR]_D$ 65,62; 27 g. — *1.7-Dimethoxy-5-isobutylheptanon-(3)*, $C_{13}H_{26}O_3$, Kp.$_{12}$ 129—131°; durch Hydrieren von **VI** (Pt; A.); D^{20}_{20} 0,9194; n_D^{20} 1,4400. — *5-Isobutyl-7-methoxyheptadien-(1.4)-on-(3)* (**V**), $C_{12}H_{20}O_2$, Kp.$_8$ 94—97°; durch Vakuumdest. von 12 g **VI** mit 0,05 g p-Toluolsulfonsäure; D^{20}_{20} 0,9210; n_D^{20} 1,4750; $[MR]_D$ 58,53. — *5-Isobutyl-7-methoxyheptanon-(3)*, $C_{12}H_{24}O_2$, Kp.$_8$ 95—97°; durch Hydrieren von **V** (Pt; A.); D^{20}_{20} 0,8806; n_D^{20} 1,4350. — *5-Isobutyl-7-methoxyheptadien-(1.5)-in-(3)* (**VII**), $C_{12}H_{18}O$, Kp.$_{11}$ 88—90°, a) 100 g **III** u. 100 g 50%ig. H_2SO_4 werden 3 Std. bei 60° verrührt; 75 g; b) 10 g **III** u. 10 g H_3PO_4 (D. 1,73) werden 3 Std. bei 60° verrührt; 6,3 g; D^{20}_{20} 0,8476; n_D^{20} 1,4930; $[MR]_D$ 59,92. — *5-Isobutyl-7-methoxyheptan* (**VIII**), $C_{12}H_{26}O$, Kp.$_{11}$ 80—82°; durch Hydrieren von **VII** (Pt; A.); D^{20}_{20} 0,8003; n_D^{20} 1,4270. — *7-Methoxy-5-isobutenylheptadien-(1.5)-in-(3)* (**XVI**), $C_{12}H_{16}O$, Kp.$_{12}$ 105 bis 108°. Man verrührt je 26 g **XIX** u. 30%ig. H_2SO_4 1 Std. bei 60° u. dest. das Reaktionsprod. im Vakuum unter N_2; bewegliche, sich schnell polymerisierende Fl.; D^{20}_4 0,8837; n_D^{20} 1,5320; $[MR]_D$ 61,53. Die Hydrierung in A. an Pt liefert **VIII**. — *5-Isobutyl-7-methoxyheptadien-(1.5)-on-(4)* (**IX**), $C_{12}H_{20}O_2$, Kp.$_5$ 95—97°. Man verrührt 160 g 85%ig. Methanol,

0,2 g Pyrogallol, 7 g $HgSO_4$, 0,3 g konz. H_2SO_4 u. 70,5 g **VII** 4 Std. bei 62—65°, setzt währenddessen weitere 5 g $HgSO_4$ in 2 Portionen mit einer Std. Abstand zu, befreit bei 45°/75 mm von der Hauptmenge Methanol, neutralisiert mit Soda, äthert aus u. erhält durch Vakuumdest. zunächst **IX** mit einer Beimischung von **X**, durch weiteres Fraktionieren reines **IX**. Bewegliche hellgelbe Fl., die sich beim Stehen polymerisiert; $D.^{20}{}_4$ 0,9210; n_D^{20} 1,4700; $[MR]_D$ 59,25; ca. 90%. — *5-Isobutyl-7-methoxyheptanon-(4)*, $C_{12}H_{24}O_2$, $Kp._{18}$ 118—120°; durch Hydrieren von **IX** (Pt; A.); $D.^{20}{}_{20}$ 0,8812; n_D^{20} 1,4331. — *2.7-Dimethoxy-5-isobutylhepten-(5)-on-(4)* (**X**), $C_{13}H_{24}O_3$, $Kp._6$ 109—110°. 40 g 85%ig. Methanol, etwas Pyrogallol, 3 g $HgSO_4$, 3 Tropfen konz. H_2SO_4 u. 25 g **VII** werden bei 62—65° 13 Std. verrührt u. währenddessen mit weiteren 7 g $HgSO_4$ in Portionen von je 1 g versetzt; es wird wie bei **IX** aufgearbeitet; hellgelbe Fl. mit eigenartigem Geruch; $D.^{20}{}_{20}$ 0,9486; n_D^{20} 1,4647; $[MR]_D$ 66,03; 11 g. Bei der Vakuumdest. von 3 g **X** mit 0,02 p-Toluolsulfonsäure erhält man 0,9 g **IX**. — *2.7-Dimethoxy-5-isobutylheptanon-(4)*, $C_{13}H_{26}O_3$, $Kp._{12}$ 110—112°; durch Hydrieren von **X** (Pt; A.); $D.^{20}{}_{20}$ 0,9202; n_D^{20} 1,4360. — *3-Methyl-1-isobutyl-2-methoxymethylcyclopenten-(1)-on-(5)* (**XIII**), $C_{12}H_{20}O_2$, $Kp._6$ 109—110°; durch Verrühren von 25 g **IX** mit 25 g H_3PO_4 (D. 1,73), 4 Std. bei 60°; bewegliche Fl.; $D.^{20}{}_{20}$ 0,9630; n_D^{20} 1,4735; $[MR]_D$ 57,49; 7 g. — *3-Methyl-1-isobutyl-2-methoxymethylcyclopentanon-(5)* (**XIV**), $Kp._8$ 85—86°; durch Hydrieren von 8 g **XIII** in Ggw. von Pd in 15 cm^3 absol. Ae.; nach 45 Std. war nur etwas mehr als die Hälfte des zur Red. einer Doppelbindung erforderlichen H_2 aufgenommen; n_D^{20} 1,4580; 3 g. *2.4-Dinitrophenylhydrazon*, $C_{18}H_{26}O_5N_4$, F. 96—97,5°; aus A. orange Kristalle. — *β-Isobutyl-γ-methoxymethyl-α.δ-diketocapronsäure* (**XV**), $C_{12}H_{20}O_5$; durch Oxydation von **XIII** mit wss. $KMnO_4$-Lsg. bei Zimmertemp. u. fraktionierte Dest. der gebildeten Säuren im Vakuum; ist in der Fraktion $Kp._2$ 113—123° als sehr dickes, dunkelrotes Öl, das teilweise krist., enthalten; ca. 1,6 g aus 15 g **XIII** neben HCO_2H, **XI** u. **XII**. *Disemicarbazon*, $C_{14}H_{26}O_5N_6$, F. 178—179°; aus Methanol. — *α-Isobutylbutyrolacton-β-carbonsäure*, $C_9H_{14}O_4$, F. 150—151,5°; durch Ozonisation von **XIII** in Chlf. u. fraktionierte Dest. der gebildeten Säuren im Vakuum aus dem Wasserbad; bleibt hierbei als krist. Rückstand im Destillationskolben; aus Bzl. Kristalle. Nebenprodd. sind HCO_2H, **XI** u. **XII**. — *2-Methyl-5-isobutyl-6-methoxymethylpiperidon-(4)* (**XVIII**), $C_{12}H_{23}O_2N$, $Kp._6$ 110—120°. Man sätt. ein Gemisch von 20 g **IX**, 60 g wss. NH_3 (D. 0,91) u. 50 cm^3 A. bei —2° mit NH_3 (29 g), erwärmt im Autoklaven 4 Std. auf 60°, entfernt NH_3 im Vakuum bei bis 45° gesteigerter Temp. u. äthert neutrale Prodd. aus schwach HCl-saurer Lsg., dann die Base aus alkal. Lsg. aus; bewegliche, sich beim Aufbewahren gelb färbende Fl.; $D.^{20}{}_{20}$ 0,9706; n_D^{20} 1,4700; $[MR]_D$ 61,13. *Semicarbazon*, F. 176—177°; aus Alkohol. *Pikrat*, F. 146—147°; aus Alkohol. (Журнал Общей Химии [J. allg. Chem.] **20.** (**82.**) 1582—95. Sept. 1950. Inst. für organ. Chem. der Akad. der Wiss. der UdSSR.) SCHMEISS. 570

I. N. Nasarow und **Ss. A. Wartanjan**, *Acetylenderivate.* 118. Mitt. *Kondensation von Vinylacetylen mit Dimethoxyketonen. Synthese und Umwandlungen von Vinyläthinylcarbinolen mit zwei Methoxylgruppen.* (117. vgl. vorst. Ref.) 1.5-Dimethoxyhexanon-(3) (**I**) u. 1.5-Dimethoxy-2-methylhexanon-(3) (**II**) lassen sich infolge momentan unter Freiwerden von Methanol erfolgender Verharzung nicht in üblicher Weise unter der Einw. von gepulvertem KOH in Ae. mit Vinylacetylen kondensieren, geben jedoch mit Vinylacetylenyl-MgBr in n. Rk. *β-Methoxyäthyl-β-methoxypropylvinyläthinylcarbinol* (**III**) bzw. *β-Methoxypropyl-β-methoxyisopropylvinyläthinylcarbinol* (**IV**). Durch Hydrieren von **III** u. auch aus **I** u. Butyl-MgCl wurde *β-Methoxyäthyl-β-methoxypropylbutylcarbinol* erhalten. Unter der Einw. von $HgSO_4$ erfährt **III** die für Vinyläthinylcarbinole charakterist. Isomerisation; es bildet sich zunächst *5-β-Methoxyäthyl-7-methoxyoctadien-(1.4)-on-(3)* (**V**), welches unter den Versuchsbedingungen 1 Mol CH_3OH anlagert u. in *1.7-Dimethoxy-5-β-methoxyäthylocten-(4)-on-(3)* (**VI**) übergeht, so daß je nach der Versuchsdauer **V** oder **VI** erhalten wird. Der Vers., aus **VI** mittels p-Toluolsulfonsäure Methanol abzuspalten, führte zu völliger Verharzung. **V** gab bei der Hydrierung *5-β-Methoxyäthyl-7-methoxyoctanon-(3)*; aus **VI** entstand *1.7-Dimethoxy-5-β-methoxyäthyloctanon-(3)*. Die Konst. von **VI** wurde durch die Spaltung mittels O_3 bewiesen, welche **I** u. *β-Methoxypropionsäure* lieferte. Aus **III** ließ sich leicht W. abspalten. Hierbei entstand *5-β-Methoxypropyl-7-methoxyheptadien-(1.5)-in-(3)* (**VII**), durch Hydrieren hieraus *5-β-Methoxyäthyl-7-methoxyoctan*. Die Hydratation von **VII** in wss. Methanol in Ggw. von $HgSO_4$ u. H_2SO_4 führte unter Verharzung zu Prodd., aus denen sich keine chem. Individuen abtrennen ließen. — Aus **IV** wurde durch Hydrierung *Butyl-β-methoxypropyl-β-methoxyisopropylcarbinol* gewonnen. Die Dehydratation von **IV** lieferte *1-Methoxy-2-methyl-3-β-methoxypropylheptadien-(2.6)-in-(4)* (**VIII**); hieraus durch Hydrieren *5-β-Methoxypropyl-6-methyl-7-methoxyheptan*. **III** u. **IV** werden ohne Stabilisatorzusatz beim Stehen zähfl. u. dann fest.

Versuche: *1.5-Dimethoxyhexanon-(3)* (**I**), $Kp._8$ 78—81°. Bei der Herst. aus Divinylacetylen (Известия Академии Наук, Отделение Химических Наук [Bull. Acad.

Sci. URSS, Cl. Sci. chim.] **1942.** 200) erwies sich der H_2SO_4-Zusatz als nicht erforderlich. 500 g 95%ig. Methanol, 100 g Divinylacetylen, 5 g $HgSO_4$ u. 0,5 g Pyrogallol werden bei 60—65° 20 Std. unter portionsweisem Zusatz weiterer 15 g $HgSO_4$ gerührt; n_D^{20} 1,4275. — *β-Methoxyäthyl-β-methoxypropylvinyläthinylcarbinol* (III), $C_{12}H_{20}O_3$, $Kp._{3,5}$ 93—95°. 70 g Vinylacetylen werden innerhalb 2½ Std. unter Kühlen mit W. durch die aus 12 g Mg, 55 g C_2H_5Br u. 200 cm³ Ae. bereitete GRIGNARD-Lsg. geleitet. Man rührt 2 Std. bei Zimmertemp., 1 Std. unter Kochen u. tropft unter Wasserkühlung innerhalb 4 Std. 80 g im gleichen Vol. Ae. gelöstes I zu; bewegliche Fl. mit eigenartigem Geruch; $D.^{24}_{20}$ 0,9623; n_D^{24} 1,4717; Mol-Refr. ($[MR]_D$) 61,54; 67 g (Ausbeute). — *β-Methoxyäthyl-β-methoxypropylbutylcarbinol*, $C_{12}H_{26}O_3$, $Kp._9$ 109—112°, a) durch Hydrieren von III in A. an Pt; 3,7 g aus 5 g III; b) aus I u. n-C_4H_9MgCl in Ae.; 26 g aus 32 g I. Bewegliche, angenehm riechende Fl.; $D.^{24}_{20}$ 0,9058; n_D^{20} 1,4350. — *5-β-Methoxypropyl-7-methoxyheptadien-(1.5)-in-(3)* (VII), $C_{12}H_{18}O_2$, $Kp._8$ 97—100°; durch Verrühren von 60 g III mit 60 g 50%ig. H_2SO_4, 80 Min. bei 30°; 32 g oder (weniger gut) aus gleichen Mengen III u. H_3PO_4 (D. 1,7), 2 Std. bei 60°. Bewegliche Fl.; $D.^{20}_{20}$ 0,9250; n_D^{20} 1,4851; $[MR]_D$ 60,02. — *5-β-Methoxyäthyl-7-methoxyoctan*, $C_{12}H_{26}O_2$, $Kp._8$ 80—83°; durch Hydrieren von VII (Pt-Oxyd; A.); bewegliche Fl.; $D.^{20}_{20}$ 0,8683; n_D^{20} 1,4301. — *5-β-Methoxyäthyl-7-methoxyoctadien-(1.4)-on-(3)* (V), $C_{12}H_{20}O_3$, $Kp._6$ 117—120°. Man verrührt 20 g III, 17 g Methanol u. 1 g $HgSO_4$ 8 Std. bei 35—40°, setzt währenddessen anteilweise weitere 1,5 g $HgSO_4$ zu u. fraktioniert das Reaktionsprod. im Vakuum; $D.^{20}_{20}$ 0,9682; n_D^{20} 1,4710; $[MR]_D$ 61,44; 7,5 g. — *5-β-Methoxyäthyl-7-methoxyoctanon-(3)*, $C_{12}H_{24}O_3$, $Kp._8$ 120—123°; durch Hydrieren von V in A. an Pt; $D.^{20}_{20}$ 0,9503; n_D^{20} 1,4450. — *1.7-Dimethoxy-5-β-methoxyäthylocten-(4)-on-(3)* (VI), $C_{13}H_{24}O_4$, $Kp._6$ 129—131°. 10 g III, 26 g Methanol u. 2 g $HgSO_4$ werden an 2 Tagen bei 40° insgesamt 18 Std. verrührt, wobei weitere 3 g $HgSO_4$ anteilweise zugesetzt werden; gelbe Fl.; $D.^{20}_{20}$ 0,9932; n_D^{20} 1,4460; $[MR]_D$ 67,03; 6 g. Gibt kein krist. Semicarbazon oder 2.4-Dinitrophenylhydrazon. — *1.7-Dimethoxy-5-β-methoxyäthyloctanon-(3)*, $C_{13}H_{26}O_4$, $Kp._9$ 125—128°; durch Hydrieren von VI in A. an Pt; $D.^{20}_{20}$ 0,9680; n_D^{20} 1,4415. Gibt kein krist. Semicarbazon oder 2.4-Dinitrophenylhydrazon. — *β-Methoxypropyl-β-methoxyisopropylvinyläthinylcarbinol* (IV), $C_{13}H_{22}O_3$, $Kp._4$ 106—108°; aus $CH_2{=}CHC{\equiv}CMgBr$ u. II im wesentlichen analog der Herst. von III; $D.^{20}_{4}$ 0,9607; n_D^{20} 1,4730; $[MR]_D$ 66,00; 98 g aus 174 g II. — *Butyl-β-methoxypropyl-β-methoxyisopropylcarbinol*, $C_{13}H_{28}O_3$, $Kp._6$ 97—99°; durch Hydrieren von IV in A. an Pt; $D.^{20}_{4}$ 0,9134; n_D^{20} 1,4400. — *1-Methoxy-2-methyl-3-β-methoxypropylheptadien-(2.6)-in-(4)* (VIII), $C_{13}H_{20}O_2$, $Kp._5$ 95—98°; durch Verrühren von 20 g IV u. 20 g 50%ig. H_2SO_4, 1½ Std. bei 50°; bewegliche Fl.; $D.^{20}_{4}$ 0,9117; n_D^{20} 1,4920; $[MR]_D$ 65,02; 7,5 g. — *5-β-Methoxypropyl-6-methyl-7-methoxyheptan*, $C_{13}H_{28}O_2$, $Kp._5$ 75—78°; durch Hydrieren von VIII in A. an Pt; $D.^{20}_{4}$ 0,8755; n_D^{20} 1,4350. (Журнал Общей Химии [J. allg. Chem.] **20.** (**82.**) 1829—36. Okt. 1950. Inst. für organ. Chem. der Akad. der Wiss. der UdSSR.)

SCHMEISS. 580

T. I. Andrianowa und **Je. A. Andrejew**, *Synthese von Carbonsäuren mit* ^{14}C *im Carboxyl. Essig-, Propion-* u. *Isobuttersäure* mit ^{14}C im Carboxyl wurden ausgehend von CH_3J, C_2H_5J u. Isopropylchlorid durch Umsetzung der entsprechenden GRIGNARD-Verbb. mit $^{14}CO_2$, das aus $Ba^{14}CO_3$ erhalten worden war, synthetisiert.

Versuche: *Isopropylchlorid*, $(CH_3)_2CHCl$; zu einer Lsg. von 55 g $ZnCl_2$ in 37 cm³ konz. HCl setzt man 15 cm³ Isopropylalkohol zu u. erhitzt 2 Std. auf dem Wasserbad. — Die GRIGNARD-Lsgg., deren Konzz. nicht $<$0,5 mol. sein sollen, wurden in N_2-Atmosphäre bei der Temp. des fl. N_2 eingefroren; nach Evakuierung der App. leitete man das aus einem Gemisch von $Ba^{14}CO_3$ u. $BaCO_3$ bekannter Zus. mit H_2SO_4 in Freiheit gesetzte CO_2 unter Rühren bei —50° in die GRIGNARD-Lsg. ein; der Druck betrug hierbei 100 bis 150 mm, die Reaktionsdauer 3 Stunden; man zers. mit 20%ig. H_2SO_4. Um bei der Isolierung der Carbonsäuren (1—2 g) aus großem Flüssigkeitsvol. Verluste an akt. Substanz zu vermeiden, war bes. sorgfältiges Arbeiten notwendig. Die Säuren wurden in die schwerlösl. Ag-Salze übergeführt u. nach Abdest. des Ae. die aus den Ag-Salzen frei gemachten Säuren mit Wasserdampf übergetrieben; die im Kondensat in starker Verdünnung vorliegenden Säuren wurden in die Na- oder K-Salze übergeführt, deren Lsgg. ohne Substanzverlust durch etwa eintretende Hydrolyse im Vakuum mit Kolonne eingedampft werden konnten. — $CH_3{}^{14}CO_2H$, aus CH_3MgJ (1,8 g Mg, 7,3 g CH_3J, 150 cm³ Ae.) u. $^{14}CO_2$ (aus 7 g $Ba\cdot{}^{14}CO_3$); spezif. Aktivität des erhaltenen Präp. 30,8 μC pro Millimol (mmol); 1,95 g. — $C_2H_5{}^{14}CO_2H$, Herst. analog. Vorst.; spezif. Aktivität 25,5 μC/mmol; 72% (Ausbeute, auf Aktivitäten bezogen). — $(CH_3)_2CH^{14}CO_2H$, 10,4 μC/mmol; 82%. (Доклады Академии Наук СССР [Ber. Akad. Wiss. UdSSR] [N. S.] **86.** 533—36. 21/9. 1952.)

WÖRFFEL. 810

T. I. Andrianowa und **Je. A. Andrejew**, *Gewinnung von Carbonsäureestern mit markiertem Kohlenstoff* ^{14}C. *Radioakt. Ester* der *Essigsäure*, *Propionsäure* u. *Isobuttersäure* wurden durch Verestern von $CH_3{}^{14}CO_2H$, $C_2H_5{}^{14}CO_2H$ u. $(CH_3)_2CH^{14}CO_2H$ mit inakt. Alkoholen gewonnen. Als Meth. diente die Einw. von Alkoholen auf die Säuren in Ggw. von konz. H_2SO_4 bei Zimmertemp. während 24—48 Stunden. Danach wurde mit gesätt. NaCl-Lsg. behandelt, um H_2SO_4 u. überschüssigen Alkohol aus der Esterschicht auszuwaschen. Erhalten wurden nachst. Ester: *Äthylacetat*, spezif. Aktivität 28,8 μC pro Millimol (mMol); 98% (Ausbeute, auf Aktivitäten bezogen). *Äthylisobutyrat*, 22,9 μC pro mMol; 83%. *Propylpropionat*, 24,1 μC/mMol; 67%. Angewendet wurden 1,75—3 g der Carbonsäuren. (Доклады Академии Наук СССР [Ber. Akad. Wiss. UdSSR] [N. S.] **86.** 945—47. 11/10. 1952.) R. KNOBLOCH. 810

J. Kiss, G. Fodor und **D. Bánfi**, *Neuuntersuchung der Struktur des Sphingosins.* Diacetylsphingosin (**I**), dargestellt durch partielle Hydrolyse von Triacetylsphingosin (**II**; vgl. CARTER u. Mitarbeiter, J. biol. Chemistry **142.** [1942.] 449), wird durch Ozon in Chloroformlsg. in *Myristinaldehyd* (*2.4-Dinitrophenylhydrazon*, F. 107°) u. *Diacetyl-α.γ-dioxy-β-aminobutyraldehyd* ($[\alpha]_D^{25}$ —12°) gespalten, der im Gegensatz zu der aus **II** durch Ozonolyse erhaltenen Triacetylaminotetrose ein *2.4-Dinitrophenylosazon* (**III**; $C_{20}H_{19}O_{11}N_9$, F. 175°) liefert. Sphingosin besitzt demnach die von CARTER abgeleitete

I (R = CH_3CO) III

Konst. eines 2-Aminooctadecen-(4)-diols-(1.3). — Aus **II** u. Perbenzoesäure wird ein Epoxyd (F. 137°, $[\alpha]_D^{25}$ + 13,5°) erhalten, das zu dem entsprechenden Diol hydrolysierbar ist. (Research **5.** 536—37. Nov. 1952. Szeged, Ungarn, Univ., Inst. for Organ. Chemistry.) BOIT. 920

F. C. Steward und **John F. Thompson**, *Eigenschaften und physiologische Rolle von Asparagin und Glutamin, mit einer neuen Interpretation der Struktur des Asparagins.* Die Gegenüberstellung der physiol. u. chem. Eigg. von *Glutamin* (**I**) u. *Asparagin* (**II**) führt zu dem Ergebnis, daß **I** u. **II** keine echten Homologen sind. Für krist. **II**, das 1 Mol Kristallwasser enthält, wird die cycl. Formel **A** vorgeschlagen. In Lsg. liegt **II** als tautomeres Syst. **B** ⇌ **C** vor, in dem das Gleichgewicht stark zugunsten von **B** verschoben ist. Die konventionelle **I**-Formel wird noch als korrekt angesehen. Die Ringformel von **II** erklärt z. B., daß

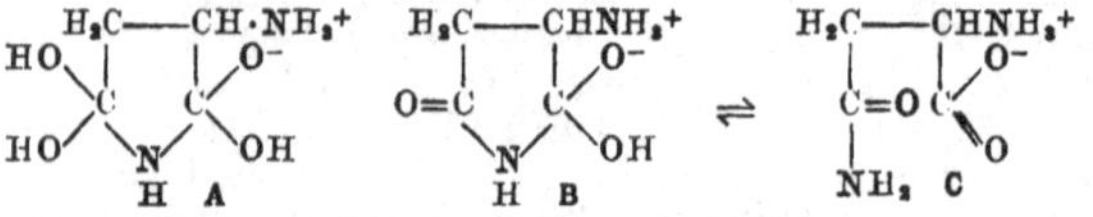

II nicht mit HNO_2 reagiert u. daß **II** bei der Rk. mit *Ninhydrin* (**III**) auf Papier nicht die typ. Farbe der α-Aminosäureflecke, sondern braune Flecke bildet. Unter Bedingungen, bei denen sich aus **II** u. **III** eine braune Färbung bildet, entsteht auch kein CO_2, das bei Bedingungen entsteht, bei denen sich aus **II** u. **III** eine blaue Färbung bildet, wie durch Verss. mit ^{14}C-**II** gezeigt werden konnte. Bei der Rk. auf Papier (ohne starkes Erhitzen) bildet sich aus **II** ein brauner Fleck; **II** reagiert in der cycl. Form. Beim Erhitzen der wss. Lsg. öffnet sich der Ring, u. **II** reagiert wie **I** unter Bldg. einer blauen Verb., wobei eine Hydrolyse zu Asparaginsäure auszuschließen ist. Die Infrarotspektren von **I** u. **II** stimmen mit der Auffassung überein, daß **II** keine COOH-Gruppe, sondern eine cycl. Imidstruktur hat, u. daß **I** die übliche geradkettige Struktur hat. **I** hat eine Bande bei 1420 cm^{-1}, die dem **II** fehlt; **II** hat eine starke Bande bei 1530 cm^{-1}, die dem **I** fehlt u. die einer Imidbindung, der eine ungesätt. Gruppe benachbart ist, zugeordnet wird. (Nature [London] **169.** 739—42. 3/5. 1952. Ithaca, N. Y., Cornell Univ., Dep. of Botany.) K. F. MÜLLER. 950

Lee Irvin Smith und **Ray H. Anderson**, *Die Umlagerung der $C_{(3)}$-Phenyltriosen.* Im Zusammenhang mit der AMADORI-Umlagerung von Glykosylaminen zu Isoaminoglykosiden untersuchen Vff. unter Zugrundelegung der von WEYGAND (Ber. dtsch. chem. Ges. **73.** [1940.] 1259) angegebenen theoret. Deutung den Reaktionsverlauf der Umlagerung an drei Phenyltriosen. *β-Phenylglycerinaldehyd* (**I**), *α.β-Dioxypropiophenon* (**II**) u. *Phenyldioxyaceton* (**III**) sind von ihnen synthetisiert worden; **I** konnte mit Anilin u. verd. Essigsäure zu *Benzylglyoxal* umgelagert werden, während aus **II** u. **III** ohne Zusatz von Anilin in verd. Essigsäure *Acetylbenzoyl* entsteht. Eine theoret. Deutung für den Umlagerungsmechanismus wird für die einzelnen Stufen angegeben. Danach ist die Bldg. eines Kations während des Reaktionsverlaufs für alle zur Umlagerung befähigten Verbb. nötig. Während bei den Aldotriosen dieses Kation nur auf dem Weg über die SCHIFFschen Basen gebildet werden kann u. darum die Anwesenheit eines prim. Amins notwendig ist, stellt sich bei Ketotriosen das Gleichgewicht zugunsten des Kations schon durch verd.

Säure ein. — Als Vorbereitung zu diesen Unterss. wurde die Umsetzung des Ketols Benzoin mit Phenylalaninäthylester untersucht, die ebenfalls als AMADORI-Umlagerung aufzufassen ist.

Versuche: *Zimtaldehyddiäthylacetal* (**IV**), Kp.$_3$ 120—123°, n_D^{25} 1,5121, aus Zimtaldehyd u. Orthoameisensäuretriäthylester in A.; 81% (Ausbeute). — *β-Phenylglycerinaldehyddiäthylacetal* (**V**), $C_{13}H_{20}O_4$, F. 38° (PAe.), durch Hinzufügen von wss. $KMnO_4$ zu einer heftig turbinierten Lsg. von **IV** in A. bei —40°; 13%. — *β-Phenylglycerinaldehyd* (**I**), $C_9H_{10}O_3$, F. 123—125° (Dioxan/PAe.), durch schnelles Rühren von **V** mit 0,5%ig. H_2SO_4 u. Behandeln mit überschüssigem $BaCO_3$; 70%. *Phenylhydrazon,* F. 168—170°. SCHIFF*sche Base* (**VI**), $C_{15}H_{15}O_2N$, aus **I** u. überschüssigem wss. Anilin in essigsaurer Lsg.; gelbes Öl, das sich an der Luft zers.; 65%. *Bis-Verb.* $(C_6H_5CHOHCHOHCHOH)_2NC_6H_5$ (**VII**), $C_{24}H_{27}O_6N$, F. 59—64°, durch langsames Zurühren von Anilin in essigsaurer Lsg. zu der äquimol. Menge **I** in W.; 60%. — *Benzylglyoxal,* $C_9H_8O_2$, F. 119—121°, a) aus Benzylchlorid nach DAKIN [1914]; b) durch Zufügen von 0,3 g **I** zu einer turbinierten Lsg. von 0,4 g Anilin bei 5°; Lsg. 1 Std. bei 0° stehenlassen, mit Ae. extrahieren u. gelbes Öl aus essigsaurer Lsg. mit Wasserdampf dest.; 0,04 g. *Bis-p-nitrophenylhydrazon,* F. 273—277°. *Bis-m-nitrobenzoylhydrazon,* $C_{23}H_{18}O_6N_6$, F. 190—192°, a) durch Umlagerung von **VI** oder **VII** in Dioxan u. verd. Essigsäure u. Hinzufügen von m-Nitrobenzhydrazid; 45 bzw. 32%; b) durch Umlagerung von **I** nach vorst. Meth. unter Zusatz von Anilin u. Ausfällen mit W. nach 3 Tagen; 66%. — *β-Chlorpropiophenon* (**VIII**), aus Bzl. u. *β*-Chlorpropionylchlorid; 60%. — *α.β-Dioxypropiophenon* (**II**), $C_9H_{10}O_3$, F. 80°. Durch Hinzufügen von **VIII** zu einer heißen Lsg. von K-Acetat entsteht *Vinylphenylketon,* das mit A. verd., auf —40° gekühlt, unter Rühren mit wss. $KMnO_4$ versetzt wird; 25%. *p-Nitrophenylhydrazon,* $C_{15}H_{15}O_4N_3$, F. 171—173°, aus wss. A. orangebraune Kristalle. — *Acetylmandeloyldiazomethan* (**IX**), F. 48—50°, aus Acetylmandelsäurechlorid u. Diazomethan in Ae. bei 0—5° unter Rühren; 60%. — *Phenyldioxyacetondiacetat* (**X**), $C_{13}H_{14}O_5$, F. 39—41° (Dioxan/PAe.), durch Erhitzen von **IX** in CH_3COOH mit Cu-Acetat u. Lösen des erhaltenen Sirups in $ZnCl_2$-haltigem Acetanhydrid; 25%. — *Phenyldioxyaceton* (**III**), $C_9H_{10}O_3$, F. 71—73°, durch heftiges 2std. Rühren bei 0° von **X** in A. u. W. mit $BaCO_3 \cdot 8H_2O$ u. Sättigen mit CO_2; 60%. *p-Nitrophenylhydrazon,* $C_{15}H_{15}O_4N_3$, F. 162—164° (wss. A.). — *Acetylbenzoyl,* aus Isonitrosopropiophenon; 62%. *Bis-m-nitrobenzoylhydrazon,* $C_{23}H_{18}O_6N_6$, F. 186—187°, durch Umlagerung von 0,1 g **II** oder 0,1 g **III** in Dioxan u. verd. Essigsäure u. Hinzufügen von m-Nitrobenzhydrazid; 0,14 bzw. 0,13 g; in Ggw. von Anilin 0,17 bzw. 0,15 g. — $C_6H_5 \cdot CO \cdot CH(C_6H_5)NH \cdot CH(COOC_2H_5)CH_2C_6H_5$, *Hydrochlorid,* $C_{25}H_{26}O_3NCl$, F. 167 bis 169° (A./Ae.), durch 1std. Erhitzen im Vakuum von Benzoin u. Phenylalaninäthylester, Extrahieren mit Ae. u. Versetzen mit äther. 2%ig. HCl; 50%. *Freie Base,* $C_{25}H_{25}O_3N$, F. 104—106° (A./Ae.), mit 10%ig. wss. $NaCO_3$. (J. org. Chemistry **16**. 963—71. Juni 1951. Minneapolis, Minn., Univ., School of Chem.) FRANCK. 1100

Günter Hagelloch und Erich Feeß, *Umsetzungen mit Kohlensuboxyd.* Kohlensuboxyd (**I**) kann bei erhöhter Temp. ohne nennenswerte Polymerisation in Lsg. zu Umsetzungen verwandt werden, da es in der Wärme in verschied. Lösungsmitteln gute Beständigkeit zeigt. Umsetzungen von **I** mit Alkoholen, Thiolen u. Phenolen führen in guten Ausbeuten zu Malonestern. Mit prim. Alkoholen reagiert **I** in der Kälte unvollständig, in der Wärme allg. mit 90%ig. Ausbeute. Einführung von Doppelbindung, Halogen oder Phenylrest in den prim. Alkohol setzt die Veresterung sehr herab. Sek. u. tert. Alkohole reagieren langsamer mit **I**. Anwesenheit von gasförmigem HCl begünstigt die Umsetzung nicht, drängt aber die Polymerisation zurück. Sirupöse Phosphorsäure oder p-Toluolsulfonsäure erhöhen die Ausbeute bei sek. Alkoholen um 20%. UV-Bestrahlung steigert ebenfalls die Esterausbeute. Im Gegensatz zur Rk. von **I** mit Diaminen, wobei ringförmige Amide entstehen, werden bei der Einw. von **I** auf Diole nur linearpolymere Ester erhalten. Mit Pentaerythrit reagiert **I** nicht. Mit Colamin bildet **I** ausschließlich u. quantitativ das Bis-[*β*- oxyäthylamid] der Malonsäure. Umsetzung von **I** mit Phenolen liefert gute Ausbeuten, dabei drängt die Acidität der Phenole die Polymerisation zurück. Thiole reagieren schlechter als die entsprechenden Sauerstoffverbindungen.

Versuche: *Kohlensuboxyd* (**I**), durch therm. Zers. von Diacetylweinsäureanhydrid (vgl. OTT, Ber. dtsch. chem. Ges. **47**. [1914.] 2388) bei 770°; 40—43% (Ausbeute). — *Malonsäurediallylester,* $C_9H_{12}O_4$, Kp.$_{13}$ 119—120°, aus **I** u. Allylalkohol bei 80°. — *Malonsäure-bis-[β-chloräthyl]-ester,* $C_7H_{10}O_4Cl_2$, Kp.$_{13}$ 174°, aus **I** u. Glykolchlorhydrin in Toluol bei 80°; 13,5%; unverd. bei UV-Bestrahlung 77%. — *Malonsäuredicyclohexylester,* $C_{15}H_{24}O_4$, Kp.$_{13}$ 194°, gelbliche Fl., aus **I** u. Cyclohexanol bei 80°; 56%, bei Zimmertemp. 25%, bei Zimmertemp. mit UV-Bestrahlung 56%, bei erhöhter Temp. mit p-Toluolsulfonsäure 79%. — *Malonsäure-bis-trimethylcarbinester,* $C_{11}H_{20}O_4$, Kp.$_{13}$ 105°, aus **I** u. Trimethylcarbinol in Toluol bei 70°. — *Poly-[malonsäureglykolester],* dunkles Öl, aus 9,8 g **I** u. Glykol bei 80°; 20 g; Mol.-Gew. ca. 600. — *Poly-[malonsäurebutandiol-(1.4)-*

ester], 25 g dunkles, hochviscoses Öl aus 9,8 g **I** u. Butandiol-(1.4) bei 100°; Mol.-Gew. ca. 1600. — *Malonsäure-bis-[p-tolylester]*, $C_{17}H_{16}O_4$, F. 70°, aus **I** u. p-Kresol in sd. Toluol mit UV-Bestrahlung, hellbraune Blättchen aus Methanol. — *Malonsäure-bis-[p-nitrophenylester]*, $C_{15}H_{10}O_8N_2$, F. 174° (Zers.), aus **I** u. p-Nitrophenol in Nitrobenzol bei 110°, Blättchen, nicht ganz rein. — *Malonsäuredipikrylester*, $C_{15}H_6O_{16}N_6$, F. 102°, aus **I** u. Pikrinsäure in Nitrobenzol bei 80°, dünne rundliche Blättchen aus n-Butanol. — *Malonsäure-bis-[2-carboxyphenylester]* (**II**), $C_{17}H_{12}O_8$, F. 144° (Zers.), aus **I** u. Salicylsäure in sd. Trichloräthylen mit UV-Bestrahlung, Nadeln aus Trichloräthylen u. Ae., wird von verd. Lauge rasch zers.; bräunliche Färbung mit $FeCl_3$. — *Malonsäure-bis-[4.6-dibrom-2-carboxyphenylester]* (**III**), $C_{17}H_8O_8Br_4$, F. 176° (Zers.), aus **I** u. 3.5-Dibromsalicylsäure in sd. Xylol mit UV-Bestrahlung, Nadeln aus Äther. — *Malonsäure-bis-[2-oxyphenylester]*, $C_{15}H_{12}O_6$, F. 140°, aus **I** u. Brenzcatechin in sd. Bzl., Kristalle aus Toluol u. Ae.; rotviolette Färbung mit $FeCl_3$. — *Malonsäure-bis-[thio-n-butylester]*, $Kp._{13}$ 178°, u. *Malonsäure-bis-[thiobenzylester]*, $Kp._2$ 195°, aus **I** u. dem entsprechenden Mercaptan in Toluol bei 70°, gelbliche Fll.; lassen sich durch Dest. nicht mercaptanfrei erhalten (Zers.). Bakteriolog. Prüfung bei Mycobact. tubercul. auf KIRCHNER-HERRMANN-Nährböden in Verdünnung 1:40000 u. auf HOHNschem Nährsubstrat in Verdünnung 1:10000 ergab für **II** völlige Hemmung, für **III** geringere Wirksamkeit. Keine Hemmwrkg. von **II** oder **III** gegen Staphylococcus aureus, Bact. coli u. pleuropneumonieerregende Organismen von KLIENEBERGER. (Chem. Ber. **84**. 730—33. 6/9. 1951. Stuttgart, TH, Inst. für Organ. Chem. u. Organ.-Chem. Technologie.) MACHOLDT-ERDNISS. 1280

G. P. Mikluchin und **A. F. Rekaschewa,** *Untersuchung des Reaktionsmechanismus der Reduktion von Diazoniumsalzen. Reduktion durch unterphosphorige Säure.* Zur Red. von p-Toluoldiazoniumchlorid (**I**) wurde aus gewöhnlicher H_3PO_2 mit schwerem W. erhaltene deuterierte H_3PO_2, die bei einigen Verss. erst in der Diazolsg. erzeugt wurde, benutzt. Die Verss. führten zu dem Ergebnis, daß nur direkt an P gebundenes D mit dem Tolylrest des Diazoniumsalzes in p-Stellung zu CH_3 *deuterisiertes Toluol* bildet. Dieses enthielt jedoch nur 30% derjenigen D-Menge aus den P–D-Bindungen, die sich aus dem zwischen H_3PO_2 u. D_2O gebildeten Gleichgewicht berechnet, so daß hauptsächlich gewöhnlicher H aus den P–H-Bindungen reagierte. Es ist dies durch die größere Aktivierungsenergie, die zur Lösung einer P–D- im Vgl. zu einer P–H-Bindung erforderlich ist, bedingt. Von den ablaufenden Rkk. erfolgt zwar der Ersatz von Hydroxyl-H in H_3PO_2 durch D momentan, der weitere Ersatz von H in den P–H-Bindungen aber langsamer als die Red. der Diazoverbindung. Bei dem Reduktionsvorgang reagieren wahrscheinlich freie Radikale.

V e r s u c h e: p-Toluidin wurde in alkoh. Lsg. mit trocknem HCl gesätt. u. mit Butylnitrit diazotiert. Das durch Ae. ausgefällte Diazoniumsalz (**I**) wurde mit Ae. gewaschen u. zur Rk., die bei —5 bis 5° durchgeführt wurde, verwendet. Das gebildete Toluol (**II**) wurde mit Ae. extrahiert, mit NaOH, dann W. gewaschen, fraktioniert u. mit CuO verbrannt. In dem Verbrennungswasser wurde der D-Geh. analyt. bestimmt. Das W. aus dem Reaktionsgemisch wurde im Vakuum dest., über glühendes CuO geleitet u. in ihm ebenfalls der D-Geh. ermittelt. — Es wurden 3 Versuchsreihen durchgeführt. 1. Red. von **I** in schwerem W. mit einer Lsg. von H_3PO_2 in leichtem W. oder einer solchen, die sich vor dem Vers. 10—15 Min. in Kontakt mit schwerem W. befand (11—16% des Gleichgewichts-D sind in dem entstehenden **II** enthalten). 2. Red. von **I** in schwerem W. mit H_3PO_2, die sich 47—96 Std. in Kontakt mit schwerem W. befand (30% des Gleichgewichts-D sind in dem entstehenden **II** enthalten). 3. Beschleunigung der Red. durch katalyt. Mengen $CuSO_4$. Diese Verss. beweisen den langsamen Ersatz von H in den P–H-Bindungen durch D; denn bei Zusatz von gewöhnlicher H_3PO_2 zur Lsg. von **I** $+CuSO_4$ in schwerem W. enthält das entstandene **II** sehr wenig D. (Доклады Академии Наук СССР [Ber. Akad. Wiss. UdSSR] [N. S.] **85**. 827—30. 1/8. 1952. Pissarshewski-Inst. für physik. Chem. der Akad. der Wiss. der UkrSSR.) WÖRFFEL. 1310

Norman Rabjohn, T. R. Hopkins und **R. C. Nagler,** *N-Carboalkoxyderivate des Procains.* Durch Umsetzung von Procain (**I**) mit Chlorameisensäureestern bzw. mit Di-[chlorameisensäure]-estern von Glykolen erhielten Vff. von **I** abgeleitete *Urethane* u. *Diurethane*. Während die Urethane in ihrer Wrkg. **I** glichen, gegebenenfalls etwas stärkere Lokalanästhetica mit etwas größerer Toxizität als **I** waren, zeigte sich bei den Diurethanderivv. eine größere anästhet. Wirksamkeit bei geringerer Toxizität. Beim *Tridiurecain* (Trimethylendiurethanderiv.) schien sich die stimulierende Wrkg. auf das Zentralnervensyst., wie sie **I** anhaftet, nicht zu zeigen.

V e r s u c h e: *2-Methylpentandiol-(2.4)-carbonat*, $C_7H_{12}O_3$, aus dem Glykol u. $COCl_2$, F. 96—97°. — *trans-Chinitdi-[chlorcarbonat]*, $C_8H_{10}O_4Cl_2$, F. 114—115°, aus cis-Chinit u. $COCl_2$; 60% (Ausbeute); mit NH_3 hieraus das *Diurethan*, $C_8H_{14}O_4N_2$, F. 322—324°. Das fl. cis-Isomere (31%) wurde direkt in das *cis-Diurethan* übergeführt, F. 268—270°. —

Da sich die Dichlorcarbonate nicht durch Dest. reinigen ließen, wurden sie durch Überführung in die Diurethane der nachst. Glykole charakterisiert: *Butindiol-(1.4)-*, $C_6H_8O_4N_2$, F. 194—195° (Zers.). — *Butandiol-(1.3)-*, $C_6H_{12}O_4N_2$, F. 146—147°. — *2-Methylpropandiol-(1.3)-*, $C_6H_{12}O_4N_2$, F. 185—186°. — *Pentamethylenglykol-*, $C_7H_{14}O_4N_2$, F. 161—162°. — *2.2-Dimethylpropandiol-(1.3)-*, $C_7H_{14}O_4N_2$, F. 149—150°. — *3.3-Dimethylpentandiol-(1.5)-*, $C_9H_{18}O_4N_2$, F. 118—119°. — *Propylenglykoldicarbanilat*, $C_{17}H_{18}O_4N_2$, F. 144—145°. — *N-Carbäthoxyprocainhydrochlorid*, $C_{16}H_{25}O_4N_2Cl$, F. 175—177° (Zers.), aus I-Hydrochlorid u. Chlorameisensäureäthylester in W. bei 50°; 80%. Entsprechend *N-Carbomethoxy-I-hydrochlorid*, $C_{15}H_{23}O_4N_2Cl$, F. 193—195°. — *N-Carbo-n-propoxy-I-hydrochlorid*, $C_{17}H_{27}O_4N_2Cl$, F. 154—156°. — *N-Carbo-n-butoxy-I-hydrochlorid*, $C_{18}H_{29}O_4N_2Cl$, F. 149—151°. — Die N.N'-Bis-[p-carbo-(β-diäthylaminoäthoxy)-phenyl]-diurethane nachst. Glykole wurden dargestellt: *Äthylenglykol-*, $C_{30}H_{42}O_8N_4$, F. 140—141°. *Dihydrochlorid*, $C_{30}H_{44}O_8N_4Cl_2$, F. 199—200° (Zers.). — *Trimethylenglykol-*, $C_{31}H_{44}O_8N_4$, F. 116—117°. *Dihydrochlorid*, $C_{31}H_{46}O_8N_4Cl_2$, F. 170—171° (Zers.). — *Tetramethylenglykol-*, $C_{32}H_{46}O_8N_4$, F. 187—188°. *Dihydrochlorid*, $C_{32}H_{48}O_8N_4Cl_2$, F. 205—206° (Zers.). *Dioxalat*, $C_{36}H_{50}O_{16}N_4$, F. 186—188° (Zers.). *Dipikrat*, $C_{44}H_{52}O_{22}N_{10}$, F. 178—179°. *Disalicylat*, $C_{46}H_{58}O_{14}N_4$, F. 140—141° (Zers.). *Didilturat*, $C_{40}H_{52}O_{18}N_{10}$, F. 235—236° (Zers.). — *Pentamethylenglykol-*, $C_{33}H_{48}O_8N_4$, F. 156—157°. *Dihydrochlorid*, $C_{33}H_{50}O_8N_4Cl_2$, F. 176—177° (Zers.). — *Hexamethylenglykol-*, $C_{34}H_{50}O_8N_4$, F. 190—191°. *Dihydrochlorid*, $C_{34}H_{52}O_8N_4Cl_2$, F. 213—215° (Zers.). — *Dekamethylenglykol-*, $C_{38}H_{58}O_8N_4$, F. 160—161°. *Dihydrochlorid*, $C_{38}H_{60}O_8N_4Cl_2$, F. 201—203° (Zers.). — *Diäthylenglykol-*, $C_{32}H_{46}O_9N_4$, F. 122—123°. *Dihydrochlorid*, $C_{32}H_{48}O_9N_4Cl_2$, F. 191—192° (Zers.). — *Butindiol-(1.4)-*, *Dihydrochlorid*, $C_{32}H_{44}O_8N_4Cl_2$, F. 181—183° (Zers.). — *Chinit-*, *Dihydrochlorid*, $C_{34}H_{50}O_8N_4Cl_2$, F. 213—214° (Zers.). — *Hydrochinon-*, *Dihydrochlorid*, $C_{34}H_{44}O_8N_4Cl_2$, F. 164—166° (Zers.). — *Propylenglykol-*, *Dioxalat*, $C_{35}H_{48}O_{16}N_4$, F. 112—114° (Zers.). — *Butandiol-(1.3)-*, *Dioxalat*, $C_{36}H_{50}O_{16}N_4$, F. 162—164° (Zers.). *Dipikrat*, $C_{44}H_{52}O_{22}N_{10}$, F. 144—145° (Zers.). — *2-Methylpropandiol-(1.3)-*, *Dioxalat*, $C_{36}H_{50}O_{16}N_4$, F. 115 bis 117° (Zers.). *Dipikrat*, $C_{44}H_{52}O_{22}N_{10}$, F. 130—131°. — *3.3-Dimethylpentandiol-(1.5)-*, *Dioxalat*, $C_{39}H_{56}O_{16}N_4$, F. 150—152°. — *N.N'-Di-[p-carboxyphenyl]-tetramethylendiurethan*, $C_{20}H_{20}O_8N_2$, F. 301—302° (Zers.), aus p-Aminobenzoesäure u. Tetramethylen-di-[chlorcarbonat] in Aceton oder auch aus dem Di-β-diäthylaminoäthylesterdihydrochlorid mit verd. HCl. — *2-Methylpropandiol-(1.3)*, $Kp._{20}$ 123—125°, aus Methylmalonsäurediäthylester mit $LiAlH_4$. — *2.2-Dimethylpropandiol-(1.3)*, F. 126—128°, aus Isobutyraldehyd u. HCHO nach WHITMORE u. Mitarbeiter (J. Amer. chem. Soc. **63.** [1941.] 124). — *3.3-Dimethylpentandiol-(1.5)*, $Kp._{20}$ 150—152°, durch Red. von β.β-Dimethylglutarsäurediäthylester mit $LiAlH_4$. — *cis-Chinit*, F. 101—102°, aus Hydrochinon über RANEY-Ni. (J. Amer. chem. Soc. **74.** 3215—18. 5/7. 1952. Columbia, Mo., Univ., Dep. of Chem.) NEZEL. 1350

I. N. Nasarow und **Ss. Ss. Bachmutskaja**, *Acetylenderivate.* 119. Mitt. *Mechanismus der Hydratation und Cyclisation von Dieninen.* 26. Mitt. *Über das Verhalten von 5.6-Dimethylheptadien-(1.5)-in-(3) bei den Hydratations- und Cyclisationsreaktionen.* (118. vgl. C. **1953. 3546**; 25. vgl. C. **1953.** 2913.) Die Cyclisation der durch Anlagerung von W. an Dienine erhältlichen Vinylallylketone kann unter Wanderung von H der Vinyl- oder Allylgruppe erfolgen. Für beide Vorgänge wird Anlagerung von H^+ an das End-C-Atom der Allylgruppe, Cyclisation des so entstandenen ungesätt. Ions u. Stabilisation des cycl. Ketons unter Protonverlust (1. Typus) oder unter vorhergehender Isomerisation u. dann Protonverlust (2. Typus) angenommen. Nach dem 2. Typus reagierte das in vorliegender Arbeit untersuchte, in der Vinylgruppe vollständig substituierte Vinylallylketon **IV**, das aus *5.6-Dimethylheptadien-(1.5)-in-(3)* (**III**) entstand. **III** wurde neben etwas *1.2.2.3-Tetramethyl-Δ³-cyclopentenon-(5)* (**VI**) durch Wasserabspaltung aus *Methylisopropylvinyläthinylcarbinol* (**I**) erhalten. Durch Hydrieren von **I** entstand *Methylisopropylbutylcarbinol*. **VI** ließ sich unmittelbar aus **I** durch Erwärmen mit H_3PO_4 leicht darstellen. Bei der Hydrierung von **VI** bildete sich in glatter Rk. *1.2.2.3-Tetramethylcyclopentanon-(3)* (**II**). Die Konst. von **VI** wurde durch die Bldg. von *HCOOH* u. *α.β.β-Trimethyllävulinsäure* bei der Ozonisation gesichert, die ihrerseits mittels Br_2 u. Alkali zu *Trimethylbernsteinsäure* oxydiert wurde. Durch Einw. von wss. Methanol in Ggw. von $HgSO_4$ entstand aus **III** *5.6-Dimethylheptadien-(1.5)-on-(4)* (**IV**), welches unter den Versuchsbedingungen Methanol anlagerte u. in *5.6-Dimethyl-2-methoxyhepten-5-on-(4)* (**V**) überging. Durch Dest. von **V** mit p-Toluolsulfonsäure konnte **IV** rein dargestellt werden. Der Ringschluß verlief bei **IV** wider Erwarten schwieriger als bei **III**, wobei neben **VI** ein Isomeres mit anderer, nicht ermittelter Lage der Doppelbindung, das beim Hydrieren auch **II** lieferte, gebildet wurde.

Versuche: *Methylisopropylvinyläthinylcarbinol* (**I**), $C_9H_{14}O$, $Kp._9$ 64—66°. Zu einem auf —15° abgekühlten Gemisch von 28 g gepulvertem KOH u. 200 cm³ Ae. wird unter Rühren eine Lsg. von 19 g Methylisopropylketon u. 31 g Vinylacetylen in 50 cm³ Ae. zugetropft; man rührt dann 6 Std. bei Zimmertemp.; Fl.; $D.^{20}_4$ 0,8860; n_D^{20} 1,4780; Mol.-Refr. ($[MR]_D$) 44,09; 25 g (Ausbeute). — *Methylisopropylbutylcarbinol*, $C_9H_{20}O$, $Kp._{760}$ 172—174°; durch Hydrieren von **I** in Methanol an Pt nach ADAMS; $D.^{20}_4$ 0,8349; n_D^{20} 1,4365. — *5.6-Dimethylheptadien-(1.5)-in-(3)* (**III**), C_9H_{12}, $Kp._{20}$ 47—50°; man verrührt 22 g **I** u. 22 g 60%ig. H_2SO_4 40 Min. bei 60—65°; gelbliche, sich schnell polymerisierende Fl.; $D.^{20}_4$ 0,8204; n_D^{20}1,5158; $[MR]_D$ 44,16; 9,7 g neben etwas **VI**. — *5.6-Dimethyl-2-methoxyhepten-(5)-on-(4)* (**V**), $C_{10}H_{18}O_2$, $Kp._6$ 81—84°; man verrührt 8 g **III**, 35 g 90%ig. Methanol, 0,08 cm² H_2SO_4 8 Std. bei 60—65° u. trägt dabei 4 Portionen von je 1 g $HgSO_4$ ein; bewegliche Fl.; $D.^{20}_4$ 0,9216; n_D^{20} 1,4560; $[MR]_D$ 50,14; aus 8,4 g Reaktionsprod. (Gemisch von **IV** u. **V**) wurden 2,8 g **V** rein erhalten. — *5.6-Dimethylheptadien-(1.5)-on-(4)* (**IV**), $C_9H_{14}O$; $Kp._{20}$ 89—90°; durch Erhitzen von 7 g des wie vorst. aus **III** erhaltenen Gemisches von **IV** u. **V** mit 0,035 g p-Toluolsulfonsäure auf 130°/145 mm; hellgelbe, bewegliche, sich schnell polymerisierende Fl.; $D.^{20}_4$ 0,8932; n_D^{20} 1,4775; $[MR]_D$ 43,69; 5,5 g. *2.4-Dinitrophenylhydrazon*, $C_{15}H_{18}O_4N_4$, F. 164°. — *1.2.2.3-Tetramethyl-Δ^3-cyclopentenon-(5)* (**VI**), $C_9H_{14}O$; $Kp._8$ 74—76,5°, a) durch 4std. Verrühren von 13,4 g **I** mit 14 cm³ H_3PO_4 (D. 1,75) bei 60—65°; 8 g; b) analog aus **III**, Reaktionsdauer 2 Std.; 3 g aus 4,5 g **III**. Bewegliche Fl. mit angenehmem campherartigem Geruch; $D.^{20}_4$ 0,9266; n_D^{20} 1,4742; $[MR]_D$ 41,86. *Semicarbazon*, $C_{10}H_{17}ON_3$, F. 173°; aus Methanol. *2.4-Dinitrophenylhydrazon*, $C_{15}H_{18}O_4N_4$; entsteht in 2 Formen. Das Hauptprod., F. 196°, krist. aus Methanol u. ist darin schwer lösl., das Nebenprod., F. 160°, ist leichter löslich. — *1.2.2.3-Tetramethylcyclopentanon-(5)* (**II**), $C_9H_{16}O$, $Kp._{760}$ 182—184°; durch Hydrieren von **VI** in A. in Ggw. von Pt nach ADAMS; $D.^{20}_4$ 0,8968; n_D^{20} 1,4450. *Semicarbazon*, $C_{10}H_{19}ON_3$, F. 209—210°, aus Methanol. *2.4-Dinitrophenylhydrazon*, $C_{15}H_{20}O_4N_4$, F. 151°; aus Methanol. (Журнал Общей Химии [J. allg. Chem.] **20**. (**82**.) 1837—44. Okt. 1950. Inst. für organ. Chem. der Akad. der Wiss. der UdSSR.) SCHMEISS. 1960

N. N. Saha und **P. Bagchi**, *Synthese von 2-[β-(m-Methoxyphenyl)-äthyl]-cyclohexandion-(1.3)*. *2-[β-(m-Methoxyphenyl)-äthyl]-cyclohexandion-(1.3)* (F. 149—150°) läßt sich einfacher als bisher durch Kondensation von 1.3-Dimethoxy-2.5-dihydrobenzol mit m-Methoxyphenyläthylbromid in Ggw. von K in fl. NH_3 u. nachfolgende Hydrolyse mit verd. H_2SO_4 darstellen. (Sci. and Cult. **18**. 196. Okt. 1952. Calcutta, Indian Assoc. for the Cult. of Sci., Dep. of Organ. Chem.) SPAETH. 1970

A. Eschenmoser und **A. Frey**, *Über die Spaltung des Mesylesters von 2-Methyl-2-oxymethylcyclopentanon mit Basen.* Im Zusammenhang mit Verss. zur Einführung von Methylendoppelbindungen wurde *2-Methyl-2-mesyloxymethylcyclopentanon* (**I**) dargestellt u. mit anionoiden Reagentien umgesetzt; dabei entstand mit 40%ig. KOH unter Ringspaltung *5-Methylenhexansäure* (**III**) u. mit CH_3MgJ ebenfalls unter Ringspaltung $CH_2{:}C(CH_3)\cdot(CH_2)_3\cdot C(OH)(CH_3)_2$ (**II**), dagegen wurde **I** durch $LiAlH_4$ n. zu *2.2-Dimethylcyclopentanol* reduziert.

Versuche (mit **H. Dietrich**): *2-Methyl-2-carbäthoxycyclopentanon*, $C_9H_{14}O_3$, $Kp._{11}$ 94—95°, durch Zutropfen von 2-Carbäthoxycyclopentanon zu gepulvertem Na unter Bzl., 40std. Rühren bei 90°, Zutropfen von CH_3J, 48std. Erwärmen auf 80—90° u. Gießen auf Eis; n_D^{20} 1,4472, $D.^{20}_4$ 1,0439; 87% (Ausbeute). *Äthylenacetal*, $C_{11}H_{18}O_4$, $Kp._{11}$ 115—120°, mit Äthylenglykol in Bzl. in Ggw. von p-Toluolsulfonsäure während 10 Std. bei 125—130° unter Abscheidung des gebildeten W.; n_D^{18} 1,4610, $D.^{18}_4$ 1,1024; 88%. — *2-Methyl-2-oxymethylcyclopentanonäthylenacetal*, $C_9H_{16}O_3$, $Kp._{11}$ 106°, durch Red. vorst. Acetals mit $LiAlH_4$ in Ae.; n_D^{20} 1,4779; $D.^{20}_4$ 1,1080; 90%. — *2-Methyl-2-oxymethylcyclopentanon*, $C_7H_{12}O_2$, $Kp._{11}$ 98°, durch 2½std. Kochen vorst. Acetals mit Benzolsulfonsäure in Aceton; n_D^{20} 1,4681; $D.^{20}_4$ 1,0477; 85%. *Mesylester* (**I**), $C_8H_{14}O_4S$, F. 60—61° (Ae.), mit Mesylchlorid in Pyridin; $Kp._{0,02}$ 124—132°; 89%. — *5-Methylenhexansäure* (**III**), $C_7H_{12}O_2$, $Kp._{12}$ 109°, durch ½std. Kochen von **I** mit 40%ig. wss. KOH, weiteres 3std. Kochen nach Verdünnen mit W. u. Ansäuern mit Weinsäure; n_D^{21} 1,4422, $D.^{21}_4$ 0,9507, Infrarotbanden bei 893 u. 1655 cm^{-1}; 82%. *p-Bromphenacylester*, $C_{15}H_{17}O_3Br$, F. 48° (CH_3OH). — *5-Methylhexansäure*, $Kp._{11}$ 101—102°, durch Hydrierung von **III** in Eisessig in Ggw. von Pt; n_D^{20} 1,4220. *Benzylthiuroniumsalz*, $C_{15}H_{24}O_2N_2S$, F. u. Misch-F. 149,5° (CH_3OH). — Ozonisierung von **III** in CCl_4 bei 0° ergab *γ-Acetylbuttersäure* ($C_6H_{10}O_3$, $Kp._{11}$ 145—149°; 70%; *2.4-Dinitrophenylhydrazon*, $C_{12}H_{14}O_6N_4$, F. u. Misch-F. 143—143,5°) u. *Formaldehyd* (*Dimedonderiv.*, F. 186°; 20%). — *Alkohol* **II**, $C_9H_{18}O$, $Kp._{11}$ 70—72°, aus **I** mit 3 Mol CH_3MgJ in Ae. u. Tetrahydrofuran u. Zers. mit NH_4Cl; n_D^{20} 1,4568, $D.^{20}_4$ 0,8773, Infrarotbanden bei 893, 1655 u. 3450 cm^{-1}; 81%; nimmt 1 Mol H_2 auf. — *2.2-Dimethylcyclopentanol*, $C_7H_{14}O$, F. 28—29°, durch Red. von **I** mit $LiAlH_4$ in Ae.; $Kp._{110}$ 100°; 89%. *Phenylurethan*, $C_{14}H_{19}O_2N$, F. u. Misch-F. 86 bis

87⁰ (Aceton–Ligroin). — *5-Methylhexen-(5)-ol*, $C_7H_{14}O$, $Kp._{11}$ 71⁰, durch Red. von III in Ae. mit $LiAlH_4$; n_D^{20} 1,4415, $D.^{20}_4$ 0,8445; 91%. (Helv. chim. Acta **35**. 1660—66. 1/8. 1952. Zürich, ETH, Organ.-chem. Labor.) SPAETH. 1980

Jarl Gripenberg, *Antibiotische Substanzen aus dem Kernholz von Thuja plicata D. Don.* 7. Mitt. *Partialsynthese von Thujasäure.* (6. vgl. Acta chem. scand. **3**. [1949.] 1137.) Es wird bewiesen, daß *Thujasäure* (I) die Struktur einer *4.4-Dimethylcycloheptatrien-(2.5.7)-carbonsäure* hat. Die Annahme, daß nicht 3 Doppelbindungen vorliegen, sondern nur 2 in einem bicycl., den Cyclopropanring enthaltenden Syst., der bei der Hydrierung nur schwer gesprengt wird, womit die leichte Aufnahme von 2 H_2 u. die schwerere des 3. Mol. H_2 erklärt werden könnte, wird aus eindeutigen Gründen (Oxydation von I, einheitliches Hydrierungsprod., Hydrierung von Carenen) fallengelassen u. die Resistenz der $\alpha.\beta$-ungesätt. Bindung für die verschieden leichte H_2-Aufnahme verantwortlich gemacht. *Hexahydrothujasäure* müßte durch Bromierung u. Abspaltung von HBr 2 ungesätt. Säuren, *4.4-Dimethylcyclohepten-(1)-carbonsäure* (II) u. *4.4-Dimethylcyclohepten-(7)-carbonsäure* (III), geben, die durch weitere Bromierung u. HBr-Abspaltung I bzw. die isomere Verb. mit dem Cyclopropanring liefern könnten. Tatsächlich konnte nur II rein isoliert u. ihre Struktur durch Bildungsweise, Ozonisieren u. UV-Absorptionsspektr. bewiesen werden. Die weitere Bromierung des Säuregemisches u. HBr-Abspaltung lieferte eine mit I ident. Verbindung. Bei der partiellen Hydrierung von I wurde als Zwischenprod. II u. nicht III isoliert. Der Hydrierung an der 5.6-Stellung folgt wahrscheinlich eine H_2-Aufnahme an den Enden des konjugierten Systems.

Versuche: *α-Bromhexahydrothujasäure* (IV), $C_{10}H_{17}O_2Br$, F. 106⁰ (verd. CH_3COOH u. Sublimation im Vakuum): Katalyt. Hydrierung von Thujasäure (I) lieferte *Hexahydrothujasäure* (*4.4-Dimethylcycloheptancarbonsäure*), die in Ggw. von rotem P bromiert wurde; 87% (Ausbeute). — *4.4-Dimethylcyclohepten-(1)-carbonsäure* (II), $C_{10}H_{16}O_2$, F. 83—85⁰ (HCOOH): IV wurde im Ölbad mit Diäthylanilin auf 180⁰ erhitzt; 77% roh; aus den Mutterlaugen ein Säuregemisch der gleichen Zus. mit F. zwischen 35 u. 50⁰. Ozonisierung von II bei 0⁰ in Chlf. lieferte *β.β-Dimethylpimelinsäure*, F. 101—102⁰ (Leichtbenzin–Ae.). — I, $C_{10}H_{12}O_2$, F. 82—84⁰ (Leichtbenzin): Vorst. Gemisch wurde mit N-Bromsuccinimid in CCl_4 8 Std. erhitzt u. das Reaktionsprod. anschließend mit Diäthylanilin bei 180⁰ behandelt; Reinigung erfolgte durch Wasserdampfdest.; 20%. *p-Bromphenacylester*, $C_{18}H_{17}O_3Br$, glitzernde Blättchen, F. u. Misch-F. 105—106⁰ (CH_3OH). Hydrierung von I mit Pd-Kohle in A. lieferte nach Verbrauch von ca. 2 Mol H_2 II. (Acta chem. scand. **5**. 995—1002. 1951. Helsingfors, Finnland, Inst. of Technol., Dep. of Chem.) FAASS. 2010

A. McCoubrey, *α-Methylbenzylamine.* 1. Mitt. *3-Cyclohexyloxy-4-methoxy-α-methylbenzylamine.* Mit dem Ziel, Verbb. zu erhalten, die eine analget. Wrkg. mit Opiatcharakter aufweisen u. in ihrem Aufbau die einfache Struktur des A. u. das bas. N-Atom des Morphins vereinen, wurde vergeblich versucht, *Aryläther* des *3-[Aminoäthyl]-cyclohexanols* darzustellen. Dabei bildeten 1.3-disubstituierte Cyclohexane unter der Wrkg. von Alkali oder unter dehydratisierendem Einfl. Cyclohexanone. *N.N-Diäthyl-m-methoxybenzylamin* (I) konnte zum *N.N-Diäthyl-m-oxybenzylamin* demethyliert werden, aber bei katalyt. Hydrierung fand Debenzylierung statt. Die aus *3-Acetylcyclohexanol* erhältlichen *Halogenide* lieferten im alkal. Medium bei der versuchten Ätherbldg. *Acetylcyclohexen.* — Ausgehend vom Dihydroresorcin konnten über *3-Chlorcyclohexen-(2)-on* (V) mit Phenol (III), Brenzcatechin oder Guajacol (IV) *3-Aryloxycyclohexen-(2)-one* erhalten werden, die aber bei der Red. zum größten Teil gespalten wurden. So konnten *3-Phenoxy-* u. *3-[o-Methoxyphenoxy]-cyclohexanol* nur in mäßiger Ausbeute gewonnen werden. — Von den zu den gewünschten u. also nicht gewinnbaren Verbb. analogen *Benzylaminen* wurde in geringer Ausbeute *N.N-Diäthyl-3-oxy-4-methoxybenzylamin* über das Diazoniumsalz der 3-Aminoverb. dargestellt. Die *3-Bromverb.* (die Jodverb. konnte aus dem diazotierten Amin nicht gewonnen werden) reagierte auch bei höherer Temp. nicht mit $C_6H_{11}ONa$ bzw. $C_6H_{11}OK$. — Das im Gegensatz zur isomeren 4-Oxy-3-methoxyverb. beständige *3-Oxy-4-methoxy-α-methylbenzylamin* läßt sich mit $C_6H_{11}Br$ nicht veräthern, auch *Isoacetovanillon* (X) nicht mit $C_6H_{11}OH$ + Zn u. HCl (wahrscheinlich wegen der Bldg. von Pyryliumsalzen), wohl aber reagiert das X in Alkali langsam mit Cyclohexylbromid (nicht mit dem Chlorid) unter Bldg. von *3-Cyclohexyloxy-4-methoxyacetophenon* (IX), dessen *Oxim* zum *Amin* red. wurde. *N-Derivv.* dieses Amins wurden durch Red. des verätherten Oxyketons zum *Carbinol* u. Umsetzen des *Halogenids* mit den entsprechenden Aminen dargestellt.

Versuche: *N.N-Diäthyl-m-methoxybenzylamin* (I), $Kp._{18}$ 132—135⁰: a) Die GRIGNARD-Verb. aus 20 g m-Bromanisol wurde mit 22 g n-Butyldiäthylaminomethyläther umgesetzt u. nach 12 Std. das Reaktionsprod. mit NH_4Cl zers.; 10,2 g (Ausbeute);

Hydrochlorid, $C_{12}H_{19}ON \cdot HCl$, Nadeln aus A., F. 152°; *Pikrolonat*, $C_{12}H_{19}ON \cdot C_{10}H_8O_5N_4 \cdot$ ½ C_2H_6O, aus A. gelbe Prismen, F. 139°; b) Methyl-m-tolyläther, N-Bromsuccinimid u. etwas Benzoylperoxyd wurden in CCl_4 4 Std. erhitzt, das Reaktionsprod. wurde mit Diäthylamin behandelt; der in 5nHCl lösl. Anteil lieferte nach Alkalisieren nur 19% **I**, Kp.₆ 116—120°, der säureunlösl. Anteil 2 g *Methyl-m-tolyläther*, Kp.₁₆ 75—82°, u. 18,7 g *4-Brom-3-methylanisol*, Kp.₁₆ 110—115°; aus letzterem nach Carboxylierung des entsprechenden GRIGNARD-Reagens *4-Methoxy-2-methylbenzoesäure*, $C_9H_{10}O_3$, F. 177°. — *N.N-Diäthyl-m-oxybenzylamin*, Kp.₀,₃ 112—113°, F. 44—45°, durch 4 Std. Kochen von 18,6 g **I** mit HBr; 15,7 g. *Hydrochlorid*, $C_{11}H_{17}ON \cdot HCl$, F. 123° (A.–Ae.). *Pikrolonat*, $C_{11}H_{17}ON_2 \cdot C_{10}H_8O_5N_4$, aus A. orangefarbene Prismen, F. 191—192°. Hydrierung bei 80° u. 80 at in Ggw. von RANEY-Ni lieferte in 80%ig. Ausbeute *Diäthylamin* u. *m-Kresol*. — *3-Nitromethylcyclohexanon*, Kp.₀,₁ 100—102°, aus 12 g Cyclohexen-(2)-on, Nitromethan u. $NaOCH_3$ in CH_3OH u. Ansäuern mit CH_3COOH; 10,4 g. *Semicarbazon*, $C_8H_{14} \cdot O_3N_4$, aus A. Prismen, F. 167°. — Analog *3-[1'-Nitroäthyl]-cyclohexanon* (**II**), Kp.₀,₀₁ 101—102°, aus 48,5 g Cyclohexenon u. 46,4 g $C_2H_5NO_2$; 65,5 g. *Semicarbazon*, $C_9H_{16}O_3N_4$, Prismen aus A., F. 179°. — *3-Acetylcyclohexanon*, $C_8H_{12}O_2$, aus Leichtbenzin Platten, F. 39°: 5,9 g **II** wurden in NaOH gelöst, es wurde bei 0° mit H_2SO_4 angesäuert, auf 55° erwärmt, mit $(NH_4)_2SO_4$ gesätt. u. mit Ae. extrahiert; Kp.₁₅ 140—145° (Badtemp.); 3,15 g. *Dioxim*, $C_8H_{14}O_2N_2$, aus A. Prismen, F. 158°. — Die Dehydrierung von 3,15 g vorst. Ketons wurde mit Pd-Schwarz bei 220—240° durchgeführt: *m-Oxyacetophenon*, F. 90—93° (Bzl.–Leichtbenzin); 0,1 g. *Semicarbazon*, aus A. Prismen, F. 194—195°. — *3-[1'-Nitroäthyl]-cyclohexanol*, Kp.₀,₁ 108—115°, aus 66,5 g **II**, Al-Isopropylat u. Toluol; 46,3 g. Das *Phenylurethan*, $C_{15}H_{20}O_4N_2$, existiert in 2, durch fraktionierte Kristallisation aus Bzl.–Leichtbenzin trennbaren Isomeren, F. 115° u. F. 86—87°. — *3-Acetylcyclohexanol*, Kp.₁₃ 134—138°, aus 46,3 g vorst. Verb.; 30,4 g. *2.4-Dinitrophenylhydrazon*, $C_{14}H_{18}O_5N_4$, gelbe Nadeln aus Essigester, F. 165°. *Phenylurethan*, $C_{15}H_{19}O_3N$, Nadeln, F. 91° (Leichtbenzin). — *3-Acetylcyclohexylbromid*, Kp.₁₂ 130—135° (Badtemp.): 1 g vorst. Verb. wurde 4 Tage mit HBr bei Zimmertemp. behandelt; 1,05 g. *2.4-Dinitrophenylhydrazon*, krist. aus Leichtbenzin nur langsam. *Semicarbazon*, $C_9H_{16}ON_3Br$, aus A. Prismen, F. 180°. — *3-Acetylcyclohexyljodid*, Kp.₀,₀₃ 72—76° (Zers.). *Semicarbazon*, $C_9H_{16}ON_3J$, aus A. Prismen, F. 160°. *2.4-Dinitrophenylhydrazon*, $C_{14}H_{17}O_4N_4J$, aus Essigester orangerote Platten, F. 138—139°. Kondensationsverss. mit Phenol (**III**) oder Guajacol (**IV**) in Ggw. von Alkali lieferten Harze u. ein Öl (Kp.₁₅ 95—100° Badtemp.), höchstwahrscheinlich *3-Acetylcyclohexen*. *2.4-Dinitrophenylhydrazon*, $C_{14}H_{16}O_4N_4$, rote Nadeln aus Essigester, F. 203°. *Semicarbazon*, $C_9H_{15}ON_3$, Platten aus A., F. 206°. — *Dihydroresorcinmono-[o-methoxyphenyl]-äther* (**VI**), $C_{13}H_{14}O_3$, große Prismen aus Bzl.–Leichtbenzin, F. 97°, aus 12 g 3-Chlorcyclohexen-(2)-on (**V**) u. **IV** in Aceton mit K_2CO_3; Kp.₁₅ 210—230°; 14,1 g. — *Dihydroresorcinmonophenyläther* (**VII**), $C_{12}H_{12}O_2$, Kp.₁₈ 194 bis 196°, F. 39°, aus Leichtbenzin Platten, aus 22,6 g **V** u. **III**; 28,9 g. — *Dihydroresorcin-o-oxyphenyläther*, $C_{12}H_{12}O_3$, perlenartige Plättchen, F. 89—94° (Zers.), aus 9,7 g **V** u. Brenzcatechin; Kp.₁₁ 170—185° (Badtemp.); 10,1 g. — *3-[o-Methoxyphenoxy]-cyclohexanol*, Kp.₁₅ 189—198°, durch Hydrieren von 7,5 g **VI** in Essigester in Ggw. von Pd-Kohle (1100 cm³ H_2) u. anschließend in Ggw. von PtO_2 (780 cm³ H_2); 5,5 g. *Phenylurethan*, $C_{20}H_{23}O_4N$, Nadeln aus A., F. 121—122°. — Red. von **VII** mit Pd-Kohle lieferte nach Aufnahme von 2 Mol H_2 *Cyclohexanon* (*Semicarbazon*, F. 166—167°) u. **III** (*Tribromphenol*, F. 90—92°). 14,6 g **VII** wurden in A. mit Na behandelt, es wurde angesäuert u. mit Ae. extrahiert; erhalten wurden **III**, *Cyclohexanol* u. *3-Phenoxycyclohexanol*, Kp.₂₀ 130—135°; 3,25 g. Gibt beim Vers. der Gewinnung eines Phenylurethans *Carbanilid*, F. 238°. — *N.N-Diäthyl-4-oxy-3-nitrobenzylamin*, $C_{11}H_{16}O_3N_2$, aus A. gelbe Prismen, F. 109°: 27,5 g 4-Oxy-3-nitrobenzylchlorid wurden mit 24 g Diäthylamin in trockenem Bzl. umgesetzt; *Hydrochlorid*, $C_{11}H_{16}O_3N_2 \cdot HCl$, aus A. gelbe Prismen, F. 185°, 17,5 g. *4-Acetoxy-N.N-diäthyl-3-nitrobenzylaminhydrochlorid*, $C_{13}H_{18}O_4N_2 \cdot HCl$, aus A. Nadeln, F. 191°. — *N.N-Diäthyl-4-methoxy-3-nitrobenzylamin* wurde als *Hydrochlorid*, $C_{12}H_{18}O_3N_2 \cdot HCl$, F. 218°, isoliert: a) aus vorst. Amin u. Trimethylphenylammoniumhydroxyd bei 150°; b) aus 69,5 g 4-Methoxy-3-nitrobenzylchlorid u. $(C_2H_5)_2NH$ in A. 58,3 g. — *3-Amino-N.N-diäthyl-4-methoxybenzylamin* (**VIII**), Kp.₁₆ 171—174°, 58,3 g der vorst. Verb. wurde mit Sn u. HCl red.; 37 g. *Dihydrochlorid*, $C_{12}H_{20}ON_2 \cdot 2\,HCl$, F. 207° (A.). — *N.N-Diäthyl-3-oxy-4-methoxybenzylamin*, $C_{12}H_{19}O_2N$, Prismen aus Leichtbenzin, F. 76°: **VIII** wurde in H_2SO_4 diazotiert u. anschließend mit $CuSO_4$ bei 105° behandelt; 22%. — *3-Brom-N.N-diäthyl-4-methoxybenzylamin*, Kp.₁₅ 170—175° (Badtemp.), aus dem Diazoniumsalz von 18,5 g **VIII** u. CuBr in HBr bei 80°; 9,6 g. *Hydrochlorid*, $C_{12}H_{18} \cdot ONBr \cdot HCl$, aus A.–Ae. harte Prismen, F. 195°. — (±)-*3-Oxy-4-methoxy-α-methylbenzylamin*, $C_9H_{13}O_2N$, aus Bzl. Prismen, F. 148°, aus 3 g Isoacetovanillon (**X**)-oxim durch Red. mit Na-Amalgam; 1,9 g. — *3-Cyclohexyloxy-4-methoxyacetophenon* (**IX**), $C_{15}H_{20}O_3$, große Prismen aus 70%ig. A., F. 61°: 90 g **X** u. Cyclohexylbromid wurden in A. langsam mit methanol. NaOH versetzt u. 80 Std. erhitzt; Kp.$_{10}$ 195—200°; 53,5 g. *2.4-Dinitrophenylhydrazon*, $C_{21}H_{24}O_6N_4$, aus Essigsäure rote Nadeln, F. 191°. *Oxim*, $C_{15}H_{21}O_3N$, aus A. Nadeln, F. 99°. — (±)-*3-Cyclohexyloxy-4-methoxy-α-methylbenzylamin*, Kp.$_{13}$ 210 bis 215°, F. 15—20°, durch Red. von 6,7 g vorst. Oxims mit Na-Amalgam. *Hydrochlorid* (5,2 g), $C_{15}H_{23}O_2N \cdot HCl$, aus A.–Ae. Nadeln, F. 213°. — (±)-*3-Cyclohexyloxy-4-methoxy-α-methylbenzylalkohol*, Kp.$_{17}$ 210—220°: 16 g **IX** wurden bei Raumtemp. u. n. Druck in Ggw. von PtO_2 hydriert; 13 g. *Phenylurethan*, $C_{22}H_{27}O_4N$, Nadeln aus Leichtbenzin, F. 163° (Zers.). — (±)-*N.N-Dimethyl-3-cyclohexyloxy-4-methoxy-α-methylbenzylamin*, Kp.$_{0,5}$ 145—150°: Vorst. Verb. wurde mit PBr_3 u. Bzl. in das Bromid übergeführt u. mit Dimethylamin behandelt. *Hydrochlorid*, $C_{17}H_{27}O_2N \cdot HCl$, F. 191°. — Analog wurden erhalten: (±)-*N.N-Diäthyl-3-cyclohexyloxy-4-methoxy-α-methylbenzylamin*, Kp.$_{0,03}$ 135 bis 145°. *Hydrochlorid*, $C_{19}H_{31}O_2N \cdot HCl$, F. 110°. — (±)-*N.N-Di-n-propyl-3-cyclohexyloxy-4-methoxy-α-methylbenzylamin*, Kp.$_{0,1}$ 150—160°. *Hydrochlorid*, $C_{21}H_{35}O_2N \cdot HCl$, F. 135°. — (±)-*N.N-Di-n-butyl-3-cyclohexyloxy-4-methoxy-α-methylbenzylamin*, Kp.$_{0,5}$ 160—165°. *Hydrochlorid*, $C_{23}H_{39}O_2N \cdot HCl$, F. 133°. — *α-[Tetrahydroisochinolino]-3-cyclohexyloxy-4-methoxyäthylbenzol*, Kp.$_{0,05}$ 180—190°. *Hydrochlorid*, $C_{24}H_{31}O_2N \cdot HCl$, F. 179°. (J. chem. Soc. [London] **1951**. 2931—35. Nov. London, Inst. of Psych., Dep. of Biochem.)

FAASS. 2120

A. McCoubrey und **N. K. Iyengar**, *α-Methylbenzylamine*. 2. Mitt. *3-Cyclohexyloxy-4-oxy-α-methylbenzylamin, sein Desoxyderivat und verwandte Äther*. (1. vgl. vorst. Ref.) Da bekannt ist, daß die Einführung einer OH-Gruppe in 3-Stellung des Morphinans eine merkliche Steigerung der analget. Wrkg. hervorruft, sollte festgestellt werden, ob die geringe analget. Wrkg. des *3-Cyclohexyloxy-4-methoxy-α-methylbenzylamins* durch Entmethylierung zum entsprechenden *Phenol* (**I**) verstärkt werden kann. Es stellt sich heraus, daß das nicht der Fall ist; hingegen weist die entsprechende *Desoxyverb.* eine größere Aktivität auf. Ebenso verhält es sich bei *p-Cyclohexyloxy-α-methylbenzylamin* im Vgl. zu einem *m-Oxyderiv.* (**II**). *3-Cyclohexyloxy-4-oxy-* (**III**) u. *4-Cyclohexyloxy-3-oxyacetophenon* (**IV**) ließen sich aus 4-Acetobrenzcatechin (**V**) u. Cyclohexylbromid nur in geringer Ausbeute darstellen. Die p-Oxygruppe wurde am leichtesten veräthert; so bildete sich auch bei der Benzylierung hauptsächlich *4-Benzyloxy-3-oxyacetophenon*, dessen Konst. durch Überführen in den Cyclohexyläther u. katalyt. Debenzylierung zu **III** aufgeklärt wurde. **I** u. **II** wurden über die Oxime von **III** u. **IV** erhalten. Eine gegenüber **IV** gesteigerte analget. Wrkg. zeigen auch der *Cyclopentyl-*, *Äthyl-*, *Isopropyl-*, *n-Amyl-*, *n-Hexyl* u. *n-Octyläther* des *p-Oxy-α-methylbenzylamins*. Das *Phenyl*-Analoge ist jedoch inaktiv.

Versuche: *4-Cyclohexyloxy-3-oxyacetophenon* (**IV**), $C_{14}H_{18}O_3$, aus Bzl.–Bzn. Nadeln, F. 103°; aus 60 g 4-Acetobrenzcatechin (**V**) u. 160 g Cyclohexylbromid in Ggw. von alkoh. NaOH durch 50std. Kochen; 7,2 g (Ausbeute) neben 1,5 g *3-Cyclohexyloxy-4-oxyacetophenon* (**III**), $C_{14}H_{18}O_3$, aus Bzn. lange Prismen, F. 88°. **III** wird aus der Mutterlauge der Kristallisation von **IV** durch Eindampfen u. Aufnehmen in 70%ig. A. erhalten oder durch Lösen des Gemisches von **III** u. **IV** in n-NaOH u. Zugabe von 50%ig. NaOH, wobei **IV** im Filtrat u. **III** im Rückstand als Na-Salz vorliegt. — *3-Cyclohexyloxy-4-methoxyacetophenon*, F. 60—61° (Leichtbenzin), aus 0,8 g **III** u. Dimethylsulfat; 0,1 g. *2.4-Dinitrophenylhydrazon*, F. 191°. — 0,5 g **IV** lieferte 0,5 g *Methyläther*, $C_{15}H_{20}O_3$, F. 86—87° (Bzl.–Leichtbenzin). *2.4-Dinitrophenylhydrazon*, $C_{21}H_{24}O_6N_4$, aus Essigsäureester rote Nadeln, F. 158°. — *3.4-Di-[benzyloxy]-acetophenon*, $C_{22}H_{20}O_3$, Nadeln aus A., F. 89°, aus 19 g **V** u. Benzylchlorid in wss.-alkoh. Alkali; 1,9 g (*2.4-Dinitrophenylhydrazon*, $C_{28}H_{24}O_6N_4$, aus Essigester rote Platten, F. 184°); daneben *4-Benzyloxy-3-oxyacetophenon*, $C_{15}H_{14}O_3$, aus A. Prismen, F. 118°; 16 g. — *4-Benzyloxy-3-cyclohexyloxyacetophenon*, $C_{21}H_{24}O_3$, Nadeln aus Leichtbenzin, F. 76—77°, ebenso aus 23,5 g vorst. Verb.; 7,8 g. *2.4-Dinitrophenylhydrazon*, $C_{27}H_{28}O_6N_4$, rote Nadeln aus Essigester, F. 182°. Katalyt. Hydrierung von 13,5 g vorst. Verb. in Ggw. von Pd-Kohle lieferte 8 g **III**. — *p-Acetylphenol*, in 48%ig. Ausbeute aus Phenol, Essigsäureanhydrid u. $AlCl_3$ in CS_2. — Durch Verätherung konnten nachst. Verbb. erhalten werden, die in die *Oxime* u. diese mit Na-Amalgam in die entsprechenden (±)-*α-Methylbenzylamine* übergeführt wurden: *4-Cyclohexyloxyacetophenon*, $C_{14}H_{18}O_2$, F. 79°, Kp.$_{0,6}$ 145°; *Oxim*, F. 122°. — *4-Cyclohexyloxy-α-methylbenzylamin*, Kp.$_{16}$ 175—180° (Badtemp.); 73%. *Hydrochlorid*, $C_{14}H_{21}ON \cdot HCl$, F. 180° (Bzl.–Leichtbenzin). — *3-Cyclohexyloxyacetophenon*, $C_{14}H_{18}O_2$, Kp.$_{0,8}$ 132—134°; 27%. *2.4-Dinitrophenylhydrazon*, F. 167°. *Oxim*, F. 84°. — *3-Cyclohexyloxy-α-methylbenzylamin*, $C_{14}H_{21}ON$, Kp.$_{0,5}$ 150° (Badtemp.); 85%. — *4-Cyclopentyloxyacetophenon*, $C_{13}H_{16}O_2$, F. 43°; 52%. *Oxim*, F. 135° — *4-Cyclopentyloxy-α-methylbenzylamin*; 50%. *Hydrochlorid*, $C_{13}H_{19}ON \cdot HCl$, F. 181° (Bzl.–Ae.). — *4-n-Octyloxyacetophenon*, $C_{16}H_{24}O_2$, Kp.$_{24}$ 215—222°; 64%. *2.4-Dinitrophenylhydrazon*, F. 135°. *Oxim*, F. 67°. — *4-n-Octyl-*

oxy-α-methylbenzylamin; 56%. *Hydrochlorid*, $C_{16}H_{27}ON \cdot HCl$, F. 68—70° (Leichtbenzin). — *4-n-Hexoxyacetophenon*, $C_{14}H_{20}O_2$, Kp.$_{16}$ 190—195° (Badtemp.); 48%. *2.4-Dinitrophenylhydrazon*, F. 141°, *Oxim*, F. 79°. — *4-n-Hexoxy-α-methylbenzylamin*, Kp.$_{20}$ 170—175° (Badtemp.); 53%. *Hydrochlorid*, $C_{14}H_{23}ON \cdot HCl$, F. 88—89° (Bzl.-Leichtbenzin). — *4-n-Amyloxyacetophenon*, $C_{13}H_{18}O_2$, F. 30°, Kp.$_{18}$ 181—183°; 69%. *Oxim*, F. 78°. — *4-n-Amyloxy-α-methylbenzylamin*, Kp.$_{16}$ 170—175° (Badtemp.); 91%. *Hydrochlorid*, F. 76—78° (Bzl.-Leichtbenzin). — *4-Isopropoxyacetophenon*, $C_{11}H_{14}O_2$, F. 22°. *2.4-Dinitrophenylhydrazon*, F. 194°. *Oxim*, F. 112°. — *4-Isopropoxy-α-methylbenzylamin*, Kp.$_{20}$ 150—170°; 84%. *Hydrochlorid*, $C_{11}H_{17}ON \cdot HCl$, F. 122° (Bzl.-Leichtbenzin). — *3-Isopropoxyacetophenon*, $C_{11}H_{14}O_2$, Kp.$_{13}$ 150° (Badtemp.); 72%. *2.4-Dinitrophenylhydrazon*, F. 143°. — *3-Isopropoxy-α-methylbenzylamin*, Kp.$_{13}$ 145°; 78%. *Hydrochlorid*, $C_{11}H_{17}ON \cdot HCl$, F. 86° (Bzl.-Leichtbenzin). — *3-Isopropoxy-4-methoxyacetophenon*, $C_{12}H_{16}O_3$, F. 56°, Kp.$_{15}$ 165—166°; 80%. *2.4-Dinitrophenylhydrazon*, F. 180°. *Oxim*, F. 75°. — *3-Isopropoxy-4-methoxy-α-methylbenzylamin*, 80%. *Hydrochlorid*, $C_{12}H_{19}O_2N \cdot HCl$, F. 166° (A.-Ae.). — *3-Isopropoxy-4-benzyloxyacetophenon*, $C_{18}H_{20}O_3$, F. 62°., Kp.$_8$ 230—235° (Badtemp.); 84%. — *3-Äthoxyacetophenon*, $C_{10}H_{12}O_2$. *Oxim*, F. 122°. — *4-Cyclohexyloxy-3-oxy* (**II**) u. *-3-Cyclohexyloxy-4-oxy-α-methylbenzylamin* (**I**), $C_{14}H_{21}O_2N$, F. 111° bzw. Kp.$_{20}$ 150—170° (Badtemp.) (die **I** bzw. **II** zugehörigen Eigg. aus dem Original nicht zu ersehen; der Ref.); 95 bzw. 76%. *Hydrochloride*, $C_{14}H_{21}O_2N \cdot HCl$, F. 270 bzw. 258° (Bzl.-A.). — *4-Isopropoxy-3-oxy-α-methylbenzylamin*; 39%. *Hydrochlorid*, $C_{11}H_{17}O_2N \cdot HCl$, F. 198° (Bzl.-A.). — *4-Äthoxy-α-methylbenzylamin*, Kp.$_{33}$ 200—205°; 76%. *Hydrochlorid*, $C_{10}H_{15}ON \cdot HCl$, F. 204° (Bzl.-A.). (J. chem. Soc. [London] **1951**. 3430—33. Dez.) FAASS. 2120

L. V. Johnson, F. Smith, M. Stacey und **J. C. Tatlow**, *Organische Fluoride*. 14. Mitt. *Die Synthese einiger aromatischer Fluor- und Chlorverbindungen*. (13. vgl. C. **1953**. 2419.) Aromat. Verbb. mit chlorierten Seitenketten $-CCl_3$ oder $>CCl_2$ lassen sich in Pyridin mit Cu-Pulver nach dem Verf. von KARRER, WEHRLI, BIEDERMANN u. VEDOVA (Helv. chim. Acta **11**. [1928.] 233) umsetzen, wobei zwei Moll. dadurch verknüpft werden, daß aus jedem ein Cl-Atom abgespalten wird. So erhält man aus Benzotrichlorid (**I**) *1.1.2.2-Tetrachlor-1.2-diphenyläthan* (**II**) u. aus Dichlordiphenylmethan (**III**) *1.2-Dichlor-1.1.2.2-tetraphenyläthan* (**IV**). Diese Rk. ist nur auf Verbb. mit labilen Cl-Atomen anwendbar. Aus Benzylidenchlorid (**V**) entsteht nur wenig *1.2-Dichlor-1.2-diphenyläthan*; Benzylchlorid u. am Kern halogenierte Substanzen, wie Chlorbenzol, reagieren nicht. Möglicherweise ist ein quaternäres Pyridiniumchlorid als reaktionstragende Zwischenstufe anzunehmen. Unter energischeren Reaktionsbedingungen wird auch von benachbarten C-Atomen Cl_2 abgespalten u. es entstehen Olefinderivv.; aus **II** *1.2-Dichlor-1.2-diphenyläthylen*, aus **IV** *Tetraphenyläthylen* u. aus Pentachloräthylbenzol (**VI**) *α.β.β-Trichlorstyrol*. — Durch FRIEDEL-CRAFTS-Rk. von Fluorbenzol (**VII**) mit CCl_4 in Ggw. von $AlCl_3$ erhält man *Dichlor-bis-[p-fluorphenyl]-methan* (**VIII**), welches in wss. A. schnell zu *4.4'-Difluorbenzophenon* (**IX**) hydrolysiert. Bei der Umsetzung von **VIII** mit Cu-Pulver in Pyridin entsteht *Tetrakis-[p-fluorphenyl]-äthylen*, dessen Konst. aus seiner Oxydation mit CrO_3 zu **IX** gefolgert wird. — In den mit einem Benzolkern verbundenen Gruppen $-CCl_3$ u. $>CCl_2$ läßt sich das Cl mittels SbF_3 oder wasserfreier HF gegen F austauschen. Auf diese Weise wurden *Bis-[trifluormethyl]-benzol* u. *1.3.5-Tris-[trifluormethyl]-benzol* aus den entsprechenden Trichlormethylverbb., *1.1.2.2-Tetrafluor-1.2-diphenyläthan* (**XI**) aus **II** u. *Difluor-bis-[p-fluorphenyl]-methan* (**X**) aus **VIII** gewonnen; aus **VI** erhält man *Tetrachlorfluoräthylbenzol*, *Trichlordifluoräthylbenzol* u. *Dichlortrifluoräthylbenzol*. Die fluorierten Seitenketten sind stabil mit Ausnahme von **X**, welches leicht zu **IX** hydrolysiert. **XI** geht bei der Behandlung mit konz. H_2SO_4 in Benzil über.

Versuche: *1.1.2.2-Tetrachlor-1.2-diphenyläthan* (**II**), $C_{14}H_{10}Cl_4$, F. 161—162°; durch Eintragen von 8,05 g Cu-Pulver (dargestellt aus $CuSO_4$-Lsg. u. Zn-Staub) in ein Gemisch aus 50,0 g **I** u. 200 cm³ Pyridin bei unterhalb 70°, nach Erkalten Abfiltrieren des blaugrünen $CuCl_2$-Pyridinkomplexes, Nachwaschen mit Ae., Abdest. des Ae. u. Umkristallisation aus A.; 65% (Ausbeute). — *1.2-Dichlor-1.1.2.2-tetraphenyläthan* (**IV**), $C_{26}H_{20}Cl_2$, F. 181° (Bzl.-A.); aus 10,0 g **III** in 40 cm³ Pyridin mit 1,33 g Cu-Pulver, unter Kühlung allmählich zugesetzt; 69%. — *Tetraphenyläthylen*, $C_{26}H_{20}$, F. 221°; aus dem gleichen **III**-Ansatz wie vorst. mit 2,66 g Cu-Pulver auf einmal zugesetzt u. die Mischung 2 Min. gekocht; 74%; oder aus 5,0 g **IV** in 20 cm³ Pyridin mit 0,79 g Cu-Pulver; 90%. — *meso-1.2-Dichlor-1.2-diphenyläthan*, $C_{14}H_{12}Cl_2$, F. 193° (A.); aus 25,0 g **V** in 100 cm³ Pyridin mit 4,93 g Cu-Pulver durch 10 Min. langes Kochen; 5,1 g Rohprodukt. — *Dichlor-bis-[p-fluorphenyl]-methan* (**VIII**), $C_{13}H_8Cl_2F_2$, Kp.$_{26}$ 180—182°; durch Zugabe von 19,2 g **VII** in 29,0 g CCl_4 zu einer Suspension von 13,5 g $AlCl_3$ in 30 cm³ CS_2 im Laufe einer Std. u. 16std. Stehenlassen bei 15°; 59%. — *Tetrakis-[p-fluorphenyl]-äthylen*, $C_{26}H_{16}F_4$, F. 189 bis 190° (A.); durch 3 Min. langes Kochen von **VIII** in Pyridin mit Cu-Pulver; 60%. —

4.4'-Difluorbenzophenon (**IX**), $C_{13}H_8OF_2$, F. 107—108° (Leichtbenzin); durch 4std. Kochen von 0,15 g der vorst. Verb. mit 1 g CrO_3 in 2 cm³ Essigsäure u. 0,5 cm³ W., 30%; oder durch Kochen von **VIII** in wss. A.; 95%. — *Difluor-bis-[p-fluorphenyl]-methan* (**X**), Kp.$_{15}$ 134—136°; durch 4 Min. langes Erwärmen von 10,0 g **VIII** mit 4,4 g SbF_3 u. 0,5 g $SbCl_5$ auf 160°; 2,6 g neben 3,7 g **IX**. — *1.1.2.2-Tetrafluor-1.2-diphenyläthan* (**XI**), $C_{14}H_{10}F_4$, Kp.$_{20}$ 145—150°, F. 122° (A.); aus 10,0 g **II** mit 7,5 g SbF_3 u. 0,75 g $SbCl_5$ bei 200° in ca. 2 Min., 46%; oder durch Einleiten von HF in ein Gemisch aus 40,0 g **II**, 68,0 g HgO u. 320 cm³ Bzl. in Ni-App. unter Kühlung auf 15—20° u. 16std. Rühren; 56%. — *Bis-[trifluormethyl]-benzol*, $C_8H_4F_6$, Kp. 114—118°; aus Bis-[trichlormethyl]-benzol mit HF (50% Überschuß) im Autoklaven bei 150—200° in 15—20 Std.; 25%. — *1.3.5-Tris-[trifluormethyl]-benzol*, $C_9H_3F_9$, Kp. 118—120°; aus 1.3.5-Tris-[trichlormethyl]-benzol mit SbF_3 + $SbCl_5$; 18%. — Aus 100 g **VI**, 80 g SbF_3 u. 8 g $SbCl_5$ entstehen bei 250° 21% *Dichlortrifluoräthylbenzol*, $C_8H_5Cl_2F_3$, Kp.$_{15}$ 78—82°, u. 47% *Trichlordifluoräthylbenzol*, $C_8H_5Cl_3F_2$, Kp.$_{15}$ 98—102°. Bei 150° bilden sich 60% der Trichlordifluorverb. u. 6% *Tetrachlorfluoräthylbenzol*, $C_8H_5Cl_4F$, Kp.$_{15}$ 118—122°. (J. chem. Soc. [London] **1952**. 4710—13. Dez. Birmingham, Univ., Chem. Dep.) FORCHE. 2210

H. Burton und **H. B. Hopkins**, *Die Oxydation von 4-Methylbrenzcatechin in wässeriger Lösung durch Eisen(III)-Ion. 4-Methylbrenzcatechin* (**I**) läßt sich in wss. Lsg. durch Fe(III)-Acetat oder Ag_2O oxydieren. In beiden Fällen wird das Reaktionsprod. durch Acetylierung aus dem Gemisch abgetrennt u. als *4.5.4'.5'-Tetraacetoxy-2.2'-dimethyldiphenyl* identifiziert. Folgender Mechanismus der Oxydation mit Fe^{3+} wird angenommen: **I** wird zu einem monomeren Radikal mit semichinoider Struktur oxydiert, das in 5-Stellung das einsame Elektron trägt. Dieses Radikal dimerisiert sich u. stabilisiert sich zu 4.5.4'.5'-Tetraoxy-2.2'-dimethyldiphenyl. Weitergehende Oxydation liefert daraus 2.2'-Dimethyl-5.5'-dioxydiphenochinon, von dem wahrscheinlich ein Fe-Komplex während der Rk. auftritt. Bei der Oxydation mit Ag_2O konnte mit o-Phenylendiamin die Ggw. eines 1.2-Diketons bzw. einer 1-Keto-2-oxyverb. nachgewiesen, aber nicht isoliert werden. *2-Methylhydrochinon* kann unter gleichen Bedingungen nach der Red. des intermediär gebildeten Chinons unverändert in Form der *Diacetylverb.* wiedergewonnen werden.

Versuche: *4.5.4'.5'-Tetraacetoxy-2.2'-dimethyldiphenyl*, $C_{22}H_{22}O_8$, F. 135—136° (A.) aus **I** u. $FeCl_3$ + Na-Acetat, 61% Ausbeute, oder aus **I** u. Ag_2O. (J. chem. Soc. [London] **1952**. 2445—47. Juni. London, Univ., King's Coll. of Household and Social Sci.) L. FISCHER. 2390

John W. Gilkey und **Leslie J. Tyler**, *Die Naphthyltrichlorsilane.* Darst. von α- u. *β-Naphthyltrichlorsilan* durch langsame Zugabe des entsprechenden Naphthyl-MgBr in Ae. zu $SiCl_4$. *α-Naphthyltrichlorsilan*, $C_{10}H_7SiCl_3$, Kp.$_{30}$ 181°, aus PAe. Kristalle, F. 55—57°; $D.^{20}_4$ 1,355; n_D^{20} 1,6085. — *β-Naphthyltrichlorsilan*, $C_{10}H_7SiCl_3$, Kp.$_{30}$ 185°, F. 52—53°. (J. Amer. chem. Soc. **73**. 4982. Okt. 1951. Midland, Mich., Dow Corning Corp.) GROSSE-RUYKEN. 2700

A. D. Petrow und **T. I. Tschernyschewa**, *Synthese von α-Naphthyltrimethylsilan.* Aus α-Naphthyl-MgBr (**I**) u. Dimethyldichlorsilan wurde *Dimethyl-α-naphthylchlorsilan* hergestellt, das mit CH_3MgCl *α-Naphthyltrimethylsilan* (**II**) in 45%ig. Ausbeute gab. Aus α-Naphthyltrifluorsilan u. CH_3MgJ entstand **II** nur zu 20%. Mit der geringen Ausbeute von 7% wurde **II** aus **I** u. Trimethylchlorsilan erhalten. Der Vers., analog der eingangs angegebenen Bildungsweise von **II**, aus Dimethyl-α-naphthylchlormethan mit CH_3MgCl α-Naphthyltrimethylmethan, das C-Analoge von **II**, zu gewinnen, führte nicht zu diesem, sondern zu *α-Isopropenylnaphthalin.*

Versuche: *Dimethyl-α-naphthylchlorsilan*, Kp. 280—285°. Man kocht **I** in äther. Lsg. (207 g α-$C_{10}H_7Br$; 26 g Mg; Ae.) mit 140 g $(CH_3)_2SiCl_2$ 6 Std., dest. den Ae. ab u. kocht nach Zusatz von 200 cm³ Ligroin (Kp. 150—190°) 5 Std.; das Filtrat von MgClBr wird fraktioniert; $D.^{20}_4$ 1,1902; n_D^{20} 1,5951; 90,8 g. — *α-Naphthyltrimethylsilan* (**II**), $C_{13}H_{16}Si$, E. —21,5°; Kp.$_3$ 118—119°. a) Durch 6std. Kochen von CH_3MgCl in äther. Lsg. (aus 10 g Mg in 150 cm³ Ae. bei 1std. Einleiten von CH_3Cl) mit 41 g vorst. Verb.; man zers. mit 25%ig. Essigsäure u. fraktioniert; 16,84 g. b) In eine Lsg. von **I** (140 g α-$C_{10}H_7Br$; 20 g Mg; Ae.) leitet man 5 Std. SiF_4 ein, kocht 14 Std. auf dem Wasserbad, nach Abdest. des Ae. 2 Std. auf dem Drahtnetz u. läßt CH_3MgJ einwirken. c) Aus **I** (42 g α-$C_{10}H_7Br$; 6 g Mg; 100 cm³ Ae.) u. 28 g $(CH_3)_3SiCl$ bei 16std. Kochen; 2,9 g. $D.^{20}_4$ 0,9871; n_D^{20} 1,5730. — *Di-α-naphthyldifluorsilan*, $(C_{10}H_7)_2SiF_2$, F. 79—81°; Kp.$_3$ 210—213°; durch Einw. von verd. Essigsäure (statt CH_3MgJ) auf das wie vorst. aus **I** u. SiF_4 erhaltene Reaktionsprod.; 22%. (Известия Академии Наук СССР, Отделение Химических Наук [Nachr. Akad. Wiss. UdSSR, Abt. chem. Wiss.] **1951**. 820—22. Nov./Dez. Inst. für organ. Chem. der Akad. der Wiss. der UdSSR.) v. WILPERT. 2700

A. D. Petrow und **Ss. I. Ssadychsade**, *Lithiumorganische Synthese einiger α-Naphthylsilane.* *α-Naphthylsilane* wurden aus Alkyl(Aryl)silicohalogeniden u. α-Naphthyl-Li (**I**) oder aus α-Naphthylsilicohalogeniden u. p-Tolyl-Li (**II**) erhalten. Die erzielten Ausbeuten sind von ster. Faktoren abhängig u. liegen zwischen 11 u. 65%. Bei $(\alpha\text{-}C_{10}H_7)_3SiC_3H_7$ mit 3 voluminösen Resten am Si ist sie am geringsten. Alle in vorliegender Arbeit hergestellten Verbb. enthalten die Propylgruppe. Es wird darauf hingewiesen, daß früher untersuchte, die Butylgruppe enthaltende entsprechende Verbb. in höherer Ausbeute zu gewinnen waren u. daß bei dieser Gruppe ein Maximum der Ausbeute liegt.

Versuche: Folgende Chlorsilane wurden durch Grignard-Synth. aus Propyltrichlorsilan (**III**) oder Dipropyldichlorsilan (**IV**) erhalten. — *Benzyldipropylchlorsilan* (**V**), $(C_6H_5CH_2)(C_3H_7)_2SiCl$, Kp.$_7$ 124—125°; D.$^{20}_4$ 0,9845; n_D^{20} 1,5157. *α-Naphthyldipropylchlorsilan* (**VI**), $(C_{10}H_7)(C_3H_7)_2SiCl$, Kp.$_5$ 152—154°; D.$^{20}_4$ 1,0622; n_D^{20} 1,5640. *Dibenzylpropylchlorsilan*, $(C_6H_5CH_2)_2(C_3H_7)SiCl$, Kp.$_6$ 176—178°; n_D^{20} 1,5520. *α-Naphthylbenzylpropylchlorsilan* (**VII**), $(C_{10}H_7)(C_6H_5CH_2)(C_3H_7)SiCl$, Kp.$_6$ 209—210°; D.$^{20}_4$ 1,1212; n_D^{20} 1,6010. *Di-α-naphthylpropylchlorsilan* (**VIII**), $(C_{10}H_7)_2(C_3H_7)SiCl$, Kp.$_8$ 276—279°. *Benzylpropyldichlorsilan*, $(C_6H_5CH_2)(C_3H_7)SiCl_2$, Kp.$_6$ 96—98°; D.$^{20}_4$ 1,1120; n_D^{20} 1,5158. *α-Naphthylpropyldichlorsilan*, $(C_{10}H_7)(C_3H_7)SiCl_2$, Kp.$_7$ 146—148°; D.$^{20}_4$ 1,2108; n_D^{20} 1,5920. — *α-Naphthyltripropylsilan*, $C_{19}H_{28}Si$, E. —40°; Kp.$_7$ 167—168°. Zu 2,1 g Li in 60 cm³ Ae. wird 30,7 g α-Naphthylbromid u. unter Kühlen 19,25 g $(C_3H_7)_3SiCl$ gegeben; man kocht 1 Std. u. erhitzt nach Abdest. des Ae. 5 Std. auf 170—180°, zers. mit Methanol, dann mit 30%ig. Essigsäure u. extrahiert mit Äther. Erstarrt glasig; D.$^{20}_4$ 0,9627; n_D^{20} 1,5512; 14,5 g (Ausbeute). — *Di-α-naphthyldipropylsilan*, $C_{26}H_{28}Si$, F. 33°; Kp.$_5$ 203—206°, aus **I** u. **IV** analog Vorst.; 38,8%. — *Tri-α-naphthylpropylsilan*, $C_{33}H_{28}Si$, F. 171°; aus **I** u. **III**; nach Abdest. des Ae. wird eine Petroleumfraktion (Kp. 190—200°) zugesetzt u. 6 Std. erhitzt; 11%. — *α-Naphthylbenzyldipropylsilan*, $C_{23}H_{28}Si$, E. 50°; Kp.$_6$ 208—210°; aus **I** u. **V**, n_D^{20} 1,5970; 51,2%, neben *Di-α-naphthyl*, das durch Ausfrieren abgetrennt wurde. — *α-Naphthyl-p-tolyldipropylsilan*, $C_{23}H_{28}Si$, E. 3°; Kp.$_5$ 193—195°; aus **II** u. **VI**; man erhitzt nach Abdest. des Ae. auf 120°; D.$^{20}_4$ 1,0119; n_D^{20} 1,5985; 65,7%. — *Di-α-naphthyl-p-tolylpropylsilan*, $C_{30}H_{28}Si$, F. 126°; aus **II** u. **VIII**; nach Abdest. des Ae. kocht man 8 Std. mit einer Petroleumfraktion (Kp. 180—200°); aus A. Kristalle; 49,2%. — *α-Naphthyl-p-tolylbenzylpropylsilan*, $C_{27}H_{28}Si$, E. 27°; Kp.$_6$ 235—238°; aus **II** u. **VII** unter den Bedingungen vorst. Synth.; n_D^{20} 1,6260; 36,9%. (Доклады Академии Наук СССР [Ber. Akad. Wiss. UdSSR] [N. S.] **85**. 345—47. 11/7. 1952.) Wörffel. 2700

Henry Gilman und **Cecil G. Brannen**, *Einige 1-Naphthylsiliciumverbindungen.* Ausgehend von $SiCl_4$, $Si(OC_2H_5)_4$ u. $SiHCl_3$ werden durch Rk. mit Naphthyl-(1)-Li (**I**) neue Naphthyl-(1)-Si-Verbb. dargestellt. **I** wird durch Halogen-Metall-Austausch aus n-Butyl-Li (**VIII**) u. 1-Bromnaphthalin (**IX**) in bes. reiner Form gewonnen. — Die bei Trinaphthyl-(1)-silyl-Derivv. auftretende ster. Hinderung zeigt sich in der Beständigkeit des Chlorsilans gegenüber Hydrolyse u. weiterer Einw. von Organo-Li-Verbb., in der Beständigkeit des Silans gegenüber Alkalien u. dem Ausbleiben der Disiloxanbldg. aus dem Silanol. Zur Erklärung der Stabilität wird als Reaktionsmechanismus bimol., nucleophile Substitution (S_N 2) angenommen.

Versuche: *Naphthyl-(1)-Li* (**I**), aus äquimol. Mengen **IX** u. **VIII** (1,2 n Lsg., hergestellt aus $n\text{-}C_4H_9Br$ u. Li) in Ae. bei 0 ± 5° im Trockeneis–Aceton-Bad. Carbonierung des Reaktionsprod. mit Ae.–Trockeneisgemisch gibt 90—92% reine Naphthalincarbonsäure-(1). — *Naphthyl-(1)-triäthoxysilan* (**II**), $C_{16}H_{22}O_3Si$, Kp.$_{1,5}$ 125—130°, Kp.$_{753}$ 291 bis 293°, durch Zugabe von **I** zu überschüssigem $Si(OC_2H_5)_4$, 30 Min. bei Zimmertemp. gerührt, Ae. durch PAe. ersetzt, Li-Salze abfiltriert; 56% (Ausbeute). Zugabe von $Si(OC_2H_5)_4$ zu **I** liefert 22% *Trinaphthyl-(1)-äthoxysilan* (**V**), 20% *Dinaphthyl-(1)-diäthoxysilan* (**III**) u. nur 8% **II**. — *Naphthyl-(1)-triphenylsilan*, F. 172—172,5° (korr.), a) aus **II** u. C_6H_5Li in Ae.; krist. aus Bzl.–PAe.; 51%; b) aus Triphenylchlorsilan u. **I** in Ae. am Rückfluß u. 1 Std. gerührt; 69%. — *Dinaphthyl-(1)-diäthoxysilan* (**III**), $C_{24}H_{24}OSi$, Kp.$_{0,2}$ 215—225°, F. 100—101° (korr.), durch Zugabe von 0,18 Mol $Si(OC_2H_5)_4$ in Ae. zu einem Gemisch von 0,45 Mol **IX** u. 0,45 Mol **VIII** in Ae.; aus PAe.; 45—60%. b) durch Zugabe von 0,045 Mol **I** in Ae. zu 0,045 Mol **II** in Ae.; 25%. — *Dinaphthyl-(1)-diphenylsilan*, $C_{32}H_{24}Si$, F. 194—195° (korr.), aus **III** u. C_6H_5Li in Ae. 1 Std. am Rückfluß; 97%. — *Trinaphthyl-(1)-chlorsilan* (**IV**), $C_{30}H_{21}ClSi$, F. 210—211° (korr.), aus **I** (aus je 1,07 Mol **VIII** u. **IX**) mit 0,3 Mol $SiCl_4$ in Ae. bei 0 bis —5°, 2 Std. gerührt; aus A.; 64%. — *Trinaphthyl-(1)-äthoxysilan* (**V**), $C_{32}H_{26}OSi$, F. 186—186,5° (korr.), a) aus **I** (aus je 0,4 Mol **IX** u. **VIII**) u. 0,1 Mol $Si(OC_2H_5)_4$ in Ae. 2 Std. am Rückfluß; aus A.; 68%. b) aus **III** u. **I** (aus Li mit **IX**); 36%. — *Trinaphthyl-(1)-silanol* (**VI**), $C_{30}H_{22}OSi$, F. 208—209° (korr.), a) aus **IV** in 95%ig. A. mit 10%ig. KOH 2 Std. am Rückfluß; aus A.; 76%; oder aus **IV** in Äthylenglykolmonomethyläther (0,02 Mol W. pro Liter) 30 Min. am Rückfluß; 99%; b) aus **V** in

95%ig. A. mit KOH 24 Std. am Rückfluß; 75%. c) aus Trinaphthyl-(1)-silan (**VII**) mit Na in 95%ig. A. 20 Std. am Rückfluß; 78%. — *Trinaphthyl-(1)-silan* (**VII**), $C_{30}H_{22}Si$, F. 235 bis 236° (korr.), a) aus **I** (aus je 0,68 Mol **VIII** u. **IX**) u. 0,205 Mol Trichlorsilan in Ae. 20 Min. unter Kühlung u. 1 Std. gerührt; aus A.; 81%; b) aus **IV** oder **V** mit $LiAlH_4$ in Ae. 30 Min. am Rückfluß; aus Aceton; 95% aus **IV**; 90% aus **V**. — *Trinaphthyl-(1)-n-butylsilan*, $C_{34}H_{30}Si$, F. 189—190° (korr.), a) aus **IV** in thiophenfreiem Bzl. u. **VIII** in Ae. 20 Std. am Rückfluß; 22%; b) aus **V** u. **VIII** in Ae. u. Xylol 24 Std. am Rückfluß; 71%; c) aus **VII** u. **VIII** in Ae. u. Bzl.: 12 Std. am Rückfluß; 12%. — **IV** u. **I** (aus **VIII** u. **IX**) 3 Tage am Rückfluß gibt kein Tetranaphthylsilan sondern 75% unverändertes **IV** neben 1-n-Butylnaphthalin (entstanden aus **I** u. C_4H_9Br). **IV** u. **I** (aus Li u. **IX**) 3 Tage bei 150—180° gibt schwarzen Teer. — **VI** mit 99—100%ig. HCOOH 15 Std. am Rückfluß gibt 85% Ausgangsmaterial, kein Disiloxan. — **VII** mit KOH in wasserhaltigem Piperidin erwärmt gibt keine H_2-Entw. bei mehrtägigem Stehen. — **IV** in Aceton mit 5% W. zeigt nach 5tägigem Stehen u. anschließender Alkalititration keine HCl-Abspaltung. (J. Amer. chem. Soc. **73.** 4640—44. Okt. 1951. Ames, Iowa., Chemical Labor. of Iowa State Coll.)

GROSSE-RUYKEN. 2700

S. M. Mukherji und **P. N. Rao**, *Eine neue Synthese von 2-Methyl-3.4-benzphenanthren.* Das bisher schwer zugängliche stark carcinogene *2-Methyl-3.4-benzphenanthren* (**I**) wurde folgendermaßen synthetisiert: *2-Formyltetralon-(1)*, Kp.$_5$ 136—138°, aus α-Tetralon nach BIRCH u. MUKHERJI (vgl. C. **1950.** II. 752) mit Allyljodid u. C_2H_5ONa in Bzl. → *2-Allyl-2-formyltetralon-(1)*, Kp.$_1$ 134—138°; gab durch 3std. Rühren mit 5%ig. NaOH bei 50—55° *2-Allyltetralon-(1)*, Kp.$_5$ 144—150° (*Semicarbazon*, F. 174—175°). Daraus mit Bzl. u. $AlCl_3$ *2-[β-Methyl-β-phenyläthyl]-tetralon-(1)*, Kp.$_{4-5}$ 200—208°; mit Al-Isopropylat u. Isopropanol fast 100%ig. red. zum *Carbinol*, Kp.$_{4-5}$ 205—210°; mit konz. H_2SO_4 cyclisiert zu *2-Methyl-1.2.9.10.11.12-hexahydro-3.4-benzphenanthren*, Kp.$_2$ 195° (im Bad); mit 30%ig. Pd-Kohle (4 Std., 300—320°) → **I**, $C_{19}H_{14}$, F. 71 bis 72°, aus Aceton–A. fast farblose Nadeln. *Pikrat*, $C_{19}H_{14}\cdot C_6H_3O_7N_3$, F. 135—136°, aus A. zinnoberrote Nadeln. (Nature [London] **168.** 1041. 15/12. 1951. Calcutta, Indian Assoc. Cultiv. of Sci., Dep. of Org. Chem.)

LEHMSTEDT. 2850

N. K. Kotschetkow und **M. Ja. Karpeisski**, *Einige Umwandlungen von 2-Acetyl-3-chlorbicyclo-[2.2.1]-hepten-(5).* 2-Acetyl-3-chlorbicyclo-[2.2.1]-heptan (**I**), daß durch Hydrierung von 2-Acetyl-3-chlorbicyclo-[2.2.1]-hepten-(5) (**II**) nach NESSMEJANOW u. Mitarbeitern (vgl. C. **1952.** 5088) erhalten worden war, lieferte bei der Abspaltung von HCl durch 2%ig. NaOH *2-Acetylbicyclo-[2.2.1]-hepten-(2)*. Diese Verb. besaß die erwartete Exaltation u. konnte durch Hydrieren in *2-Acetylbicyclo-[2.2.1]-heptan*, das als Semicarbazon identifiziert wurde, übergeführt werden. Aus **II** u. methylalkoh. Lauge wurde *2-Acetyl-3-methoxybicyclo-[2.2.1]-hepten-(5)* hergestellt. Durch Erhitzen von **II** mit Formiat oder Acetat in ameisen- bzw. essigsaurer Lsg. wurden *Formiat* u. *Acetat* (**III**) von *2-Acetylbicyclo-[2.2.1]-hepten-(5)-ol-(3)* erhalten. Beim Vers., diese Verbb. mit Kalk-, Barytwasser oder Säure zu verseifen, verharzen sie. Aus **III** wurde durch Einw. alkoh. Lauge *2-Acetyl-3-äthoxybicyclo-[2.2.1]-hepten-(5)* erhalten.

Versuche: *2-Acetylbicyclo-[2.2.1]-hepten-(2)*, $C_9H_{12}O$, Kp.$_2$ 54—56°. In eine Suspension von 40 g **I** in 400 cm³ W. werden 100 cm³ 10%ig. NaOH im Laufe 1 Std. unter Rühren eingetropft; man läßt noch 5 Std. unter Rühren einwirken; bewegliches, scharf riechendes Öl; $D.^{20}_4$ 1,0018; n_D^{20} 1,4972; Mol.-Refr. ($[MR]_D$) 39,76; 14 g (Ausbeute). *2.4-Dinitrophenylhydrazon*, F. 153°; rote Kristalle aus Essigsäure. — *2-Acetylbicyclo-[2.2.1]-heptan*, Kp.$_2$ 50—52°; durch Hydrieren vorst. Verb. (Pd/$CaCO_3$; Ae.) bei 17°/758 mm; $D.^{20}_4$ 0,9871; n_D^{20} 1,4472; $[MR]_D$ 39,38; 75%. *Semicarbazon*, $C_{10}H_{17}ON_3$, F. 166 bis 166,5°; aus A. Nadeln. Die F.-Angabe von PLATE u. MEJEROWITSCH (Известия Академии Наук СССР, Отделение Химических Наук [Bull. Acad. Sci. URSS, Cl. Sci. chim.] **1940.** 219) ist irrtümlich u. beruht auf einem Druckfehler. — *2-Acetyl-3-äthoxybicyclo-[2.2.1]-hepten-(5)*, $C_{11}H_{16}O_2$, Kp.$_{12}$ 102—103,5°; zu einer Lsg. von 15 g **II** in 100 cm³ A. wird unter Eiskühlung eine Lsg. von 6 g NaOH in 50 cm³ A. zugesetzt; nach 30 Min. gießt man in W. u. extrahiert mit Ae.; Öl mit angenehmem Geruch; $D.^{20}_4$ 1,0254; n_D^{20} 1,4759; $[MR]_D$ 49,56; 8 g. — *2-Acetyl-3-methoxybicyclo-[2.2.1]-hepten-(5)*, $C_{10}H_{14}O_2$, Kp.$_2$ 69—70°; analog Vorst. aus **II** u. methanol. NaOH; $D.^{20}_4$ 1,0598; n_D^{20} 1,4825; 50%. — *2-Acetylbicyclo-[2.2.1]-hepten-(5)-ol-(3). Formiat*, $C_{10}H_{12}O_3$, Kp.$_3$ 109—111°; durch 10std. Erhitzen von 30 g **II** mit 100 cm³ 85%ig. HCO_2H u. 24 g HCO_2Na auf 80°; man dest. den größeren Teil der HCO_2H in geringem Vakuum ab, gießt in W. u. extrahiert mit Ae.; Öl mit charakterist. Geruch; $D.^{20}_4$ 1,1517; n_D^{20} 1,4921; $[MR]_D$ 45,22; 15 g. — *Acetat* (**III**), $C_{11}H_{14}O_3$, Kp.$_6$ 119—120°; aus **II**, CH_3CO_2H u. CH_3CO_2Na, 20 Std. auf dem sd. Wasserbad; $D.^{20}_4$ 1,1180; n_D^{20} 1,4838; 62%. (Доклады Академии Наук СССР [Ber. Akad. Wiss. UdSSR] [N. S.] **85.** 801—04. 1/8. 1952. Moskau, Lomonossow-Univ.)

WÖRFFEL. 2950

Harry Willstaedt, Marthe Borggård und **Karl Myrbäck,** *Studien zur Chemotherapie der Tuberkulose.* 5. Mitt. (4. vgl. Arch. Biochemistry **14.** [1947.] 193.) Zur Prüfung ihrer tuberkulostat. Wrkg. werden verschied. Azofarbstoffe, die sich von 2-Methylnaphthalin u. Pyrazol ableiten, dargestellt.

Versuche: *1'-[p-Sulfonamidophenyl]-3'-carboxy-5'-oxypyrazol < 4'-azo-4 > 1-chloranilin,* $C_{16}H_{12}O_5N_5ClS$, aus diazotiertem p-Chloranilin u. 1-[p-Sulfonamidophenyl]-3-carboxypyrazolon-(5) (**I,** Tartrazinogensulfonsäure-S-amid) in verd. NaOH, F. 237° (Zers.). — *1'-[p-Sulfonamidophenyl]-3'-carboxy-5'-oxypyrazol < 4'-azo-2 > 1-chloranilin,* $C_{16}H_{12}O_5N_5ClS$, analog aus diazotiertem o-Chloranilin u. **I,** F. 231° (Zers.). — *1'-[p-Sulfonamidophenyl]-3'-carboxy-5'-oxypyrazol < 4'-azo-3- > 1-chloranilin,* $C_{16}H_{12}O_5 \cdot N_5ClS$, aus m-Chloranilin u. **I,** F. 232° (Zers.). — *1'-[p-Sulfonamidophenyl]-3'-carboxy-5'-oxypyrazol < 4'-azo-2 > 1.4-dichloranilin,* aus diazotiertem 2.5-Dichloranilin u. **I,** F. 221° (Zers.). — *1'-[p-Sulfonamidophenyl]-3'-carboxy-5'-oxypyrazol < 4'-azo-4 > 1.3-dichloranilin,* aus diazotiertem 2.4-Dichloranilin u. **I,** F. 253° (Zers.). — *1'-[p-Sulfophenyl]-3'-carboxy-5'-oxypyrazol < 4'-azo-8 > 6-methylchinolin,* $C_{20}H_{15}O_6N_5S$, aus diazotiertem 6-Methyl-8-aminochinolin (**II**) u. Tartrazinogensulfonsäure, F. 325° (Zers.). — *1'-[p-Sulfonamidophenyl]-3'-carboxy-5'-oxypyrazol < 4'-azo-8 > 6-methylchinolin,* $C_{20}H_{16}O_5N_6S$, aus **II** u. **I,** F. 228° (Zers.). — *1'-[p-Sulfonamidophenyl]-3'-methyl-5'-oxypyrazol < 4'-azo-8 > 6-methylchinolin,* aus **II** u. 1-[p-Sulfonamidophenyl]-3-methylpyrazolon-(5) (**IV**), F. 211°. — *1'-Phenyl-3'-methyl-5'-oxypyrazol < 4'-azo-5 > 6-methylchinolin,* $C_{20}H_{17}ON_5$, aus diazotiertem 5-Amino-6-methylchinolin (**III**) u. 1-Phenyl-3-methylpyrazolon-(5), F. 228—230° (Zers.). — *1'-[p-Sulfonamidophenyl]-3'-carboxy-5'-oxypyrazol < 4'-azo-5 > 6-methylchinolin* (im Original statt *-3'-carboxy-* irrtümlich -3'-methyl-, der Referent), aus **III** u. **I,** F. 245° (Zers.). — *1'-[p-Sulfonamidophenyl]-3'-carboxy-5'-oxypyrazol < 4'-azo-8 > chinolin* (im Original statt *-3'-carboxy-* irrtümlich -3'-methyl-, der Referent), aus diazotiertem 8-Aminochinolin u. **I,** F. 227° (Zers.). — *8'-Oxy-2'-methylnaphthalin < 5'-azo-4 > benzol-1-sulfonsäureamid,* $C_{17}H_{15}O_3N_3S$, aus diazotiertem Sulfanilamid (**V**) u. 2-Methyl-8-oxynaphthalin, F. 165° (Zers.). — *1'.5'-Dioxy-2'-methylnaphthalin < 4'-azo-4 > benzol-1-sulfonsäureamid,* aus Plumbagin (2-Methyl-5-oxy-1.4-naphthochinon) u. p-Sulfonamidophenylhydrazin durch $^1/_4$std. Kochen in A. + Eisessig. — *1'-Succinoylamido-2'-methylnaphthalin < 4'-azo-4 > benzol-1-sulfonsäureamid,* $C_{21}H_{20}O_5N_4S$, aus 2'-Methyl-1'-aminonaphthalin < 4'-azo-4 > benzol-1-sulfonsäureamid u. Bernsteinsäureanhydrid in 15 Min. bei 160°, F. 211° (Zers.). — *4'-Amino-2'-methylnaphthalin < 1'-azo-4 > benzol-1-sulfonsäureamid,* $C_{17}H_{16}O_2N_4S$, aus **V** u. 2-Methyl-4-naphthylaminhydrochlorid, Kristalle aus A., F. ~165°. — *1'-Amino-2'-methylnaphthalin < 4'-azo-4 > 2-chlormercuribenzoesäure,* aus diazotierter 2-Chlormercuri-4-aminobenzoesäure u. 2-Methyl-1-naphthylamin, F. 179° (Zers.). (Ark. Kemi **1.** 331—36. 1950.) K. Faber. 3122

K. Schlögl, F. Wessely und **G. Korger,** *Zur Kenntnis der Hydantoinpeptide.* 2. Mitt. *Über Peptide.* (1. vgl. C. **1952. 3146.**) Für die Entw. einer neuen Peptidabbaumeth. wurde eine neue Klasse von N-substituierten Peptiden, die *Hydantoinpeptide* (HP) dargestellt; unter HP werden die der freien Säure von **V** entsprechenden Verbb. verstanden, die aus mindestens 3-Aminosäureresten aufgebaut sind. Durch Umsetzung der Säurechloride der Hydantoin-3-essigsäure, bzw. ihrer 5-substituierten Derivv. mit Aminosäure- u. Peptidestern wurden definierte *Hydantoin-3-essigsäurepeptide, 5-Benzylhydantoin-3-essigsäurepeptide* u. *5.5-Diphenylhydantoin-3-essigsäurepeptide* dargestellt. Die Aufklärung der Konst. eines aus 2 Aminosäuren aufgebauten Hydantoins gelingt durch Red. des Säurechlorids eines solchen Hydantoins (z. B. von *5-Benzylhydantoin-3-acetylchlorid,* **XII**) mit $NaBH_4$ in absol. Dioxan, die zu *Hydantoinalkoholen* (z. B. *5-Benzyl-3-[β-oxyäthyl]-hydantoin*) führt; deren Hydrolyse ergibt die Aminosäure, die den Hydantoinring bildet, u. den der 2. Aminosäure entsprechenden Aminoalkohol. — Zur Darst. der den HP zugrunde liegenden *Carbonylaminosäurepeptide* **VI** u. der *höher substituierten Harnstoffe* **VII** gingen Vff. von Hydantoinen der Formel **I** aus, die mit $N_2H_4 \cdot H_2O$ unter energ. Bedingungen unter Ringaufspaltung *Dihydrazide* (**II**), unter milderen Bedingungen *Monohydrazide* (**IV**) bilden. Aus den freien Säuren (**Ia**) erhält man das Halbhydrazid (**III**); allerdings gelang die Ringaufspaltung zum Halbhydrazid nur im Falle des *Hydantoin-3-essigsäureesters* (**VIII**). Durch Diazotierung konnten die Hydrazide **II—IV** in die meist wasserlösl. Azide übergeführt werden, die sich mit Aminosäureestern (mit schlechten Ausbeuten) kuppeln lassen. Dabei wurden aus den Aziden von **II** u. **III** die gesuchten Verbb. des Typs **VII** bzw. **VI** erhalten. Das Azid der *5.5-Diphenylhydantoin-3-essigsäure* (**IX**) fiel beim Diazotieren aus u. konnte deshalb mit guter Ausbeute mit *DL-Methioninester* (**X**) umgesetzt werden. Die Carbonylaminosäurepeptide **VI** sind durch alkal. Aufspaltung der HP besser als nach obiger Meth. zugänglich, wie am Beispiel der Spaltung der *N-[Hydantoin-3-acetyl]-p-aminobenzoesäure* (**XI**) gezeigt werden konnte, welche die gewünschte Harnstoffverb. mit 85%ig. Ausbeute ergibt.

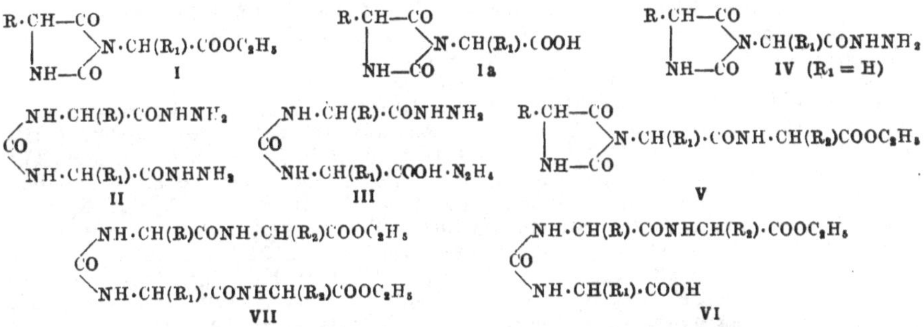

I, Ia, IV (R_1 = H), II, III, V, VII, VI

Versuche: *5.5-Diphenylhydantoin-3-essigsäure* (**IX**)*-äthylester*, $C_{19}H_{18}O_4N_2$, 5.5-Diphenylhydantoin wird mit Na + A. 1 Std., danach mit KJ u. $ClCH_2COOC_2H_5$ noch 1 Std. erhitzt; Prismen aus 90%ig. A., F. 185—187°; 75% (Ausbeute). *Freie Säure* (**IX**), $C_{17}H_{14}O_4N_2$, durch 5 Std. Erhitzen des Esters in Eisessig–konz. HCl (1 : 1), Blättchen aus A.–W., F. 288—289°; 93%; Hydrolyse mit $Ba(OH)_2$-Lsg. (7 Std. bei 160°) gibt *C.C-Diphenylglycin*, F. 245—247°, u. Glycin. — *Hydantoin-3-essigsäurechloride*, durch Erhitzen der entsprechenden Säuren mit $SOCl_2$ auf dem Wasserbad. — *5-Benzylhydantoin-3-acetylchlorid* (**XII**), $C_{12}H_{11}O_3N_2Cl$, Blättchen aus Chlf.–Ae., F. 145—146°; 95%. — Darst. der HP: Säurechlorid in absol. Tetrahydrofuran wird bei Raumtemp. mit Aminokomponente in Tetrahydrofuran versetzt. *N-[Hydantoin-3-acetyl]-p-aminobenzolsulfamid*, $C_{11}H_{12}\cdot O_5N_4S$, Blättchen aus 90%ig. A., F. 308—310° (Zers.); 84%. *N-[Hydantoin-3-acetyl]-p-aminobenzoesäure* (**XI**), $C_{12}H_{11}O_5N_3$, Prismen aus 90%ig. A., F. 312—315° (Zers.); 81%. *N-[Hydantoin-3-acetyl]-p-aminosalicylsäureäthylester*, $C_{14}H_{15}O_6N_3$, Nadeln aus A., F. 234 bis 235°; 80%. *N-[Hydantoin-3-acetyl]-L-tyrosinäthylester*, $C_{16}H_{19}O_6N_3$, amorph; 70%. *N-[Hydantoin-3-acetyl]-DL-phenylalanyl-DL-phenylalaninäthylester*, $C_{25}H_{28}O_6N_4$, Nadeln aus 70%ig. A., F. 221—223°; 80%. — *N-[5-Benzylhydantoin-3-acetyl]-p-aminobenzolsulfamid*, $C_{18}H_{18}O_5N_4S$, Nadeln aus A.–W., F. 264—265°; 77%. *N-[5-Benzylhydantoin-3-acetyl]-p-aminobenzoesäure*, $C_{19}H_{17}O_5N_3$, Nadeln aus A.–W., F. 274—275°; 82%. *N-[5-Benzylhydantoin-3-acetyl]-p-aminosalicylsäureäthylester*, $C_{21}H_{21}O_6N_3$, Nadeln aus A., F. 217 bis 219°; 93%. *N-[5-Benzylhydantoin-3-acetyl]-L-tyrosinäthylester*, $C_{23}H_{25}O_6N_3$, Nadeln aus A.–Ae.–PAe., F. 135—137°; 95%. *N-[5-Benzylhydantoin-3-acetyl]-DL-methioninäthylester*, $C_{19}H_{25}O_5N_3S$, Nadeln aus A., F. 170—172°; 65%. *N-[5-Benzylhydantoin-3-acetyl]-DL-phenylalanyl-DL-phenylalaninäthylester*, $C_{32}H_{34}O_6N_4$, Nadeln aus A., F. 204—208°; 78%. *N-[5-Benzylhydantoin-3-acetyl]-DL-tryptophan*, $C_{23}H_{22}O_5N_4$, aus **XII** in Chlf. u. dem Na-Salz des DL-Tryptophans in Ggw. von $NaHCO_3$, amorph (A.–W.), F. 113—120° (Zers.); 50%. — *N-[5.5-Diphenylhydantoin-3-acetyl]-p-aminobenzolsulfamid*, $C_{23}H_{20}O_5N_4S$, Körner aus A., F. 285—287° (Zers.); 86%. *N-[5.5-Diphenylhydantoin-3-acetyl]-p-aminobenzoesäure*, $C_{24}H_{19}O_5N_3$, Nadeln aus A.–W., F. 312—315° (Zers.); 87%. *N-[5.5-Diphenylhydantoin-3-acetyl]-p-aminosalicylsäureäthylester*, $C_{26}H_{23}O_6N_3$, Körner aus A., F. 260 bis 261°; 60%. *N-[5.5-Diphenylhydantoin-3-acetyl]-DL-methioninäthylester* (**XIII**), $C_{24}H_{27}O_5N_3S$, Kupplung über das Azid, Nadeln aus Chlf.–Ae.–PAe., F. 148—151°; 84%. *N-[5.5-Diphenylhydantoin-3-acetyl]-L-tyrosinäthylester*, $C_{28}H_{27}O_6N_3$, amorph (Chlf.–Ae.–PAe.), F. 117 bis 120° (Zers.); 84%. *N-[5.5-Diphenylhydantoin-3-acetyl]-DL-alanin*, $C_{20}H_{19}O_5N_3$, Blättchen aus A.–Ae.–PAe., F. 174—179°; 32%. — *DL-α-Aminobutyrylglycylglycinäthylester*, $C_{10}H_{19}O_4N_3$, Prismen aus Chlf.–Ae., F. 120—121°. — *N-[5.5-Diphenylhydantoin-3-acetyl]-DL-α-aminobutyrylglycylglycinäthylester*, $C_{27}H_{31}O_7N_5$, Nadeln aus A.–Ae., F. 168—171°; 92%. *N-[5.5-Diphenylhydantoin-3-acetyl]-DL-phenylalanyl-DL-phenylalaninäthylester*, $C_{37}\cdot H_{36}O_6N_4$, Körner aus A.–Ae.–PAe., F. 175—177°; 95%. — *5-Benzyl-3-[β-oxyäthyl]-hydantoin*, $C_{12}H_{14}O_3N_2$, durch 2 Std. Erhitzen von **XII** in Dioxan mit $NaBH_4$, Dest. bei 0,016 Torr. u. 210—220°, Nadeln aus CH_3OH–Ae.–PAe., F. 120—123°. — *Hydantoin-3-essigsäurehydrazid* (**IV**, R = R_1 = H), $C_5H_8O_3N_4$, aus **VIII** in A. u. $N_2H_4\cdot H_2O$ bei Raumtemp. (18 Std.), Stäbchen aus A.–W., F. 183—185° (Zers.); 97%. — *Carbonyl-bis-[glycinhydrazid]*, (**II**, R = R_1 = H), $C_5H_{12}O_3N_6$, durch 2 Std. Erhitzen von **VIII** mit Lsg. von $N_2H_4\cdot H_2O$ in A., Blättchen aus A.–W., F. 210—212° (Zers.); 89%; oder aus Carbonyl-bis-glycinester u. $N_2H_4\cdot H_2O$ in A.; Misch-F. 210—212° (Zers.); 96%. — *Carbonyl-bis-[glycyl-DL-methioninäthylester]* (**VII**, R = R_1 = H, R_2 = $CH_2CH_2SCH_3$), $C_{19}H_{34}O_7N_4S_2$, durch Diazotierung von **II** (R = R_1 = H) u. Umsetzung des Diazids mit **X** in Essigester–Ae., Nadeln aus A.–Ae., F. 148—150°; 15%. — *Carbonyl-bis-[glycyl-p-aminobenzoesäure]*, $C_{19}H_{18}O_7N_4$, aus dem Azid von **II** (R = R_1 = H) u. p-Aminobenzoesäure in Essigester Körnchen aus A., F. 218—220° (Zers.); 25%. — *Carbonyl-bis-[glycin]-monohydrazid* (**III**

R = R$_1$ = H), aus Hydantoin-3-essigsäure u. $N_2H_4 \cdot H_2O$ in A. (3 Std. Erhitzen), Lösen in W. u. Abscheiden von II (R = R$_1$ = H) durch A.-Zugabe, glasige M. durch Eindampfen der Mutterlauge; *Benzalderiv.*, $C_{12}H_{14}O_4N_4$, Körnchen aus A.–Ae., F. 190—192° (Zers.). — *Carbonyl-[(glycin)-(glycyl-DL-methioninäthylester)]* (**VI**, R = R$_1$ = H, R$_2$ = $CH_2CH_2 \cdot SCH_3$), $C_{12}H_{21}O_6N_3S$, aus dem Azid von **III** (R = R$_1$ = H) u. **X** in Essigester, Stäbchen aus Chlf.–Ae.–PAe., F. 140—145°; 20%. — *5-Benzylhydantoin-3-essigsäurehydrazid* (**IV**, R = $CH_2C_6H_5$, R$_1$ = H), $C_{12}H_{14}O_3N_4$, aus 5-Benzylhydantoin-3-essigsäureäthylester (**XIV**) in A. u. 2 Mol $N_2H_4 \cdot H_2O$, Nadeln aus CH_3OH–Ae., F. 166—168°; 80%. — *Carbonyl-[(glycinhydrazid)-(DL-phenylalaninhydrazid)]* (**II**, R = $CH_2C_6H_5$, R$_1$ = H), $C_{12}H_{18}O_3N_6$, durch 3 Std. Erhitzen von **XIV** oder vorigem Hydrazid **IV** mit 5 Mol $N_2H_4 \cdot H_2O$, aus A.–W., F. 192—193°; 89%. — *Carbonyl-[(glycyl-D-tyrosinäthylester)-(DL-phenylalanyl-D-tyrosinäthylester)]* (**VII**, R = $CH_2C_6H_5$, R$_1$ = H, R$_2$ = $CH_2C_6H_4OH$), $C_{34}H_{40}O_9N_4$, aus dem Diazid von **II** (R = $CH_2C_6H_5$, R$_1$ = H) u. 2 Mol D-Tyrosinäthylester, amorphes Prod.; 42%. *5.5-Diphenylhydantion-3-essigsäurehydrazid*, $C_{17}H_{16}O_3N_4$, aus **IX**-Äthylester u. 4 Mol $N_2H_4 \cdot H_2O$ in A. (24 Std. bei Raumtemp.), Blättchen aus A.–Ae.-PAe., F. 216—218°; 70%. *N-[5.5-Diphenylhydantoin-3-acetyl]-DL-methioninäthylester* (**XIII**), $C_{24}H_{27}O_5N_3S$, durch Diazotierung vorigen Hydrazids u. Kupplung des *Azids* (**XV**) mit **X**, Nadeln aus Chlf.–Ae.–PAe., F. 148—151° (Zers.); 84%. — *N-[5.5-Diphenylhydantoin-3-methylen]-äthylurethan*, $C_{19}H_{19}O_4N_3$, durch 2 Std. Erhitzen von **XV** mit A., Körner aus 90%ig. A., F. 233—234° (Zers.); 43%. — *Carbonyl-[(glycin)-(glycyl-p-aminobenzoesäure)]*, $C_{12}H_{13} \cdot O_6N_3$, durch 2 Std. Erhitzen von **XI** mit n NaOH, Blättchen aus A.–W., F. 235—236; 85%. (Mh. Chem. **83**. 493—512; S.-B. österr. Akad. Wiss., math.-naturwiss. Kl. IIb **161**. 493—512. 15/4. 1952. Wien, Univ., II. Chem. Labor.) K. F. Müller. 3122

A. I. Kiprianow und **I. N. Shmurowa**, *Die Coplanarität der Dimethylaminogruppe mit dem Benzolring und ihre auxochrome Wirkung. Bis-[3-alkylbenzothiazol-(2)]-trimethincyaninfarbstoffe* (Alkyl = CH_3; C_2H_5), die in 6-Stellung durch CH_3 oder $(CH_3)_3C$, in 5-Stellung durch NH_2, CH_3CONH oder $(CH_3)_2N$ substituiert sind, wurden zur Unters. des Einfl. der Substituenten auf die Lichtabsorption synthetisiert. Das nach bekannten Methoden erhaltene 3-Bromtoluol wurde zu 3-Brom-4.6-dinitrotoluol nitriert u. hieraus mit Na_2S_2 Bis-[4.6-dinitro-3-methylphenyl]-disulfid gewonnen, Red. mit Sn u. HCl führte zu 3-Mercapto-4.6-diaminotoluol, das mit Acetanhydrid in *5-Acetylamino-2.6-dimethylbenzothiazol* (**I**) überging. Hieraus entstand durch Verseifung mit H_2SO_4 *5-Amino-2.6-dimethylbenzothiazol* (**II**), F. 141—143°. Analog wurde *5-Amino-2-methyl-6-tert.-butylbenzothiazol* (**III**), F. 126—127°, erhalten. Aus **I** wurde mit p-Toluolsulfonsäureäthylester das entsprechende quartäre Salz u. hieraus mit Orthoameisenester in Pyridin das *Farbsalz* des *Bis-[3-äthyl-5-acetylamino-6-methylbenzothiazol-(2)]-trimethincyanins* (**IV**), Wellenlänge des Maximums der Lichtabsorption (λ_{max}) 575 mμ, analog aus dem Acetylderiv. von **III** das *Farbsalz* des *Bis-[3-methyl-5-acetylamino-6-tert.-butylbenzothiazol-(2)]-trimethincyanins* (**V**), λ_{max} 568 mμ, hergestellt. **IV** u. **V** wurden durch Chromatographieren ihrer Lsgg. in Chlf. an Al_2O_3 gereinigt. Die Ausbeuten betrugen 9 bzw. 5%, auf das quartäre Salz bezogen. Durch Verseifen mit H_2SO_4 wurden aus **IV** u. **V** die Acetylgruppen entfernt u. so die *Farbsalze* des *Bis-[3-äthyl-5-amino-6-methylbenzothiazol-(2)]-trimethincyanins*, λ_{max} 594 mμ, u. *Bis-[3-methyl-5-amino-6-tert.-butylbenzothiazol-(2)]-trimethincyanins*, λ_{max} 592 mμ, erhalten. Aus **II**, Dimethylsulfat u. Na_2CO_3 wurde *5-Dimethylamino-2.6-dimethylbenzothiazol* (*Pikrat*, F. 188—189°) hergestellt, aus dessen mit Dimethylsulfat erhaltenem quartärem Salz analog Vorst. das *Farbsalz* des *Bis-[5-dimethylamino-3.6-dimethylbenzothiazol-(2)]-trimethincyanins*, λ_{max} 575 mμ, als amorphes Pulver in 7%ig. Ausbeute entstand. Bei analoger Behandlung gab **III** das *Farbsalz* des *Bis-[3-methyl-5-dimethylamino-6-tert.-butylbenzothiazol-(2)]-trimethincyanins*, λ_{max} 570 mμ; 8%. Vgl. der λ_{max} vorst. Farbsalze mit denjenigen der schon bekannten, in 6.6'-Stellung nicht durch Alkyl substituierten Farbsalze ergab, daß CH_3 oder $(CH_3)_3C$ nur geringe Änderung der Lage von λ_{max} zur Folge hat, wenn sich in 5.5'-Stellung NH_2 oder CH_3CONH befindet. Ist dagegen $(CH_3)_2N$ in diesen Stellungen vorhanden, so bewirkt Eintritt von CH_3 oder $(CH_3)_3C$ Verschiebung um 33 bzw. 38 mμ nach kürzeren Wellen. Gleichzeitig vergrößert sich die Extinktion. Diese Effekte hängen mit der Anhäufung räumlich ausgedehnter Gruppen in Nachbarstellung, wodurch $(CH_3)_2N$ aus der Ebene des Benzolrings herausgedreht wird, zusammen (vgl. C. **1951**. II. 3144). (Доклады Академии Наук СССР [Ber. Akad. Wiss. UdSSR] [N. S.] **85**. 789—91. 1/8. 1952. Inst. für organ. Chem. der Akad. der Wiss. der UkrSSR.) Wörffel. 3142

Erich Ludolphy, *Notiz über eine Tetrazoliumverbindung der Pyrimidinreihe.* Um festzustellen, ob mit der Einführung des Pyrimidinringes als Substituenten bei den als Reduktionsindicatoren wichtigen Tetrazoliumsalzen die Farbnuance, die Farbtiefe u. das Eindringungsvermögen in Zellen verändert werden, wird aus Uracil-4-aldehydphenylhydrazon über *N.N'-Diphenyl-3-[2.6-dioxypyrimidyl-(4)]-formazan* durch dessen Dehydrierung *2.3-Diphenyl-5-[2.6-dioxypyrimidyl-(4)]-tetrazoliumchlorid* (I) dargestellt. Die Dehydrierung gelang nicht mit Luftsauerstoff u. nur schlecht mit Pb(IV)-Acetat, wohl aber mit Isoamylnitrit. — I zeigt bei der Einw. auf tier. Zellen keine Besonderheiten u. Vorteile gegenüber den bisher verwendeten Verbindungen.

Versuche: *Uracil-4-aldehydphenylhydrazon*, F. 330° unter Zers. (BERL-Block), aus dem Aldehydacetal durch Erwärmen mit halbkonz. HCl u. Zugeben von Phenylhydrazin in 10%ig. Essigsäure; 99% (Ausbeute). — *N.N'-Diphenyl-3-[2.6-dioxypyrimidyl-(4)]-formazan*, $C_{17}H_{14}O_2N_6$, F. 266° (BERL-Block), aus vorst. Verb. in Pyridin + verd. NaOH u. Benzoldiazoniumchloridlsg. bei 0—3° unter N_2 u. Fällen mit HCl; aus Eisessig dunkelrote Nadeln; 76%; alkal. Lsgg. werden durch O_2 entfärbt, bei anschließender Zugabe von Ascorbinsäure wieder carminrot. — Nach tropfenweiser Zugabe von Isoamylnitrit zu 1 g der vorst. Verb. in Eisessig u. Fällen mit Ae. wird eine Verb. erhalten, die wahrscheinlich das *Acetat* einer *Dinitrosotetrazoliumverb.*, $C_{19}H_{14}O_6N_8$, ist; F. 253° unter Zers. (Eisessig); 1,335 g; die Verb. liefert mit Ascorbinsäure das Formazan zurück. — *2.3-Diphenyl-5-[2.6-dioxypyrimidyl-(4)]-tetrazoliumchlorid* (I), $C_{17}H_{13}O_2N_6Cl$, F. 224° unter Zers. (A.), aus 1 g vorst. Verb. in sd. A. durch Einleiten von HCl u. Einengen im Vakuum; 0,2 g; hygroskopisch. (Chem. Ber. **84.** 385—87. 10/5. 1951. Heidelberg, Univ., Inst. für experimentelle Krebsforsch.) NITZSCHKE. 3184

Ss. Ss. Liwschitz und **N. A. Preobrashenski,** *Untersuchungen auf dem Gebiet der organischen Polysulfidverbindungen.* 3. Mitt. (2. vgl. C. **1949.** I. **444.**) 4-Äthylpiperidin (I) reagiert mit CS_2 unter Bldg. von *4-Äthylpiperidindithiocarbaminsäure* (*N.N-[3-Äthyl-pentamethylen]-dithiocarbaminsäure*), welche bei I-Überschuß als 4-Äthylpiperidinsalz, in Ggw. von NaOH als Na-Salz erhalten wird. Letzteres wird in absol. A. durch J_2 zum *Thiuramdisulfid* des *4-Äthylpiperidins* oxydiert. 4-Isopropylpiperidin gibt mit CS_2 *4-Isopropylpiperidindithiocarbaminsäure*, die mit S_2Cl_2 das entsprechende *Thiuramtetrasulfid* liefert. Aus cis- u. trans-Dekahydrochinolin werden die *Thiuramhexasulfide* erhalten.

Versuche: *4-Äthylpiperidindithiocarbaminsäure. Na-Salz*, $C_8H_{14}NS_2Na$, F. 205°; aus I u. CS_2 in alkoh. NaOH fast quantitativ, aus A. + Ae. Kristalle. *Zn-Salz*, $C_{16}H_{28}N_2 \cdot S_4Zn$, F. 198—200°. *4-Äthylpiperidinsalz*, $C_{15}H_{30}N_2S_2$, F. 141,5—142°; aus I u. CS_2 (2: 1 Mol) in Ae. unter Eiskühlung; aus A. Kristalle; 97% (Ausbeute). *Thiuramdisulfid* des *4-Äthylpiperidins*, $C_{16}H_{28}N_2S_4$, F. 98—98,5°; aus vorst. Na-Salz u. J_2 in konz. alkoh. Lsg.; aus A. Kristalle. — *4-Isopropylpiperidindithiocarbaminsäure. 4-Isopropylpiperidinsalz*, $C_{17}H_{34}N_2S_2$, F. 154,5—155°; aus A. Tafeln; 74%. *Na-Salz*, $C_9H_{16}NS_2Na$, F. 197—198°; 92%. *Zn-Salz*, F. 189°, aus Bzl. + Ae. Kristalle. *Thiuramdisulfid* des *4-Isopropylpiperidins*, $C_{18}H_{32}N_2S_4$, F. 127°; aus vorst. Na-Salz mit J_2. *Thiuramtetrasulfid* des *4-Isopropylpiperidins*, $C_{18}H_{32}N_2S_6$, F. 93°; aus vorst. Na-Salz u. S_2Cl_2 (20% Überschuß) in Ae.; aus Ae. Tafeln; 57,7%. — *trans-Dekahydrochinolindithiocarbaminsäure. Na-Salz*, F. 118°; aus A. + Ae. Kristalle; 95,3%. *Zn-Salz*, $C_{20}H_{32}N_2S_4Zn$, F. 123°; aus Bzl. + A. gelbliche Kristalle. *Thiuramdisulfid* des *trans-Dekahydrochinolins*, F. 81°; aus dem Na-Salz mit J_2; 93%. *Thiuramhexasulfid*, $C_{20}H_{32}N_2S_8$, F. 62—63°; aus vorst. Zn-Salz u. S_2Cl_2 in Ae.; in organ. Lösungsmitteln unbeständig; 85%. — *cis-Dekahydrochinolindithiocarbaminsäure. Na-Salz*, F. 144°. *Zn-Salz*, $C_{20}H_{32}N_2S_4Zn$, F. 212°. *cis-Dekahydrochinolinsalz*, $C_{19}H_{34}N_2S_2$, F. 137—138°. *Thiuramdisulfid* des *cis-Dekahydrochinolins*, $C_{20}H_{32}N_2S_4$, F. 129—130°. *Thiuramhexasulfid*, $C_{20}H_{32}N_2S_8$, F. 62—63°; in organ. Lösungsmitteln unbeständig. (Журнал Общей Химии [J. allg. Chem.] **21.** (**83.**) 1303—08. Juli 1951. Moskau, Feinmechan. Technol. Lomonossow-Inst.) G. FROELICH. 3231

Carl T. Bahner, Wm. K. Easley, Madge D. Pickens, Harold D. Lyons, Lilburn L. Norton, Betty Gay Walden und **George E. Biggerstaff,** *Quaternäre Salze von halogenierten Pyridinen und Chinolinen.* Die wegen ihrer biol. Wrkg. gegen Sarkomzellen interessierenden *quaternären Salze von Halogenpyridinen* u. *-chinolinen* entstehen durch Rk. der Komponenten bei 30—40° teils mit, teils ohne Zusatz von Chloroform. Durch längeres Stehenlassen wurden größere Ausbeuten erzielt. *3.5-Dibrompyridin* u. *3-Brompyridin* reagieren viel schneller als *2-Chlorpyridin* u. *2-Brompyridin, 4.7-Dichlorchinolin* reagiert viel langsamer als *6-Chlorchinolin.* Die Bromide sind weiß oder cremefarben, die Jodide gelb. Die Salze mit niedrigem Mol.-Gew. sind lösl. in Wasser. Die meisten Salze lassen sich aus A., Methanol, Essigester unter Zusatz von Isopropyläther umkrist., einige aus W., A. oder Aceton.

Versuche (Sämtliche FF. unter Zers.): *Salze* aus *2-Chlorpyridin* u. *β-Phenyläthylbromid*, $C_{13}H_{13}NClBr$, F. 193°; *Styrolbromhydrin*, $C_{13}H_{13}ONClBr$, F. 182°; *Phenacylbromid*, $C_{13}H_{11}ONClBr$, F. 187°; *p-tert.-Butylphenacylbromid*, $C_{17}H_{19}ONClBr$, F. 192°; *p-Fluorphenacylbromid*, $C_{13}H_{10}ONClBrF$, F. 185—187°; *p-Chlorphenacylbromid*, $C_{13}H_{10} \cdot ONCl_2Br$, F. 188—189°; *p-Bromphenacylbromid*, $C_{13}H_{10}ONClBr_2$, F. 194°; *p-Jodphenacyl-*

bromid, $C_{13}H_{10}ONClBrJ$, F. 193°; *m-Nitrophenacylbromid*, $C_{13}H_{10}O_3N_2ClBr$, F. 172°. — *Salze* aus *2-Brompyridin* u. *p-Fluorphenacylbromid*, $C_{13}H_{10}ONBr_2F$, F. 174—175°; *p-Chlorphenacylbromid*, $C_{13}H_{10}ONClBr_2$, F. 201°; *p-Jodphenacylbromid*, $C_{13}H_{10}ONBr_2J$, F. 189°; *p-Phenylphenacylbromid*, $C_{19}H_{15}ONBr_2$, F. 160—161°; *5.6.7.8-Tetrahydro-β-naphthacylbromid*, $C_{17}H_{17}ONBr_2$, F. 207°. — *Salz* aus *3-Fluorpyridin* u. *p-Fluorphenacylbromid*, $C_{13}H_{10}ONBrF_2$, F. 189°. — *Salz* aus *3-Chlorpyridin* u. *p-Fluorphenacylbromid*, $C_{13}H_{10}ONClBrF$, F. 169—170°. — *Salze* aus *3-Brompyridin* u. *Decyljodid*, $C_{15}H_{25}NBrJ$, F. 80°; *2.5-Dijodhexan* (*Bis-Salz*), $C_{16}H_{20}N_2Br_2J_2$, F. 244—245°; *Glycerin-α.γ-dibromhydrin* (*Bis-Salz*), $C_{13}H_{14}ON_2Br_4$, F. 330°; *Jodessigsäureäthylester*, $C_9H_{11}O_2NBrJ$, F. 178 bis 179°; *Cyclohexyläthylbromid*, $C_{13}H_{19}NBr_2$, F. 123—125°; *Styrolbromhydrin*, $C_{13}H_{13}$·$ONBr_2$, F. 216—217°; *p-tert.-Butylphenacylbromid*, $C_{17}H_{19}ONBr_2$, F. 210—211°; *2.5-Dimethylphenacylbromid*, $C_{15}H_{15}ONBr_2$, F. 254°; *p-Fluorphenacylbromid*, $C_{13}H_{10}ONBr_2F$, F. 112°; *p-Chlorphenacylbromid*, $C_{13}H_{10}ONClBr_2$, F. 236—240°; *p-Jodphenacylbromid*, $C_{13}H_{10}ONBr_2J$, F. 268—270°; *2.5-Dichlorphenacylbromid*, $C_{13}H_9ONCl_2Br_2$, F. 238—239°; *m-Nitrophenacylbromid*, $C_{13}H_{10}O_3N_2Br_2$, F. 207—209°; *3.4-Dioxyphenacylchlorid*, $C_{13}H_{11}$·O_3NClBr, F. 252°; *p-Methoxyphenacylbromid*, $C_{14}H_{13}O_2NBr_2$, F. 243°; *β-Naphthacylbromid*, $C_{17}H_{13}ONBr_2$, F. 234—235°; *β-Naphthacyljodid*, $C_{17}H_{13}ONBrJ$, F. 214—215°; *anti-β-Naphthacyljodidoxim*, $C_{17}H_{14}ON_2BrJ$, F. 202—203°; *4-Fluor-α-naphthacylbromid*, $C_{17}H_{12}ONBr_2F$, F. 214°; *5.6.7.8-Tetrahydro-β-naphthacylbromid*, $C_{17}H_{17}ONBr_2$, F. 220 bis 221°; *α-Brom-β-propionaphthon*, $C_{18}H_{15}ONBr_2$, F. 234—235°; *p-Chlorphenyl-α-bromäthylketon*, $C_{14}H_{12}ONClBr_2$, F. 203—204°. — *Salze* aus *3-Jodpyridin* u. *2.5-Dijodhexan* (*Bis-Salz*), $C_{16}H_{20}N_2J_4$, F. 261—264°; *p-Fluorphenacylbromid*, $C_{13}H_{10}ONBrJF$, F. 202 bis 204°. — *Salze* aus *3.5-Dibrompyridin* u. *Decyljodid*, $C_{15}H_{24}NBr_2J$, F. 208—209°; *β-Phenyläthyljodid*, $C_{13}H_{12}NBr_2J$, F. 206—207°; *p-tert.-Butylphenacylbromid*, $C_{17}H_{18}ONBr_3$, F. 190 bis 191°; *p-Fluorphenacylbromid*, $C_{13}H_9ONBr_3F$, F. 220°; *p-Chlorphenacylbromid*, $C_{13}H_9$·$ONClBr_3$, F. 225—226°; *p-Bromphenacylbromid*, $C_{13}H_9ONBr_4$, F. 227—228°; *p-Jodphenacylbromid*, $C_{13}H_9ONBr_3J$, F. 237°; *m-Nitrophenacylbromid*, $C_{13}H_9O_3N_2Br_3$, F. 238°; *p-Methoxyphenacylbromid*, $C_{14}H_{12}O_2NBr_3$, F. 251°; *p-Chlorphenyl-α-bromäthylketon*, $C_{14}H_{11}ONClBr_3$, F. 192°; *p-Phenylphenacylbromid*, $C_{19}H_{14}ONBr_3$, F. 216—217°; *β-Naphtacylbromid*, $C_{17}H_{12}ONBr_3$, F. 203—204°; *β-Naphthacyljodid*, $C_{17}H_{12}ONBr_2J$, F. 180—181°; *5.6.7.8-Tetrahydro-β-naphthacylbromid*, $C_{17}H_{16}ONBr_3$, F. 231—232°; *5.6.7.8-Tetrahydro-β-naphthacyljodid*, $C_{17}H_{16}ONBr_2J$, F. 205°. — *Salze* aus *6-Chlorchinolin* u. *Decyljodid*, $C_{19}H_{27}NClJ$, F. 113° [14 Tage Reaktionsdauer]; *Glycerin-α.γ-dibromhydrin*, $C_{12}H_{12}ONClBr_2$, F. 234° [60 Tage]; *β-Cyclohexyläthylbromid*, $C_{17}H_{21}NClBr$, F. 102°; *β-Phenyläthylbromid*, $C_{17}H_{15}NClBr$, F. 108—111° [18 Tage]; *β-Phenyläthyljodid*, $C_{17}H_{15}NClJ$, F. 164° [18 Std.]; *Phenacylbromid*, $C_{17}H_{13}ONClBr$, F. 215° [14 Tage]; *p-tert.-Butylphenacylbromid*, $C_{21}H_{21}$·$ONClBr$, F. 232°; *p-Chlorphenacylbromid*, $C_{17}H_{12}ONCl_2Br$, F. 205°; *p-Bromphenacylbromid*, $C_{17}H_{12}ONClBr_2$, F. 207°; *m-Nitrophenacylbromid*, $C_{17}H_{12}O_3N_2ClBr$, F. 215°; *p-Methoxyphenacylbromid*, $C_{18}H_{15}O_2NClBr$, F. 211° [4 Tage]; *β-Naphthacylbromid*, $C_{21}H_{15}ONClBr$, F. 236,5° [24 Std.]; *5.6.7.8-Tetrahydro-β-naphthacylbromid*, $C_{21}H_{19}ONClBr$, F. 252°. — *Salz* aus *3-Bromchinolin* u. *p-Fluorphenacylbromid*, $C_{17}H_{12}ONBr_2F$, F. 258°. (J. Amer. chem. Soc. **73.** 3499—3501. Juli 1951. Jefferson City, Tenn., Carson-Newman-Coll., Dep. of Chem.) W. HOFFMANN. 3231

Nelson J. Leonard, Harry A. DeWalt jr. und **Gerhard W. Leubner**, *Reaktionen von Chinoliniumverbindungen mit Nitromethan. 1-Methylchinoliniumjodid* liefert bei der Kondensation mit CH_3NO_2 in Ggw. einer Base nicht, wie von KAUFMANN [1912] vermutet, 1-Methyl-2-nitromethyl-1.2-dihydrochinolin oder 1-[o-Methylaminophenyl]-4-nitrobutadien-(1.3), sondern *1-Methyl-4-nitromethylenchinolan* (**II**). *1.2-Dimethylchinoliniumjodid* gibt *1.2-Dimethyl-4-nitromethylenchinolan* (**IV**), während bei Anwendung von *1.4-Dimethylchinoliniumjodid* keine Rk. stattfindet, da die offenbar bevorzugte 4-Stellung besetzt ist. Die Struktur von **II** wurde durch Red. zu *1-Methyl-4-aminomethyl-1.2.3.4-tetrahydrochinolin* (**V**) bewiesen, welches auch aus *1-Methyl-4-cyanchinoliniumjodid* entsteht. Zum Vgl. wurden, zum Teil nach bekannten Methoden (vgl. RUPE, PALTZER u. ENGEL, C. **1937.** I. 4231), die Methylierungsprodd. von *2-Aminomethyltetrahydrochinolin* synthetisiert. Die Infrarotspektren des **II**, der Benzoylderivv. von **V** u. *1-Methyl-2-aminomethyltetrahydrochinolin* (**VIII**) sowie die UV-Spektren von **II** u. **IV** wurden aufgenommen u. verglichen.

Versuche (FF. korr.): *1-Methyl-4-nitromethylenchinolan* (**II**), $C_{11}H_{10}O_2N_2$, F. 204° (Zers.), aus 1-Methylchinoliniumjodid (F. 133°), $CH_3NO_2 + NaOC_2H_5$ in absol. A. mit Nitrobenzol als Oxydationsmittel durch 3std. Erhitzen unter N_2; aus CH_3OH orangefarbene Nadeln; 36% (Ausbeute). *Pikrat*, $C_{17}H_{13}O_9N_5$, F. 135°; aus A. gelbe Prismen. *Hydrobromid*, $C_{11}H_{11}O_2N_2Br$, F. 156° (Zers.); aus A. hellgelbe Nadeln; 92%. Daraus durch Hydrierung mit RANEY-Ni bei 25° u. 3—4 at in A. *1-Methyl-4-aminomethyl-1.2.3.4-tetrahydrochinolin* (**V**), $C_{11}H_{16}N_2$, $Kp._{0,4}$ 110°; n_D^{20} 1,5850; 74%; entsteht auch aus 1-Methyl-

4-cyanchinoliniumjodid (F. 217° unter Zers.) durch 12std. Hydrierung mit PtO_2 bei 25° u. 3—4 at in 70%ig. A.; 43%. Daraus *1-Methyl-4-benzoylaminomethyl-1.2.3.4-tetrahydrochinolin*, $C_{18}H_{20}ON_2$, F. 143—144°, aus Essigester Blättchen. — *1-Methyl-2-benzoylaminomethyl-1.2.3.4-tetrahydrochinolin* (**IX**), F. 135—136° (A.), aus 2-Benzoylaminomethyl-1.2.3.4-tetrahydrochinolin mit 2 Mol CH_3J u. 1 Mol $NaHCO_3$ in CH_3OH; 85%. — *1.2-Dimethyl-4-nitromethylenchinolan* (**IV**), $C_{12}H_{12}O_2N_2$, F. 184,5° (Zers.), durch 5std. Einw. von CH_3NO_2 + KOH in wss. CH_3OH auf 1-Methylchinaldiniumjodid (F. 192°) unter N_2; aus CH_3NO_2, dann CH_3OH orangefarbene Nadeln; 40%. — 1-Methyllepidiniumjodid (F. 174—175°) gab bei gleicher Rk. kein isolierbares Produkt. — *2-Dimethylaminomethyl-1.2.3.4-tetrahydrochinolin* (**VI**), $C_{12}H_{18}N_2$, Kp.$_{0,18-0,3}$ 93—95,2°, aus 2-Aminomethyltetrahydrochinolin (Kp.$_{14}$ 167—169°; n_D^{20} 1,5985) + KOH in CH_3OH + CH_3J nach 8std. Erhitzen, Einengen, Abtrennung von KJ, Ausfällen von **I** mit W. u. Extraktion der Mutterlauge mit Ae.; n_D^{20} 1,5632; 38,4%. *Monohydrobromid*, $C_{12}H_{19}N_2Br$, F. 187—189°; aus A. Prismen. *Pikrat*, $C_{18}H_{21}O_7N_5$, F. 111—112°; aus A. orangefarbene Prismen. — *1-Methyl-2-methylaminomethyl-1.2.3.4-tetrahydrochinolin* (**VII**), $C_{12}H_{18}N_2$, Kp.$_8$ 134°, durch 3std. Erhitzen von **IX** + Na in Xylol auf 140°, 12std. Erhitzen mit CH_3J auf 80°, Einengen, Zusatz von A., 48std. Kochen mit HCl, Abtrennung der entstandenen C_6H_5COOH, Alkalisieren u. Extraktion mit Ae.; n_D^{20} 1,5680; 51%. *Monohydrobromid*, $C_{12}H_{19}N_2Br$, F. 232—233°; aus A. Prismen. *Monopikrat*, $C_{18}H_{21}O_7N_5$, F. 153—154°; aus A. lange rote Prismen. — *1-Methyl-2-aminomethyl-1.2.3.4-tetrahydrochinolin* (**VIII**), Kp.$_8$ 148°, als Nebenprod. bei der Darst. von **VII**; n_D^{20} 1,5943. — *1-Methyl-2-dimethylaminomethyl-1.2.3.4-tetrahydrochinolin*, $C_{13}H_{20}N_2$, Kp.$_{0,5}$ 109—110°, aus **VIII** (Kp.$_2$ 137°, Kp.$_{0,5}$ 119—120°; n_D^{20} 1,5945), $NaHCO_3$ + CH_3J in CH_3OH; n_D^{20} 1,5775; 65%. Aus dem Rückstand das *Methojodid*, $C_{14}H_{23}N_2J$, F. 191—192°; aus A. Blättchen. *Monopikrat* (**III**), $C_{19}H_{23}O_7N_5$, F. 164—165° (vgl. dagegen l. c.), aus A. orangerote Prismen. *Hydrojodid* (**I**), $C_{13}H_{21}N_2J$, F. 198,5—200°, entsteht als Nebenprod. bei der Darst. von **VI**; aus wss. A. Prismen; gibt mit Pikrinsäure **III**. (J. Amer. chem. Soc. **73**. 3325—29. Juli 1951. Urbana, Ill., Univ. of Illinois, Noyes Chem. Labor.) W. HOFFMANN. 3231

Glenn S. Skinner und **Paul R. Wunz**, *2.5.5-Trialkyl-1.4.5.6-tetrahydropyrimidine*. Die zur Darst. der *2.5.5-Trialkyl-1.4.5.6-tetrahydropyrimidine* benötigten *2.2-Dialkyl-1.3-diaminopropane* wurden durch Red. der entsprechenden Dinitropropane (vgl. HASS u. BOURLAND, A. P. 2 343 256) erhalten, da sich der von den Propandiolen ausgehende Weg über die Dibenzolsulfonate oder die Dibromide u. Diphthalimidoverbb. wegen zu geringer Ausbeuten als ungangbar erwies. *2.2-Diäthylphthalimidopropan* ließ sich nach dieser Meth. überhaupt nicht darstellen. Bei der Umsetzung der Dialkyltrimethylendiamine mit Estern zu den entsprechenden Tetrahydropyrimidinverbb. fielen *1.3-Diamidopropane* als Nebenprodd. an. Die von den Vff. erwartete physiol. Wrkg. der Trialkyltetrahydropyrimidine (Ähnlichkeit mit Barbitursäurederivv. u. mit 2-Alkylimidazolinen) beschränkte sich auf leichte Herabsetzung des Blutdrucks.

V e r s u c h e: *2.2-Dimethylpropan-1.3-dibenzolsulfonat* (**I**), F. 65,5°, aus dem Diol mit Benzolsulfonylchlorid in Pyridin; 62% (Ausbeute). — *2.2-Diäthylpropan-1.3-dibenzolsulfonat*, F. 55,5°; 86%. — *2-Äthyl-2-butylpropan-1.3-dibenzolsulfonat*, F. 67—68°; 81%. — *2.2-Dimethyl-1.3-diphthalimidopropan*, F. 235—237° (A. + Chlf.), durch 20std. Erhitzen von **I** + Phthalimidkalium in Kerosin auf 210—215°; 26%; entsteht auch aus dem Dibromid; 11%. — *2.2-Dimethyl-1.3-diaminopropan*, Kp.$_{45}$ 72—75°, durch Hydrierung von 2.2-Dimethyl-1.3-dinitropropan bei 50—75° u. 1000 lbs./sq. in. mit RANEY-Ni in CH_3OH; 54%. — *2-Äthyl-2-methyl-1.3-diaminopropan*, Kp.$_{15}$ 69—75°; 64%. — *2-[β-Phenyläthyl]-1.4.5.6-tetrahydropyrimidin* (**II**), F. 107—109° (Essigester), durch Zugabe von β-Phenylpropionsäureäthylester zu Trimethylendiamin bei 100°, 21std. Erhitzen, Abdest. des überschüssigen Diamins, 4std. Erhitzen auf 175° unter vermindertem Druck u. Dest. bei 6 Torr; 72%. — Folgende *1.4.5.6-Tetrahydropyrimidine* wurden analog dargestellt: *2-Phenyl-*, Kp.$_6$ 152—156°; F. 86—87,5°; 68%. — *2-Benzyl-*, F. 113,5—115°; 58%. — *2-Phenyl-4-methyl-* (Isomerengemisch), F. 65—71°; 40%. — *2-Benzyl-4-methyl-* (Isomerengemisch), F. 67—71°; 82%. — *2-Phenyl-5.5-dimethyl-*, F. 125—126°; 51%. — *2-Benzyl-5.5-dimethyl-*, F. 95—96°; 73%. — *2-[β-Phenyläthyl]-5.5-dimethyl-*, F. 95 bis 96,5°; 60%. — *2-Phenyl-5-methyl-5-äthyl-*, F. 107—109°; 70%. — *2-Benzyl-5-methyl-5-äthyl-*, F. 78—80°; 76%. — *1.4.5.6-Tetrahydropyrimidin*, Kp.$_1$ 88—89°, aus Ameisensäureester + Diamin durch Erhitzen auf 100°, sonst analog **II**, u. 3std. Cyclisieren bei 150° u. 70—80 Torr. Alle Tetrahydropyrimidine absorbieren CO_2. — Bei der Darst. von **II** fiel aus dem Rückstand als Nebenprod. *1.3-Bis-[β-phenylpropionamido]-propan* an, F. 146—147°. — Analog entstanden: *1.3-Bis-[benzamido]-propan*, F. 146—147°. — *1.3-Bis-[phenylacetamido]-propan*, F. 179—179,5°. — *1.3-Bis-[benzamido]-2.2-dimethylpropan*, F. 156—157° (vgl. dagegen LAMBERT u. LOWE, C. **1949**. I. 497). — *1.3-Bis-[phenylacetamido]-2.2-dimethylpropan*, F. 143,5—145°. — *1.3-Bis-[benzamido]-butan*,

F. 164—166°. — *1.3-Bis-[phenylacetamido]-butan*, F. 151—152,5°. — *1.3-Bis-[β-phenyl-propionamido]-butan*, F. 159—161°. — *1.3-Bis-[benzamido]-2-methyl-2-äthylpropan*, F. 154—155°. (J. Amer. chem. Soc. **73**. 3814—15. Aug. 1951. Newark, Univ. of Delaware, Chem. Dep.) W. HOFFMANN. 3272

F. E. King und **J. W. Clark-Lewis**, *Die Konstitution der Produkte, die aus o-Phenylendiaminen und Alloxan in neutraler Lösung gebildet werden.* Während KÜHLING (Ber. dtsch. chem. Ges. **39**. [1906] 1314 u. früher) die Struktur der Kondensationsprodd. aus Alloxan (**VII**) u. freien diprim. oder prim.-sek. o-Diaminen in säurefreiem Medium als Alloxananile (**I**) formulierte, deutete HINSBERG (Liebigs Ann. Chem. **292**. [1896.] 245 u. früher) diese Verbb. als *3-Oxy-chinoxalin-2-carboxyureide* (**II**) bzw. die tautomere Ketoform. Die Nachprüfung dieses Problems ergab die Richtigkeit der Vorstellung von HINSBERG. Die Kondensation von **VII** mit o-Phenylendiamin (**V**) liefert unter Aufspaltung des **VII**-Ringes ein *3-Oxychinoxalinderiv.* (**III**) mit einem Carboxyureidrest in 2-Stellung. Bei der Methylierung mit Diazomethan entsteht der entsprechende *O-Methyläther* (**IV**), der bei der Hydrolyse mit kalter NaOH in *3-Methoxychinoxalin-2-carbonsäure* übergeht. Aus N-Methyl-o-phenylendiamin u. **VII** entsteht *3.4-Dihydro-3-keto-4-methylchinoxalin-2-carboxyureid* (**VIII**), das bei der Hydrolyse *3.4-Dihydro-3-keto-4-methylchinoxalin-2-carbonsäure* (**IX**) bildet. Die Methylierung von **VIII** u. **III** mit CH_3J–K_2CO_3 in Aceton ergab das gleiche *Trimethylderiv.* **XI**. Wahrscheinlich befindet sich eine Methylgruppe an $N_{(4)}$, die anderen liegen in der Ureidoseitenkette vor. Ihre genaue Stellung konnte noch nicht angegeben werden. — Bei der Hydrolyse von **XI** entsteht **IX**. — Die Kondensation von **VII** mit o-Aminodiphenylamin (**X**) liefert *3.4-Dihydro-3-keto-4-phenylchinoxalin-2-carboxyureid* (**XII**), das bei der Hydrolyse *3.4-Dihydro-3-keto-4-phenylchinoxalin-2-carbonsäure* bildet. **XII** wird von CH_2N_2 nicht angegriffen, liefert jedoch mit CH_3J–K_2CO_3 ein *Dimethylderiv.* (**XIII**). Mit heißem Alkali wird es zu **X** abgebaut. — Nach diesen Ergebnissen der Vff. wird auch das von RUDY (Ber. dtsch. chem. Ges. **76**. [1938.] 847) aus 5.6-Diaminochinolin u. **VII** in neutraler Lsg. erhaltene u. als SCHIFFsche Base formulierte Prod. sicher *3-Oxypyridino-[3'.2':5.6]-chinoxalin-2-carboxyureid* bzw. das isomere *Pyridino-[3'.2':7.8]-chinoxalin* sein. Die Konst. der von RUDY (Ber. dtsch. chem. Ges. **71**. [1938.] 1323) aus 2-Alkylamino-3-aminopyridinen jeweils in 2 isomeren Formen erhaltenen Verbb. bedarf noch der Aufklärung. — Mit dem Nachw. der richtigen Konst. der in neutraler Lsg. aus **VII** u. o-Diaminen erhaltenen Prodd. ist auch ihr chem. Verh. erklärt: Als Alloxananile müßten sie die Eigg. einer freien 2-Aminogruppe aufweisen u. mit Säuren Alloxazine oder Isoalloxazine bilden. Die aus **VII** u. 2-Amino-5.4'-dimethyldiphenylamin in heißer alkoh. HCl entstehende Verb., die nach KÜHLING 2 Alloxanylreste enthält, ist sicher die *Chinoxalyldialursäure* vorst. Konstitution.

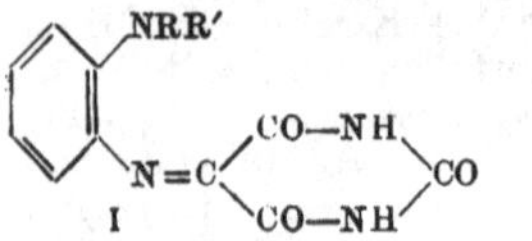

I

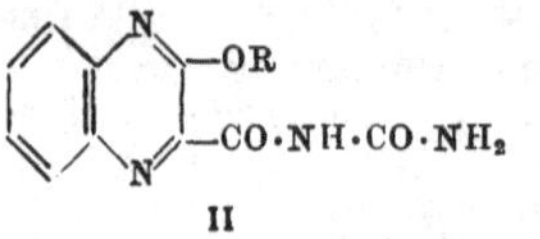

II

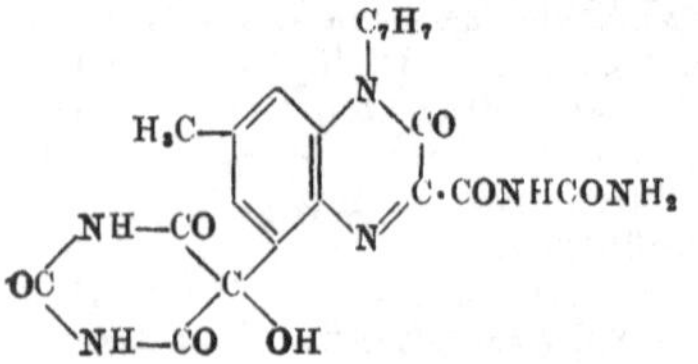

Versuche (UV-Absorption in A.): *3-Oxychinoxalin-2-carboxyureid* (**III**), $C_{10}H_8O_3N_4$, F. 250° (Zers.), aus Alloxan (**VII**)-Hydrat u. o-Phenylendiamin (**V**) in W.; gelbe Nadeln aus Essigsäure; Absorption: Maxima bei 234 mμ (ε = 22900), 312 mμ (ε = 9300) u. 393 mμ (ε = 5840), Minima bei 218 mμ (ε = 17500), 270 mμ (ε = 3530) u. 350 mμ (ε = 3670); 90% (Ausbeute). — *3-Methoxychinoxalin-2-carboxyureid* (**IV**), $C_{11}H_{10}O_3N_4$, F. 225° (Methanol), aus 3 g **III** u. CH_2N_2; Nadeln; 0,3 g. — *3-Methoxychinoxalin-2-carbonsäure*, $C_{10}H_8O_3N_2$, F. 132° (Zers.), a) aus **IV** durch Hydrolyse mit NaOH bei n. Temp.; Nadeln; 84%; b) aus **VI** durch Hydrolyse mit NaOH; 80%. — *3-Methoxychinoxalin-2-carbonsäuremethylester* (**VI**), $C_{11}H_{10}O_3N_2$, F. 107°, aus **V** u. Mesoxalsäurediäthylester in verd. HCl u. darauffolgendem Methylieren mit CH_2N_2; Nadeln aus Methanol. — *3-Oxy-chinoxalin-2-carbonsäure*, F. 268° (Zers.), aus **III** durch Kochen mit 2n HCl; 61%; daraus ebenfalls **VI**. — *3.4-Dihydro-3-keto-4-methylchinoxalin-2-carboxyureid* (**VIII**), $C_{11}H_{10}O_3N_4$, F. 247° (Zers.), aus **VII**-Hydrat u. N-Methyl-o-phenylendiamin in wss. A.; gelbe Tafeln aus Essigsäure; Absorption: Maxima bei 236 mμ (ε = 26100), 317 mμ (ε = 9000), 387 mμ (ε = 5880), Minima bei 219 mμ (ε = 16900), 268 mμ (ε = 3240) u. 348 mμ (ε = 4170); 78%. — *3.4-Dihydro-3-keto-4-methylchinoxalin-2-carbonsäure* (**IX**), F. 173 bis 174° (Zers.), aus **VIII** durch Kochen mit 2n HCl; gelbe Nadeln aus W.; 90%. — **IX**-*Methylester*, $C_{11}H_{10}O_3N_2$, F. 126°, aus **IX** (diese auch dargestellt aus N-Methyl-o-phenylendiamin u. Mesoxalsäurediäthylester) durch Rk. mit CH_2N_2; gelbe Nadeln aus Methanol. —

3.4-Dihydro-3-keto-4-methylchinoxalin-2-carboxydimethylureid (XI), $C_{13}H_{14}O_3N_4$, F. 194°, a) aus 2 g **VIII**, 10 g wasserfreiem K_2CO_3 u. 10 g CH_3J, nach 24std. Kochen Ausschütteln mit W. u. Chlf.; Prismen aus A.; 2,15 g. Maxima bei 225 mμ (ε = 30400) u. 302 mμ (ε = 4350), Minimum bei 278 mμ (ε = 1950); b) ebenso aus **III**; 54%. — Hydrolyse von **XI** mit 2n NaOH liefert **IX**; 30%. — *N-Phenyl-o-phenylendiamin* (**X**), aus o-Nitrodiphenylamin durch 3std. Hydrierung mit RANEY-Ni bei 75 lbs./sq. in.; 90%. *Toluol-p-sulfonylderiv.*, $C_{19}H_{18}O_2N_2S$, aus wss. A. Nadeln, F. 132°. — *3.4-Dihydro-3-keto-4-phenylchinoxalin-2-carboxyureid* (**XII**), $C_{16}H_{12}O_3N_4$, F. 244° aus **X** u. **VII** in wss. A.; gelbe Prismen aus wss. Essigsäure; Absorption: Maxima bei 230 mμ (ε = 20100), 310 mμ (ε = 6600) u. 378 mμ (ε = 3960); Minima bei 220 mμ (ε = 18800), 268 mμ (ε = 3680) u. 350 mμ (ε = 3450); 50%. — *3.4-Dihydro-3-keto-4-phenylchinoxalin-2-carbonsäure*, F. 158—160° ungereinigt (Zers.), aus **XII** durch Hydrolyse mit NaOH; 43%; daneben **X**; 27%. — *3.4-Dihydro-3-keto-4-phenylchinoxalin-2-carboxydimethylureid* (**XIII**), $C_{18}H_{16}O_3N_4$, F. 209°, aus **XII**, wasserfreiem K_2CO_3 u. CH_3J nach 18std. Kochen; Prismen; Absorption: Maximum bei 301 mμ (ε = 3525), Minimum bei 279 mμ (ε = 1800); 88%. — Beim Erhitzen mit alkoh. NaOH liefert **XIII** 75% **X**. (J. chem. Soc. [London] **1951**. 3379—82. Dez. Nottingham, Univ.) SEIDE. 3272

Reszö Bognar, *Oxydation von Zuckeralkoholen durch Chlor.* An Hand einiger Modellverss. zeigt Vf., daß die Oxydation von Zuckeralkoholen in wss. ungepufferter Lsg. durch Cl_2 bei 10—15° durchführbar ist. In eine 5%ig. wss. Mannitlsg. wird Cl_2 eingeleitet. Die Lsg. bleibt bis zum folgenden Tag im Kühlschrank u. dann einige Tage bei 10—15° stehen. Die sich allmählich entfärbende Lsg. wird auf Reduktionsfähigkeit u. Drehvermögen untersucht. Nach langsamem Anstieg zeigen die Werte ein Maximum. Titration nach BERTRAND u. WILLSTÄTTER-SCHUDEL zeigt 35—40% Aldehyd- u. 60—65% Ketozucker an. Die Lsg. gibt in der Kälte ein für Mannose charakterist. Phenylhydrazon. In warmer essigsaurer Lsg. entsteht mit Phenylhydrazin ein gemischtes Osazon, das in A. teilweise leicht, teilweise schwer lösl. ist. Letzteres erweist sich als dl-Mannosazon. Das Drehvermögen zeigt, daß das Prod. kein reines Racemat ist. Verss. mit d-Sorbit führen zur Bldg. von 50% reduzierendem Zucker. Die Meth. scheint zur Darst. schwer zugänglicher Zucker geeignet. (Magyar Kémiai Folyóirat [Ung. Z. Chem.] **56**. 214—17. 351. Juni 1950. Budapest, Techn. Univ., Organ.-Chem. Inst.) PLANK. 3400

Hans Vogel, *Heterocyclische Verbindungen aus Zuckern.* Übersichtsarbeit. — Umwandlung von Zuckern u. ihren Derivv. in heterocycl. Verbb. u. die Beziehungen dieser Stoffe zu biol. u. pharmazeut. wichtigen Substanzen. (Österr. Chemiker-Ztg. **53**. 201—08. Sept. 1952. Bludenz.) WILLENBERG. 3400

M. Pailer, K. Schneglberger und **W. Reifschneider,** *Synthesen von Verbindungen mit konstitutioneller Beziehung zum Emetin.* 2. Mitt. *Synthese des 10.11-Dimethoxy-1.2.3.4.6.7-hexahydro-2-[6'.7'-dimethoxy-1'.2'.3'.4'-tetrahydroisochinolyl-(1')]-benzpyridocolins und eine zweite Synthese des racemischen C-Noremetins.* (1. vgl. C. **1952**. 4774.) Homoveratrylbromid (**I**) u. Isonicotinsäureäthylester wurden zum quartären Bromid umgesetzt u. dieses mit $K_3[Fe(CN)_6]$ zu *N-[3'.4'-Dimethoxyphenyläthyl]-4-carboxy-α-pyridon* (**II**) oxydiert. Beim entsprechenden quartären Bromid aus Homoisonicotinsäureester u. **I** trat bei dieser Oxydation beim Zusatz von Lauge spontane Verharzung ein. **II** ließ sich zwar mit Na-Amalgam oder katalyt. hydrieren, jedoch wurden höhere Ausbeuten erzielt, wenn mit CH_2N_2 verestert u. dann hydriert wurde. Der Ringschluß des hierbei erhaltenen Piperidoncarbonsäuremethylesters mit $POCl_3$ verlief mit 60%ig. Ausbeute. Die Isolierung des Reaktionsprod. aus dem Reaktionsgemisch gelang nach saurer Hydrolyse des Esters als quartäres Jodid. Mit AgCl wurde es ins Chlorid zurückverwandelt u. mit Pt/H_2 zum *10.11-Dimethoxy-1.2.3.4.6.7-hexahydro-2-carboxybenzpyridocolin* (**III**)*-hydrochlorid* hydriert. Durch Umsetzung von **III**-Hydrochlorid oder dessen Säurechlorid mit Homoveratrylamin (**IV**), Ringschluß mit $POCl_3$ u. Hydrierung mit Pt/H_2 entstand *10.11-Dimethoxy-1.2.3.4.6.7-hexahydro-2-[6'.7'-dimethoxy-1'.2'.3'.4'-tetrahydroisochinolyl-(1')]-benzpyridocolin.* Das rac. *C-Noremetin* wurde aus dem Hydrochlorid von **III** über einen Säureaufbau nach ARNDT-EISTERT durch Umsetzung mit **IV** u. entsprechende weitere Behandlung synthetisiert.

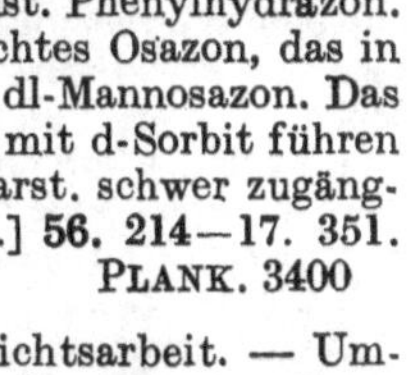

III

V e r s u c h e: *Isonicotinsäureäthylester,* Kp.$_{12}$ 115°, durch Veresterung (5 Std.) von 10 g Isonicotinsäure mit 40 g A., 60 cm³ Bzl. u. 0,5 g konz. H_2SO_4 im SOXHLET-App., wobei die Extraktionshülse $MgSO_4$ (geglüht) enthält; 12 g (Ausbeute). — *Homoveratylalkohol,* Kp.$_{0,1}$ 140—150°; F. 27°, durch Umsetzung von 32 g **IV** mit $NaNO_2$ in essigsaurer Lsg.; Isolierung mit Ae.; 26 g. — *N-[3'.4'-Dimethoxyphenyläthyl]-4-carbäthoxy-*

pyridiniumbromid, $C_{18}H_{22}O_4NBr$, F. 190° (A.), durch Erhitzen von 4,5 g Isonicotinsäureäthylester u. 7,3 g Homoveratrylbromid (**I**) unter Feuchtigkeitsausschluß auf dem Wasserbad; 10,5 g. — *N-[3'.4'-Dimethoxyphenyläthyl]-4-carboxy-α-pyridon* (**II**), $C_{16}H_{17}O_5N$, F. 245°. 6 g vorst. Verb. werden in W. gelöst, mit 6 g NaOH in W. versetzt u. unter kräftigem Rühren 21 g $K_3[Fe[CN)_6]$ zugetropft; mit Essigsäure wird angesäuert u. in Eis gekühlt; aus CH_3OH 2,6 g Kristalle. *Methylester*, $C_{17}H_{19}O_5N$, F. 114—115°, aus der Säure mit CH_2N_2 in CH_3OH, Plättchen (PAe.). — *N-[3'.4'-Dimethoxyphenyläthyl]-4-carbomethoxy-α-piperidon*, $C_{17}H_{23}O_5N$, F. 90—91° (Bzl.–PAe.), durch Hydrieren des vorst. Esters (10 g) mit PtO_2 in CH_3OH bei 30°; 9,8 g. — *N-[3'.4'-Dimethoxyphenyläthyl]-4-carboxy-α-piperidon*, $C_{16}H_{21}O_5N$, F. 186° (verd. CH_3OH), durch Red. von **II** (4 g) mit Na-Amalgam in wss.-alkal. Lsg.; 2,7 g. — *10.11-Dimethoxy-1.2.3.4.6.7-hexahydro-2-carboxybenzpyridocoliniumjodid*, $C_{16}H_{20}O_4NJ$, F. 207—209° (W.), aus vorst. Ester (5 g) u. $POCl_3$ in absol. Bzl., Hydrolyse des quartären Chlorids, Abstumpfen mit Na-Acetat u. Überführen in Jodid mit konz. wss. KJ-Lsg.; 4,6 g. — *10.11-Dimethoxy-1.2.3.4.6.7-hexahydro-2-carboxybenzpyridocolin* (**III**)-*Hydrochlorid*, $C_{16}H_{21}O_4N \cdot HCl$, F. 175—178° (verd. A.). 2 g vorst. Verb. werden mit frischgefälltem AgCl digeriert u. das salzsaure Filtrat über PtO_2 hydriert; 1,4 g. **III**-*Methylester*, $C_{17}H_{23}O_4N$, F. 102°, aus **III** mit CH_2N_2. — *3'.4'-Dimethoxyphenyläthylamid von* **III**, $C_{26}H_{34}O_5N_2$, aus 0,5 g vorst. Säure u. $SOCl_2$ zum Säurechlorid u. Umsetzung mit **IV** in Chlf.; Dest. bei 300—320° (Luftbad)/0,005 mm; 0,7 g. — *10.11-Dimethoxy-1.2.3.4.6.7-hexahydro-2-[6'.7'-dimethoxy-3'.4'-dihydroisochinolyl-(1')-benzpyridocolin*, $C_{26}H_{32}O_4N_2$, Kp.$_{0,005}$ 270° (Luftbad), aus 0,7 g vorst. Amid in absol. Chlf. mit $POCl_3$ 4 Std. unter Rückfluß; 0,07 g. — *10.11-Dimethoxy-1.2.3.4.6.7-hexahydro-2-[6'.7'-dimethoxy-1'.2'.3'.4'-tetrahydroisochinolyl-(1')]-benzpyridocolin*, $C_{26}H_{34}O_4N_2$, Kp.$_{0,005}$ 260° (Luftbad), hellgelbes Öl, aus der vorst. Dihydroverb. durch Hydrierung über PtO_2 in Eisessig. — *10.11-Dimethoxy-1.2.3.4.6.7-hexahydro-2-diazoacetylbenzpyridocolin*, aus dem Säurechlorid des **III**-Hydrochlorids mit überschüssigem äther. CH_2N_2 in $CH_2 \cdot Cl_2$. — *3'.4'-Dimethoxy-β-phenyläthylamid der 10.11-Dimethoxy-1.2.3.4.6.7-hexahydrobenzpyridocolyl-2-essigsäure*, aus vorst. rohem Diazoketon u. **IV** in A. bei 60° in Ggw. von $AgNO_3$ während 5 Std.; Rückstand des Filtrats in Chlf. aufgenommen, mit verd. Essigsäure u. Sodalsg. ausgeschüttelt u. der Rückstand bei 240° (Luftbad)/0,005 mm destilliert. — *Dehydronoremetin*, $C_{27}H_{34}O_4N_2$, aus vorst. Verb. mit $POCl_2$ in Chlf. während 4 Std. unter Rückfluß kochen; Kp.$_{0,005}$ 240—250° (Badtemp.), gelbes, erstarrendes Öl. — *Rac. C-Noremetin*, $C_{27}H_{36}O_4N_2$, aus Vorst. mit Pb/H_2 in Eisessig, Kp.$_{0,005}$ 260°, gelbliches, erstarrendes Öl. *Chloroplatinat*, F. 238—243°. — *10.11-Dimethoxy-1.2.3.4.6.7-hexahydro-2-oxymethylenbenzpyridocolin*, $C_{16}H_{23}O_3N$, Kp.$_{0,005}$ 180° (Luftbad), aus dem **III**-Methylester mit $LiAlH_4$ in Äther. *Hydrochlorid*, $C_{16}H_{23}O_3N \cdot HCl$, F. 231° (Zers.). (Mh. Chem. **83.** 513—22. 15/4.; S.-B. österr. Akad. Wiss., math.-naturwiss. Kl., Abt. IIb **161.** 513—22. 1952. Wien, Univ., II. Chem. Labor.) NEZEL. 3500

M. Pailer und **W. Brandstetter**, *Synthesen von Verbindungen mit konstitutioneller Beziehung zum Emetin.* 3. Mitt. *Synthese von Benzpyrrocolinen und Benzpyridocolinen.* (2. vgl. vorst. Ref.) Homoveratrylamin u. γ- bzw. δ-Ketosäureester wurden in einer hydrierenden Kondensation miteinander verknüpft. Beim Erhitzen im Vakuum bei 180 bis 190° bildeten sich die jeweiligen Lactame, die sich beim Kochen mit $POCl_3$ in Toluol cyclisieren ließen. Über Pd wurde darauf zu Hexahydrobenzpyrrocolin- bzw. -benzpyridocolinderivv. hydriert, mit Benzyljodid in Jodbenzylate übergeführt, deren HOFMANNscher Abbau den Isochinolinring öffnete. Bei anschließender Hydrierung über Pd wurde der Vinylrest zur Äthylgruppe hydriert u. der Benzylrest als Toluol abgespalten.

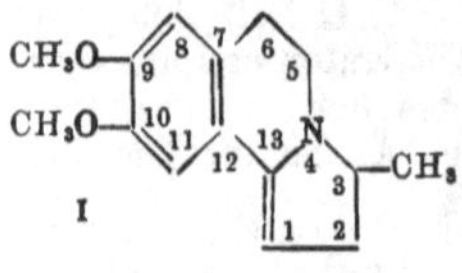

I

V e r s u c h e: *N-[β-3.4-Dimethoxyphenyläthyl]-5-methylpyrrolidon-(2)*, $C_{15}H_{21}O_3N$, Kp.$_{0,03}$ 140—155°, gelbes, viscoses Öl. Homoveratrylamin u. Lävulinsäureäthylester werden mit Pd/H_2 in absol. A. bei 55—60° während 2—5 Tagen hydrierend kondensiert u. der Filtrateindampfrückstand bei 180—190°/12 mm während 2 Std. zum Lactamring geschlossen. — *N-[β-3.4-Dimethoxyphenyläthyl]-4.5-dimethylpyrrolidon-(2)*, $C_{16}H_{23}O_3N$, Kp.$_{0,2}$ 155—165°, gelbes, viscoses Öl; entsprechend mit β-Methyllävulinsäureäthylester. — *N-[β-3.4-Dimethoxyphenyläthyl]-6-methylpiperidon-(2)*, $C_{16}H_{23}O_3N$, Kp.$_1$ 170—180°, entsprechend aus γ-Acetyl-n-buttersäureäthylester, gelbes, viscoses Öl. — *N-[β-3.4-Dimethoxyphenyläthyl]-5.6-dimethylpiperidon (2)*, $C_{17}H_{25}O_3N$, Kp.$_1$ 175—185°, aus γ-Acetyl-n-valeriansäureäthylester, gelbes, viscoses Öl. — *9.10-Dimethoxy-2.3.5.6-tetrahydro-3-methylbenzpyrrocolin* (**I**), $C_{15}H_{19}O_2N$, Kp.$_{0,02}$ 120—130°, gelbes, wachsartig erstarrendes Öl, durch Kochen des entsprechenden Lactams in absol. Toluol u. $POCl_3$ während 1 Std.; nichtbas. Bestandteile werden mit Ae. ausgeschüttelt, anschließend alkal. gemacht u. die Verb. in Ae. aufgenommen; 70—80% (Ausbeute), unbeständig. *Pikrat*, $C_{15}H_{19}O_2N \cdot$

$C_6H_3O_7N_3$, F. 154—155°. Analog: *9.10-Dimethoxy-2.3.5.6-tetrahydro-2.3-dimethylbenzpyrrocolin*, $C_{16}H_{21}O_2N$, Kp.$_{0,01}$ 135—145°, gelbes, wachsartig erstarrendes Öl. *Pikrat*, $C_{16}H_{21}O_2N \cdot C_6H_3O_7N_3$, F. 171—173°. — *10.11-Dimethoxy-6.7-dihydro-1.14-dehydro-4-methylbenzpiperidocolin* (Zählung vgl. **III** in vorst. Ref.), $C_{16}H_{21}O_2N$, Kp.$_1$ 160—170°, gelbes Öl. *Pikrat*, $C_{16}H_{21}O_2N \cdot C_6H_3O_7N_3$, F. 153—154°. — *10.11-Dimethoxy-6.7-dihydro-1.14-dehydro-3.4-dimethylbenzpiperidocolin*, $C_{17}H_{23}O_2N$, Kp.$_{0,01}$ 135—140°, gelbes Öl. *Pikrat*, $C_{17}H_{23}O_2N \cdot C_6H_3O_7N_3$, F. 137—139°. — *9.10-Dimethoxy-1.2.3.5.6.13-hexahydro-3-methylbenzpyrrocolin*, $C_{15}H_{21}O_2N$, Kp.$_{0,02}$ 110—120°, gelbes, wachsartig erstarrendes Öl; durch Hydrierung der Tetrahydroverb. über Pd in 50%ig. Essigsäure bei 20° während 2—4 Tagen. *Pikrat*, $C_{15}H_{21}O_2N \cdot C_6H_3O_7N_3$, F. 173—175°. *Hydrochlorid*, $C_{15}H_{21}O_2N \cdot HCl$, F. 246 bis 248° (Zers.). — *9.10-Dimethoxy-1.2.3.5.6.13-hexahydro-2.3-dimethylbenzpyrrocolin*, $C_{16}H_{23}O_2N$, Kp.$_{0,2}$ 150—155°, gelbes Öl. *Pikrat*, $C_{16}H_{23}O_2N \cdot C_6H_3O_7N_3$, F. 163—164°. *Hydrochlorid*, $C_{16}H_{23}O_2N \cdot HCl$, F. 213—216° (Zers.). — *10.11-Dimethoxy-1.2.3.4.6.7-hexahydro-4-methylbenzpyridocolin*, $C_{16}H_{23}O_2N$, Kp.$_1$ 150—155°, gelbes Öl. *Pikrat*, $C_{16}H_{23}O_2N \cdot C_6H_3O_7N_3$, F. 181—183°. *Hydrochlorid*, $C_{16}H_{23}O_2N \cdot HCl$, F. 214—217° (Zers.). — *10.11-Dimethoxy-1.2.3.4.6.7-hexahydro-3.4-dimethylbenzpyridocolin*, $C_{17}H_{25}O_2N$, Kp.$_{0,01}$ 130 bis 135°, gelbes Öl. *Pikrat*, $C_{17}H_{25}O_2N \cdot C_6H_3O_7N_3$, F. 197—199°. *Hydrochlorid*, $C_{17}H_{25}O_2N \cdot HCl$, F. 217—219° (Zers.). — *1-Benzyl-2-[4.5-dimethoxy-2-vinylphenyl]-5-methylpyrrolidin*, $C_{22}H_{27}O_2N$, Kp.$_{0,001}$ 125—135°, gelbes Öl. Entsprechende vorst. Base wird mit Benzyljodid in Bzl. während 2 Std. in das Benzylat übergeführt, in methanol. wss. Lsg. mit frisch gefälltem Ag_2O geschüttelt, filtriert u. der Filtratrückstand im Wasserbad bei 12 mm 1 Std. erhitzt. — *1-Benzyl-2-[4.5-dimethoxy-2-vinylphenyl]-4.5-dimethylpyrrolidin*, $C_{23}H_{29}O_2N$, Kp.$_{0,01}$ 130—140°, gelbes Öl. — *1-Benzyl-2-[4.5-dimethoxy-2-vinylphenyl]-6-methylpiperidin*, $C_{23}H_{29}O_2N$, Kp.$_{0,02}$ 150—160°, gelbes Öl. — *1-Benzyl-2-[4.5-dimethoxy-2-vinylphenyl]-5.6-dimethylpiperidin*, $C_{24}H_{31}O_2N$, Kp.$_1$ 180—190°, gelbes Öl. — *2-[4.5-Dimethoxy-2-äthylphenyl]-5-methylpyrrolidin*, $C_{15}H_{23}O_2N$, Kp.$_{0,002}$ 105—115°. *Pikrat*, $C_{15}H_{23}O_2N \cdot C_6H_3O_7N_3$, F. 154—156°. — *2-[4.5-Dimethoxy-2-äthylphenyl]-4.5-dimethylpyrrolidin*, $C_{16}H_{25}O_2N$, Kp.$_{0,2}$ 125—135°, gelbes Öl. *Pikrat*, $C_{16}H_{25}O_2N \cdot C_6H_3O_7N_3$, F. 166—167°. — *2-[4.5-Dimethoxy-2-äthylphenyl]-6-methylpiperidin*, Kp.$_1$ 140—145°, gelbes Öl. *Pikrat*, $C_{16}H_{25}O_2N \cdot C_6H_3O_7N_3$, F. 205—206°. — *2-[4.5-Dimethoxy-2-äthylphenyl]-5.6-dimethylpiperidin*, $C_{17}H_{27}O_2N$, Kp.$_1$ 130—140°, gelbes Öl. *Pikrat*, $C_{17}H_{27}O_2N \cdot C_6H_3O_7N_3$, F. 197—200°. (Mh. Chem. **83**. 523—29. 15/4.; S.-B. österr. Akad. Wiss., math.-naturwiss. Kl., Abt. IIb. **161**. 523—29. 1952.) NEZEL. 3500

A. A. Krassnowski, W. B. Jewstignejew, G. P. Brin und **W. A. Gawrilowa**, *Isolierung des Phycoerythrins aus Rotalgen, seine spektralen und photochemischen Eigenschaften.* Zur Gewinnung von Phycoerythrin (**I**) wurde Callithamnium ribosum, das **I** leicht abgibt, benutzt. Die Alge wurde mit dest. W. 24 Std. digeriert, die vorher mit Ae. extrahierte wss. Lsg. an $Ca_3(PO_4)_2$ chromatographiert, die himbeerrote, oberhalb der blauen Phycocyaninzone befindliche **I**-Zone mit Na_2HPO_4-Lsg. eluiert, die Lsg. gegen dest. W. dialysiert u. für die Verss. benutzt. Beim Ultrazentrifugieren der Lsg. von **I** in 0,15 mol. Na_2HPO_4-Lsg. wurde das Vorhandensein von 2 Eiweißkomponenten, Mol.-Gew. ca. 300000 u. 50000, festgestellt. Das in Phosphatpufferlsgg. bei p_H 3,6—10,2 aufgenommene Absorptionsspektr. von **I** hat das Hauptmaximum (H.M.) bei 565, 2 weitere Maxima bei 540 u. 495 mμ. Die Intensität ist im isoelektr. Punkt von **I**, bei p_H 4,3, am geringsten; bei $p_H < 3{,}7$ u. $p_H > 8{,}5$ erfolgt schneller Intensitätsabfall infolge Koagulation von **I**. Die Intensität der Fluorescenz bei 575 mμ ist bei p_H 7,5 am größten; sie vermindert sich sowohl nach der sauren wie bas. Seite. Der Pigmentteil von **I**, Erythrobilin (**II**), ist in **I** an Protein gebunden. Es wurde aus **I** durch 24std. Hydrolyse mit 15%ig. HCl bei Zimmertemp. erhalten, durch Amylalkohol extrahiert u. in alkoh. Lsg. spektrometr. untersucht. Das H.M. liegt bei 495 mμ, dasjenige seines an der Luft entstehenden, blauen Oxydationsprod. (Cyanobilin?) bei 600 mμ. — Die photochem. Oxydation von **I** an der Luft unter Belichtung mit einer 500 Watt-Lampe erfolgte langsam, schneller in Ggw. von A. u. bes. Dioxan oder Pyridin; im Spektr. hielt sich das Maximum bei 495 mμ am längsten. Photored. durch Ascorbinsäure (**III**) erfolgte nicht. **I** wirkte auf isolierte Chloroplasten nicht photosensibilisierend in bezug auf die O_2-Ausscheidung aus W. in Ggw. von Chinon, vermochte auch die Photooxydation von **III** durch Luft-O_2 nicht zu sensibilisieren u. war ebenso inakt. bei der photochem. Übertragung von H_2 von **III** oder Brenztraubensäure an Safranin u. Riboflavin (**IV**). Die Fluorescenz von **I** ließ sich in Ggw. von **IV** nicht durch Monochromatlicht aus dem Absorptionsbereich des letzteren sensibilisieren. Demach ist **I** photochem. unwirksam u. unterscheidet sich hierin von Chlorophyll (**V**). Wahrscheinlich ist es bei der Photosynth. in der Alge chem. nicht beteiligt, sondern dient nur als Überträger der Lichtenergie an das **V**-Molekül. (Доклады Академии Наук СССР [Ber. Akad. Wiss. UdSSR] [N. S.] **82**. 947—49. 21/2. 1952. Bach-Inst. für Biochem. der Akad. der Wiss. der UdSSR.) R. KNOBLOCH. 3550

W. Kuhn und **H. Schinz**, *Über die Lavandulylsäure und ihre Umwandlungsprodukte*. Durch Kondensation von Isoprenhydrobromid (I), $(CH_3)_2C{:}CH{\cdot}CH_2Br$, mit der Na-Verb. des Isopropylidenmalonesters (II), bei deren Darst. die Isopropyliden- zur Isopropenylgruppe isomerisiert wird, entsteht *Isopentenylisopropenylmalonester*; aus der entsprechenden Dicarbonsäure ist durch Decarboxylierung *Lavandulylsäure* (III), $(CH_3)_2C{:}CH{\cdot}CH_2{\cdot}CH(COOH){\cdot}C(CH_3){:}CH_2$, leicht erhältlich. UV- u. Infrarotspektr. von III stehen in Übereinstimmung mit ihrer Konst., letzteres zeigt bes. die Abwesenheit der isomeren α.β-ungesätt. Isolavandulylsäure. Red. von III mit $LiAlH_4$ liefert *Lavandulol*, das damit auf einem sehr einfachen Weg zugänglich geworden ist. III läßt sich mit $SOCl_2$ in das *Säurechlorid* überführen u. dieses nach ROSENMUND zum *Aldehyd* reduzieren, dabei hat aber zum Teil Verschiebung der Doppelbindung in die α.β-Stellung zur Carbonylgruppe stattgefunden, u. es entsteht ein Gemisch von *Lavandulal* u. *Isolavandulal*. III wurde ferner zur *β-Cyclolavandulylsäure* cyclisiert u. diese zu *β-Cyclolavandulol* red., beide Verbb. waren mit den von BRENNER u. SCHINZ (C. **1953**. 382) beschriebenen nach Infrarotspektr. u. F. ihrer Derivv. identisch.

Versuche: *γ.γ-Dimethylallylalkohol* (*prim. Isoprenalkohol*), $Kp._{10}$ 85—86°, durch Red. von Dimethylacrylsäure mit $LiAlH_4$. — *Isoprenhydrobromid* (I), $Kp._{100}$ 68—70°, aus vorst. Alkohol mit PBr_3 in PAe. in Ggw. von Pyridin; 75% (Ausbeute). — *Isopentenylisopropenylmalonester*, $C_{15}H_{24}O_4$, $Kp._{0,03}$ 93°, durch Zugabe von II zu Na-Pulver unter Ae. bei Zimmertemp., 15std. Kochen, Versetzen mit I, 36std. Kochen, Eingießen in W. u. Aufarbeitung der äther. Schicht; $D.^{20}{}_4$ 0,9868, $n_D{}^{20}$ 1,4581; 78%. — *Lavandulylsäure* (III), $C_{10}H_{16}O_2$, $Kp._{0,03}$ 87—88°, durch Verseifung des vorst. Esters mit 25%ig. methanol. KOH (1 Std. Rückfluß), Lösen des ausgefallenen K-Salzes in W., Ansäuern mit konz. HCl, Ae.-Extraktion der Dicarbonsäure u. Erwärmen auf 175°/100 mm; $D.^{20}{}_4$ 0,9470, $n_D{}^{20}$ 1,4702, UV-Absorption bei 340, 320, 300, 280, 260, 240 u. 220 mμ: log ε = 1,5m 1,9, 2,1, 2,05, 2,4, 3,0 u. 2,4. — *Lavandulol*, $C_{10}H_{18}O$, $Kp._{11}$ 96°, durch Red. von III in Ae. mit $LiAlH_4$; $D.^{19}{}_4$ 0,8799, $n_D{}^{19}$ 1,4702; 75%. *Allophanat*, $C_{12}H_{20}O_3N_2$, F. 117—118° (CH_3OH). — *Lavandulylsäurechlorid*, $Kp._{11}$ 87—89°, aus III in Ae. mit $SOCl_2$ zunächst bei 0°, dann bei Raumtemp. u. schließlich 3 Std. unter Rückfluß; 75%. — *Lavandulal* u. *Isolavandulal*, $Kp._{11}$ 65—70°, durch Hydrierung vorst. Säurechlorids in Toluol in Ggw. von 4%ig. $Pd/CaCO_3$ bei 135°; 43%. *Isolavandulal-2.4-dinitrophenylhydrazon*, $C_{16}H_{20}O_4N_4$, F. 155°, rote Nadeln. *Lavandulal-2,4-dinitrophenylhydrazon*, F. 95°, gelbe Blättchen; *Semicarbazon*, $C_{11}H_{19}ON_3$, F. 128—129° (CH_3OH), λ_{max} 232 mμ (log ε = 4,15). — *β-Cyclolavandulylsäure*, $C_{10}H_{16}O_2$, F. 109—110° (wss. CH_3OH), durch Stehen von 2 g III in 100%ig. HCOOH + konz. H_2SO_4 über Nacht; $Kp._{0,09}$ 83°, UV-Absorption bei 280, 260, 240 u. 220 mμ: log ε = 2,0, 2,6, 3,7, 3,95 u. 3,9; 0,9 g. — *β-Cyclolavandulol*, $C_{10}H_{18}O$, $Kp._{11}$ 100—101°, durch Red. vorst. Säure mit $LiAlH_4$ in Ae., D. $^{20}{}_4$ 0,9161, $n_D{}^{20}$ 1,4811; 72%. *Allophanat*, $C_{12}H_{20}O_3N_2$, F. 162—163° (CH_3OH). (Helv. chim. Acta **35**. 2008—15. 15/10. 1952. Zürich, ETH, Organ.-chem. Labor.) SPAETH. 3600

H. Gutmann, **O. Jeger** und **L. Ruzicka**, *Zur Kenntnis der Triterpene*. 161. Mitt. *Über die Konfiguration am Kohlenstoffatom 10 der pentacyclischen Triterpene*. (160. vgl. C. **1953**. 1180.) Früher wurde festgestellt (vgl. C. **1936**. I. 4298), daß bei alkal. Verseifung des *Acetyloleanoldisäuredimethylesterlactons* (I), anschließender CH_2N_2-Veresterung u. Nachacetylierung ein I-Isomeres entsteht. Die seinerzeit vermutete Erklärung, daß in der iso-Reihe nicht dieselbe COOH-Gruppe mit der OH-Gruppe an $C_{(13)}$ lactonisiert ist wie in der n., kann nicht zutreffen, wie spätere Unterss. (vgl. RUZICKA u. Mitarbeiter, C. **1950**. I. 193) zeigten. Es stellt sich nun heraus, daß es sich bei der Isomerisierung um einen Konfigurationswechsel an $C_{(10)}$ handelt: I gibt bei 3std. Kochen mit 5%ig. methanol. KOH das *Isooleanoldisäuremonomethylesterlacton* (II), während das unveresterte III unter gleichen Bedingungen nicht isomerisiert, sondern nur entacetyliert wird zum *Oleanoldisäurelacton* (IV), das wieder in I überführbar ist (l. c.). Damit ist gleichzeitig gezeigt, daß an der Isomerisierung $C_{(18)}$ nicht beteiligt ist. I wird aber auch durch starke Mineralsäuren isomerisiert, z. B. durch Stehenlassen mit HBr–Eisessig zu *Acetylisooleanoldisäuremonomethylesterlacton* (V), das mit CH_2N_2 den *Dimethylester* (VI) liefert. Auch III wird mit starken Säuren isomerisiert zu dem bekannten *Acetylisooleanoldisäurelacton* (VII). — Da III nur mit Säuren, I jedoch sowohl bei der sauren als auch der alkal. Verseifung isomerisiert wird, muß es sich bei der Isomerisierung um die Epimerisierung einer sek. gebundenen COOH-Gruppe handeln; weitere Beispiele für solche Epimerisierungen werden aus der Literatur gebracht. Bei der Isomerisierung geht die COOH-Gruppe in eine ster. stärker gehinderte Stellung über, denn die Dimethylester der iso-Reihe sind sehr viel schwerer verseifbar als die der n. Reihe. Das isomerisierende Reagenz wird sich also von der ster. weniger gehinderten Seite nähern. — Aus den Unterss. folgt, daß die COOH-Gruppe an $C_{(10)}$ in der iso-Reihe polar, in der n. Reihe äquatorial gebunden ist. Da für die Ringe A u. B die trans-Verknüpfung bewiesen ist, ist die CH_3-Gruppe an $C_{(5)}$ polar gebunden; der polare Substituent an $C_{(10)}$ hat also α-, der äquatoriale β-Konfiguration, u. in der n. Reihe liegt das H-Atom an $C_{(10)}$ in anti-Stellung zur CH_3-Gruppe an $C_{(5)}$. Mit der einzigen Voraussetzung, daß bei der oxydativen Aufspaltung des Ringes C der Oleanolsäure mit CrO_3 die Konfiguration an $C_{(10)}$ nicht geändert wird, ist die erwähnte Anordnung auch für das Gerüst der *β-Amyrin–Oleanolsäure-Gruppe* u., da diese die gleiche Konfiguration der Ringe A, B, C u. D hat wie die *Lupeol-* u. *Heterolupeolgruppe,* auch für diese bewiesen. Demnach weisen die Ringverknüpfungsstellen 5, 6 u. 10 dieser Triterpene (**VIII**) die gleiche ster. Anordnung auf wie die Verknüpfungsstellen 10, 5 u. 9 des Cholestans (**IX**).

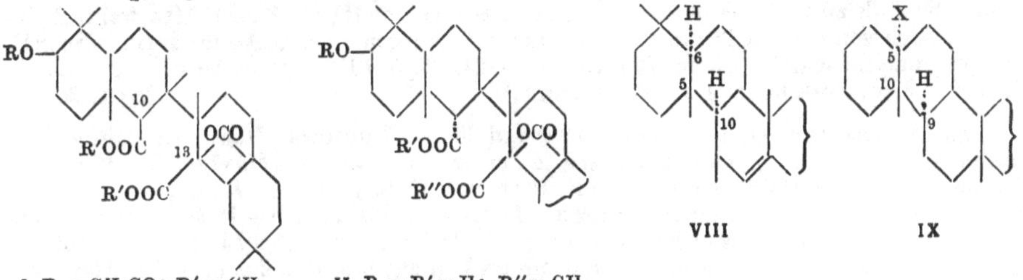

VIII IX

I R = CH_3CO; R' = CH_3
III R = CH_3CO; R' = H
IV R = R' = H

II R = R' = H; R'' = CH_3
V R = CH_3CO; R' = H; R'' = CH_3
VI R = CH_3CO; R' = R'' = CH_3
VII R = CH_3CO; R' = R'' = H
X R = H; R' = R'' = CH_3

Versuche (FF. korr. u. in einer im Hochvakuum evakuierten Capillare bestimmt): *Acetylisooleanoldisäurelacton* (**VII**), F. 324—325° (Zers.), aus 1 g Acetyloleanoldisäurelacton (**III**) durch langsame Zugabe zu gleichen Mengen rauchender HNO_3 u. Eisessig, mehrstd. Stehen, Erwärmen auf 50—55°, Eingießen in W. u. Lösen des Nd. in Ae.; aus Methanol feine Nädelchen; Ausbeute 0,94 g. — *Acetylisooleanoldisäuredimethylesterlacton* (**VI**), $C_{34}H_{52}O_8$, F. 279—280°; aus CH_3OH Nadeln. — *Isooleanoldisäuredimethylesterlacton* (**X**), F. 216—216,5°, durch Verseifen von **VI** mit 5%ig. methanol. KOH; aus Methanol Nadeln. (Helv. chim. Acta **34.** 1154—60. 15/6. 1951. Zürich, ETH, Organ.-chem. Labor.) NITZSCHKE. 3600

Richard Kuhn und **Irmentraud Löw,** *Abbau von Tomatidin zum Tigogeninlacton.* Tomatin wird aus den Blättern der Wildtomaten Lycopersicum esculentum var. pruniforme, L. peruvianum, L. hirsutum, L. baccisluteum u. L. mexicanum mit Ausbeuten von 3,0, 1,0, 2,2, 0,75 bzw. 1,1 g/kg frische Blätter isoliert u. durch Hydrolyse in *Tomatidin* (**III**; $C_{27}H_{45}O_2N$, F. 202—203°) übergeführt. **III** liefert bei der Hydrierung mit Pt in Eisessig *Dihydrotomatidin* ($C_{27}H_{47}O_2N$, F. 202°, $[\alpha]_D^{20}$ ±1° [CH_3OH]), in dem einer

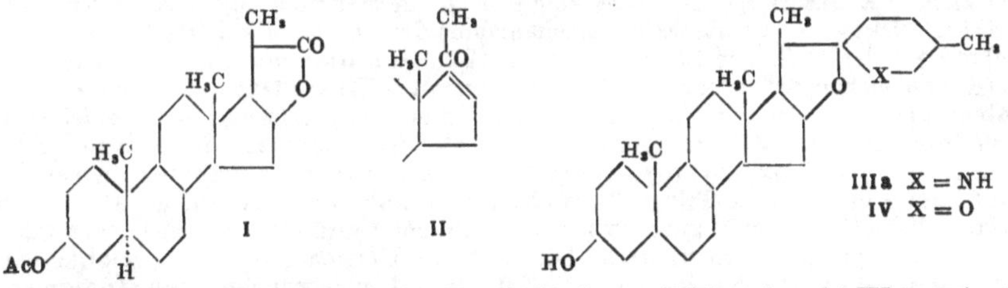

I II

IIIa X = NH
IV X = O

der 6 Ringe reduktiv aufgesprengt ist. Durch Kochen mit Eisessig geht **III** in 3-Acetyltomatidin ($C_{29}H_{47}O_3N$, F. 175—176°) u. amorphes Diacetyltomatidin über, während bei der Acetylierung mit Keten in Bzl. ein *hochschm. Diacetyltomatidin* (**V**; $C_{31}H_{49}O_4N$, F. 192—194°; vgl. KUHN u. Mitarbeiter, Chem. Ber. **83.** [1950.] 448), mit sd. Acetanhydrid + Pyridin neben **V** ein *tiefschm. Diacetyltomatidin* ($C_{31}H_{49}O_4N$, F. 96°) entsteht. **V** läßt sich in Eisessiglsg. durch Belichtung oder längeres Kochen in ein anderes *isomeres Diacetyltomatidin* (**VI**; $C_{31}H_{49}O_4N$, F. 92°, $[\alpha]_D^{20}$ ±1° [CH_3OH]) mit geöffnetem N-Heterocyclus umwandeln. Mit sd. Acetanhydrid ohne Pyridin liefert **III** ein *amorphes Triacetylderiv.* ($C_{33}H_{51}O_5N$, F. 95—96°, $[\alpha]_D^{20}$ +74° [CH_3OH]), das durch alkal. Verseifung in **III** zurückverwandelt wird, u. *krist. Triacetyltomatidin* (**VII**; $C_{33}H_{51}O_5N$, F. 101—102°, $[\alpha]_D^{20}$ −7° [CH_3OH]); vgl. SATO u. Mitarbeiter, J. Amer. chem. Soc. **73.** [1951.] 880), welches schon beim Chromatographieren an Al_2O_3 einen Acetylrest abspaltet u. in ein *amorphes* u. ein *krist. Diacetyltomatidin* ($C_{31}H_{49}O_4N$, F. ~90° bzw. F. 125°) übergeht.

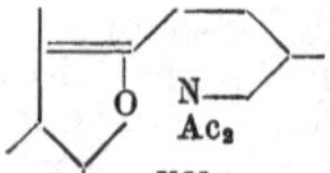
VII

VII wird durch Hydrierung (Pt in Eisessig) leicht in eine *Dihydroverb.* ($C_{33}H_{53}O_5N$, F. 113°) übergeführt u. stellt ein O.N.N-Triacetylderiv. mit wahrscheinlich nebenst. Teilstruktur dar. **V** liefert bei der Oxydation mit CrO_3 in Eisessig bei 20° 64% *3-Acetyltigogeninlacton* (**I**; $C_{24}H_{36}O_4$, F. 220—221°, $[\alpha]_D^{20}$ —50,3° [Chlf.], durch alkoh. HCl verseifbar zu *Tigogeninlacton*, $C_{22}H_{34}O_3$, F. 235—236°, $[\alpha]_D^{20}$ —41,6° [Chlf.]; vgl. TSCHESCHE u. HAGEDORN, Ber. dtsch. chem. Ges. **68.** [1935.] 1412), während aus **VI** unter denselben Bedingungen ein Gemisch von **I** u. *3-Acetylpregnenolon* [*Δ^{16}-3.β-Acetoxyallopregnenon-(20)* (**II**), F. 162—163°], aus **VII** aber nur **II** erhalten wird. Die Oxydation von **VI** mit H_2O_2 in Eisessig bzw. tert.-Butanol bei Ggw. von V_2O_5 führt mit 15 bzw. 54% Ausbeute ebenfalls zu **II**. Nach den vorst. Ergebnissen ist für **III** die Konst. **IIIa** wahrscheinlich, die sich von der des Tigogenins (**IV**) durch Austausch eines O-Atoms gegen eine NH-Gruppe unterscheidet. (Chem. Ber. **85.** 416—24. 20/5. 1952. Heidelberg, Max-Planck-Inst. für Med. Forschung, Inst. für Chemie.) BOIT. 3650

Ss. D. Balachowski, N. N. Drosdowa und **W. N. Fedorowa,** *Über gegenseitige Einwirkungen von Carotinoiden und Kupfer.* Zu einer Lsg. von *Ascorbinsäure* (**I**) (1000 Mol) wurde mit u. ohne Puffer *Cu* (1 Mol) in Form von $CuSO_4$ oder im Komplex mit Alanin gegeben u. in wechselnden Mengen *Carotin* (**II**) in wss. koll. Lsg. (1—15 Mol) hinzugefügt. Unter den gegebenen Verhältnissen betrug die Cu-Konz. 20—25 γ/Liter. Spektrophotometr. zeigen Vff., daß Cu die Autoxydation des **II** nicht beschleunigt u. daß in Ggw. von **I** + Cu die Oxydation sogar etwas langsamer verläuft. Die katalyt. Oxydationsfähigkeit von **I** ist bekanntlich von der Rk. des Mediums stark abhängig. Auch die hemmende Wrkg. des **II** auf die katalyt. Oxydation von **I** durch Cu ist vom p_H des Mediums abhängig. Bei p_H 7,4 wird **I** leichter oxydiert als bei p_H 5,9. Somit zeigt **II** in wss.-koll. Lsg. in Ggw. von freiem oder gebundenem Cu die Fähigkeit, die katalyt. Oxydation von **I** stark zu hemmen. (Доклады Академии Наук СССР [Ber. Akad. Wiss. UdSSR] [N. S.] **87.** 453—55. 21/11. 1952.) ULMANN. 3800

V. D. Frost, M. Lapidus, Katharine Armstrong Plaut, Erna Scherfling und **H. H. Fricke,** *Unterschiedliche Stabilität verschiedener Analoga von Cobalamin gegen Vitamin C. Vitamin B_{12}* (**I**; *Cyancobalamin*) wird in wss. Lsg. durch eine Mischung von *Ascorbinsäure* (**III**), *Na-Ascorbinat* (1:4) nur zu 5%, eine Lsg. von *Vitamin B_{12b}* (**II**; *Oxycobalamin*) dagegen zu 95% zerstört. Fe- u. Cu-Ionen sowie Sulfit, Nitrit u. Cyanid stabilisieren **II**, während Thiocyanat, Histidin u. NH_3 die Zerstörung von **II** nicht verhindern können. Verss. machen es wahrscheinlich, daß **III** aus **II** Co in Freiheit setzt. — Thioglykolsäure, Cysteinhydrochlorid, Thioäpfelsäure u. Thiosorbit zerstören ebenfalls **II** schneller als **I**, jedoch ist der Unterschied weniger ausgeprägt als bei **III**. Sulfit schützt auch in diesen Fällen **II** vor der Zersetzung. (Science [Washington] **116.** 119—21. 1/8. 1952. North Chicago, Ill., Abbott Labors.) RUTKOWSKI. 3800

M. M. Schemjakin, A. Ss. Chochlow und **M. N. Kolossow,** *Mechanismus einiger Umwandlungen und Wege der Biogenese von Kohlenhydraten mit verzweigter Kohlenstoffkette.* Diskussion des Reaktionsmechanismus des bei der alkal. Hydrolyse aus dem Streptoseteil der Moll. von Streptomycin u. Mannosidostreptomycin entstehenden Maltols (**I**), desgleichen der analogen Bldg. von Oxymaltol (**II**) aus Oxystreptomycin. Danach entsteht aus der Dialdehydform von *Streptose* (*α.β.γ-Trioxy-β-formyl-n-valeraldehyd*) (**III**) durch Isomerisation 1.3.4-Trioxy-2-oxo-1-[α-oxyäthyl]-cyclobutan, das sich unter Ringöffnung zu α.β.δ-Trioxy-γ-oxo-n-capronaldehyd isomerisiert, worauf ein neuer Ringschluß zum isomeren 4.5.6-Trioxy-3-oxo-2-methyltetrahydropyran erfolgt. Die einzelnen Etappen dieses Weges sind zwar experimentell nicht begründet, stimmen aber mit den Erfahrungen bei Acyloinen überein. Die weiteren Umwandlungen der letztgenannten Verb. führen über Dehydratationen u. Keto-Enol-Umlagerungen ohne Änderung des C-Skeletts zu **I** (3-Oxy-2-methyl-1.4-pyron). Die Bldg. von **II** (3-Oxy-2-oxymethyl-1.4-pyron) aus *Oxystreptose* (**IV**) soll analog verlaufen. Dieser Reaktionsweg ist umkehrbar. So wird die Bldg. von Kohlenhydraten mit verzweigter Kette aus solchen mit unverzweigter bei der Biosynth. von **III** u. **IV** gedeutet; aus einem Monosaccharid mit unverzweigter Kette wird über einen Ketoaldehyd ein cycl. Acyloin gebildet, das zu einer Dicarbonylverb. mit verzweigter Kette gespalten wird: $OCH(CHOH)_4CH_2X \rightarrow OCH\cdot(CHOH)_2COCHOHCH_2X \rightarrow HOCH-C(OH)CHOHCH_2X \rightarrow HOCH-C(OH)CHOH\cdot CH_2X$ (mit Ringglied HOCH — CO im ersten bzw. OCH HCO im zweiten Produkt) (X = H bei **III**, X = OH bei **IV**). Die Biosynth. von *Apiose, Cordycepose* u. *Hamamelose* soll ähnlich verlaufen. Die von LEMIEUX u. WOLFROM (Advances in Carbohydrate Chemistry **3.** [1948.] 372) vertretene Ansicht über den Reaktionsweg wird abgelehnt, da sie dem chem. Verh. dieser Verbb. nicht entspricht. — Die Konst. von **II** wurde endgültig durch seine Synth. aus Pyromekonsäure (**V**) bewiesen.

Versuche: *Oxymaltol* (II), $C_6H_6O_4$, F. 150—151°. 1,75 g V werden mit 5 cm³ 20%ig. Formalin u. 3,4 g krist. CH_3CO_2Na in 8,5 cm³ A. 3 Std. auf 32—35° erwärmt; am nächsten Tag wird mit 50%ig. H_2SO_4 angesäuert, im Vakuum verdampft u. nach Zusatz von 10 g wasserfreiem Na_2SO_4 mit Ae. extrahiert; aus Methanol + Toluol; 1,45 g. Hieraus mit $SOCl_2$ in Chlf. bei 60—65° *3-Oxy-2-chlormethyl-1.4-pyron* (F. 150°; 72%) u. hieraus mit Zn + CH_3CO_2H nach STODOLA (vgl. C. **1952.** 5734) I (F. 160°. *Benzoylderiv.*, F. 114°), ident. mit einem Präp. aus Streptomycin. (Доклады Академии Наук СССР [Ber. Akad. Wiss. UdSSR] [N. S.] **85.** 1301—04. 21/8. 1952. Inst. für biol. u. med. Chem. der Akad. der Med. Wiss. der UdSSR.) WIEDEMANN. 3900

R. Chatterjee und **S. C. Chakravarti**, *Sikkimensisharz.* 1. Mitt. *Sikkimotoxin: Ein Lacton aus Podophyllum sikkimensis R. Chatterjee et Mukerjee.* Für das aus den Wurzeln von P. sikkimensis isolierbare *Sikkimotoxin* (I) (vgl. CHATTERJEE u. DUTTA, Indian J. Physiol. allied Sci. **4.** [1950.] 7) wird auf Grund nachst. beschriebener Rkk. die Teilstrukturformel **Ia** vorgeschlagen. I enthält 5 CH_3O-Gruppen u. bildet ein *Monoacetylderiv.* (II); da I nicht mit CH_2N_2 reagiert, ist die acetylierbare OH-Gruppe alkoh. Natur, u. zwar sek., da mit CH_3COCl *Monochlorsikkimotoxin* entsteht. Titration mit NaOH zeigt die Ggw. einer Lactongruppe an. Beim Erwärmen mit alkoh. Na-Acetatlsg., wss. Sodalsg., NaOH oder Pyridin lagert sich I in *Isosikkimotoxin* (III) um, das ebenfalls ein *Monoacetylderiv.* bildet; III reagiert nicht mit CH_3COCl. Zn-Staubdest. von I gibt *2-Methylnaphthalin*; III liefert mit HJ *6.7-Dioxy-2-methylnaphthalincarbonsäure-(3).* $KMnO_4$-Oxydation von I gibt *ω-[3'.4'.5'-Trimethoxyphenyl]-4.5-dimethoxyphthalid* u. durch dessen weitere Oxydation *4.5.3'.4'.5'-Pentamethoxy-2-benzoylbenzoesäure*, ferner *m-Hemipinsäure* u. *Trimethylgallussäure.*

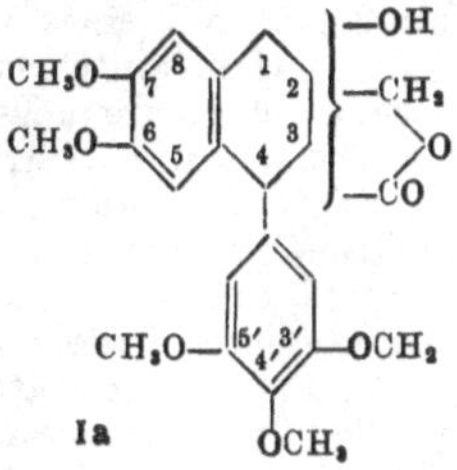

Ia

Versuche: *Sikkimotoxin* (I), $C_{23}H_{26}O_8$, F. 120°, durch Extraktion von 75 g Sikkimensisharz mit Chlf., Lösen des Extraktes in A. u. Ausfällung mit Bzl.; $[\alpha]_D^{25}$ +91,8°; 35 g (Ausbeute). *Acetylderiv.* (II), $C_{25}H_{28}O_9$, F. 180—182°, aus I mit Acetanhydrid; $[\alpha]_D^{25}$ —140,4° (Chlf.). — *2-Methylnaphthalin*, Kp.₈ 120°, durch Erhitzen von I mit Zn-Staub im H_2-Strom; *Pikrat*, $C_{17}H_{13}O_7N_3$, F. u. Misch-F. 114°. — *Isosikkimotoxin* (III), $C_{23}H_{26}O_8$, F. 220—222°, durch ½std. Kochen von I mit 2n-Sodalsg. oder n-NaOH oder während 24 Std. mit Na-Acetat in A. oder in CH_3OH + W. mit Pyridin u. Ansäuern; aus A. Nadeln, $[\alpha]_D^{25}$ +1,05° (Aceton). — *6.7-Dimethoxy-2-methylnaphthalincarbonsäure-(3)*, $C_{14}H_{14}O_4$, F. 223—225°, durch ½std. Kochen von III in CH_3COOH mit HJ (D. 1,7), Behandlung des Gemisches mit SO_2, Alkalisieren mit NaOH, Methylierung mit Dimethylsulfat, Kochen mit NaOH u. Ausfällung mit HCl; aus CH_3COOH Nadeln. — Oxydation von I mit alkal. $KMnO_4$ gab je nach den Bedingungen *m-Hemipinsäure* [$C_{10}H_{10}O_6$, F. 202 bis 204° (bei längerem Erhitzen) bzw. F. 189—191° (Zers.; bei schnellem Erhitzen); *Äthylimid*, $C_{12}H_{13}O_4N$, F. 230—231°] u. *Trimethylgallussäure* (F. u. Misch-F. 167—168°) bzw. *ω-[3'.4'.5'-Trimethoxyphenyl]-4.5-dimethoxyphthalid* ($C_{19}H_{20}O_7 \cdot ½ H_2O$, F. 205—207°, Nadeln aus A.) u. *4.5.3'.4'.5'-Pentamethoxy-2-benzoylbenzoesäure*, $C_{19}H_{20}O_8$, F. 210—211° (verd. A.). Das Phthalid ließ sich auch mit $K_3[Fe(CN)_6]$ zur Ketosäure weiteroxydieren. Beim Vers. der Oxydation von I mit H_2O_2 entstand III. — *Monoacetylisosikkimotoxin*, $C_{25}H_{28}O_9$, F. 207—208°, a) aus III mit Acetanhydrid ohne oder in Ggw. von Na-Acetat; b) aus I durch 1std. Erwärmen mit Acetanhydrid u. Na-Acetat; c) durch 8std. Kochen von II mit Na-Acetat in A.; aus A. Prismen. — *Monochlorsikkimotoxin*, $C_{23}H_{25}O_7Cl$, F. 196—197°, durch 4std. Kochen von I mit CH_3COCl; aus Bzl.–PAe. prismat. Nadeln. (J. Amer. pharmac. Assoc., sci. Edit. **41.** 415—19. Aug. 1952. Calcutta, India, Presidency Coll., Dep. of Chem.) SPAETH. 3950

T. A. Kucharenko und **A. Ss. Ssaweljew**, *Neutrale Stoffe unter den Hydrierungsprodukten von Huminsäuren verschiedener Herkunft.* (Vgl. C. **1952.** 1017.) Die bei Hydrierung von *Huminsäuren* (I) aus Torf, Braunkohlen oder aus Zucker (Einw. von H_2SO_4) erhaltenen neutralen Stoffe sind nur zum Teil in Bzl. löslich. Es hinterbleiben feste, amorphe, äußerlich den Ausgangs-I ähnliche Produkte. Die lösl. Stoffe enthalten noch O, das Verhältnis C/H, wie auch das Mol.-Gew. (230—400) steigt mit dem Alter der für die Darst. der I verwandten Ausgangsmaterialien an. Nachhydrierung führt zu O-freien Prodd., bei denen das Verhältnis C/H auf Seitenketten enthaltende cycl. Systeme hinweist. I aus Braunkohlen enthält 2—3 Ringe, aus Torf weniger u. aus Zucker (+ H_2SO_4) mehr. Die in Ae. unlösl. Hydrierungsprodd. zeigen auf Grund von Elementaranalysen u. röntgenograph. große Ähnlichkeit mit den Ausgangs-I, so daß Vff. sie als Prodd. der Hydrierung, Hydrogenolyse u. Kondensation von Zwischenprodd. ansprechen. (Доклады Академии Наук СССР [Ber. Akad. Wiss. UdSSR] [N. S.] **86.** 729—32. 1/10. 1952.) ULMANN. 3950

D_3. Makromolekulare Chemie.

R. Esche, *Untersuchungen zur Ultraschallabsorption in tierischen Geweben und Kunststoffen.* Mit Hilfe einer näher beschriebenen App. wurde im Frequenzbereich f = 300—600 kHz der Ultraschallabsorptionskoeff. β von mehreren Substanzen gemessen. β steigt linear mit f an. Für $2\beta/f$ (in Einheiten von 10^{-7} Sek./cm) wurde erhalten: *Rinderherz* 3,7, *Rinderniere* 2,2, *Rinderleber* 2,0, *Schweinehirn* 1,1, *Plexiglas* 7,0 u. *Bunagummi* 30; der Verlustfaktor der beiden letztgenannten Substanzen ergab sich zu $\Delta f/f = 2{,}8 \cdot 10^{-2}$ bzw. $5{,}9 \cdot 10^{-2}$. (Akust. Beih. Nr. **2.** 71—74. 1952. Beih. zu: Acustica [Zürich]. Göttingen, Univ., III. Physikal. Inst.) FUCHS. 4000

Werner Kuhn, Hans Kuhn und **Peter Buchner,** *Hydrodynamisches Verhalten von Makromolekülen in Lösung.* Nach allg. Behandlung der Form u. Eigg. von Makromoll., Translation, Diffusion u. Sedimentation, Verh. im Strömungsgefälle, Viscosität u. Strömungsdoppelbrechung werden in einem Anhang mathemat. Ableitungen gegeben: Für das Knäuelvol. eines verzweigten im Vgl. zu dem unverzweigten Fadenmol., für die Diffusionskonstanten von Ellipsoiden für bestimmte Orientierungen u. für statist. Orientierung der Figurenachse zu Translationsrichtung, für die teilweise Durchspülung statist. gestalteter Fadenmoll. bei höherem Polymerisationsgrad, für die Rotationsdiffusionskonstanten, die Verteilung der Teilchenachsen in der Strömungsebene u. die Verteilungsfunktion für die räumliche Orientierung der Teilchenachsen in strömender Lsg. für Hanteln, Stäbchen u. Ellipsoide, für die Rotationsdiffusionskonstante statist. geformter, unverzweigter Fadenmoll., für die Verteilungsfunktion für Fadenmoll. mit kleiner u. großer innerer Viscosität, für die spezif. Viscosität bei mittlerem u. großem Strömungsgefälle von Suspensionen von Hanteln, Stäbchen u. Ellipsoiden bei Verteilung der Teilchenachsen in der Strömungsebene, für die Beziehung zwischen Viscositätszahl u. Rotationsdiffusionskonstante von Hanteln, Stäbchen u. Ellipsoiden, für den Rotationswiderstand u. Viscositätsbeitrag unverzweigter Fadenmoll., für die opt. Anisotropie von Rotationsellipsoiden durch Überlagerung von Eigendoppelbrechung u. Formdoppelbrechung, für den Betrag der Strömungsdoppelbrechung durch Orientierung in der Strömungsebene u. für die Orientierung der Strömungsdoppelbrechung bei Verteilung der Achsen von Hanteln, Stäbchen u. Ellipsoiden in der Strömungsebene. — 100 Literaturangaben. (Ergebn. exakt. Naturwiss. **25.** 1—108. 1951. Basel.) R. LEVI. 4000

Kurt Hultzsch, *Über Zusammenhänge und Abgrenzungen bei Polyreaktionen.* Die bisher übliche Einteilung der Kunststoffe in Polykondensate u. Polymerisate reicht infolge der Entw. neuer Methoden zur Herst. makromol. Verbb. nicht mehr aus. Vf. versucht daher, die Poly-Rkk. miteinander in Beziehung zu setzen, u. gelangt so zu einer Einteilung, bei welcher die unter H-Wanderung verlaufenden Polyadditionsvorgänge sowie die nach dem Ionenkettenmechanismus verlaufenden Polymerisationen gespannter Heterocyclen als verbindende Glieder zwischen der echten Polykondensation u. der Polymerisation ungesätt. Verbb. aufgefaßt werden. (Kunststoffe **42.** 385—90. Nov. 1952. Wiesbaden-Biebrich.) WINIKER. 4000

W. Mund und **J. A. Herman,** *Quantitativer Vergleich der radiochemischen Effekte in flüssiger und in gasförmiger Phase.* Vff. beschreiben eine experimentelle Meth., die es gestattet, die chem. Wirkungen der α-Strahlen in fl. u. in gasförmiger Phase im Fall der Polymerisation von *Vinylchlorid* auf eine gemeinsame Messung zurückzuführen. Vff. beschreiben die App. u. zeigen an einem Vers., daß die Anzahl der durch jede Bahn eines α-Teilchens verursachten Reaktionsketten in fl. u. gasförmiger Phase die gleiche ist. (Bull. Cl. Sci., Acad. roy. Belgique [5] **37.** 333—40. 1951. Louvain, Labor. de Chim. Physique.) FREIWALD. 4010

Marius Badoche und **Li-Shu-Hua,** *Veränderung der spezifischen Wärme von Polyvinylverbindungen in Abhängigkeit vom Polymerisationsgrad bei verschiedenen Temperaturen.* Bei drei Proben von *Polyvinylchlorid* (Mol.-Gew. 23000, 70000 u. 125000) u. drei Proben von *Polystyrol* (Mol.-Gew. 55000, 125000 u. 425000) wurde die spezif. Wärme bei Tempp. von 70—113° bestimmt. Die spezif. Wärmen nehmen mit steigendem Mol.-Gew. ab u. mit steigender Temp. zu. (Bull. Soc. chim. France, Mém. [5] **18.** 546—49. Juli/Aug. 1951. Coll. de France, Labor. de Chimie organique.) LANTZSCH. 4010

Bernhard Jacobi, *Zur Kolloidchemie der Emulsionspolymerisation.* Vf. berichtet über eigene Arbeiten, bes. am *Vinylchlorid,* die zur Aufklärung des Mechanismus der Emulsionspolymerisation beitragen. Unter Zugrundelegung der Theorie von FIKENTSCHER, der den Ort der Polymerisation in die wss. Phase, also nicht in das dispergierte Monomerentröpfchen, verlegt, wird bei der kontinuierlichen Vinylchloridpolymerisation das Wachstum der Kolloidteilchen u. die Änderung der Oberflächenspannung der Emulsion (bzw. der tatsächliche Bedarf der Emulsion an Emulgator) im Verlauf der Polymerisation verfolgt. Für die Best. der inneren Oberfläche der Emulsion wird eine einfache Meth. (Adsorptionstitration) u. deren Eichung mittels der N_2-Adsorptionsmeth. angegeben. Die experimentellen Befunde über den Zusammenhang zwischen Emulgatoradsorption u. Teilchenwachstum führen zur Diskussion der Theorie der Emulsionspolymerisation von HARKINS (J. Polymer Sci. **5.** [1950.] 217), der annimmt, daß die in der wss. Phase gebildeten Polymerkeime in die von Monomerem gequollenen u. von Emulgator dispergierten Polymerteilchen diffundieren u. dort auspolymerisieren. Es wird gezeigt, daß beim Vinylchlorid die Keimbldg. u. das Wachsen bis zum fertigen Polymermol. innerhalb der wss. Phase vor sich geht u. daß die zur Bldg. eines Makromol. erforderlichen Monomerenmoll. an die wachsende Kette herandiffundieren müssen, so daß die absol. Wachstumsgeschwindigkeit der Kette höchstens die Größenordnung der betreffenden Diffusionszeit haben kann. Die Auswertung der Befunde führt ferner zur techn. Herst. stabiler Emulsionen bestimmter mittlerer Teilchengröße (Primär- u. Sekundärpolymerisation). Hinsichtlich der beschriebenen Erscheinungen analog verhalten sich Acrylester u. Styrol, nicht aber Butadien u. Monomerenmischungen aus Butadien u. einer 2. Komponente. Bei den Unterss. wurden als Emulgatoren Aryl- u. Alkylsulfonate (C_{12} bis C_{16}) verwendet. (Angew. Chem. **64.** 539—43. 7/10. 1952. Marl, Krs. Recklinghausen, Chem. Werke Hüls GmbH., Polymerisationsabt.) SCHÄFF. 4010

H. Wiener, *Polymerisation im System Vinylidenchlorid–Kaliumlaurat–Kaliumpersulfat.* Die durch Persulfat ausgelöste Polymerisation von *Vinylidenchlorid* (I) in wss. Lsg. von K-Laurat wurde sowohl mit so geringen Mengen an I, daß dabei keine Phasentrennung auftritt, als auch in Emulsion mit verschied. Zus. untersucht. Im 1. Fall wurde die Geschwindigkeit durch Verfolgen des Dampfdruckes über der Lsg. bestimmt. Eine Meth. zur Erhaltung der Damfpdruck–Konz.-Kalibrierungskurven wurde entwickelt. Im 2. Fall wurde die Geschwindigkeit durch dilatometr. u. gravimetr. Methoden bestimmt. Es wurde gefunden, daß die Geschwindigkeiten mit der Quadratwurzel aus der Initiatorkonz. u. mit der 1. Potenz der Konz. des I in der Lsg. variieren, aber daß sie von der in der Emulsion dispergierten Menge an I unabhängig sind. Sie nehmen mit der Seifenkonz. zu, am stärksten in Bereichen niederer Konzentration. Ferner wurden angenäherte Löslichkeiten von I im Polymerenlatex bestimmt. Sie sind ca. 5mal größer als in den ursprünglichen Seifenlsgg.; die Polymerisationsgeschwindigkeiten in Emulsion u. Lsg. waren entsprechend verschieden. Beschreibung einer Meth. zur viscosimetr. Unters. von polymerem I bei höherer Temperatur. Grenzviscositätsdaten deuten darauf hin, daß bei der untersuchten Rk. Kettenübertragung auftritt. (J. Polymer Sci. **7.** 1—20. Juli 1951. Epsom, England, Distillers Co. Ltd., Res. & Developm. Dep.) LANTZSCH. 4010

J. W. Breitenbach und **E. L. Forster,** *Über die Grundviscosität–Molekulargewichtsbeziehung. Poly-p-chlorstyrol.* Viscosimetr. (in Toluol u. Chlorbenzol) u. osmot. Messungen (in Bzl., Methyläthylketon u. Methyläthylketon–Aceton-Gemischen) an 5 unfraktionierten *Poly-p-chlorstyrolen,* die durch therm. Polymerisation bei Tempp. zwischen 50 u. 110° hergestellt wurden. Vgl. der Grundviscositäts-Mol.-Gew.-Beziehungen von I mit den für Polystyrol gültigen. Zwischen den K- u. α-Werten in der Grundviscosität-Mol.-Gew.-Beziehung gilt die Beziehung $\log K' = A\alpha + B$ mit $A = +1{,}943$ u. $B = -2{,}00$. (Mh. Chem. **82.** 443—51; S.-B. österr. Akad. Wiss., math.-naturwiss. Kl., Abt. IIb **160.** 443—51. 1951. Wien, Univ., I. Chem. Labor.) LANTZSCH. 4010

Charles C. Price und **Joseph G. Walsh,** *Einfluß der Dielektrizitätskonstante des Lösungsmittelmediums auf die Copolymerisation.* Die Beobachtungen von WALLING u. MAYR (J. Polymer Sci. **3.** [1948.] 895), daß die DK. des Lösungsm. keinen Einfl. auf die Copolymerisation ausübt, wie ALFREY u. PRICE (J. Polymer Sci. **2.** [1947.] 101) gefordert hatten, konnten Vff. an den Systemen *Styrol–Methacrylsäuremethylester* u. *α-Methylstyrol–Maleinsäureanhydrid* bestätigen. Diskussion der Ergebnisse. (J. Polymer Sci. **6.** 239—42. Febr. 1951. New York, Univ. of Notre Dame, Dep. of Chem.) LANTZSCH 4010

F. T. Wall und **J. W. Drenan,** *Gelierung von Polyacrylsäure durch zweiwertige Kationen.* Durchführung von „Gelpunkts"-Unterss. an *Polyacrylsäure* u. bestimmten zweiwertigen Ionen. $Ba(OH)_2$ ist als Geliermittel wirksamer als $Sr(OH)_2$ u. dieses besser als $Ca(OH)_2$. Dies zeigt, daß die Assoziation zwischen dem anorgan. Kation u. dem Polyacrylation nicht nur durch die COULOMBsche Ladung bedingt ist. Verss., in denen $Ba(OH)_2$ teilweise durch $BaCl_2$ ersetzt wurde, lassen annehmen, daß die Ladung trotzdem der wichtigste Faktor der Bindung ist. Die Daten lassen sich nicht auf Grund eines einfachen ion. Gleichgewichtes erklären. (J. Polymer. Sci. **7.** 83—88. Juli 1951. Urbana, Univ. of Illinois, Noyes Chem. Labor.) LANTZSCH. 4010

F. W. Boggs, *Statistische Mechanik des Kautschuks.* Vf. verallgemeinert die bekannten Methoden zur statist. Unters. des Kautschuks u. von Kautschuk-Lösungsmittelgemischen. Es wird gezeigt, daß die Verteilungs-(partition)-Funktion eines Kautschuks oberhalb des Überganges 2. Ordnung in guter Annäherung durch das Prod. der Verteilungsfunktion einer Fl. aus Moll., die den Kettengliedern entsprechen, u. der Verteilungsfunktion der nicht in Wechselwrkg. zueinander stehenden Ketten, dividiert durch die Verteilungsfunktion eines idealen Gases wiedergegeben wird. Dies besagt, daß die freie Energie des Kautschuks gleich ist der Summe der freien Energie der Kettennetzstruktur ohne Wechselwrkg. u. der einer Fl. aus reinen Kettengliedern minus der freien Energie eines idealen Gases, das die gleiche Zahl an Moll. aufweist, wie der Kautschuk Kettenglieder besitzt. Diese Theorie gestattet die Berechnung der freien Energie u. des Partialdruckes einer Kautschuklsg. u. die Ermittlung aller thermodynam. Eigg. von Kautschuk-Lösungsmittelsystemen. (J. chem. Physics **20**. 632—36. April 1952. Passaic, N. J., U. S. Rubber Co., Gen. Labors.) Schäff. 4030

Fritz Schmidt, *Vernetzungsreaktionen mit Estern der Orthotitansäure und anderen Metallalkoholaten.* Elemente, wie Ti, Fe, Al, Zr u. Sn, die neben ihrer n. Wertigkeit zusätzlich höhere koordinative Wertigkeiten betätigen können, sind in Form ihrer Alkoholate zur Vernetzung von Polyoxyverbb., wie Acetylcellulose, Nitrocellulose u. Desmophen, befähigt. Der Mechanismus dieser Komplexbldg. wird erörtert. Da diese Vernetzung aber augenblicklich erfolgt, wurde versucht, durch Zusatz von Stabilisatoren zu den Alkoholaten diese Rk. bis zu einem späteren gewünschten Zeitpunkt hinauszuschieben. Es wurde gefunden, daß Verbb., die zur Komplexbldg. mit Ti befähigte Gruppen, wie CO, enthalten, wirksame Stabilisatoren sind. So reagiert das mit Diacetonalkohol, Acetylaceton bzw. Acetessigester (I) stabilisierte Ti-Butylat nicht mehr ohne weiteres unter Gelierung mit den in Lsg. befindlichen Polyoxyverbb., sondern es vernetzt erst dann, wenn die stabilisierende Verb. bei der Verarbeitung der Lsg., z. B. beim Trockenspinnprozeß, verflüchtigt wurde. Das ebenfalls als Vernetzer techn. brauchbare Al-sek.-Butylat wird mit I stabilisiert oder der dabei gebildete stabile Komplex, der Al-Acetessigester, direkt verwendet. (Angew. Chem. **64**. 536—38. 7/10. 1952. Leverkusen, Farbenfabriken Bayer, Wiss. Hauptlabor.) Schäff. 4050

William J. Bowen, *Acidifikation und Polymerisation des Actins.* Die nach Neutralsalzzugabe (KCl) zu einer Actin (I)-Lsg. oder anderen Eiweißlsgg. (Serumalbumin, Eialbumin) auftretenden H-Ionen sind nach Ansicht des Vf. die n. Folgeerscheinungen der Einw. von Neutralsalzen auf Proteine u. nicht notwendig die Vorstufe einer Polymerisation, da auch I, welches infolge Vorbehandlung nicht mehr polymerisiert, diesen p_H-Effekt zeigt. Ebenfalls sind die H-Ionen nicht das Ergebnis der Polymerisation. Während der p_H-Wert unmittelbar nach der Salzzugabe abnimmt, tritt eine Polymerisation (nach den Viscositätsänderungen zu urteilen) erst nach 1—3 Min. ein. (Biochim. biophysica Acta [Amsterdam] **8**. 557—61. Mai 1952. Bethesda, Md., Nat. Inst. of Arthritis and Metabolic Diseases, Nat. Inst. of Health, Public Health Service, Fed. Sec. Agency.) Nehring. 4070

Andrew G. Szent-Györgyi und **Rosalie Joseph,** *Die Wirkung von Harnstoff auf die Polymerisation von Actin.* Mit Harnstoff stellt sich abhängig von der Konz. ein Gleichgewicht zwischen kugelförmigem Actin (*G-Actin*) u. fadenförmigem Actin (*F-Actin*) ein. Mit höheren Harnstoffkonzz. entsteht mehr G-Actin. Die Depolymerisation von Actin durch Harnstoff ist irreversibel; bei kurzer Behandlung ist sie in Ggw. von *Adenosintriphosphorsäure, Adenosindiphosphorsäure* u. *Inosintriphosphorsäure* reversibel, bei längerer nicht mehr. (Arch. Biochem. Biophysics **31**. 90—96. März 1951. Woods Hole, Marine Biol. Labor., Inst. for Muscle Res., u. New York City, Columbia Univ., Dep. of Biophys.) Lohmann. 4070

Andrew G. Szent-Györgyi, *Die reversible Depolymerisation von Actin durch Kaliumjodid.* Kugelförmiges G-Actin, das durch Depolymerisation von fadenförmigem F-Actin durch 0,6 mol. KJ in Ggw. kleiner Mengen zugesetzter Adenosintriphosphorsäure (I), Adenosindiphosphorsäure (II) oder Inosintriphosphorsäure erhalten wurde, polymerisiert entgegen anderen Befunden wieder leicht in 0,1 mol. KJ-Lsg., Adenylsäure, anorgan. Phosphat u. anorgan. Pyrophosphat sind unwirksam. Die polyphosphorylierten Nucleotide sind maximal wirksam in $5 \cdot 10^{-5}$ mol. Lösung. I wird nicht bei der Depolymerisation synthetisiert, auch nicht in Ggw. von II, wo die Depolymerisation reversibel war. (Arch. Biochem. Biophysics **31**. 97—103. März 1951.) Lohmann. 4070

Linus Pauling und **Verner Schomaker,** *Über eine Phosphotrianhydridformel für Nucleinsäuren.* Vff. verwerfen die von Ronwin (C. **1952**. 4623) vorgeschlagene Phosphotrianhydridformel für Nucleinsäuren, da es keinen Fall gibt, in dem P^{5+} von 5 O-Atomen umgeben ist. (J. Amer. chem. Soc. **74**. 1111. 20/2. 1952. Pasadena, Calif., Inst. of Technol., Gates and Crellin Labors. of Chem.) Nezel. 4090

Ludwig Gattermann, Die Praxis des organischen Chemikers. 34. neubearb. u. erw. Aufl. von Heinrich Wieland. Berlin: de Gruyter. 1952. (XV + 411 S. m. 58 Abb.) 8°. DM 26,—.

Stig Veibel, Organisk kemi. 2 bd. København: Teknisk Forlag. 1951. (936 S. m. Abb.) Kr. 85,50.

E. Biologische Chemie. Physiologie. Medizin.

E_1. Allgemeine Biologie und Biochemie.

I. Je. Elpiner, *Über die biologische Wirkung ionisierender Strahlungen.* Die Übersichtsarbeit behandelt Desaggregation der chem. Verbb., Depolymerisation verschied. Polymere, Oxydation u. Red. sowie die Wrkg. der physikal. ionisierenden Agentien auf verschied. Fermente, Viren, Toxine u. andere biol. akt. Stoffe. (Успехи Современной Биологии [Fortschr. gegenwärt. Biol.] **34.** 219—43. Sept./Okt. 1952.) LEBTAG. 4102

Ss. N. Muromzew, *Über die Natur der plastischen Stoffe der Mikroben.* In der Übersichtsarbeit wird festgestellt, daß Bakterien ihren Stoffwechsel u. ihren fermentativen App. unter der Einw. äußerer Umstände umstellen können u. daß diese erworbenen Eigg. sich vererben. Es ließ sich bei Bakterien die Fähigkeit hervorrufen, in Reinkultur Vitamine aufzubauen bzw. Antibiotica zu assimilieren. Es wird der Schluß gezogen, daß neue Eigg. der Bakterien auch als Ergebnis der Assimilation von Nucleoproteiden u. Fermenten auftreten können, die in den Zellen anderer Bakterienarten enthalten sind. (Агробиология [Agrobiologie] **1952.** Nr. 5. 135—49. Sept./Okt.) A. JACOB. 4130

H. W. Vasterling, *Vergleich der Wirkung von Röntgenstrahlen und Stickstofflost auf zweistündige Drosophilaeier.* Vf. hat durch Verss. an 2std. Drosophilaeiern für Röntgenbestrahlung u. für das als Mitosegift bekannte Stickstofflost ein Dosisäquivalent ermittelt. Die Eier wurden auf mit W. durchtränktem Zellstoff ausgebreitet u. mit Röntgenstrahlen von 170 kV bei einer Dosisleistung von 72 r/Min. u. einem Fokusobjektabstand von 51 cm (Filter 0,5 mm Al) bestrahlt. Andere Eier wurden in verschieden konz. N-Lost-Isgg. (5, 10, 50 mg) eingebracht. Die N-Lost-Halbwertsdosis für die Überlebensrate betrug 14—15 mg, die Röntgenstrahl-Halbwertsdosis lag bei 195 r. Durch Erhöhung der N-Lost-Dosis über 30 mg hinaus ließ sich eine Erhöhung der Wirkungsintensität nicht erzielen. (Strahlentherapie **89.** 265—68. 1952. Göttingen, Univ., Frauenklinik.) REUSSE. 4150

D. C. Cooper, *Die Übertragung von Desoxyribonucleinsäure vom Tapetum auf die Mikrosporocyten beim Eintritt der Meiose.* Das Tapetum der Antheren sondert bei bestimmten Entwicklungsstufen des sporogenen Gewebes spezif. Substanzen sowie Nährstoffe für Wachstum u. Differenzierung ab. An der Oberfläche der Tapetumkerne bilden sich, wenn die sporogenen Zellen ein spätes Leptotaenstadium der Meiose erreicht haben, Globuli mit chromatinähnlichen färber. Eigenschaften. Sie sind feulgenpositiv u. enthalten demnach eine erhebliche Menge *Desoxyribonucleinsäure.* Die Globuli wandern von den Kernen zu den Zellwänden, durch diese hindurch u. schließlich zwischen die Mikrosporenmutterzellen. Die Kerne der Mikrosporocyten bewegen sich von einer zentralen Lage aus in eine periphere. Gleichzeitig werden die Chromosomen orientiert, so daß die Centromeren an den Teil der Kernmembranen grenzen, der in enger Berührung mit der Zellwand steht. Die chromatinähnlichen Körper (I) sammeln sich gegenüber den Bereichen, wo Kernmembranen u. Zellwände sich berühren, an u. ihr Inhalt wandert durch die Wände in die angrenzenden Kerne u. verbindet sich mit paarigen Chromosomen. Die Bldg. u. Wanderung von **I** wurde bei 17 Angiospermenspezies beobachtet, die Ggw. von **I** zwischen Sporenmutterzellen u. in Verb. mit den peripher lokalisierten Nuclei bei weiteren 6 Arten, ferner der Transport chromatinähnlichen Materials von den Nucelluszellen zu den Megasporocyten bei Beginn der Megasporogenese von *Lilium regale* u. *L. martagon.* (Amer. Naturalist **86.** 219—29. Juli/Aug. 1952. Wisconsin, Univ., Dep. of Genetics) K. MAIER. 4150

Margaret Ward Orsini und **Ben Pansky,** *Die natürliche Resistenz des Goldhamsters gegenüber Colchicin.* Im Verlaufe von Verss. zur Erzeugung von irregulären Wucherungen im Bereiche des Uterus trächtiger Weibchen von Cricetus auratus (a) zeigten mit *Colchicin* (I) behandelte Tiere (0,1—2 mg/100 g) bis 21 Std. nach der Injektion keinerlei Veränderungen im Bereiche der Zellteilungen. Kontrollverss. ergaben, daß a gegenüber **I** weitgehend resistent sind. Bei den verabreichten Dosen von 0,12—4 bzw. 10 mg starben Kaninchen, Ratten u. Mäuse innerhalb von 4 Std. bis 5 Tagen, a überlebten diese Dosen. Auch die orale Verabfolgung von getrocknetem Samen von Colchicum autumnale rief bei a keine Wrkg. hervor. Es wird angenommen, daß die Pflanze im natürlichen Biotop den Tieren als Nahrung dient. (Science [Washington] **115.** 88—89. 25/1. 1952. Madison, Wis., Univ. of Wisconsin, Dep. of Anat.) LÜPNITZ. 4150

Harris Busch und **Van R. Potter,** *Untersuchungen über Gewebsstoffwechsel mittels metabolischer Blockierungstechniken in vivo.* 1. Mitt. *Ein Überblick über malonat-induzierte Veränderungen in Geweben von tumortragenden Ratten.* Unterss. über *Succinat* (I)-Bldg. bei Ratten mit transplantiertem FLEXNER-JOBLING-Carcinom, WALKER 256-Carcinosarkom oder JENSEN-Sarkom, bei Mäusen mit Papillomen (einmalige Applikation von

9.10-Dimethyl-1.2-benzanthracen u. nachfolgende Pinselung mit Crotonöl) u. bei Ratten mit Hepatom (*3'-Methyl-4-dimethylaminoazobenzol*) nach subcutaner Injektion von Na-Malonat (**II**) (1,2 ml einer 1 mol. Lsg. pro 100 g Körpergewicht). Die in verschied. Organen der Tumortiere vorhandenen Säuren werden chromatograph. getrennt. Die nicht mit **II** behandelten Tiere enthalten im Blut 2, in Herz, Lunge, Thymus, Milz u. Tumor 3, Gehirn 4, Leber 7 u. in der Muskulatur 9 saure Komponenten. Nach Behandlung mit **II** nimmt u. a. der **I**-Geh. in den einzelnen Organen sowie in allen Tumoren zu. Der Geh. an Aminosäuren bleibt entweder konstant oder nimmt ebenfalls zu. Eine Ausnahme bildet das FLEXNER-JOBLING-Tumorgewebe, bei dem nach **II** eine Abnahme des Geh. an Aminosäuren sowie an titrierbarer Säure beobachtet wird. (Cancer Res. **12**. 660—65. Sept. **1952**. Madison, Univ. of Wisconsin, Med. School, McArdle Memorial Labor.) REISS. 4160

Je. A. Finkelstein, *Aktives Eingreifen in den Stoffwechsel des Organismus bei der Bekämpfung maligner Geschwülste.* Im Gewebe maligner Tumoren (etwas weniger deutlich im ganzen Organismus) ist das Verhältnis Atmung/Glykolyse reduziert. Eine Beeinflussung des Tumorwachstums ist deshalb, wie Tierverss. ergaben, durch Erhöhung der Oxydationen (z. B. Stimulierung der Ascorbinsäureoxydation durch den Fe-Komplex von Brenzcatechin oder Weinsäure) oder durch Hemmung der glykolyt. Prozesse mit Monojodessigsäure (I) oder NaF (**II**) möglich. Vf. berichtet über eigene Verss. an Mäusen mit Dimethylbenzanthracentumoren bei Kombination von **I** (täglich bis zu 12 Wochen lang 0,075—0,15 mg subcutan) u. 2.4-Dinitrophenol (**III**) (oral mit dem Futter zu 0,06%). Es gelang, eine sehr deutliche Hemmung des Tumorwachstums zu erzielen u. die Lebensdauer der Versuchstiere zu verlängern. Die Kombination **II** (0,09% mit der Nahrung bzw. 0,4 mg subcutan) + **III** war ebenfalls wirksam, jedoch nur kurzdauernd. (Журнал Общей Биологии [J. allg. Biol.] **13**. 249—69. Juli/Aug. 1952.) RENTZ. 4160

Charles D. Stevens, Mary Ann Wagner, Patricia M. Quinlin und **Anna Mary Kock,** *Lokalisierung von Sulfapyrazin im Krebsgewebe nach Glucoseinjektion.* Vff. untersuchen den Einfl. von intraperitoneal applizierter Glucose (**I**) auf die Verteilung von subcutan injiziertem *Sulfapyrazin* (**II**) im Tumor, Serum u. in verschied. Organen bei Ratten mit subcutan transplantiertem WALKER-Tumor 256. Das Carcinomgewebe nimmt relativ viel **II** auf. Durch mehrmalige Injektion von **I** tritt eine Verschiebung des Verhältnisses Serum-**II**/Tumor-**II**, das ohne **I** in allen Tumoren größer als 1 ist, zugunsten des Tumors ein. Nahezu die Hälfte aller Tumoren enthält nach **I** mehr **II** als das Serum. In anderen Geweben ist nach **I** die **II**-Konz. proportional der des Serums. Der **II**-Geh. des Serums ist im allg. höher als der der Organe. (Cancer Res. **12**. 634—39. Sept. 1952. Cincinnati, O., Univ., Coll. of Med.) REISS. 4160

Sanji Kishi und **Katsuhiko Haruno,** *Über die Leberasparaginase von mit p-Dimethylaminoazobenzol gefütterten Ratten.* Die Unters. der *Leberasparaginase* (**I**) mit *p-Dimethylaminoazobenzol* (**II**) gefütterter weißer Ratten ergab eine sehr bald einsetzende stetige **I**-Abnahme, solange **II** zugeführt wurde. Mit einem Gemisch von Reis u. Leberpulver 2 Wochen gefütterte Tiere wiesen eine überraschend hohe **I**-Aktivität gegenüber n. Tieren auf. Ratten, die 9—20 Wochen mit dem Futter **II** erhielten, zeigten eine äußerst geringe **I**-Aktivität u. bereits größere oder kleinere patholog. Leberveränderungen (feingranulierte Oberfläche, cirrhot. Lebern, Hepatome). Bei Tieren, die 9—20 Wochen analog u. anschließend 2—3 Wochen n. ernährt wurden, war trotz der patholog. Veränderungen die **I**-Funktion nicht wesentlich geschwächt u. mit der von n. Leber vergleichbar. Jedoch blieb die **I**-Aktivität des Hepatoms immer noch sehr klein. Bei Verfütterung von **II** + Leberpulver schwankte die **I**-Wirksamkeit ziemlich stark. Es scheint, daß Leberpulver eine gewisse Resistenz gegen **II** hervorruft. Vff. nehmen an, daß jede dauernde Störung gewisser Enzyme der Leber diese schließlich neoplast. machen kann, u. daß andererseits nach Aufhebung der Störung sich die Leber wieder zum n. Zustand zurückbildet u. dadurch die Krebsentw. gehemmt wird. (Chem. Ber. **85**. 836—40. 1952. Tokio, Med. Hochschule Showa, Biochem. Inst.) K. MAIER. 4160

Nils Alwall, *Urethan bei multiplen Myelomen.* 1. Mitt. *Schlußbericht über einen mehr als 4 Jahre mit Urethan behandelten Fall.* Beschreibung eines Falles mit multiplen Myelomen, bei dem es gelang, durch Behandlung mit *Urethan* das Blutbild 51 Monate n. zu erhalten. Skelettveränderungen blieben unverändert. Danach Exitus in Verbindung mit Fieber u. entzündlicher Infiltration in der Oberlippe. (Acta med. scand. **144**. 114—18. 14/11. 1952. Lund, Univ., Med. Clin.) BÖHM. 4160

Siegfried Edlbacher, Lehrbuch der physiologischen Chemie. 10., wesentl. verm. u. verb. Aufl., völlig neubearb. von **Franz Leuthardt**. Hälfte 2. Berlin: de Gruyter. 1952. (S. XI—XIV + S. 418—723) 8°. DM 11,40.

E_2. Enzymologie. Gärung.

James B. Summer, *Enzyme, die Grundlage des Lebens.* Rolle u. Eigg. der Enzyme u. Coenzyme; ihr Wirkungsmechanismus; synthet. Wirkungen; Einw. von Hormonen auf Enzyme; Emzymgifte, Verh. gegen Nahrungsstoffe; Beziehungen zu Krankheiten. — 23 Literaturangaben. (J. chem. Educat. **29.** 114—18. März 1952. Ithaca, N. Y., Cornell Univ.) BLUMRICH. 4200

J. Nordmann, A. Jude, R. Nordmann, P. Servant und **O. Gauchery**, *Die Wirkung einiger Inhibitoren auf die bakterielle enzymatische Aktivität.* 1. Mitt. *Die Reduktion von 2.3.5-Triphenyltetrazoliumchlorid durch Escherichia coli.* Vff. beschreiben eine Meth. zur quantitativen Unters. der enzymat. Red. von *2.3.5-Triphenyltetrazoliumchlorid* (I) zu *Triphenylformazan* durch *E. coli* (Stamm Marpival)-Suspensionen in Ggw. verschied. Substrate u. von O_2 (ohne Rührung). Die I-Red. hängt von der Konz. der Suspensionen, dem Alter der Kulturen, dem Kulturmedium (Bouillonagar, Peptonbouillon usw.) u. bes. vom angewendeten Substrat ab. Eine minimale Red. erfolgt in Ggw. von *Citrat* (II), *Rhamnose, Inulin, Äsculin, Sorbit* u. *Dulcit.* Mit *Saccharose* als Substrat erfolgt merkliche Red. nur durch Kulturen, die auf *Lactose* (III)-Agar gezüchtet worden sind. Gute Red. findet mit *Xylose, Galaktose, Maltose, Mannit, Formiat, Lactat* u. *Succinat* statt, wenn die Züchtung in Ggw. von III vorgenommen worden ist. Kulturen von Glucoseagar zeigen dagegen geringeres Reduktionsvermögen. Während I in Ggw. von II durch *E. coli* nur schwach red. wird, reduzieren *Aerobacter aerogenes*-Suspensionen unter gleichen Bedingungen stark. (Rev. Immunol. Thérap. antimicrobienne **16.** 157—65. 1952. Paris, Clin. Chirurg. de la Salpêtriere, Labor. de Biochim., u. Labor. Central de Bacteriol. de l'Armée.) K. MAIER. 4210

J. Nordmann, A. Jude, R. Nordmann, P. Servant und **O. Gauchery**, *Die Wirkung einiger Inhibitoren auf die bakterielle enzymatische Aktivität.* 2. Mitt. *Die Wirkung von Natriumthiomalat auf die durch Quecksilber- und Arsenderivate gehemmten bakteriellen Dehydrogenasen.* (1. Mitt. vgl. vorst. Ref.) Mit Hilfe der *2.3.5-Triphenyltetrazoliumchlorid*-Technik wurde an gewaschenen *Escherichia coli* (Stamm *Margival*)- u. *Aerobacter aerogenes*-Suspensionen die Wrkg. eines Monothiols, *Na-Salz* (I) der *Thioäpfelsäure*, auf die Bakterien-*Dehydrogenase* (II) untersucht. Die II-Aktivität wird durch hohe I-Konzz. (z. B. 200 millimol.) gehemmt, bei einigen II (z. B. *Milchsäuredehydrogenase, Glucosedehydrogenase*) durch niedrige Konzz. gesteigert. Gegenüber der Hemmung von II durch einige *Hg*- u. *As*-Derivv. (*Phenylquecksilberborat, Monoäthanolaminsalz der Äthylmercurithiosalicylsäure, Hydrochlorid des Oxy-4-amino-3-phenyldichlorarsins* [III]) übt I eine Schutzwrkg. aus u. reaktiviert verschied. durch diese Derivv. gehemmte II. Bes. wird die von III hervorgerufene Hemmung der *Brenztraubensäuredehydrogenase* u. *Bernsteinsäuredehydrogenase* großenteils aufgehoben. (Rev. Immunol. Thérap. antimicrobienne **16.** 166—76. 1952. Paris, Clin. Chirurg. de la Salpêtrière, Labor. de Biochim., u. Labor. central de Bacteriol.) K. MAIER. 4210

A. Locker und **H. Siedek**, *Zur Frage der durch Lebergewebe bewirkten Umwandlung von Pestox III in einen aktiven Cholinesteraseinhibitor.* Die Angabe von DUBOIS, DOULL u. ČOON (C. **1951.** I. 3533), daß *Pestox III* (*Bis-[bis-(dimethylamino)-phosphorsäure]-anhydrid*) durch Leberschnitte in vitro in eine Cholinesterase stark hemmende Substanz umgewandelt wird, konnte nicht bestätigt werden. (Mh. Chem. **83.** 455—58. 15/4; S.-B. österr. Akad. Wiss., math.-naturwiss. Kl., Abt. IIb **161.** 455—58. 1952. Wien, I. Med. Klinik.) W. BRANDT. 4210

E. Freudenberg, *Der Duodenalsaft bei der Pankreasfibrose.* Der Duodenalsaft (DS) von Kindern, die an Pankreasfibrose erkrankt sind, reagiert meistens sauer, ist inhomogen, schollig oder fetzig, enthält gallertartige Klümpchen u. weist einen Mangel an Verdauungsenzymen auf. Bei *Lipase* kann bisweilen Hemmung oder ungenügende Aktivierung vorliegen, die nach Zugabe von glykocholsaurem Na im Nachweisverf. des Vf. beseitigt werden kann. Ferner hat der DS gegenüber n. DS eine stark erhöhte Labwrkg. auf rohe Milch, wenn der DS mit $CaCl_2$-Lsg. verd. wird. Nach Herst. einer Verdünnungsreihe unter Zugabe von Rohmilch wird die Zeit in Sek. bis zum Eintritt einer Gerinnung bei 37° gemessen. Berücksichtigt werden nur die Verdünnungen $^1/_4$, $^1/_8$, $^1/_{16}$. Das Prod. aus Zeit u. Verdünnungsgrad, der sogenannte Labwert, ist bei n. DS etwa konstant, bei DS von kranken Kindern 10—60fach erhöht. Dies beruht nicht auf Ggw. von Chymotrypsin, sondern von *Parachymosin* aus dem Magen, das im alkal. n. DS zerstört wird, im sauren DS der Kranken jedoch erhalten bleibt. (Mschr. Kinderheilkunde **100.** 242—44. Mai 1952. Basel.) GRAU. 4210

L. N. Beresnegowskaja, *Über den Einfluß von Auszügen der durch Blütenparasiten infizierten Pflanzen und der Parasiten selbst auf den Pasteur-Effekt von Bäckerhefe.* Aus der Unters. der Aktivität der phosphorylierenden Fermente in Sonnenblume u. Nessel bei Befall durch Teufelszwirn u. Sommerwurz geht hervor, daß hierbei die oxydative

Phosphorylierung verstärkt wird. In den Parasiten verläuft die P-Bindung weniger intensiv als in den Wirtspflanzen. Sommerwurz verfügt über Phosphatasen, welche unter Freisetzung von mineral. P die organ. P-Verbb. zersetzen. Der PASTEUR-Effekt der Bäckerhefe wird durch die Extrakte aus kranken Pflanzen u. Parasiten in keinem Fall völlig unterdrückt. Unter aeroben Bedingungen bleibt die Gärung in Ggw. des Extraktes aus Hexenzwirn zu 12,05% erhalten, bei befallener Nessel zu 14,08%, bei befallener Sonnenblume zu 17,75%, bei Sommerwurz zu 28,52%. Sommerwurz enthält vermutlich das stärkste PASTEUR-Gift. (Биохимия [Biochemie] **17.** 56—58. Jan./Febr. 1952. Tomsk, Med. Inst., Lehrstuhl für Biochem., Bot. u. Pharmakognosie.) LEBTAG. 4270

L. I. Komarowa, *Die Rolle der natürlichen Durchmischung bei der Alkoholgärung.* In Verss. mit Saccharomyces cerevisiae bei Verwendung von filtrierten Stärkeansätzen wird gezeigt, daß im Vgl. zur nichtgärenden Fl. die Geschwindigkeit der Diffusion von Zucker u. A. in der gärenden Fl. stark erhöht wird. Die Diffusion von A. u. Kohlenhydraten ist in der nichtgärenden Fl. so gering, daß eine rasche Zufuhr der Nährstoffe für die Mikroben u. eine Gärung nicht gewährleistet sind. Durch Zusatz von viel Hefe, Adsorbenten u. zusätzlicher Nahrung (Autolysat) sowie durch Einhaltung einer optimalen Temp. wird die natürliche Durchmischung beschleunigt. (Микробиология [Mikrobiologie] **21.** 579—83. Sept./Okt. 1952. Moskau, Allunions Wiss. Forschungsinst. für Spritind.) LEBTAG. 4270

F. Tinacci, *Die Wirkung einiger Mucopolysaccharide auf das Wachstum von Blastomyceten.* Vf. untersuchte den Einfl. von *Chondroitinschwefelsäure, Hyaluronsäure* u. *Heparin* auf die Entw. von Kulturen von Saccharomyces cerevisiae. Dabei zeigte sich, daß alle drei Verbb. einen positiven Effekt ausüben. Die Ergebnisse u. die enzymat. Eigg. der Hefe werden kurz diskutiert. (Arch. Scienze biol. **36.** 135—40. März/April 1952. Bologna, Univ., Ist. di Patol. gen.) H. SCHEURLEN. 4270

A. A. Imschenetzki, *Über die Anhäufung von Biomasse in den Kulturen der gefalteten Form von Saccharomyces cerevisiae.* Die experimentell erhaltene gefaltete Rasse von Saccharomyces cerevisiae (Rasse AH_2) unterscheidet sich von der glatten Form in der Zellform u. in der Struktur der Kolonien. Unter anaeroben Bedingungen ist die Anreicherung der Biomasse bei beiden Formen gleich. Aerob produziert die Rasse AH_2 bedeutend mehr Biomasse als die Ausgangsform. Zwischen den morpholog. Besonderheiten einer Rasse u. ihrer Synth. von organ. Substanz besteht demnach bei aeroben Bedingungen eine bestimmte Beziehung. (Микробиология [Mikrobiologie] **21.** 3—13. Jan./Febr. 1952. Moskau, Mikrobiol. Inst. der Akad. der Wiss. der UdSSR.) LEBTAG. 4270

Hubert S. Loring, Henry W. Bortner, Luis W. Levy und **Myrtle L. Hammell,** *Darstellung und Eigenschaften der isomeren Cytidylsäuren der Hefenucleinsäure.* (Vgl. J. Amer. chem. Soc. **73.** [1951.] 4215.) Eine 2%ig. *Na-Nucleat*-Lsg. in 0,1nNaOH wurde bei 100° 150 Min. lang hydrolysiert. Hierbei wurde keine anorgan. Phosphorsäure frei. Durch Adsorption an Anionenaustauscher, fraktionierte Eluierung u. fraktionierte Kristallisation der Ammoniumsalze ließen sich 2 isomere *Cytidylsäuren* (I) mit $[\alpha]_D = +50°$ u. $[\alpha]_D = +18°$ isolieren. Verschied. Eigg. der beiden I wie opt. Drehung bei verschied. p_H-Werten, UV-Absorptionsspektr. u. Titrationskurve wurden bestimmt. Beide Verbb. isomerisieren sich beim Kochen in 1nHCl. Nach 1 Std. hat sich ein Gleichgewicht mit $[\alpha]_D = +23,4 - 8°$ eingestellt. In 1nNaOH u. n. Temp. oder bei p_H 11 u. 100° sind die I relativ stabil. Bei längerem Erhitzen bei p_H 3 trat Dephosphorylierung u. Desaminierung ein. Wie die Verss. der Perjodoxydation ergaben, besitzt keines der Isomeren eine unsubstituierte β-Diolgruppierung. (J. biol. Chemistry **196.** 807—19. Juni 1952. Stanfort, Calif., Univ., Dep. of Chem., u. School of Med.) v. PECHMANN. 4270

Hubert S. Loring, Myrtle L. Hammell, Luis W. Levy und **Henry W. Bortner,** *Die Chemie der isomeren Cytidylsäuren: Enzymatische Hydrolyse zu Cytidin.* (Vgl. vorst. Ref.) Beide isomeren *Cytidylsäuren* (I) ergaben nach Hydrolyse der Phosphorsäuregruppen durch ein aus Prostatagewebe gewonnenes Phosphatasepräp. ident. *Cytidin.* Dies zeigt, daß der Isomerismus die Phosphatestergruppe betrifft. Nach Dephosphorylierung werden auch beide I in gleicher Weise von den *Neurospora*-Mutanten Nr. 1298 u. 28610 verwertet. Diese beiden Mutanten vermögen nur Nucleoside u. keine Nucleotide zu verwerten. Die Phosphorsäuregruppe dürfte bei dem einen Isomeren in $C_{(2)}$, beim anderen in $C_{(3)}$ mit dem Riboserest verknüpft sein. (J. biol. Chemistry **196.** 821—28. Juni 1952.) v. PECHMANN. 4270

E₃. Mikrobiologie. Bakteriologie. Immunologie.

L. P. Krutikowa, *Eine vergleichende Bewertung von Nährböden zur Gewinnung von Bakterienkulturen nach Issatschenko-Danysz.* Als brauchbar für die Kulturen der Bakterien ISSATSCHENKO-DANYSZ erwiesen sich Nährböden aus Bier- u. Bäckerhefe, Milch u.

Erbse. Unbrauchbar war Roggenkleie. Bäckerpreßhefe war ebenso geeignet wie Bierhefe, wenn die 1. Generation verwendet wurde. Die Aufbewahrungsdauer beeinflußte den Bakterientiter u. die Wirksamkeit bei der Bekämpfung von Ratten u. Mäusen. Nach 40—50 Tagen sank die Zahl der Bakterien auf 30—50%, die Letalität bei Ratten auf 40%. (Микробиология [Mikrobiologie] **21.** 66—70. Jan./Febr. 1952. Leningrad, Allunions Wiss. Forschungsinst. für landw. Mikrobiol.) LEBTAG. 4310

Ellis T. Bolton, Dean B. Cowie und **Margot K. Sands,** *Der Schwefelstoffwechsel bei Escherichia coli. 3. Mitt. Schicksal von Sulfatschwefel im Stoffwechsel.* (2. vgl. C. **1952.** 5758.) Stoffwechselunterss. an *Escherichia coli Stamm B* in $Na_2{}^{35}SO_4$-haltigen Medien zeigten, daß 38% des Gesamtschwefels in *Methionin* u. 34% in *Cyst(e)in* eingebaut wurden (Trennung der Säurehydrolysate durch Papierchromatographie); unter schwach oxydierenden Bedingungen enthielten die Hydrolysate *Methioninsulfoxyd* u. *Cysteinsäure.* Lanthionin, Djengkolsäure, Homocystein, S-Methylcystein, Cystathionin (I), Taurin u. Thioharnstoff wurden nicht gebildet. Mit $Na_2{}^{35}SO_4$ in Ggw. von n. Homocystein oder Methionin gewachsene Zellen enthielten kein ^{35}S-Methionin, dagegen ^{35}S-Cyst(e)in; dies zeigt, daß Cystin auf 2 verschied. Wegen in den Zellen verwertet wird. I scheint keinen Einfl. auf das Wachstum oder die S-Aufnahme zu besitzen; es ist wahrscheinlich kein n. Stoffwechselprod. bei der Biosynth. von Methionin. (J. Bacteriol. **63.** 309—18. März 1952. Washington, D. C., Carnegie Inst. of Washington, Dep. of Terrest. Magnetism.) GOEBEL. 4320

Ja. I. Pali, *Das Wachstum von Mikroorganismen unter den Bedingungen eines erniedrigten atmosphärischen Druckes.* Zwecks Erforschung der Lebensmittelfrischhaltung bei Unterdruck wurden Verss. mit Aspergillus niger, Penicillium glaucum, Bact. coli commune u. verschied. Fäulnisbakterien durchgeführt. Es zeigte sich, daß bei Unterdruck die Kolonien der aeroben Mikroorganismen, unabhängig von ihrer Zahl, 5—50mal kleiner sind als bei 1 at. Bact. coli commune wird bei Unterdruck so gehemmt, daß nur die Größe ($^1/_{10}$—$^1/_{50}$), nicht jedoch die Zahl der Kolonien verringert wird. Bei 15—20 mm Druck erfolgt eine Hemmung des Bakterienwachstums um 100% (Ausnahme P. glaucum), bei 30—40 mm um 70—98%, bei 90—100 mm nur wenig (keine Zahlen). Die Wachstumshemmung erklärt sich hauptsächlich aus der bakteriostat. Wrkg. des Vakuums. (Микробиология [Mikrobiologie] **21.** 14—18. Jan./Febr. 1952. Odessa, Med. Inst.) LEBTAG. 4330

Robert A. MacLeod, *Die Toxizität von o-Phenanthrolin für Milchsäurebakterien.* Durch Zusatz geringer Mengen von *o-Phenanthrolin* (I) zum Nährmedium wird das Wachstum von 8 Milchsäurebakterienstämmen völlig gehemmt. Die Hemmung kann in den meisten Fällen durch Fe^{2+}, Ni^{2+}, Co^{2+} u. in 1 Fall auch durch Zn^{2+} aufgehoben werden, während Mn^{2+} u. Mg^{2+} inakt. sind. Die Metallionen sind mit 1 Ausnahme (Co^{2+} für *Lactobacillus casei*) in den angewandten Konzz. für die Bakterien nicht toxisch. Für das Wachstum von *Streptococcus faecalis* gilt das gleiche, nur sind zur Hemmung höhere Dosen von I erforderlich. Es wurden ferner die Wirkungen von *Äthylendiamintetraacetat, α.α'-Dipyridyl, m-* u. *p-Phenanthrolin* u. ihre Beeinflussung durch Fe^{2+}, Ni^{2+}, Co^{2+}, Mn^{2+} u. Mg^{2+} untersucht. Die Resultate führen zu der Schlußfolgerung, daß für die Toxizität von I zum größten Teil Faktoren verantwortlich sind, die nicht mit der Fähigkeit, Metallkomplexe zu bilden, zusammenhängen. (J. biol. Chemistry **197.** 751—61. Aug. 1952. Kingston, Can., Queen's Univ., Dep. of Biochem.) RUTKOWSKI. 4330

A. C. R. Dean und **Cyril Hinshelwood,** *Kolonienbildung durch Bacterium lactis aerogenes auf festen Medien mit antibakteriellen Substanzen.* Unterss. über die Art der Kolonienbldg. von *Bact. lactis aerogenes* auf festen Agarnährböden, denen *Brillantgrün* (I), *1-Phenylsemicarbazid* (II), *Phenylquecksilbernitrat, Phenol, Thymol* u. *Chloramphenicol* in solchen Konzz. zugesetzt wurde, daß sich nur ein kleiner, auszählbarer Teil der beimpften Zellen entwickeln konnte. Das Verh. änderte sich von Substanz zu Substanz, manchmal auch von Kultur zu Kultur bei derselben Substanz. Auftretende Anomalien wie Satellitenkolonien bei I u. II werden so gedeutet, daß Stoffwechselprodd. oder Antagonisten durch Diffusion offenbar eine zusätzliche Wrkg. ausüben. Die Unterschiede sind nicht mit Resistenzentw. gegenüber der betreffenden Substanz in Beziehung zu bringen. Bei Anwendung des Fluktuationstestes zum Beweis von Mutationen wird größte Reserve angeraten. Die Aktivität der Substanzen in fl. Medium ist erheblich größer als auf Agarplatten, was nach Vff. auf ihre komplizierte Gelstruktur u. gegebenenfalls auf Verunreinigungen zurückzuführen sein dürfte. (Proc. Roy. Soc. [London], Ser. B **140.** 339—52. 20/11. 1952. Oxford, Univ., Phys. Chem. Labor.) DOSSMANN. 4330

R. Wahl und **L. Blum-Emerique,** *Verlangsamung der Adsorption an die Bakterien und Blockade der Synthese der Phagen durch gewisse Phosphatkonzentrationen.* Die Konz. von Phosphaten im Kulturmedium übt auf den Cyclus des Phagen S_{13} mit *Shigella paradysenteriae Y 6 R* einen gewissen, wenn auch mit den Versuchsbedingungen variierenden

Einfl. aus. Oberhalb einer krit. Konz. an Phosphat wird die Vermehrung des Phagen teilweise oder ganz gehemmt. Es scheint sich dabei um eine Blockade des Enzymsyst. zu handeln, das die Synth. der Phagen auslöst. Die Adsorption der Phagen dagegen wird nicht verhindert, sondern nur verlangsamt u. führt zu irreversibler Inaktivierung, während das Bakterium sich gänzlich unbeeinflußt zeigt. (Ann. Inst. Pasteur **80.** 155–64. Febr. 1951. Inst. Pasteur.) RUTKOWSKI. 4331

R. Wahl und **L. Blum-Emerique**, *Gegen Bakteriophagen halbresistente Bakterien. 4. Mitt. Einfluß der Konzentration gewisser Ionen auf das Verhalten halbresistenter Bakterien gegenüber Phagen. Bedeutung dieser Bakterien.* (Vgl. Ann. Inst. Pasteur **77.** [1949.] 137. **82.** [1952.] 28. **44.** u. vorst. Ref.) Die Produktion der Phagen S_{13} durch sensible u. halbresistente Bakterienstämme (Stamm 0: sensibel; Stamm I u. IV: halbresistent) ist eine Funktion der im Milieu vorhandenen Konzz. an Ca^{2+} u. PO_4^{3-}, wobei die Gleichgewichtsbedingungen für jeden Stamm verschieden sind. Die semiresistenten Bakterien, die durch Mutation aus sensiblen Stämmen hervorgehen, geben Phagen-Rkk., die verschieden von denen der resistenten, sensiblen oder lysogenen Bakterien sind. (Ann. Inst. Pasteur **82.** 266–76. März 1952. Inst. Pasteur.) RUTKOWSKI. 4331

Ch. Ch. Planeljess, *Zur Klassifikation antibakterieller Stoffe.* Vf. nimmt eine Einteilung der im Organismus vorkommenden Stoffe in Antibiotica u. Extraktstoffe vor. Unter einem Antibioticum versteht Vf. die vom Mikroorganismus an die Umgebung abgegebenen Stoffwechselprodd., unter Extraktstoffen die nur durch Extraktion entfernbaren Bestandteile des Mikroorganismus. Die pflanzlichen Extraktstoffe werden eingeteilt in flüchtige, feste, oberflächenakt. Gerbstoffe, Phenole, die tier. in Porphyrine, Eiweiße, Fermente. (Микробиология [Mikrobiologie] **21.** 584–87. Sept./Okt. 1952. Moskau, Inst. für Epidemiol. u. Mikrobiol. der Akad. der Med. Wiss. der UdSSR.) LEBTAG. 4340

W. A. Ssolowjew, *Zur Methodik der Bestimmung der Empfindlichkeit von Tuberkelbakterien gegenüber Antibioticis.* Die auf Glycerin/Kartoffel-Nährböden gezüchteten Tuberkelkolonien werden bis zu 5 Millionen je 1 ml konzentriert. Die zur Titration vorgesehenen Reagensgläser enthalten 5 mg Glucose/Kartoffel-Lsg. u. verschied. Konzz. von Antibioticis (mit Ausnahme der Kontrolle). Nach Zusatz von 2 Tropfen Bakterienkonzentrat zu jeder Nährlsg. werden nach 10–12 Tagen Abstriche gemacht, die, getrocknet u. fixiert, durch Färbung nach ZIEHL-NEELSEN Wachstum u. Verh. der Tuberkelbakterien anzeigen. Mit steigender Konz. des Antibioticums nimmt die Anzahl der Tuberkelkolonien ab, so daß die geringste Konz. des Antibioticums bestimmt werden kann, bei der die Tuberkelbakterien nicht mehr gedeihen können. Zur Best. der bactericiden Stärke werden von den Proben ohne Entw. der Kolonien Aussaaten auf Einährlsg. gemacht u. nach 2 Monaten die baktericide Konz. bestimmt. Man kann auch Meerschweinchen mit dem Nd. aus den Proben ohne Mikrokultur impfen. (Проблемы Туберкулеза [Probleme Tuberkulose] **1952.** Nr. 3. 31–33. Mai/Juni. Leningrad, Inst. für chirurg. Tuberkulose der Akad. der Med. Wiss. der UdSSR, Bakteriol. Labor.) G. REICHARDT. 4340

A. A. Andersen, *Wirkung von Subtilin auf Sporen von Clostridium botulinum.* Es wurde die Wrkg. von *Subtilin* (**I**) auf die Sporen von 8 Stämmen von *Clostridium botulinum* (N. C. A. 62 A, N. C. A. 213 B, 62 A, 109 A, 457 A, 115 B, 169 B, 1267 B) u. einem anaeroben Fäulniserreger (N. C. A. 3679 = *Clostridium sporogenes* ATCC 7955) untersucht. Das Nährmedium setzte sich aus Schweinefleischinfusion, Erbseninfusion, Pepton, Trypton, K_2HPO_4, lösl. Stärke u. Na-Thioglykolat zusammen (p_H 7,2). Die verd. Sporensuspension von *C. botulinum* 62 A wurde auf Agarplatten mit Zusatz verschied. Mengen **I** ausgestrichen u. die entstandenen Kolonien nach 40 Std. gezählt; ohne Zusatz von **I** (Kontrolle) 340; 0,01 Teile **I**/Million 339; 0,1 Teile **I**/Million 177; 0,3 Teile **I**/Million 18; 0,4 u. 1 Teile **I**/Million 0. In einem für die Keimung günstigen Medium wird die Keimzahl durch **I** rasch vermindert, während in einem die Keimung verzögernden Nährmedium die Keimzahl durch **I** auch nur langsam red. wird. Daraus ergibt sich, daß **I** gegen viele der Sporen erst nach Beginn des Keimungsprozesses wirksam ist. Alle genannten Bakterienstämme erwiesen sich in einem Nährmedium, das HCO_3^- (Zusatz von $NaHCO_3$) enthielt, gegenüber geringen Konzz. von **I** empfindlich. Bei Aussaat bis zu 800 000 Sporen mit Zusatz von 20 Teilen **I**/Million entwickelten sich innerhalb von 30 Tagen keine Kolonien. (J. Bacteriol. **64.** 145–49. Aug. 1952. Albany, Calif., Western Regional Res. Labor.) ERDMANN. 4340

A. I. Borodenok, *Über die filtrierbare Form des Erregers der Paratuberkulose.* Paratuberkulosestäbchen können sich im Organismus infizierter Schafe in eine mkr. unsichtbare, durch SEITZ-Filter filtrierbare Form verwandeln. Daher erklärt es sich, daß in Schleimhautabstrichen betroffener Darmteile u. in den Fäkalien der infizierten Schafe keine bacillären Formen des Paratuberkuloseerregers gefunden werden. Bei den Verss.

des Vf. war die filtrierbare Form des Paratuberkuloseerregers mit dem Frühstadium des patholog. Prozesses verbunden. (Ветеринария [Tierheilkunde] **29.** Nr. 8. 33—39. Aug. 1952. Nord-Ossetin. Landw. Inst.) Burghardt. 4350

H. J. F. Cairns und **Margaret Edney,** *Die quantitative Seite der Vermehrung des Influenzavirus.* 1. Mitt. *Erzeugung des „unvollständigen Virus“.* In den Allantoissack 11tägiger Hühnerembryonen wurde Influenzavirus, die Stämme PR 8, MEL oder LEE, injiziert. Zwei Std. später wurde das rezeptorzerstörende Enzym der Cholera-Vibrionen eingespritzt u. nach weiteren 2 Std. die Fl. entfernt. Die Aufnahme des Virus durch die Chorioallantois wurde aus der Differenz des Hämagglutinationstiters der entnommenen u. der injizierten Fl. ermittelt. Auf gleiche Weise wurde die im Laufe von 10½ Std. im ersten Vermehrungscyclus freigesetzte Virusmenge bestimmt. Danach können in diesem Cyclus ca. $10^{8,2}$ Zellen der Allantois Influenzavirus liefern. Die Aufnahme des Virus durch die Allantoismembran hängt kaum von der Impfdosis ab, sie beträgt stets rund 50%; bis zu 30 Virusteilchen je Zelle werden ohne Verminderung der Aufnahmekapazität resorbiert. Die Ausbeute an Hämagglutinin ist unabhängig von der durchschnittlichen Zahl der infizierenden Virusteilchen. Da die Erzeugung von „unvollständigen“ Virusteilchen auch schon eintritt, wenn nur 1% der empfänglichen Zellen infiziert werden, kann diese Erscheinung nicht auf die Infektion der einzelnen Zellen mit zu vielen Virusteilchen zurückgeführt werden. (J. Immunology **69.** 155—60. Aug. 1952. Melbourne, Walter and Eliza Hall Inst. of Med. Res.) Wiedemann. 4374

F. und **M. L. Duran-Reynals,** *Inaktivierung des Vaccinevirus durch Hyaluronsäurepräparate mit oder ohne Hyaluronidase. Experimente an Zellkulturen.* Es wurde die Wrkg. von *Hyaluronsäure* in einer Konz. von ca. 1: 1000, frisch, erhitzt, oder im Autoklaven erhitzt, auf Levaditi-Vaccine oder dermotrope Stämme des Vaccinevirus untersucht. Die Prüfung erfolgte durch Impfung von Kaninchen. Die Wrkg. der Hyaluronsäure war von deren Herkunft abhängig, sie nimmt mit der Konz. zu, durch Zusatz von *Hyaluronidase* wird in allen Fällen eine Inaktivierung des Virus erreicht, die Zellen gewähren dem Virus einen gewissen Schutz. Es wird angenommen, daß die Polysaccharide direkt auf das Virus u. nicht auf die Zellen wirken. Auf die natürliche Anwesenheit der Hyaluronsäure in den Geweben wird eingegangen. (Science [Washington] **115.** 40—41. 11/1. 1952. New Haven, Conn., Yale Univ., School of Med., Dep. of Microbiol.) Wiedemann. 4374

John V. Slater, *Vergleich der biologischen Aktivität von α-Liposäure und Protogen beim Wachstum von Tetrahymena. Protogen* (I) u. *α-Liposäure* (II) wurden bei *T. geleii* (Stamm *E*) hinsichtlich ihrer Wachstumswrkg. u. Fähigkeit, *Acetat* (III) einsparen u. ersetzen zu können, geprüft. Die Verss. erfolgten bei 25°, Anfangs-p_H 7,4, Impfmenge 1000 Tiere/Vers., Medium nach Elliott (Physiol. Zoöl. **22.** [1949.] 338; **23.** [1950.] 85), unter Weglassung von Cholin u. Biotin u. Verwendung von Guanylsäure, Adenylsäure, Cytidylsäure u. Uracil (je 25 γ/cm³) an Stelle von Hefenucleinsäure. Gereinigte **II** konnte hinsichtlich des Wachstums **I** vollständig ersetzen. In Konzz. von 0,01—0,08 γ/cm³ ist **II** in der Fähigkeit, **III** ersetzen zu können, **I** überlegen. **I**-Konzz. von 0,125—0,5 E./cm³ bewirkten in einer Lsg. mit 0—0,05% **III** eine beträchtliche Säurebldg. u. niedrigere Populationsdichte. Maximales Wachstum (ca. 120000 Tiere/cm³) wurde mit **II** u. 0,05 bis 0,1% **III** erzielt, halbmaximales mit 0,0005 γ **II**. **I** u. 0,05% **III** bewirkten minder starkes Wachstum (ca. 80000 Tiere/cm³). (Science [Washington] **115.** 376—77. 4/4. 1952. Ann Arbor, Mich., Univ. of Michigan, Dep. of Zool.) K. Maier. 4380

E_4. Pflanzenchemie. Pflanzenphysiologie. Pflanzenpathologie.

A. Gussewa, *Quantitative Bestimmung von Aucubin in Eucommia.* Die colorimetr. Best. von *Aucubin* (I), $C_{15}H_{24}O_{10}$, mittels Dimethylaminobenzaldehyd in verschied. Organen der Eucommia ulmoides Oliv. ergab einen stark schwankenden Geh. in den Blättern von 0,2—4,8% des Rohgewichtes (60—63% H_2O), wobei grüne Blätter an **I** reicher waren. In der Rinde eines 13jährigen Baumes fanden sich 3—5% **I**, berechnet auf Trockengewicht, in den Samen 19—23% **I**. Nach Entfernung des Öles der Samen durch Extraktion mit Bzl. läßt sich **I** durch A. leicht extrahieren u. in Form von Kristallen erhalten: F. 180°, $[\alpha]_D^{20}$ —165°. Auch in den Samen von Plantago lanceolata fand sich **I** (1,1%), nur Spuren in den Samen von Pl. media (mehr in den Blättern) u. nichts bei Pl. major. (Доклады Академии Наук СССР [Ber. Akad. Wiss. UdSSR] [N. S.] **85.** 1353—56. 21/8. 1952, Bach-Inst. für Biochem. der Akad. der Wiss. der UdSSR.) Ulmann. 4420

Je. W. Budnitzkaja, *Moderne Vorstellung über die Biosynthese und physiologische Rolle der Carotinoide.* Literaturüberblick, wobei bes. auf die zahlreichen noch ungelösten Probleme, so die Natur der prim. Ausgangsstoffe u. des Mechanismus der Synth., hingewiesen wird. (Известия Академии Наук СССР, Серия Биологическая [Nachr.

Akad. Wiss. UdSSR, biol. Ser.] **1952.** Nr. 4. 79—88. Juli/Aug. Bach-Inst. für Biochem. der Akad. der Wiss. der UdSSR.) ULMANN. 4425

A. Ch. Fedin, *Über die Erhaltung der Lebensfähigkeit konservierter Kartoffelbeeren.* Kartoffelbeeren im Stadium der Milchreife zeigten beim Konservieren in 3%ig. Formalin (I) ein Nachreifen, so daß bei Aussaat in den nächsten 3 Jahren eine Keimfähigkeit von 70—85% beobachtet wurde. Ob unreife Kartoffelbeeren auch ohne I-Behandlung ein Nachreifen zeigen, wurde nicht untersucht. Wie I auf die unreifen Beeren einwirkt, ist noch ungeklärt. (Успехи Современной Биологии [Fortschr. gegenwärt. Biol.] **33.** 319—20. März/April 1952.) LEBTAG. 4450

Earl R. Leng, F. R. Earle und **J. J. Curtis,** *Direkte Wirkung verschiedener Pollensorten auf den Proteingehalt von Mais.* Durch künstliche Befruchtung mit Pollen von hoch- u. niedrigproteinhaltigen Maissorten bei verschiedenen Maisprovenientien ließ sich der Proteingeh. der Maishybriden nur unwesentlich beeinflussen. Die höchste Proteinzunahme betrug 0,36%. (Cereal Chem. **28.** 479—82. Nov. 1951. Peoria, Ill.) GRIMME. 4452

Kulescha, *Untersuchungen über die Bildung von Wuchsstoffen durch die Pflanzengewebe.* Von den verschied. Methoden zur Extraktion der in pflanzlichen Geweben enthaltenen Wuchsstoffe (I) gibt nur die von VAN OVERBEEK befriedigende Resultate. Mittels dieser wurden in Verbindung mit dem Hafertest die Beziehungen zwischen spontanem Wachstumsvermögen der Gewebe u. deren I-Geh. untersucht. Bei *Topinambur* zeigen die Gewebe u. deren I-Geh. eine gleichsinnige jahreszeitliche Schwankung des Wachstumsvermögens. Unterss. an Gewebskulturen ergaben die Existenz zweier Zellkategorien. Die eine ist hinsichtlich der *Auxine* (II) heterotroph, kann diese nicht aufbauen, u. zum Wachstum ist die Ggw. von *Indolylessigsäure* (III) *oder* eines *Heteroauxins* erforderlich. Die andere ist bzgl. II autotroph, d. h. sie führt die Synth. aus anorgan. Salzen sowie Glucose durch u. kann ohne Teilungssubstanzen gezüchtet werden. Die bei der *Krongalle* auftretende tumorale Umwandlung ist hinsichtlich II durch einen Übergang von der Heterotrophie zur Autotrophie charakterisiert. Das Gleiche gilt für die Gewöhnung an Heteroauxine. Die durch *Agrobacterium tumefaciens* ausgelöste krebsige Umwandlung könnte eine direkte Folge der von diesem Erreger ausgeschiedenen III sein. Die vergleichende Unters. der Entw. u. Struktur der durch das Krongallenbakterium oder durch III hervorgerufenen Neubildungen zeigt, daß die Wrkg. beider Agentien nicht ident. ist. Es wurde eine Meth. ermittelt, die die Einw. von *Tryptophan* (IV) auf Gewebskolonien erlaubt, wobei jede zufällige Umwandlung von IV in III vermieden wird. Die Rkk. verschied. Typen, in Ggw. von IV gezüchteter Gewebe, erwiesen sich als ident. mit den durch III ausgelösten. Diese Rkk. lassen sich mit der Annahme einer 1%ig. Umwandlung von IV in III durch die Gewebe erklären. Die Tendenz zur Überführung von IV in III ist beim Krongallengewebe nicht stärker ausgebildet als beim entsprechenden n. Gewebe. Der die II-Bldg. begrenzende Faktor dürfte mehr im IV-Geh. als in der Menge des die IV → III-Umwandlung bewirkenden Enzyms zu suchen sein. Externe III zirkuliert im Karottengewebe bevorzugt in Richtung Blätter–Wurzeln. Diese Wanderungspolarität ist bei schwachen Konzz. von 10^{-8}—10^{-7} sehr ausgeprägt, während bei solchen von 10^{-5}, möglicherweise als Folge einer beginnenden Zellintoxikation, eine Diffusion in alle Richtungen stattfindet. Bei bestimmten Geweben läßt sich für die normalerweise vorhandenen II ein gerichteter Transport feststellen, während wiederum bei anderen ein solcher fraglich erscheint. — 152 Literaturangaben. (Rev. gén. Bot. **59.** 19—41. Jan. 92—111. Febr. 127—57. März. 195—208. April. 241—64. Mai 1952.) K. MAIER. 4485

David Davis und **A. E. Dimond,** *Änderung der Resistenz gegenüber Schädlingsbefall durch synthetische organische Mittel.* Die Fungitoxizität verschied. Präpp., die eine mehr oder weniger gute chemotherapeut. Wrkg. gegenüber der Fusarium-Welkekrankheit der Tomaten aufweisen, wurde in vitro gegenüber *Fusarium oxysporum f. lycopersici* (SACC.) S. & H. geprüft. Untersucht wurden *Na-Salz der 2-Benzthiazolylthioglykolsäure = HD 160* (I), *2-n-Amylpyridin = HD 139* (II), *4-Chlor-3.5-dimethylphenoxyäthanol = 1182* (III), *n-Octadecyltrimethylammoniumpentachlorphenat = HD 3* (IV) u. *8-Oxychinolinbenzoat* (V); I, II u. IV hergestellt von RÖHM & HAAS, Philadephia, Pa., III hergestellt von UNION CARBIDE AND CARBON CORP., New York, N. Y. Es besteht keine feste Beziehung zwischen der fungitox. u. der chemotherapeut. Wirkung. I u. II haben eine sehr gute Wrkg. gegen die Welkekrankheit, III u. IV eine weniger gute u. V eine nur sehr geringe. Dagegen wirken I u. II nur wenig tox. auf Fusarium, III u. IV gut u. V sogar sehr gut. I u. III wurden zu weiteren Unterss. herangezogen, u. zwar entwickelt sich Fusarium auf Gewebemaceraten von mit I u. III behandelten Pflanzen (durch Eintauchen der Wurzeln in eine Lsg. von 62,5 p. p. m. I bzw. 15,6 p. p. m. III für 6 Tage) ebensogut wie auf Gewebebrei von unbehandelten Pflanzen. Demnach liegen die Verbb. in dem Gewebe der Wirtspflanzen nicht in fungitox. wirkenden Konzz. vor, bzw. es wird durch die biochem. Vorgänge in der Pflanze keine fungitox. wirkende Komponente erzeugt u. der „Nährwert“ des Gewebes für den Parasiten wird durch die Behandlung der Wirtspflanzen nicht reduziert. Andererseits verursachen **I** u. **III** verschied. morpholog. u. biochem. Änderungen in der Wirtspflanze. **III** erhöht die Konz. an *reduzierenden Zuckern* (**VI**), die Höhe einiger *wasserlösl. N-Fraktionen* u. die Höhe der O_2-Aufnahme. Dagegen erhöht **I** sämtliche untersuchten N-Fraktionen, hat aber keinen Einfl. auf **VI**. Es wird angenommen, daß **I** u. **III** vermöge ihrer Fähigkeit, den Stoffwechsel der Wirtspflanze zu verändern, die Resistenz der Pflanzen gegenüber der Welkekrankheit erhöhen. (Phytopathology **42**. 563—67. Okt. 1952. New Haven, Conn., Connectitut Agronom. Exp. Stat., Dep. of Plant Pathol.) KLESSE. 4490

G. F. Gause, *Die antibiotischen Stoffe bei der Bekämpfung von Pflanzenkrankheiten.* Mitt. über bereits veröffentlichte günstig verlaufene Verss. mit *Penicillin, Griseofulvin* u. einigen antibiot. Stoffen aktinomycet. Abstammung. Penicillin hemmt das Wachstum der Pflanzen. Behandelte Pflanzen: Salat, Hafer, Baumwollstaude, Pfirsich, Aprikose, Citrone, Mandarine. (Природа [Natur] **41.** Nr. 6. 105—07. Juni 1952. Labor. für antibiot. Stoffe der Akad. der Med. Wiss.) v. WILPERT. 4490

Ruth Ann Bobrov, *Die Einwirkung von Rauch auf die Anatomie von Haferblättern.* Die in der Gegend von Los Angeles vorkommenden, Gelbwerden u. Absterben der Blätter (bei Hafer) hervorrufenden Luftverunreinigungen (vgl. HAAGEN-SMIT u. Mitarbeiter, C. **1953.** 1033) dringen durch die Schließzellen in das Gewebe ein, schädigen zunächst die in der Nähe der Stomata liegenden Zellen, bis schließlich größere Zellbezirke befallen sind u. das Blatt abstirbt. Das Ausmaß der Schädigung ist proportional der Konz. des Rauchs in der Luft. — Zahlreiche Mikroaufnahmen. (Phytopathol. Z. **42.** 558—63. Okt. 1952. Los Angeles, Calif., Los Angeles County Air Pollution Control District, u. Univ., Dep. of Botany.) KLESSE. 4495

E_5. Tierchemie. Tierphysiologie. Tierpathologie.

J. Lederer, *Das Eisen in der Ernährung.* Zusammenfassende Besprechung: Die Verteilung des Fe im Organismus; die Physiologie des Fe beim Erwachsenen (mit verschied. Versuchsergebnissen des Vf. über die Fe-Resorption), beim Säugling u. bei der schwangeren u. lactierenden Frau sowie der Fe-Kreislauf; die Pathologie des Fe (Fe-Mangelerscheinungen, Fe-Mangelanämien); das Fe in der Therapie (per os u. parenteral); das Fe in den Lebensmitteln u. die Wrkg. einer Reihe von Lebensmitteln auf die Hämoglobinbldg. bei posthämorrhag. Anämie. (Alimentat. et la Vie **40.** 89—108. 1952. Louvain, Univ.) SCHWAIBOLD. 4510

Vittorio Erspamer und **Maffo Vialli,** *Vorläufige Untersuchungen über die Indolalkylamine und Phenylalkylamine der Hautextrakte von Amphibien.* Hautextrakte von 24 verschied. Amphibienarten der Gattungen *Amblystoma, Salamandra, Triton, Xenopus, Discoglossus, Pelobates, Bufo, Hyla, Acris, Leptodactylus* u. *Rana* wurden durch Papierchromatographie mit HCl-gesätt. n-Butanol u. n-Butanol + 25%ig. Monomethylamin (8 + 3) nach der Methodik von ERSPAMER u. BORETTI (Arch. int. Pharmacodyn. **88.** [1951.] 296) auf das Vorhandensein von Indolalkylaminen u. Phenylalkylaminen untersucht. Nachgewiesen wurden *Tryptamin* (**I**), *Enteramin* (**II**; = *5-Oxytryptamin*); *N-Methylenteramin* (**III**), *Bufotenin* (= *N.N-Dimethylenteramin*), *Bufotenidin, Dehydrobufotenin* (**IV**), *Bufothionin, Bufoviridin* (**V**; ein neues Oxindolalkylamin aus Bufo viridis), *Adrenalin, Noradrenalin* u. *Leptodactylin* (**VI**). **I** u. **II** sind erstmals in Amphibien, **III, IV, V, VI** erstmals in lebenden Organismen nachgewiesen worden. Die möglichen biochem. Beziehungen zwischen den verschied. Verbb. werden diskutiert. (Ricerca sci. **22.** 1420—25. Juli 1952. Bari, Univ., Ist. di farmacol., Pavia, Univ., Ist. di anatomia comp.) K. FABER. 4520

Teru Hayashi, *Kontrahierende Eigenschaften einer zusammengepreßten Actomyosinschicht. Actomyosin* (**I**)-Fasern, hergestellt durch Zusammenpressen einer dünnen **I**-Schicht, kontrahieren unter dem Einfl. von ATP u. können dabei chem. Energie in mechan. Arbeit umwandeln. Die **I**-Fasern besitzen ATP-ase Aktivität. Bei Behandlung einer nichtbelasteten **I**-Faser 2 Min. mit 0,3%ig. ATP-Lsg. Kontraktion bis 50%. Maximale Kontraktion bei p_H 7,4—7,6. Bei p_H-Werten unter 7,0 Abnahme, bei 4,0 keine Kontraktion. Bei Kontraktion erfolgt kein Wasserverlust. (J. gen. Physiol. **36.** 139—51. 20/11. 1952. New York, N. Y., Columbia Univ., Dep. of Zoology.) BRATFISCH. 4550

Vacátko Stanislav, *Über die Hydratation der Epidermis.* (Sammelref.) (Českoslov. Dermatol. [J. Dermatol. Syphilol. Czechoslov.] **26.** 131—37. 31/3. 1951. Prag, Univ., I. Dermatolog. Klinik.) STEINER. 4550

H. Grimmer und **S. Rust,** *Tierexperimentelle Untersuchungen über den Einfluß der tiefen Trichophytie auf die epidermale Sensibilisierung durch Dinitrochlorbenzol.* Zur Lösung des Problems, ob ätiolog. Beziehungen zwischen einer Dermatomykose u. einem Ekzem in der Weise bestehen, daß das Vorhandensein einer Pilzinfektion der Haut zu einer Steigerung der epidermalen Sensibilisierungsfähigkeit durch nichtmykot. allergisierende Substanzen führen kann, wurden Versuche an Albino-Meerschweinchen ausgeführt, bei denen durch Inokulation von *Trichophyton gypseum* die tiefe Mykose erzeugt wurde. Als sensibilisierende Substanz wählten Vff. *Dinitrochlorbenzol* (**I**), gelöst in Aceton. Es ergab sich, daß die tiefe Trichophytie nicht zu einer Erniedrigung, sondern zu einer Erhöhung der Reizschwelle gegenüber **I** führt. (Arch. Dermatologie Syphilis **194**. 663—70. 1952. Berlin, Univ., Hautklinik.) NIESWANDT. 4551

Hans Kinzlmeier, Ludwig Demling und **Elisabeth Mannuss,** *Über die Säuretopik der menschlichen Magenschleimhaut.* Messung des p_H der Magenschleimhaut mit Hilfe der Antimonelektrode. Es wurden ermittelt bei n. Magen: Cardia (**a**) 3,50—6,49 (Mittelwert 4,77), Fornix (**b**) 1,17—5,65 (2,58), Corpus (**c**) 1,20—6,14 (2,45), Pylorus (**d**) 2,76 bis 6,84 (3,79). Bei superacidem Magen: **a** 2,87—6,28 (5,02), **b** 0,94—6,00 (1,80), **c** 0,70 bis 2,20 (1,37), **d** 1,17—2,48 (1,57). Bei Sub- bzw. Anaciditat: **a** 3,93—7,09 (6,06), **b** 2,76—6,89 (5,46), **c** 1,85—7,09 (4,89), **d** 3,14—6,87 (5,15). (Z. ges. inn. Med. Grenzgebiete **7**. 516—20. 1/6. 1952. Köln, Univ., Med. Klinik.) LÜPNITZ. 4555

N. Emmelin und **A. Muren,** *Die Sensibilität der submaxillaren Drüsen gegenüber chemischen Stoffen. Untersuchungen an Katzen, ausgeführt unter verschiedenen Bedingungen und über eine lange Zeit.* Mit Hilfe einer besonderen Methodik wird gezeigt, daß die Sensibilität der submaxillaren Drüsen gegenüber *Adrenalin* sowohl an der innervierten Drüse als auch an Tieren, denen die Chorda durchtrennt wurde, über eine lange Zeit konstant ist. Die Sensibilität konnte noch gesteigert werden durch die Verabreichung von *Pilocarpin* an ein Tier, dem schon lange vorher die Chorda durchtrennt worden war. Dasselbe ließ sich auch durch Verabreichung von *Atropin* erreichen. Es wird angenommen, daß sich die Supersensibilität, entweder nach Durchtrennung der Chorda oder Atropingabe, innerhalb 10—14 Tagen entwickelt. Andererseits verschwindet die Supersensibilität, wenn die Drüse mit speichelfördernden Mitteln behandelt wird. (Acta physiol. scand. **26**. 221—31. 10/9. 1952. Lund, Univ., Dep. of Physiol.) REICHLE. 4555

N. Emmelin, *Über den Mechanismus der paralytischen Sekretion.* Zwischen der Sekretionsmenge u. dem Grad der Sensibilisierung (vgl. vorst. Ref.) bestehen enge Beziehungen, wie bei Verss. mit bestimmten Substanzen an den salivator. Drüsenzellen gezeigt werden konnte: je höher der Grad der Sensibilisierung, desto stärker der Speichelfluß. Für die paralyt. Sekretion scheinen *Adrenalin* u. *Arterenol* verantwortlich zu sein. (Acta physiol. scand. **26**. 232—42. 10/9. 1952. Lund, Univ., Dep. of Physiol.) REICHLE. 4555

L. Montanari und **G. Gualandi,** *Über die direkte Wirkung des männlichen Geschlechtshormons auf die Nebennierenrinde.* Die direkte Wrkg. von *Testosteronpropionat* (**I**) auf die Nebennierenrinde hypophysektomierter Ratten zeigt sich noch 80 Tage nach der Hypophysektomie durch eine schwächere Verarmung an Lipoiden; die Wrkg. des Hormons auf die Fettabnahme der Nebennierenrinde während des Fastens ist nur gering. Im Gegensatz hierzu ruft **I** bei der kastrierten, nichthypophysektomierten männlichen Ratte eine Fettansammlung in der Nebennierenrinde hervor, die aber durch Fasten beinahe vollständig verschwindet, während das Gewicht der Drüse etwas zunimmt. Vff. diskutieren diese Diskrepanz an Hand von Ergebnissen anderer Autoren. (Arch. Scienze biol. **36**. 118—25. März/April 1952. Bologna, Univ., Ist. di Fisiol degli Animali dom.) H. SCHEURLEN. 4559

Fred Ruppert, *Virilismus und die Ausscheidung von Pregnan-3.17.20-triol im Harn.* Bericht über 2 Patientinnen mit Virilismus, von denen die 1. eine prakt. n. u. die 2. eine deutlich vermehrte Ausscheidung von *17-Ketosteroiden* im Urin aufwiesen. Aus dem Urin beider Patientinnen wurde *Pregnantriol-(3.17.20)*, F. 241—243°, isoliert. Weitere Identifizierung durch Darst. des Diacetats, F. 136—137°. (Z. klin. Med. **148**. 622—29. 1951. Würzburg, Univ., Med. Klinik.) VINCKE. 4559

Marcantonio Gueli, *Anwendung des Follikulins in wässeriger Lösung zur Hemmung der Milchsekretion.* Vf. berichtet über starke Unterschiede in der Wrkg. gleicher Dosen *Follikulin* (**I**), die entweder in öliger Lsg. oder in wss. Suspension angewandt wurden. Er behandelte 18 Frauen, bei denen aus verschied. Gründen die Milchsekretion unterbunden werden sollte, durch orale Verabreichung einer alkoh. **I**-Lsg. oder parenterale Gabe von wss. **I**-Suspension (*Cristallovar*). Dabei wurde bereits mit 0,6 mg **I** ein voller Erfolg erzielt, während andere Autoren für die gleiche Wrkg. 5—10 mg **I** in öliger Lsg. anwenden mußten. Als bes. günstig erwies sich die kombinierte orale u. parenterale Anwendung der alkoh. Lsg. bzw. wss. Suspension. Die mit wss. oder/u. alkoh. **I**-Lsgg. gegenüber öligen **I**-Lsgg. erzielbaren besseren Resultate erklärt Vf. mit der schnelleren u. intensiveren Resorption des I. (Minerva med. [Torino] **43.** II. 147—49. 26/7. 1952. Milano, Univ., Clin. Ostetrico-Ginecologica „L. Mangiagalli".) IPPEN. 4559

Ugo Cavalieri und **Marco Soncini**, *Perlinguale Testosteronbehandlung in der Alterstherapie.* Vff. berichten über die perlinguale *Testosteron*-Behandlung von 30 Kranken mit senilen Störungen, wie allg. Asthenie, psych. Stumpfheit, Anorexie, Abmagerungen u. anderen Erscheinungen. Die Ergebnisse waren bei 25 Personen positiv, in 5 Fällen wurde keine Wrkg. beobachtet. Die perlinguale Verabreichung zeigt eine gute Aufnahme durch den Körper u. ist bequem u. prakt. in der Anwendung. (Minerva med. [Torino] **43.** I. 622—25. 26/3. 1952. Milano, Univ., Clinica del Lavoro „L. Devoto".) ENDRASS. 4559

Wolfgang Schlösser, *Verfahren und Wert der Bestimmung der phenolischen 17-Ketosteroide.* Beschreibung eines Verf. zur Extraktion der neutralen u. phenol. *17-Ketosteroide* (I) aus Urin mit den üblichen organ. Lösungsmitteln u. der colorimetr. Best. mittels der ZIMMERMANN-Reaktion. Wiedergabe von an n. ♀ oder ♂ Individuen verschied. Alters, Frauen mit Menstruationsstörungen u. 3 Patienten mit endokrinen Störungen gewonnenen Werten. (Z. klin. Med. **148.** 581—88. 1951. Heidelberg, Univ., Med. Poliklinik.) VINCKE. 4559

U. Borell, E. Diczfalusy und **A. Westman**, *Die Wirkung von Hypophysenimplantation auf die Ausscheidung von 17-Ketosteroiden bei Frauen.* 128 Frauen, von denen die meisten an Menstruationsstörungen litten, erhielten intraglutäal (101mal) Suspensionen von Kalbshypophysen in physiol. NaCl-Lsg. injiziert bzw. das Gewebe in die Labia maiora (27mal) implantiert. Bei jeder Patientin wurden 3 Hypophysen auf einmal appliziert. Nur in 21 Fällen wurde ein eindeutiger Anstieg der Ausscheidung von *17-Ketosteroiden* (I) beobachtet. Es konnte weiter keine Parallelität zwischen günstigem therapeut. Befund u. vermehrter I-Ausscheidung festgestellt werden. Es wurde keine ins Gewicht fallende Differenz zwischen den nach der ZIMMERMANN-Meth. u. den nach der PINCUS-Rk. (mit $SbCl_3$) bestimmten I-Werten festgestellt, wenn die I-Bestimmungen an neutralen Urin-Gesamtextrakten ausgeführt wurden. — Vff. betonen, daß eine Zunahme der I-Ausscheidung im Urin nicht als Kriterium einer vermehrten Aktivität der Nebennierenrinde als Folge der Applikation des Hypophysengewebes gewertet werden darf. (Acta med. scand. **142.** 31—38. 16/2. 1952. Stockholm, Karolinska Sjukhuset, Dep. of Women's Diseases.) VINCKE. 4560

H. Tuchmann-Duplessis, *Das Wachstumshormon des Hypophysenvorderlappens.* Überblick über die chem. Eigg. des somatotropen Hormons u. ausführliche Behandlung seiner physiolog. Funktionen. Im einzelnen werden die Wirkungen auf das Skelettwachstum u. den Stoffwechsel sowie krankhafte Abweichungen u. tumorales Wachstum unter Einfl. des Wachstumhormons beschrieben. (Presse méd. **60.** 949—51. 21/6. 1952. Lille.) NIESWANDT. 4560

L. Montanari und **M. Silvestrini**, *Die Wirkung einiger gonadotroper Hormone und des Prolactins auf die Zähne der hypophysektomierten Ratte.* Die gonadotropen Hormone bringen bei der hypophysektomierten männlichen Ratte nahezu vollständig die Zahnschäden, die durch die Entfernung der Hypophyse bedingt sind, zum Verschwinden. Im Gegensatz hierzu verstärkt *Prolactin* (I) die durch die Hypophysektomie hervorgerufenen Zahnschädigungen durch Ödembldg. u. Hemmung der Calcifikation. Bei gleichzeitiger Gabe von I u. *Gonadotropin A* u. *B* zeigt sich deutlich ein direkter Antagonismus zwischen beiden Hormonen. (Arch. Scienze biol. **36.** 107—17. März/April 1952. Bologna, Univ., Ist. di Fisiol. degli Animali dom. e Clin. odontoiatrica.) H. SCHEURLEN. 4560

R. C. Christensen, R. R. Margulis und **H. L. Stewart jr.**, *Die Wirkung vom ACTH und Cortison auf den Rh-Antikörpertiter während der Schwangerschaft.* 10 schwangere u. 2 nichtschwangere Frauen mit Rh-Antikörpern im Blutserum wurden mit *ACTH* u. *Cortison* verschieden lange (3 Tage bis 6½ Mon.) hindurch behandelt. Die Gesamthormonmenge betrug 300—6500 mg. Bei allen Frauen erfolgte ein zum Teil völliger Titerabfall u. eine Abnahme der Eosinophilen. Zweimal trat intrauteriner Fruchttod ein, zwei der Neugeborenen waren Rh-negativ. Die übrigen 6 Neugeborenen hatten nur geringfügige Symptome einer Erythroblastose, waren lebensfähig u. entwickelten sich normal. ACTH u. Cortison üben bei Schwangeren keine nachteiligen Nebenwirkungen aus. (Western J. Surgery, Obstetr. Gynecol. **60.** 429—34. Sept. 1952. Detroit, Mich., Henry Ford Hosp., Dep. of Obstetr. and Gynecol.) FISCHOEDER. 4560

William W. Faloon, Richard W. Greene und **Eugene L. Lozner**, *Die Anwendung von ACTH und Cortison bei Blutungsübeln infolge Thrombocytopenie.* Patienten mit idiopath. Thrombocytopenie u. solcher bei Leukämie wurden mit *ACTH* u. *Cortison* behandelt. Unabhängig voneinander kam es zur Besserung der Capillarresistenz u. zum Anstieg der Blutplättchenzahl. ACTH u. Cortison sind zur symptomat. Therapie der Thrombocytopenie geeignet. (Amer. J. Med. **13.** 12—20. Juli 1952. Syracus, N. Y.) MATTHIES. 4560

Sloan J. Wilson und **Gustave Eisemann,** *Die Wirkung von Corticotropin (ACTH) und Cortison auf idiopathische thrombocytopenische Purpura.* Von 12 Patienten sprachen 5 auf *ACTH* u. *Cortison* an. Bei 6 von den übrigen führte die Splenektomie klin. u. hämatolog. zur Besserung. Der Mechanismus der Wrkg. beider Substanzen ist noch unbekannt. (Amer. J. Med. **13.** 21—26. Juli 1952. Kansas City, Kans.) MATTHIES. 4560

Saul B. Appel, Lyman A. Fulton und **Kenneth D. Orr,** *Beobachtungen an normalen gesunden jungen Menschen, die mit ACTH und Cortison behandelt wurden.* 3. Mitt. *Nebenwirkungen während der Therapie.* (2. vgl. C. **1953.** 1511.) 83% einer Gruppe von 36 n. gesunden jungen Menschen, die mit starken Dosen *ACTH* (**I**) u. *Cortison* (**II**) 31 Tage lang behandelt worden waren, zeigten Nebenerscheinungen. Diese konnten nur in einem Falle therapeut. nicht beherrscht werden u. erforderten Absetzen des Mittels. — Orale Gaben von **II** erzeugten keine nachteiligen gastrointestinalen Erscheinungen gegenüber intramuskulärer Verabreichung. Im allg. scheinen die individuellen, von Dauer u. Höhe der für die Therapie angewandten Dosis abhängigen Schwankungen im Ausmaß der pharmakol. Wrkg. stärker als die Unterschiede bzgl. des Ansprechens der Erfolgsorgane zu sein. (U. S. Armed Forces med. J. **3.** 531—40. April 1952. Osaka, Army Hosp., Cold Injiony Sect.) KRUSEN. 4560

Fritz Lasch, *Erfolgreiche Cortisontherapie bei schweren Kreislaufkollapszuständen akuter Infektionskrankheiten.* Vf. zeigt an 3 Fällen, daß der Kreislaufkollaps bei Erschöpfungszuständen schwerer Infektionskrankheiten, bes. beim Abklingen schwerer Infekte nach Behandlung mit Antibioticis, Sulfonamiden usw., durch zusätzliche Verabreichung kleiner *Cortison*-Gaben (Einzelgabe 25 mg, Tagesdosis 100 mg intramuskulär) schlagartig u. oft sogar lebensrettend behoben werden kann. (Med. Klin. **47.** 1602—03. 28/11. 1952. Villach, Med. u. Infektionsabt. Landeskrankenhaus.) BÖHM. 4561

Franz Parr, *Über die Wirkungsweise von Desoxycorticosteronacetat auf die Dynamik und Regulationen des peripheren Kreislaufes.* 11 Patienten mit einem orthostat. Symptomenkomplex (EKG-, Blutdruck- u. Pulsveränderungen im Stehen) wurden mit durchschnittlich 180 mg *Desoxycorticosteronacetat* (10 mg/Tag) behandelt. Dadurch wurden Blutdruck, Pulsfrequenz, Venendruck u. Kreislaufzeit zur Norm gebracht. Ausführliche Diskussion der Ergebnisse. (Z. klin. Med. **148.** 567—80. 1951. Würzburg, Univ., Med. Klinik.) VINCKE. 4561

Jakob Bauer, *Der kindliche Kropf und seine Verhütung. Untersuchungen an 45818 Schulkindern in sechs verschiedenen Landkreisen Südbayerns.* Nach Übersicht über Serienverss. kommt Vf. zu der Forderung einer wirksamen Kropfprophylaxe, die in den gefährdeten Gebieten bereits während der Schwangerschaft zum Schutz des Kindes einzusetzen hat. Das jodierte Salz ist das Mittel der Wahl zur Verhütung der Struma. (Med. Klin. **47.** 530—35. 18/4. 1952. München, Diakonissenanstalt.) DOSSMANN. 4562

Karl Kraus, *Jodprophylaxe und Jodtherapie der Struma mit Astrumin.* Nach Hinweisen auf erfolgreiche *J*-Prophylaxe u. -Therapie bei Struma empfiehlt Vf. dazu *Astrumin* (MACK, Illertissen), wovon täglich 1 Tablette mit 50 γ *J* u. in der Schulprophylaxe zweimal wöchentlich 1 Tablette mit 150 γ *J* gegeben werden sollen. Dadurch wird die bei *J*-haltigem Speisesalz unkontrollierte *J*-Zufuhr vermieden. (Med. Mschr. **6.** 711—13. Nov. 1952. München, Univ., II. Med. Klin., Labor. für klin. Pharmakol.) KRUSEN. 4562

G. La Grutta, *Über den Mechanismus der konvulsivischen Phänomene durch Insulin bei Säugetieren und Vögeln.* Für das Auftreten der konvulsiv. Phänomene durch *Insulin* gibt Vf. 2 Mechanismen an: 1. durch chem., physikal.-chem. oder durch nervös-funktionelle Veränderungen des hypoglykäm. Zustandes u. durch die charakterist. hypoglykämisierende Hormonwrkg.; dieser Mechanismus wird bei Kaninchen, Enten u. Tauben gefunden; 2. von der spezif. Hormonwrkg. völlig unabhängig, durch Krampfauslösung bei Vögeln, nicht aber bei Säugetieren, was wahrscheinlich auf dem unterschiedlichen Kohlenhydratstoffwechsel der beiden Tierklassen beruht. (Arch. Scienze biol. **36.** 153—76. März/April 1952. Palermo, Univ., Ist. di Fisiol. umana.) H. SCHEURLEN. 4564

H. A. Heinsen, *Über die chronische Pankreopathie.* Ätiologie, Pathogenese, Symptomatik u. Therapie der chron. Pankreopathie. Für die Diagnose ist häufige Best. der Serumdiastase wichtig, die meist erhöht ist. Vf. bevorzugt hierfür das Verf. von SOMOGYI. Therapie mit Pankreasenzympräpp., Belladonna, Insulin u. Antihistaminica. (Dtsch. med. Wschr. **77.** 70—75. 18/1. 1952. Zeven/Hann., Waldkrankenhaus, Med. Klin.) GRAU. 4564

Herbert Berger, *Methode zur Steigerung der Empfindlichkeit des Glucosetoleranztestes.* 100 mg *Corticotropin* 1 Std. vor Ausführung des Glucosetoleranztestes subcutan gegeben, läßt die Blutzuckerwerte von Blutsverwandten bekannter Diabetiker ebenso wie die der Diabetiker selbst ansteigen. Auf die Kurven n. Patienten ohne familiäre Diabetesbelastung hat Corticotropin keinen Einfluß. (J. Amer. med. Assoc. **148.** 364—66. 2/2. 1952. Staten Island, N. Y.) K. BÖHM. 4564

L. Hédon, *Über die Bedingungen, unter denen die Lipidüberbelastung der Leber während des experimentellen Diabetes bei Hunden stattfindet.* Bericht über langfristige Unterss. an 7 Hunden mit experimentellem Diabetes zur Feststellung der Bedingungen, unter denen die Infiltration der Leber mit Lipiden vonstatten geht, mit kurzer Diskussion der Bedeutung des Insulindefizits u. des Mangels an lipotropen Faktoren. (Schweiz. med. Wschr. **82.** 999—1000. 27/9. 1952. Montpallier, Fac. de Méd., Labor. de Physiol.) KRUSEN. 4564

P. A. Kometiani, *Bildung und Umwandlung des Phosphorylcholins während der Synthese des Acetylcholins in Gehirnauszügen.* Während der Synth. von *Acetylcholin* (I) im Homogenat u. Extrakt aus dem Acetonpulver von Gehirn entsteht das schwer hydrolysierbare *Phosphorylcholin* (II). Eine Zwischenbldg. von Acetylphosphat ist mit Hydroxylamin oder als labile P-Verb. nicht nachweisbar. Cholin wird im Gehirnextrakt bei der Oxydation von Citrat, Acetat u. Glutaminat phosphoryliert. Für die Umwandlung von **II** in **I** durch den Extrakt aus dem Acetongehirnpulver ist die Ggw. von Adenosintriphosphat erforderlich. Dieses kann durch Adenylat nicht ersetzt werden. Im Homogenat zerfällt **II** unter Bldg. von geringen Mengen **I**. **II** sensibilisiert den Muskel gegen die Wrkg. von **I**. Durch Sensibilisierung der Glutamatoxydation wird im Gehirnextrakt die Synth. von I verstärkt. Cytochrom c, Codehydrase I, Pyridoxal u. Nicotinsäureamid sind einzeln u. in Kombination von geringem Einfl. auf die Desaminierung u. Synth. von **I**. Die Synth. von **I** im Gehirn hat man sich als Umsetzung zwischen **II** u. einer Verb. zu denken, deren Umwandlung direkt zur Acetylgruppe führt. (Биохимия [Biochemie] **17.** 108—18. Jan./Febr. 1952. Tbilissi, Physiol. Inst. der Akad. der Wiss. der GrusSSR, Abt. Biochemie.) LEBTAG. 4569

Betke, *Der Abbau des fetalen Hämoglobins bei Kindern mit angeborenen Herzfehlern.* Beim Menschen können durch Denaturierung mit NaOH ein fetaler u. zwei postfetale *Hämoglobin*-Typen unterschieden werden. 14 Kinder mit angeborenem Herzvitium wurden untersucht u. zeigten keine Unterschiede im Vgl. zu Gesunden, sowohl was Verteilung als auch Art der Hämoglobintypen betrifft. (Mschr. Kinderheilkunde **100.** 143—44. April 1952. Freiburg/Br.) MATTHIES. 4572

Wilhelm Künzer, *Zur Hämoglobinbestimmung im Säuglingsalter. Hämoglobin*-Bestimmungen bei Säuglingen sind mit den gleichen Methoden möglich wie beim Erwachsenen u. ergeben die gleichen Werte, da Unterschiede in der Färbekraft des Blutfarbstoffs nicht bestehen. Tageszeitliche Schwankungen beeinflussen stark die Hämoglobinbestimmungen bei Säuglingen. (Mschr. Kinderheilkunde **100.** 149—52. April 1952. Würzburg.) MATTHIES. 4572

F. Rubino, *Das Verhalten der Alkalireserve bei Lebersteatosis von Albinoratten.* Albinoratten mit experimenteller Lebersteatosis zeigen eine verminderte Alkalireserve. Bei solchen Tieren hat die Gabe von *Glucose* keinen Einfl. auf den respirator. Quotienten. (Arch. Scienze biol. **36.** 147—52. März/April 1952. Palermo, Univ., Ist. di Fisiol. umana.) H. SCHEURLEN. 4572

Körver, *Über Ursachen und Bedeutung eines erniedrigten γ-Globulinspiegels im Blutserum bei Säuglingen.* Die Ursachen der Verminderung der γ-Globuline bei Säuglingen werden diskutiert u. auf eine Fehlsteuerung des vegetativen Nervensyst. zurückgeführt. (Mschr. Kinderheilkunde **100.** 230—31. April 1952. Mainz.) MATTHIES. 4574

Goetz W. Richter, *Experimentelle Hyperglobulinämie. Die Wirkung von injiziertem Ribonucleotid auf die Serumwerte von immunisierten Ratten.* Bei Ratten, welche mit Pferdeserum immunisiert wurden, konnte durch wiederholte Injektion von Na-Ribonucleat eine Hyperglobulinämie erzeugt werden. Vf. weist darauf hin, daß eine abnorm starke Verwertung von Ribonucleotiden von globulinbildenden Zellen eine mögliche Ursache einer Hyperglobulinämie sein kann. (J. exp. Medicine **96.** 331—46. 1/10. 1952. New York, N. Y., New York Hosp., Cornell Med. Center.) REICHLE. 4574

Aage Videbaek, *Weitere Untersuchungen über Kaliumplasmawerte bei Leukämie.* Der Kalium-Plasmawert (KP) fiel während der raschen Entw. von Lymphknotenvergrößerung in einem Fall subakuter lymphat. Leukämie. Bei 2 Fällen chron. myeloischer Leukämie stieg der KP unverkennbar während Röntgenbestrahlung der Milz an. 2 Patienten mit akuter Leukämie ohne Zeichen ausgesprochener Zellproliferation u. 3 unbehandelte Patienten mit chron. Leukämie wiesen n. oder nur leicht herabgesetzte KP auf. Im Beginn extensiver u. akuter Proliferation des leukäm. Gewebes kann Hypokaliämie vorkommen, Hyperkaliämie dagegen während extensiven Untergangs von leukäm. Gewebe. (Acta med. scand. **144.** 160—64. 14/11. 1952. Kopenhagen, Univ., Hosp.) BÖHM. 4574

Johannes Hofer, *Klinische Erfahrungen mit dem Heparinoid Thrombocid in der Chirurgie.* Besprechung der Wirkungsweise, der Indikation u. Kontraindikation von *Thrombocid* (DR. WILLI BENEND, München-Solln; heparinähnliche Verb., Schwefelsäureester eines aus Pentosen u. Hexosen bestehenden Polysaccharids) zur Bekämpfung der Thrombosekrankheit in der Chirurgie. (Pro Medico [Mainz] **21.** 285—92. Aug. 1952. Mainz, Univ., Chirurg. Klinik.) W. BRANDT. 4574

J. McCormick, *Coronarthrombose, eine ätiologische Studie.* Das rasche Ansteigen der Thrombosen wird auf Mangel an *Vitamin* B_1 u. *C*, gleichzeitige Neigung zu Tabak- u. Alkoholgenuß, tox. Leberschädigungen durch diese Genußgifte, die die Bedingungen zur Thrombose begünstigen, u. Hypercholesterinämie zurückgeführt. 151 ♂ Fälle von Coronarthrombose (CT) erreichten ein Durchschnittsalter von 52 Jahren, 100% waren Raucher, 55% tranken Alkohol. Die Geschlechtsverteilung der CT, die früher mit 5:1 u. 3,5:1 angegeben wurde, beträgt jetzt 2:1, was auf Ansteigen des Verbrauchs an Tabak u. A. bei Frauen zurückgeführt wird. (Clinical Med. **59.** 305—11. Juli 1952. Toronto, Can.) BÖHM. 4574

Herbert Begemann, *Der gegenwärtige Stand der Anämiebehandlung.* Übersicht über die Maßnahmen zur Bekämpfung der Anämien (*Eisen, Kobalt, Vitamin* B_{12}, *Folsäure, W 1 Aminohepan, proteolyt. Leberextrakt, ACTH, Stickstofflost*). (Pro Medico [Mainz] **21.** 292—301. Aug. 1952. Freiburg/Br., Univ., Med. Klinik.) W. BRANDT. 4575

Ludwig Heilmeyer, *Erkennung und Behandlung der Anämien.* Vf. gibt einen Überblick über den heutigen Stand der Pathogenese u. Therapie der Eisenmangel-, hämolyt. u. aplast. Anämien. (Münchener med. Wschr. **94.** 1698—1705. 29/8. 1952. Freiburg, Univ., Med. Klinik.) REICHLE. 4575

H. Braunsteiner und **E. Gisinger,** *Eisentherapie.* Die intravenöse Zufuhr vorwiegend dreiwertiger Fe-Präpp. mit hoher Dosierung ist bei Eisenmangelanämie (a) wirksam, bei Infektanämie (b) sollten sie jedoch peroral verabfolgt werden. β-Globulin (Transferrin) ist als Serumeisenträger bei **a** vermehrt, während es bei **b** u. allen anderen mit Albuminabnahme im Plasma verbundenen Zustandsbildern vermindert ist. In anderen Fällen als **a** ist perorale Zufuhr geeigneter, da bei Injektion hoher Dosen Fe die physiol. Grenzen rasch überschritten werden können. (Wiener klin. Wschr. **64.** [N. F. 7] 517—20. 18/7. 1952. Wien, Univ., II. Med. Klinik.) GRAU. 4575

Peter Büchmann und **Hans Graß,** *Zur Frage der Penicillin- und intravenösen Lebertherapie der perniciösen Anämie.* 2 Fälle mit echter perniciöser Anämie wurden 6 bzw. 5 Tage mit je 2mal $4 \cdot 10^5$ E. *Depotpenicillin* (**I**) behandelt; eine Wrkg. von **I** auf das Blutbild war nicht nachweisbar. Im Anschluß wurde Lebertherapie mit einem neuartigen Extrakt *Neo-Hepatex* (**II**; EVANS MEDICAL SUPPLIES LTD., Liverpool u. London) durchgeführt. **II** wird durch Proteolyse der Leber gewonnen, es enthält 12 γ *Vitamin* B_{12}/cm³. Verabreichung intravenös, Anfangsdosis 1mal 6 cm³, bis zur Normalisierung des Blutbildes weiter wöchentlich 2—4 cm³ oder zweimal je 2 cm³. Mit **II** wurde vollständige Remission erzielt. (Med. Klin. **47.** 548—51. 28/4. 1952. Heidelberg, Univ., Med. Klinik.) DOSSMANN. 4575

J. F. P. Erasmus und **D. A. Birch,** *Allergische Reaktion gegenüber Dextran. Krankheitsbericht.* Eine weibliche 25jährige gesunde Versuchsperson, die als Kind ein mildes Nesselfieber gehabt hatte, erhielt intravenös 60 ml 6%ig. NaCl-haltiger *Dextran* (**I**)-Lösung. Nach 15 Min. entwickelte sich ein Nesselausschlag u. nach 30 Min. ein Kehlkopfödem, Atemnot u. Bewußtlosigkeit. Intravenöse Adrenalininjektion rief das Bewußtsein zurück u. brachte das Glottisödem zum Verschwinden. Es traten Leibschmerzen auf. Weitere Behandlung erfolgte mit *Ca-Gluconat* intravenös u. *Anthisan* subcutan. Der Hautausschlag verschwand 2 Std. nach der **I**-Injektion, das angioneurot. Ödem blieb bis zum 3. Tage bestehen. Spätere intradermale Verabreichung von **I**-Lsg. in Verdünnung 1:50, 1:25 u. 1:1 rief keine deutliche Rk. hervor. — Es werden andere in der Literatur beschriebene **I**-Allergien besprochen. Vf. rät zu größerer Vorsicht bei der Anwendung von **I**. (South African med. J. **26.** 945—46. 29/11. 1952. Cape Town, Univ., Dep. of Surg. and Groote Schuur Hosp.) WILLENBERG. 4576

Lord Rothschild und **K. W. Cleland,** *Die Physiologie der Seeigelspermatozoen. Die Natur und Lage des endogenen Substrates.* Spermatozoen von *Echinus esculentus* enthalten 4,14 mg *Phospholipide* (**I**) auf 10^{10} Spermien. Der **I**-Geh. liegt etwa bei 5,5% des Trockengewichts des Seeigelspermas. Das Samenplasma enthält sehr wenig **I**, ca. 20 mg/100 ml. Wurde das Sperma mit Seewasser im Verhältnis 1:20 verd. u. dann aerob bei 20° bebrütet, so nahm der **I**-Geh. in 7 Std. um ca. 19% ab. In der gleichen Zeit wurden 1,450 ml O_2

aufgenommen. Der beobachtete O_2-Verbrauch konnte nicht auf der Oxydation von Glykogen oder glykogenähnlichem Material beruhen. Nimmt man an, daß 1 mg **I** zur Verbrennung 1,6 ml O_2 erfordert, so ist das Verhältnis der theoret. O_2-Aufnahme zur beobachteten O_2-Aufnahme 0,86. Der im Mittelstück lokalisierte oxydative **I**-Zusammenbruch soll die Hauptenergiequelle für die Bewegung darstellen. (J. exp. Biology **29.** 66—71. März 1952. Cambridge, Univ., Dep. of Zool., u. Millport, Marine Stat.) ITZEROTT. 4582

John B. Thiersch, *Therapeutische Aborte mit einem oral verabreichten Folsäureantagonisten, 4-Aminopteroylglutaminsäure (4-Amino-PGA). 4-Aminopteroylglutaminsäure* wurde verwandt, um Schwangerschaftsunterbrechungen vorzunehmen. Die für die Embryonen tödliche Dosis zeigte bei der Mutter nur einen vorübergehenden Einfl. auf das Hämoglobin u. die weißen Blutzellen. Bei jüngeren Föten fand sich eine Nekrose der Leber, der Nebenniere, des intestinalen Epithels u. eine Red. der Hämatopoese. Da die Säure ein Folsäureantagonist ist, wird an gleicher Stelle die Rolle der Folsäure für den jungen Embryo betont u. auf die Möglichkeit hingewiesen, daß bei spontanen Aborten ein Folsäuremangel die Ursache sein kann. (Amer. J. Obstetr. Gynecol. **63.** 1298—1304. Juni 1952. Washington, Univ., Dep. of Pathol.) REICHLE. 4583

S. Burt Wolbach und **Charlotte L. Maddock,** *Beschleunigung der Knochenwachstumsvorgänge durch Vitamin A bei hypophysektomierten Ratten.* (Vgl. C. **1952.** 3522.) Die bei 11 Versuchs- u. 2 Vergleichstieren durchgeführten Unterss. ergaben eindeutig, daß die Beschleunigung der Knochenwachstumsvorgänge bei hohen Gaben von *Vitamin A* (**I**) auch bei Fehlen der Hypophyse eintritt oder direkt durch **I** verursacht wird. Die hierbei auftretende starke Verkürzung der Überlebenszeit erscheint durch Atrophie der Nebennieren als Folge der Hypophysektomie bedingt. Die Ursache für die bei diesem beschleunigten Knochenwachstum auftretenden Knochenbrüche wird erörtert. (A. M. A. Arch. Pathology **53.** 273—78. März 1952. Boston, Mass., Children's Hosp.)
SCHWAIBOLD. 4587

R. H. Rigdon, *Pathologische Schädigungen im Nervensystem der Ente bei Fütterung mit einer Vitamin-A-Mangelnahrung.* Während die neurolog. Erscheinungen bei *Vitamin-A* (**I**)-Mangel von verschied. Autoren auf prim. degenerative Veränderungen im Zentralnervensyst. u. in den peripheren Nerven zurückgeführt werden, andere Autoren diese Nervenschädigungen als eine Folge von Knochenveränderungen ansehen, wurden in früheren Unterss. (vgl. C. **1952.** 3197) bei Enten mit **I**-Mangel keine Knochenveränderungen beobachtet. In den vorliegenden Unterss. wurden weitere eingehende derartige Unterss. durchgeführt, deren Ergebnisse (Sektionsbefunde, histolog. Unterss.) an Hand von Abbildungen ausführlich beschrieben werden. Es wurde bestätigt, daß die patholog. Veränderungen bei jungen Enten mit **I**-Mangel prim. in den Nervenzellen des Rückenmarks u. der Ganglien vorliegen. In der grauen Substanz finden sich nur wenige Petechien. Eine Druckwrkg. der Knochen der Wirbelsäule auf die Nerven war nicht nachweisbar. (A. M. A. Arch. Pathol. **53.** 239—49. März 1952. Galveston, Univ. of Texas, Med. Branch, Labor. of Exp. Pathol.) SCHWAIBOLD. 4587

H. Lenz, *Die Pantothensäure in der Psychosenbehandlung.* Bericht über 18 Fälle von Psychosen (schizophrene u. Laktationspsychose, endogene Defektzustände), die auf Elektroschocktherapie nur unzureichend ansprachen, jedoch nach zusätzlicher Verabreichung von *Pantothensäure* (**I**) u. *Nicotinsäureamid* (**II**; ca. 3 Wochen täglich je 100 mg intravenös) vollständig remittierten. Vf. diskutiert eine Beteiligung von **I** an der *Acetylcholin* (**III**)-Bldg. u. der Ernährung des Neurons in der oxydativen Abbauphase der Glucose (**IV**). Bei Psychosen sind die **III**-Bldg. u. anscheinend der **IV**-Abbau gestört. **II** wurde wegen seiner vasodilator. Wrkg. auf die Hirngefäße gleichzeitig gegeben. (Münchener med. Wschr. **94.** 2377—80. 21/11. 1952. Linz/Donau, Krankenhaus der Barmherzigen Brüder.) K. MAIER. 4587

P. D. Bedford, *Nebenwirkungen eines Vitamin-B_{12}-Präparates.* (Vgl. C. **1951.** II. 3202.) Bei Verss. mit einem aus *Streptomyces griseus* (**I**) hergestellten *Vitamin-B_{12}* (**II**)-Konzentrat bei 100 Personen wurden nach intradermaler Zufuhr in 14 Fällen eine positive Haut-Rk. u. nach intramuskulärer Zufuhr in 6 Fällen Nebenwirkungen beobachtet. Bei Verwendung eines durch Kristallisation aus **I** gewonnenen reineren **II**-Präp. wurden nur in 2 Fällen eine Haut-Rk. u. in keinem Fall Nebenwirkungen beobachtet. Bei Verwendung eines **II**-Präp. aus Leber traten keine Haut-Rk. u. keine Nebenwirkungen auf. Diese Erscheinungen traten bei Personen, die früher mit Antibioticis behandelt worden waren, doppelt so oft auf wie bei Unbehandelten. Die Möglichkeit der Erzeugung einer Idiosynkrasie gegen Antibiotica wird daher als Grund gegen die Verwendung ungereinigter **II**-Präpp. aus **I** angesehen. (Brit. med. J. **1952.** I. 690—91. 29/3. Oxford, Cowley Road Hosp.) SCHWAIBOLD. 4587

Je. L. Terentjewa, *Ascorbigen, die gebundene Form der Ascorbinsäure.* Nach der von SSUMTZOW abgeänderten Meth. von GUHA isolierte Vf. aus Kohl *Ascorbigen* (I), das durch mehrfache Behandlung mit wenig trockenem Chlf. von Beimengungen (bis zu 30—40%) befreit wurde. Die Prüfung der biol. Aktivität von I erfolgte nicht mit dem erhaltenen Prod., sondern mit einem daraus durch H_2S gewonnenen Hydrolysat (II). Dieses enthielt noch ca. 6,7% einer 2.6-Dichlorphenolindophenol reduzierenden Beimengung. Prüfung mit auf skorbutogene Diät gesetzten Meerschweinchen ergab einen Heilerfolg bei Dosen von 2—1,5 mg. Die Wrkg. von II entspricht der Wrkg. einer gleichen Menge synthet. *Ascorbinsäure* (III). Demnach ist anzunehmen, daß die Hydrolyse von I zur Abspaltung von III führt u. I tatsächlich eine Substanz ist, in der III in gebundener Form vorliegt. (Биохимия [Biochemie] **17.** 641—45. Nov./Dez. 1952. Moskau, Staatl. Vitamin-Kontrollstat.) ULMANN. 4587

Fabrizio De Matteis und **Carlo Marenzana,** *Über die Hemmung des Heparins durch Vitamin E in vitro und dessen die Thrombokinaseaktivität im Plasma erhöhende Wirkung.* Vff. untersuchten die Wrkg. von *α-Tocopherol* (I) an Blutproben u. nach Injektion an 15 Kindern u. Jugendlichen, die keine besonderen Krankheitszeichen boten. Es wurden die Prothrombinzeit (QUICK), die Recalcifikationsdauer (HOWELL) sowie die Antithrombinzeit bestimmt. Nach besonderer Meth. wurde die QUICKsche Probe bei verschied. Konz. von Thrombokinase geprüft. Durch I wird die Gerinnungszeit verkürzt, entsprechend auch die Recalcifikationsdauer (HOWELL), was als ein gegen das Heparin gerichteter Effekt interpretiert werden kann. Außerdem wird die Aktivität der *Thrombokinase* erhöht, was daraus hervorgeht, daß die mit den Methoden von QUICK u. HOWELL bestimmten Ergebnisse nicht koordinierbar sind u. die Bestimmungen der Prothrombinzeit mit steigender Thrombokinasekonz. gegenüber den Normbefunden abweichen. Eine Bestätigung ihrer Ansicht sehen Vff. darin, daß entzündliche u. nichtentzündliche hämorrhag. Erkrankungen auf I gut ansprechen. (Minerva med. [Torino] **43.** II. 1152—57. 26/11. 1952. Genova, Univ., Ist. di Clin. Padiatrica.) P. G. SCHEURLEN. 4587

Wilhelm Stepp, *Gesichtspunkte zur Beurteilung der Nährleistung von Nahrungsmitteln.* (Med. Klin. **47.** 505—08. 18/4. 573—76. 25/4. 1952. München.) DOSSMANN. 4589

E. J. Bigwood, *Gegenwärtiger Stand unserer Kenntnisse über den Gehalt der Nahrung an Aminosäuren.* Allg. Übersicht. (Schweiz. med. Wschr. **82.** 970—72. 27/9. 1952. Bruxelles.) KRUSEN. 4589

Heikki Kalliala, *Über die peptische Verdaulichkeit einiger Kindermilcharten und Milchmischungen in vitro.* Vf. untersucht eine Reihe von Milcharten u. Milchmischungen, die in Finnland für die Säuglingsernährung Verwendung finden, auf ihre Verdaulichkeit in vitro mit einer Versuchstechnik, die den Vorgängen im Säuglingsorganismus angenähert ist. Als Maßstab der Verdaulichkeit dienen sowohl die Feinheit der Ausflockung, als auch die Menge des filtrierbaren N. Hiernach zeigen die günstigsten Eigg. Brust- u. Stutenmilch u. danach Citronensäuremilch, Lang-Piimä (eine finn. Sauermilch, gewonnen durch bakterielle Fermentation) u. evaporierte Milch. Erhitzen der Kuhmilch verbessert ihre Verdaulichkeit, wobei 5min. Kochen am günstigsten zu sein scheint. Trockenvollmilch wird etwas besser als gekochte Kuhmilch verdaut. Die 2/3 Milch steht zwischen der Trockenvollmilch u. der gewöhnlichen Haferschleimhalbmilch. Haferschleim bewirkt eine feinere Ausflockung des Caseins als Wasserzusatz, jedoch ist der nach 3std. Verdauung in Lsg. gegangene N etwas geringer. Zur Bereitung der Halbmilch ist evaporierte u. Trockenmilch besser als gekochte geeignet. (Ann. Med. exp. Biol. fenn., Suppl. **30.** 1—67. 1952.) NEHRING. 4589

Hermann Kipping und **Thea Schackow,** *Zum Brenztraubensäurestoffwechsel.* 3. Mitt. *Brenztraubensäure und Scharlach.* (2. vgl. C. **1953.** 2314.) Von 75 Fällen mit Scharlach zeigen 95% zu Beginn der Erkrankung einen gegenüber der Norm erhöhten *Brenztraubensäure* (I)-Geh. des Blutes. Im Verlaufe der Krankheit sinkt der I-Spiegel wieder ab (bei 25 von 30 Fällen). Nach Injektion von *Omnacillin* (600000 E. Omnadin + Penicillin) bzw. *Co-Carboxylase* (100 mg) Erniedrigung des I-Gehaltes. (Dtsch. Arch. klin. Med. **199.** 459—61. 1952. Berlin, Rudolf-Virchow-Krankenhaus.) REISS. 4596

Ss. Ja. Kaplanski, Ss. I. Kaplanskaja und **Sh. G. Schmerling,** *Über den Umsatz von dl-Methionin bei auf eiweißarme Diät gesetzten Ratten und dessen Wirkung auf die Wiederherstellung der bei diesen Tieren gestörten Fermentfunktionen.* Die Verss. wurden an eiweißarm ernährten Ratten (3% Casein) durchgeführt. Erhielten die Tiere 1 Woche lang täglich 200—500 mg *dl-Methionin* (I) in 5%ig. Lsg. intraperitoneal, so kam es im Harn zu einer starken Zunahme des Aminosäuren- u. Ammoniak-N u. Ammoniakausscheidung, was darauf hinweist, daß die Desaminierung von I nicht gestört ist. Zufuhr von Cholin (20—60 mg täglich) allein oder in Kombination mit I verändert die Aktivität von I hinsichtlich der Wiederherstellung gestörter Fermentfunktionen nicht. Durch Verabreichung von **I** zusammen mit Ammoniumcarbonat (200 mg täglich) wird die Ausnutzung des letzteren als N-Quelle zur Eiweißsynth. wesentlich verbessert. (Биохимия [Biochemie] **17.** 348—53. Mai/Juni 1952. Moskau, Inst. für biol. u. med. Chem. der Akad. der Med. Wiss. der UdSSR, Labor. für Gewebschemie.) RENTZ. 4596

I. Ja. Schachtmeisster, *Über die Beteiligung des Magens am intermediären Eiweißstoffwechsel im Organismus und über die Sekretion der Magendrüsen beim Ekzem.* Bei Ekzematikern ohne Sekundärinfektion sind Gesamt-N, Eiweiß-N, Rest-N u. die Fermente im Magensaft annähernd normal. Dasselbe ist beim Verhältnis der Globuline zu den Albuminen der Fall. Bei Ekzematikern mit Sekundärinfektion sind Eiweiß- u. Gesamt-N durchweg erhöht. Die Albumine nehmen bei gleichbleibenden Globulinen zu. Auch Gesamtacidität u. freie HCl sowie die Verdauungskraft der Fermente sind häufig herabgesetzt. Auf der Höhe des ekzematösen Prozesses ist in beiden Fällen die Spontansekretion des Magens erhöht. (Вестник Венерологии и Дерматологии [Nachr. Venerol. Dermatol.] **1952.** Nr. 5. 26—29. Sept./Okt. Moskau, 1. Med. Inst., Lehrstuhl für Haut- u. Geschlechtskrankh.) RENTZ. 4596

Conrado F. Asenjo, *Kriterien für die angenäherte Fettresorption normaler Individuen und Sprue-Patienten.* In einer ersten Versuchsreihe von 41 Sprue-Patienten (Sp.) u. 19 gesunden Kontrollen (Ko.) ergab sich, daß nur 29,2% der Sp. u. 5,3% der Ko. mehr als 30% Fett in den getrockneten Fäces aufwiesen. Die Best. des fäcalen Fettes (Spalt- u. Neutralfett, Unverseifbares) wurde nach der Meth. von SAXON (modifiziert) so vorgenommen, daß 3 g Fäces mit ca. 10% Festsubstanz mit 0,5 ml konz. HCl angesäuert, 3mal mit 10 ml Aceton geschüttelt u. zwischendurch abzentrifugiert wurden. Die vereinigten Acetonextrakte wurden mit 15 ml W. gemischt, 3mal mit PAe. extrahiert, vom Lösungsm. befreit u. gewogen (= Gesamtfett). Der Rückstand wurde mit 0,1nKOH alkal. gemacht, mit PAe. extrahiert. Rückstand = Neutralfett + Unverseifbares. Dieser wird verseift u. mit PAe. extrahiert. Rückstand = Unverseifbares. Aus der Differenz lassen sich die Anteile an Spalt- u. Neutralfett berechnen. — In einer zweiten Versuchsserie konnte am Fettgeh. der getrockneten Fäces gezeigt werden, daß bei gleichen Fettgaben (90 g/Person/Tag) 2 von 7 Sprue-Fällen eine anomale Fettresorption aufwiesen. Die tägliche Fettausscheidung der Sp. betrug im Mittel 12,5 g gegenüber 4 g unter n. Bedingungen. — Diskussion der Ergebnisse. (Amer. J. trop. Med. Hyg. **1.** 344—54. März 1952. San Juan, P. R., Univ., School of Tropical Med., Dep. of Biochem. and Nutrit.) LIPPOLD. 4596

K. Bernhard, E. Scheitlin und **U. Gloor,** *Resorption und Stoffwechsel von Kohlenwasserstoffen.* Mit Deuterium markierte KW-stoffe der Kettenlänge C_{8-18} haben Vff. in Gemischen mit Olivenöl an Ratten mit Ductus thoracicus-Fistel verabreicht u. auf ihre Resorption untersucht. Unters. der Lymphe zeigte, daß KW-stoffe mit kürzerer Kettenlänge besser resorbiert wurden als *Octadecan* (**I**), ohne dabei oxydiert zu werden. Aus dem Depotfett von Ratten, die neben n. Futter **I** als Zulage erhielten, konnten D-haltige *Stearin-*, *Palmitin-* u. *Ölsäure* isoliert werden. Es findet also Resorption u. Oxydation zu Fettsäuren statt. (Helv. physiol. pharmacol. Acta **10.** C10. 1952. Basel, Univ., Physiol.-Chem. Anstalt.) POHLOUDEK-FABINI. 4596

Lloyd M. Beidler, *Unsere Geschmacksrezeptoren.* Vf. gibt einen allg. Überblick über die Physiologie der Geschmacksorgane sowie über die Verschiedenartigkeit der Geschmacksqualitäten, bei welchen sich nur für einzelne Beziehungen zu der chem. geschmacksbestimmenden Substanz feststellen lassen. Hinweise darauf, daß individuelle u. artmäßige Unterschiede in den Geschmacksqualitäten bestehen. Außerdem kann eine Substanz je nach ihrer Konz. verschied. Empfindungen auslösen. (Sci. Monthly **75.** 343—49. Dez. 1952. Florida, State Univ., Dep. of Physiol.) P. G. SCHEURLEN. 4598

Guy W. Clark, A Vitamin digest. Springfield, Ill.: C. C. Thomas. 1952. (256 S. m. Abb. u. Bibl.) $ 6,50.

Edward J. Conway, The biochemistry of gastric acid secretion. Springfield, Ill.: C. C. Thomas. 1952. (183 S. m. Abb. u. Bibl.) $ 6,50.

E_6. Pharmakologie. Therapie. Toxikologie. Hygiene.

Theophil Hornykiewytsch und **Günther Seydl,** *Histochemische und serologische Untersuchungen über die Wirkung der Röntgenstrahlen.* 1. Mitt. *Einleitung, Problemstellung, Chemie der untersuchten Stoffe, Methodik.* Überblick u. einleitende Mitt. betreffs Chemie u. Histochemie der *Acetalphosphatide* u. der *Thymonucleinsäure* (Nucleal- u. Plasmal-Rk. nach FEULGEN). (Strahlentherapie **84.** 489—97. 1951. Gießen, Justus v. Liebig-Hochschule. Med. u. Nervenklinik.) SCHLOTTMANN. 4601

Theophil Hornykiewytsch, *Physikalisch-chemische und histochemische Untersuchungen über die Wirkung der Röntgenstrahlen.* 2. Mitt. (1. vgl. vorst. Ref.) In einer zusammenfassend gehaltenen Darst. werden die Grundlagen einer Theorie der Röntgenstrahlwrkg. im biol. Objekt diskutiert u. dann über eigene Verss. über die Wasserstoffionenkonz. im bestrahlten Bereich u. im Gesamtorganismus sowie über den Einfl. der Bestrahlung auf das Hypophysen-Nebennierenrinden-Syst. berichtet. Danach folgt allg. der Bestrahlung eine Ionisation u. in deren Gefolge eine Umwandlung des W. in stark oxydativ wirkende Stoffe. Bzgl. des Einfl. auf den p_H-Wert des Gewebes fand Vf. bei Tierverss. an Ratten: Totalbestrahlung mit 200 r führt anfänglich zu einer sauren Schwankung, die nach 18—24 Std. in eine alkal. übergeht. Lokalbestrahlung am Oberschenkel mit 4000 r führt zu einer Folge period. (5—7 Tage) auftretender Acidosen, die jeweils von Alkalosen abgelöst werden. Die alkal. Phasen sind für die Ferment-Rkk. u. für das Redoxsyst. Cystein—Cystin von ausschlaggebender Bedeutung. Totalbestrahlung mit 1000 r löst das SELYEsche Adaptionssyndrom aus u. modifiziert die FEULGENsche Plasmal-Rk. in der Nebennierenrinde. Im Zusammenhang mit Fragen des Strahlenschutzes wird nachgewiesen, daß hier der SH-Gruppe besondere Bedeutung zukommt. — Literatur. (Strahlentherapie **86.** 175—206. 1952. Gießen, Justus v. Liebig-Hochschule, Akad. für med. Forschung u. Fortbildung, Med. u. Nervenklinik.) REUSSE. 4601

H. St. Stender und **O. Elbert,** *Tierexperimentelle Untersuchungen über die Beeinflussung des Serumeiweißbildes durch eine Ganzbestrahlung mit 500 und 1000 r.* Kaninchen erhielten Ganzbestrahlung mit Röntgenstrahlen (180 KV, 15 mA, HWS 0,95 mm Cu, Gesamtdosis 500, 1000 oder 2000 r). Die elektrophoret. Unters. des Proteins zeigte eine Abnahme des Gesamtproteins, des Hämatokritwertes, des Gesamtcholesterins u. der Leukocytenzahl. Das Minimum wird am 3. Tag erreicht, dann folgt allmählicher Wiederanstieg. Die Abnahme betrifft vor allem die Albuminfraktion. Die beobachteten Erscheinungen werden diskutiert. (Strahlentherapie **89.** 275—82. 1952. Gießen, Justus v. Liebig-Hochschule, Med. u. Nervenklinik, Strahlenabteilung.) REUSSE. 4601

Harold H. Plough, *Strahlungstoleranzen und genetische Effekte.* Überblick über die Expositionsniveaus für Menschen u. Säugetiere bei Ganzkörper- u. Teilbestrahlungen, die Sterilisierungsdosen, die Bestrahlungswirkungen auf Embryos, die direkten Wirkungen auf ältere Säugetiere sowie über die Langzeiteffekte auf die Bevölkerung. Bzgl. genet. Strahlenschäden werden Mutationsbeobachtungen an Drosophila u. Mäusen diskutiert. (Nucleonics **10.** Nr. 8. 16—20. Aug. 1952. Armhest, Mass., Armhest. Coll., Dep. of Biol.) GERHARD SCHMIDT. 4601

J. Lackner, *Die Behandlung der Strahlenintoxikation mit „Rökan".* Die Ursachen des Strahlenkaters als Folge von Röntgenbestrahlungen werden unter besonderer Berücksichtigung der Strahlenwrkg. auf das Plasmaeiweiß diskutiert, ebenso die bisher angewandten Medikamente zu seiner Bekämpfung. Vf. berichtet über die Prüfung eines neuen Mittels, das *Rökan* (DR. SCHWABE). Es handelt sich um eine Kombination von *Nux vomica D 4* (1:10000, enthält Strychnin u. Brucin) mit einem Spezialextrakt aus *Hafer* unter besonderer Berücksichtigung einzelner vitaminhaltiger Inhaltsstoffe. Dosierung: 1—2 Tabletten ½ Std. vor der Bestrahlung, später bis zu 8 Tabletten am Tag. Die Wrkg. trat prompt ein, auch bei Patienten, die gegen andere Mittel resistent waren. (Strahlentherapie **89.** 283—87. 1952. Bremen, Städt. Krankenanstalten, Hans-Meyer-Klinik des Zentralröntgeninst.) REUSSE. 4601

W. Schega und **G. Heinemann,** *Das Ausscheidungspyelogramm nach subcutaner Kontrastmittelgabe. (Ein Beitrag zur Anwendung der Hyaluronidase).* Bei 27 Patienten wurde ein sogenanntes subcutanes Pyelogramm angefertigt. Sie erhielten je 500 VRE des *Hyaluronidase* (**I**)-Präp. *Luronase* (BAYER) u. eine dem Alter entsprechende Menge *Per-Abrodil M* 45%ig. in die Subcutis der linken Brust, was durch die Veränderung der Diffusions- u. Resorptionsverhältnisse der Subcutis durch **I** möglich ist. Die Ergebnisse lassen dieses Verf. als Ergänzung, nicht als Konkurrenz der anderen urograph. Möglichkeiten, beurteilen. (Z. Urol. **45.** 443—46. 1952. Mainz, Univ., Chir. u. Orthopäd. Klinik.) DUCHO. 4601

René Houet, *Bericht über zwei Fälle von Akrodynie, die nach Kalomeltherapie auftrat, aber ohne Ausscheidung von Quecksilber im Harn verlief und die mit BAL geheilt wurde.* 1. Fall: 2½ jähriges Kind, das als Wurmmittel ein Präp. aus 150 mg Santonin + 150 mg Kalomel erhalten hatte u. die Symptome der Akrodynie aufwies. — 2. Fall: 2½jähriges Kind, dem vom Arzt Kalomelpulver gegen Konstipation verordnet worden war. — Therapie: Kein Erfolg mit hohen Pyridoxingaben. Rasche Besserung nach 25 mg BAL/kg Körpergewicht (2 Tage lang alle 4 Std., später alle 6 Std. u. schließlich alle 12 Std., insgesamt 12 Tage lang). Vor u. nach der BAL-Therapie ließ sich kein Hg im Harn nachweisen (Acta paediatrica [Uppsala] **41.** 158—61. März 1952. Liège, Univ., Clin. des maladies de l'Enfance.) W. BRANDT. 4606

Ralph W. Brauer und **Rita L. Pessotti,** *Die Wirkung von choleretischen und hydrocholeretischen Agentien auf Gallenfluß und feste Gallenbestandteile in der isolierten durch-*

strömten Leber. An der isolierten durchströmten Rattenleber wurden durch Injektionen von 2,0 mg *Na-Dehydrocholat* (I; *Procholon-Na* SQUIBB) eine durchschnittlich maximale Zunahme des Gallenflusses um 250±45%, bei Kontrolltieren mit Gallenfisteln eine Zunahme von maximal 79±17% nach gleicher Behandlung erzielt. Konjugierte Gallensalze (II; aus Lebergalle von Hunden gewonnen) in gleicher Dosis wie I injiziert erzeugten nur eine mittlere maximale Zunahme von 120±15%. Der Gesamttrockensubstanzgeh. der Galle war bei I in 17 Fällen unverändert, in 8 Fällen erniedrigt, bei II in 9 von 10 Fällen deutlich erhöht. Durch Vgl. der Verss. am isolierten Organ u. am Kontrolltier kann die unterschiedliche Wrkg. von I u. II nur dadurch erklärt werden, daß beide am Leberparenchym angreifen u. nicht durch Beeinflussung des Pfortaderblutstromes wirken. (Science [Washington] **115.** 142–43. 8/2. 1952. New Orleans, Louisiana State Univ., School of Med., Dep. of Pharmacol. and Exp. Therapeutics.) ITZEROTT. 4607

G. Annoni und **P. D. Lucchelli,** *Vergleich der Zahl der zirkulierenden eosinophilen Granulocyten unter dem Einfluß eines löslichen Thiosemicarbazons mit der Wirkung des Cortisons.* Mittels THORN-Testes fanden die Vff. unter der Wrkg. des *Na-Salzes des p-Succinylaminobenzaldehydthiosemicarbazons*) ein Absinken der Eosinophilen im strömenden Blut wie nach ACTH bzw. Cortison. (Minerva med. [Torino] **43.** II. 747–49. 22/10. 1952. Magenta Ospedale Civile „G. Fornaroli".) GERBER. 4607

A. Giberti, R. Ponzoni und **G. P. Pirondini,** *Experimentelle Untersuchungen über den Wirkungsmechanismus von Na-Salicylat und einiger Pharmaca mit antihyaluronidatischer Aktivität.* Vff. untersuchten, ob sich der Wirkungsmechanismus von *Na-Salicylat, Brenzcatechin, Resorcin* u. *Kongorot* durch eine Freisetzung der *Glykocorticoide* aus der Nebenniere erklären läßt. Sie zeigten, daß obige Verbb. in den Lymphorganen u. in der Nebennierenrinde morpholog. Veränderungen hervorrufen, die den durch corticotrope Hormone u. durch *11-Oxycorticoide* verursachten ähneln, u. daß die Verbb. ein durch frisches Eieralbumin erzeugtes anaphylakt. Ödem bei bilateral adrenalektomierten Ratten nicht verhindern können. (Arch. Scienze biol. **36.** 219–28. März/April 1952. Modena, Univ., Ist. di Igiene e Microbiol.) H. SCHEURLEN. 4607

O. Braun-Falco und **G. Weber,** *Zur Frage des antihyaluronidatischen Effektes von Antihistaminsubstanzen. Atosil* (I) hebt die durch *Hyaluronidase* (II) beschleunigte Resorption am Unterarm gesetzter subcutaner Quaddeln auf; allerdings verzögert I schon die n. Resorptionszeit von NaCl-Lsgg. allein. Diese I-Wrkg. wird nach Verss. am TRENDELENBURGschen Durchströmungsapp. (vgl. C. **1952.** **6384.** 504) auf eine Capillarabdichtung zurückgeführt, woraus sich die nur in vivo, nicht die in vitro, feststellbare Hemmung von II durch Antihistaminicis erklären ließe. (Arch. Dermatologie Syphilis **194.** 392–99. 1952. Mainz, Univ., Hautklinik.) GIBIAN. 4607

Virginia Apgar und **E. M. Papper,** *Durchgang von Medikamenten durch die Placenta.* Zusammenstellung u. Besprechung der Literaturangaben über Verff. zur Verfolgung des Stoffaustausches zwischen mütterlichem u. fötalem Organismus u. der bei solchen Unterss. erzielten Ergebnisse unter besonderer Berücksichtigung der Blutverteilung, O_2-Kapazität u. des Anästheticadurchganges. — 45 Literaturangaben. (Current Res. Anesthesia Analgesia **31.** 309–20. Sept./Okt. 1952. New York, N. Y., Columbia Hosp.; Presbyterian Hosp.) KRUSEN. 4607

Claudia Baldissera-Nordio, *Zwiebelanämie bei verschiedenen Haustierarten.* Vf. untersuchte an einer Ziege, einem Hund u. 8 Kaninchen den Einfl. von Zwiebeln, die roh oder gekocht, in einer Suppe allein oder mit anderem n. Futter zusammen gefüttert wurden. Eine solche in länger u. größeren Gaben durchgeführte Ernährung führt zu einer schweren Anämie, die mit Gewichtsabnahme u. schweren organ. Störungen fast immer tödlich ist. Dabei wurden deutliche Verminderung des Hb, der Zahl der Erythrocyten, Abfall der Leukocyten, starke Veränderung der Leukoformel, charakterist. morpholog. Veränderungen der Blutzellen sowie stärkste histolog. Veränderungen des Knochenmarkes gefunden. (Arch. Tierernähr. **2.** 309–21. März/April 1952. Mailand, Univ., Inst. für allg. Tierzucht.) K. BÖHM. 4608

Claudia Baldissera-Nordio, *Zwiebelanämie bei Hühnern.* An 6 Hennen der weißen Leghornrasse durchgeführte Fütterungsverss. mit gekochten Zwiebeln (ca. 60–150 g pro die 1 Monat lang) ergaben das Auftreten einer schweren Anämie mit Abfall des Hb, der Erythrocyten u. Leukocyten. Die histolog. Unterss. ergaben leichten Reizzustand der Milz u. des Knochenmarkes. (Arch. Tierernähr. **2.** 322–26. März/April 1952. Mailand, Univ., Inst. für allg. Tierzucht.) K. BÖHM. 4608

H. Krupp, L. Lendle und **K. Stapenhorst,** *Untersuchungen über Nicotin und Veratrumalkaloide als Insekticide.* Am isolierten Ganglienpräp. des Gelbrandkäfers wirkt *Nicotin* erregend, worauf rasch Lähmung erfolgt. Beim *Veratrin* zeigten sich Kontrakturwirkungen, die langsam abklangen. Man nimmt Depolarisationsvorgänge an. *Veratridin*

u. *Cevadin* waren in der Konz. von 10^{-6}, *Veratramin* u. *Solanin* erst bei einer Konz. von 10^{-4} wirksam. Eine Sensibilisierung für K war nicht festzustellen. *p-Dichlorbenzol* löst auch nach Resektion der Ganglien am Muskel eine rhythm. Automatie aus. *Campher* (10^{-5}—10^{-4}) war am peripheren Muskel unwirksam. (Arzneimittel-Forsch. **2.** 258—62. Juni 1952. Göttingen, Univ., Pharmakolog. Inst.) REICHLE. 4608

H. Amschler, W. Stahlmann und **W. Bethge,** *Klinische Erfahrungen bei der Behandlung der Tuberkulose mit Isonicotinsäurehydrazid.* Bericht über 358 Behandlungsfälle (kavernöse Lungentuberkulosen, 7 Empyeme, 1 Meningitis), die mit *Isonicotinsäurehydrazid* (INH) während 1—6 Monaten behandelt wurden. Schwerere tox. Nebenwirkungen wurden nicht beobachtet, durchweg aber eindeutige, teilweise überraschende Besserung der allg. Krankheitserscheinungen festgestellt. Röntgenolog. wurden die Lungenbefunde meist deutlich u. schnell beeinflußt. Von 116 Fällen mit Kavernen verschwanden nur bei 15 die Kaverne, bei 36 weiteren wurde eindeutig Verkleinerung erreicht. Bei den Empyemen u. der Meningitis wurde das klin. Bild bei guter örtlicher Verträglichkeit des INH schnell gebessert. (Z. ges. inn. Med. Grenzgebiete **7.** 913—17. 15/10. 1952. Tuberkuloseklin. u. Forschungsstätte Waldhaus Sommerfeld.) K. BÖHM. 4610

W. Grunke und **E. Maier,** *Isonicotinsäurehydrazid in der Behandlung schwerer Lungentuberkulose.* Vff. berichten über 43 Fälle schwerer Lungentuberkulosen, die zum Teil schon mit TB I u. PAS vorbehandelt worden waren u. die sie mit 5 mg/kg Körpergewicht *Isonicotinsäurehydrazid* (I) behandelten. Eindrucksvolle, günstige Veränderung des Krankheitsbildes, rasche Entfieberung, Appetitsteigerung mit erstaunlichen Gewichtszunahmen wurden beobachtet. Langsame röntgenolog. Besserung geht mit der Senkungsverlangsamung parallel. Die bei chron. Kranken in der 2.—4. Woche zu beobachtende Leukocytose gilt als prognost. günstig. Nebenerscheinungen waren selten u. stets harmlos. Die leichte Löslichkeit des I erlaubt außerdem die lokale Anwendung bei verschied. extrapulmonalen Komplikationen u. bei pleuralen Prozessen. (Z. ges. inn. Med. Grenzgebiete **7.** 917—25. 15/10. 1952. Burg bei Magdeburg, Stadtkrankenhaus.) K. BÖHM. 4610

Werner Mohnke und **Rudolf Schröder,** *Polyneuritis nach Isonicotinsäurehydrazid.* Vff. berichten über 11 Fälle von Störungen des peripheren Nervensyst. bei der Behandlung mit Isonicotinsäurehydrazid (I). Bei 3 Fällen trat Polyneuritis auf, bei 10 von den 11 Fällen handelte es sich um mehrjährige Tuberkulosekranke, die alle vorher schon Conteben erhalten hatten. Zwischen Dosierung u. der Gesamtmenge an verbrauchten I konnten keine Parallelen gefunden werden. Vorübergehendes Aussetzen der Therapie bei den ersten Beschwerden wird empfohlen. Therapeut. kommen Massage, Heißluft, Wechselbäder, Pyramidon u. Polybion in Frage. (Med. Klin. **47.** 1594—96. 28/11. 1952. Bielefeld, Städt. Krankenh., Inn. Abt.) K. BÖHM. 4610

Giordano Mentasti, *Betrachtungen über 28 Fälle von Poliomyelitis anterior, die mit Priscol behandelt wurden.* Vf. behandelte 28 Kleinkinder im Alter zwischen 2 Monaten u. 4 Jahren, die eine Poliomyelitis anterior hatten, mit 4mal täglich 2 mg *Priscol* (**I**; *2-Benzyl-4.5-imidazolinhydrochlorid*) pro kg Körpergewicht (meist intramuskulär) 8—13 Tage lang. **I** wurde gut vertragen. Über die Erfolge dieser Therapie äußert sich Vf. sehr vorsichtig, zumal außerdem physikal. Therapie angewandt wurde. Jedenfalls war der Verlauf dieser Poliomyelitisepidemie sehr viel leichter als die anderer Jahre. Schmerzen u. Spasmen wurden verringert, u. die Atrophie von Haut u. Muskeln der befallenen Extremitäten war weniger ausgeprägt, was zum Teil durch die durch das **I** bewirkte bessere Durchblutung erzielt wurde. (Minerva med. [Torino] **43.** II. 149—50. 26/7. 1952. Milano, Ospedale Maggiore, Div. Pediatr. e Isolamento.) IPPEN. 4610

Karol Kleibl, *Pyogene Komplikationen nach Luestherapie während einer Grippeepidemie.* Entsprechend dem direkten biotrop. Faktor von As u. Schwermetallen wird die Virulenz der *Treponemen* erhöht, was eine Verminderung der Resistenz des Organismus zur Folge hat, mit einer Steigerung der Streptokokkeninfektion, unter Schwächung des Organismus durch Grippeviren. (Československ. Dermatol. [J. Dermatol. Syphilol. Czechoslov.] **26.** 126—30. 31/3. 1951. Piestany, Staatl. Krankenh., Hautabt.) STEINER. 4610

Frans C. Goble, *Beobachtungen bei experimentell gesetzter Chagascher Krankheit der Hunde.* Durch Impfung mit Trypanosoma cruzi (CHAGAsche Krankheit) traten bei Hunden Parasitämien auf, u. zwar bei den ♂ Tieren stärker als bei den ♀. — Während bei erwachsenen Tieren gelegentlich Heilung beobachtet wurde, verlief die Infektion bei jungen Tieren infolge akuter Myocarditis tödlich (8—39 Tage nach Erscheinen der Trypanosomen im Blut). Selbst intravenöse Verabreichung von *Bayer 7602* oder *Isopentaquine* beeinflußten den Krankheitsverlauf gewöhnlich nicht positiv, dagegen konnte durch orale Gaben von *Pentaquine* selbst bei jungen Tieren Heilung erzielt werden. (Amer. J. trop. Med. Hyg. **1.** 189—204. März 1952. New York, N. Y., Russelaer, Sterling-Winthrop Res. Inst.) LIPPOLD. 4610

Charles B. Burbank und **Benson B. Roe**, *Neuere Erfahrungen bei akuter Perforation des peptischen Ulcus im Massachusetts General Hospital. Überblick über 288 Fälle.* Es gelang Vff. die Mortalität beim perforierenden Ulcus von 27,2 auf 9,34% herabzudrücken. Neben rechtzeitigen chirurg. Maßnahmen ist dieser Erfolg auf die geeignet durchgeführte Chemotherapie mit *Sulfonamiden, Penicillin* u. *Streptomycin* zurückzuführen. (New England J. Med. **247.** 424—27. 18/9. 1952. Boston, Mass., Harvard Med. School u. Massachusetts Gen. Hosp.) DOSSMANN. 4610

Karl Irrgang und **Iris v. Fischer**, *Experimente zur Frage einer Verminderung der Penicillinwirkung bei Penicillin-vorbehandelten Individuen.* Durch länger andauernde Vorbehandlung von Mäusen mit kleinen *Penicillin* (I)-Dosen von 0,01—1,0 E./Tier sowie durch zweimalige im Abstand von 14 Tagen erfolgte I-Behandlung mit je 360 bzw. 450 E./10 g Maus auf 3 Tage verteilt (Einzeldosis 40 bzw. 50 E./10 g), wurde keine Verminderung der chemotherapeut. I-Wrkg., gemessen an der Heilwrkg. bei einer später erfolgten Infektion mit *Streptococcus* ARONSON, beobachtet. Nach vorausgehender, durch I geheilter Infektion mit *Streptococcus* ARONSON wurde bei späterer abermaliger Infektion mit dem gleichen Erreger an der Maus keine Verminderung der chemotherapeut. I-Wrkg. festgestellt. Bei der Maus hat demnach eine I-Behandlung, gleich welcher Dosierung, keinen Einfl. auf die chemotherapeut. Wrkg. späterer I-Kuren. (Arzneimittel-Forsch. **2.** 530—32. Nov. 1952. Lich, Oberhessen, Lessopharm & Co. GmbH.) RUTKOWSKI. 4611

Ernst Bruckschen, *Die Wirkung einer Hemmsubstanz (p-Carboxybenzolsulfo-di-n-butylamid) auf die Ausscheidung von Penicillin und PAS.* Bericht über die Hemmwrkg. auf die Ausscheidung von *Penicillin* (I) u. *PAS* (II) durch *Longacid* (III; CASSELLA FARBWERKE, Frankfurt/Mainkur = *p-Carboxybenzolsulfo-di-n-butylamid*). 5 Fälle erhielten je $2 \cdot 10^5$ E. I; Prüfung des Serums auf I-Geh. mit u. ohne III-Verabreichung 1 bzw. 2 g, 1—2 Std. vor I-Injektion. Es wurde Erhöhung des I-Spiegels um das 2—10fache in den ersten 6—8 Std. post injectionem erzielt. Bei II-Therapie wurde der Einfl. von III, täglich viermal 0,5 g vor II-Verabreichung, an 32 Patienten bis zu 8,5 Monaten beobachtet. Die Serum-II-Konzz. ergaben, daß durch III eine II-Spiegelerhöhung eintritt, die aber individuellen Schwankungen unterliegt. In einigen Fällen nimmt die III-Wrkg. nach einigen Monaten vorübergehend ab. Trotzdem ist mit III-Zusatz eine wesentliche Verminderung der II-Dosis bei Dauertherapie möglich. (Die Medizinische **1952.** 1295—98. 11/10. Frankfurt/M., Univ., Orthopäd. Klinik.) DOSSMANN. 4611

C. K. O'Malley, *Die alleinige Behandlung der Syphilis während der Schwangerschaft mit Procain-Penicillin und Aluminiummonostearat.* Besprechung der Behandlungsergebnisse von 169 schwangeren, syphilisverdächtigen Frauen; sie erhielten $4{,}8 \cdot 10^6$ E. *Procain-Penicillin* (I) in Öl + 2% *Al-Monostearat* entweder pro Woche je eine Injektion zu $1{,}2 \cdot 10^6$ E. oder 2mal wöchentlich $0{,}6 \cdot 10^6$ E. Eine sichere Nachkontrolle nach der Geburt war nur in 55 Fällen möglich, bei 47 Säuglingen war keine Syphilis nachzuweisen. Eine sichere Beurteilung des Wertes der I-Therapie ist nur bei früher, florider Syphilis der Mutter möglich. Obgleich dieses Krankheitsbild nur bei 12 Frauen vorlag, besteht nach Vf. kein Zweifel über die Wirksamkeit der durchgeführten I-Therapie zur Vermeidung congenitaler Syphilis. (South African med. J. **26.** 1030—35. 27/12. 1952. Cape Town, Peninsula Maternity Hosp.) DOSSMANN. 4611

Elsa P. Woodrow, *Penicillinbehandlung der Syphilis während der Schwangerschaft. Übersicht über 250 Fälle.* Es wurden einmal in der Woche $1{,}2 \cdot 10^6$ E. *Penicillin* (I) + NH_4-*Monostearat*, insgesamt $4{,}8 \cdot 10^6$ E., an 115 auswertbare Fälle verabreicht; vorher schon mit *As* oder *Bi* behandelte Patienten (75) erhielten nach demselben Schema die halbe Menge. Der Säugling wurde als nichtsyphilit. angesehen, wenn die serolog. Teste nach 16 Wochen negativ waren. In der ersten Gruppe waren es 93, in der 2. 68 nichtsyphilit. Säuglinge, nur 1 Fall mit congenitaler Syphilis, der auf zu späten Beginn der I-Therapie zurückgeführt wird. Die anderen Ausfälle beziehen sich auf Komplikationen, die nicht auf die Syphilis zurückzuführen waren. (South African med. J. **26.** 1035—37. 27/12. 1952. Cape Town, City Health Dep.) DOSSMANN. 4611

R. S. Speck und **E. Jawetz**, *Antibiotischer Synergismus und Antagonismus bei einer subakuten experimentellen Streptokokkeninfektion der Maus.* Bei einer subakuten Infektion mit *Streptococcus pyogenes* der Maus (intramuskuläre Beimpfung) wurde Synergismus zwischen *Penicillin* (I) u. *Streptomycin* oder *Bacitracin* u. Antagonismus gegen die I-Wrkg. bei *Chloramphenicol* oder *Terramycin* bei Behandlung über lange Zeit beobachtet. — Tabellen, Kurven. (Amer. J. med. Sci. **223.** 280—85. März 1952. San Francisco, Calif., Univ. of California, School of Med., Div. of Microbiol.) GOEBEL. 4611

C. E. Alken und **E. Büchler**, *Die Einwirkung der Chemotherapie auf das klinische Bild der Urotuberkulose. Streptomycin-, Conteben-* u. *PAS*-Behandlung bei Urotuberkulosen in 4 Fällen mit Tendenz zur Heilung unter besonderem Hinblick auf die Operationsindikation. (Z. Urol. **45.** 434—42. 1952. Hamburg, Univ., Urolog. Klin.) DUCHO. 4611

Bernhard Knick und **Gottfried Wendler,** *Neurotrope Streptomycinschädigung.* Literaturbesprechung u. ausführlicher Bericht über einen Fall, der nach Medikation von insgesamt 30 g *Streptomycin* (I; täglich 1 g) neurolog. Störungen zeigte, die als eine durch I ausgelöste „funktionelle Dekompensation" bezeichnet werden. — 18 Literaturangaben. (Med. Mschr. **6.** 707—10. Nov. 1952. Mainz, Univ., Med. Klinik u. Nervenklinik.) KRUSEN. 4611

R. Austrian, L. E. Cluff, G. S. Mirick, S. M. Sessoms und **C. G. Zubrod,** *Vergleich der Wirksamkeit von Chloramphenicol (Chloromycetin) und von Penicillin bei der Behandlung der Pneumokokken-Lobärpneumonie.* Unters. von 2 Patientengruppen; 43 erhielten bei der Aufnahme oral *Chloramphenicol* (I), 1 g, u. anschließend je 1 g alle 6 Std., 59 *Penicillin* (II), $3 \cdot 10^5$ E. *Na-II-G* in wss. Lsg. u. dann alle 12 Std. $3—10^5$ E., bis die rectale Temp. 72 Std. lang 89,6° F (37,5° C) betrug. I u. II sind zur Behandlung der Pneumokokken-Lobärpneumonie geeignet. Die verabreichte I-Dosis war offenbar für Infektionen mittlerer Schwere zu hoch. Ernste tox. Nebenwirkungen wurden von Vff. bei I u. II nicht beobachtet; da sie aber bei I-Therapie auftreten können, wird I nur empfohlen, wenn Gründe gegen II-Therapie vorliegen. (Bull. Johns Hopkins Hosp. **91.** 323—29. Nov. 1952. Baltimore, Johns Hopkins Hosp. u. U. S., Public Health Serv. Hosp., u. Johns Hopkins Univ., School of Med., Dep. of Med., Pharmacol. and Exp. Therap.) DOSSMANN. 4611

Trautmann, *Blutbildungsschädigung bei Chloramphenicoltherapie.* Unter Hinweis auf den im *Chloramphenicol* (I) enthaltenen nitrierten Benzolkern wird auf den möglichen Zusammenhang zwischen der Verwendung des I bei Allergikern u. bei Erkrankungen der hämopoet. Organe u. dem Auftreten von aplast. Anämie u. Panmyelophthise hingewiesen. Genauere Einzelheiten über den Mechanismus der Schädigungen sind noch nicht bekannt. (Z. ges. inn. Med. Grenzgebiete **7.** Nr. 20, zusammenfassende Schrifttumsübersicht 55—56. 15/10. 1952.) BÖHM. 4611

H. W. Schulte, *Die Enzymtherapie und der extrapleurale Pneumothorax.* Vf. berichtet über Erfahrungen mit *Streptokinase* (I) zur Verflüssigung von Blutkoagula. Verwendet wurde *Bistreptase* (II = $2 \cdot 10^4$ E. I + $5 \cdot 10^3$ E. *Streptodornase*, BEHRINGWERKE, Marburg). 38 Fälle mit postoperativem, nicht verflüssigtem Hämatom. Dosierung: Instillation von $2—4 \cdot 10^4$ E. II in 10—40 cm^3 physiol. *NaCl*-Lsg. ein- bis viermal in ein- u. mehrtägigem Abstand. Punktion nach 24 bzw. 48 Stunden. Es trat eine starke Pleura-Rk. mit heftigen Schmerzen, Fieber, stärkerer Exsudation u. Schrumpfungstendenz der Pneumolysenhöhle auf. Daher wird vor kritikloser II-Anwendung zur Verflüssigung eines extrapleuralen Hämatoms gewarnt. (Tuberkulosearzt **6.** 661—63. Nov. 1952. Heidelberg-Rohrbach, Tuberkulosekrankhaus.) DOSSMANN. 4614

Robert T. Patrick und **Albert Faulconer jr.** (unter techn. Mitarbeit von **John Saari**), *Atmungsuntersuchungen während Äther- und Pentothalnatriumnarkose.* Arterieller O_2- u. CO_2-Geh. war bei *Äther-* (6 Fälle) u. *Pentothal*-Narkose (7 Fälle) in allen Stadien kaum verändert. (Anesthesiology **13.** 252—74. Mai 1952. Rochester, Minn., Mayo Clinic, Sect. of Anesthes.) DAUTZENBERG. 4621

J. Becker und **O. Bundschuh,** *Klinischer Bericht über Dromoran „Roche" (Analgeticum Ro 1-5431).* Über 200 Patienten, in der Mehrzahl Krebskranke in fortgeschrittenem Stadium, wurden mit dem Analgeticum *Ro 1-5431* (I) behandelt. I lag vor als DL-3-Oxy-N-methylmorphinanhydrobromid (II) u. als (—)-3-Oxy-N-methylmorphinantartrat (III) in Form von Ampullen, Tabletten u. Suppositorien. III ist jetzt als *Dromoran* „ROCHE" im Handel. Mit II u. III wurde gegenüber dem *Morphin* erhöhte analget. Wrkg. festgestellt. Bei subcutaner oder intramuskulärer III-Verabreichung betrug die Einzeldosis 1 cm^3 mit 2 mg III, Wrkg. trat nach 10—15 Min. ein u. hielt 7—12 Std. an, ebenso bei Verabfolgung von Suppositorien u. Tropfenlsg.; Tabletten zeigten bei entsprechendem III-Gehalt etwas geringere u. verkürzte Wrkg.; Nebenwirkungen wie Schwindel, Übelkeit, Erbrechen u. Brechreiz traten bei oraler Verabreichung von II in ca. 30% der Fälle ein, diese Erscheinungen verschwanden nach Verwendung von III-Tabletten. Fälle von Sucht wurden nicht beobachtet. (Med. Klin. **47.** 546—48. 18/4. 1952. Heidelberg, Univ., Czerny-Krankenhaus für Strahlenbehandlung.) DOSSMANN. 4621

S. Rochietta, *Ein neues, die Analgesie verlängerndes Mittel. Das Pektinat des Dihydrooxycodeinons.* An 132 Fällen zeigte sich die gute Verträglichkeit u. analget. Wrkg. des *Dihydrooxycodeinonpektinats.* Die Toxizität war bei gleicher Wirksamkeit geringer als die von Eukodal. (Minerva med. [Torino] **43.** II. 722. 18/10. 1952.) GERBER. 4621

F. P. Ansbro, A. H. Iason, H. E. Shaftel, A. Halpern, F. S. Latteri und **B. Bodell,** *Die Entwicklung des Efocains, ein neuer Schritt zur langdauernden Lokalanästhesie.* Nach

Beschreibung der Entw. des *Efocains* (*Procain* u. *Butyl-p-aminobenzoat* in *Propylenglykol*) wird über experimentelle u. klin. Erfahrungen berichtet. Das organ., mit W. mischbare, nichttox. Lösungsm. verhindert die hydrolyt. Spaltung des Anästheticums u. bedingt die langsame Resorption des Depots. So wurde Anästhesie von 8—14 Tagen nach einmaliger Gabe erreicht. Tox. Rkk. oder Gewebsschädigungen traten nicht auf. (Anesthesiology **13.** 306—21. Mai 1952. New York, N. Y.) DAUTZENBERG. 4621

Hans Freudenberg, *Verlängerte Wirkung der Lokalanästhesie.* Nach kurzem Überblick über die Entw. langwirkender Lokalanästhetica wird über eigene Erfahrungen mit *Ureacain* (2% *Anästhesin* in konz. wss. *Urethan*-Lsg.; BRAUN, Melsungen) berichtet. Nach der raschen Resorption des Urethans fällt das schwerlösl. Anästhesin kristallin aus u. wird dann sehr langsam resorbiert, wodurch Anästhesie für 4—5 Wochen erreicht wird. Zahlreiche gute Erfolge wurden gesehen bei Pruritus ani et vulvae, Sacralgien, Parametropathien, Narbenschmerzen u. Dysmenorrhoen, desgleichen bei der Applikation in Operationswunden bzgl. der postoperativen Schmerzen. Die Applikationstechnik wird beschrieben. Schädigungen wurden nicht beobachtet. (Med. Klin. **47.** 1318—20. 3/10. 1952. Fulda, Herz-Jesu-Krankenh., Gynäkol. Abt.) DAUTZENBERG. 4621

James E. Eckenhoff, George L. Hoffman und **Robert D. Dripps,** *N-Allylnormorphin: ein Antagonist gegen Opiate.* Die zentralen Lähmungen durch *Morphin, Meperidin, Pantopon, Dilaudid* u. *Methadon* beim Menschen werden durch *N-Allylnormorphin* (I) wirksam bekämpft. Bei 225 Entbindungen unter mehr oder weniger stark lähmendem Einfl. von Analgetica u. Sedativa konnte durch I das Einsetzen der kindlichen Atemtätigkeit signifikant beschleunigt werden. (Anesthesiology **13.** 242—51. Mai 1952. Philadelphia, Pa., Univ. of Pennsylvania, School of Med., Dep. of Anesthesiol., Obstetr., Harrison Dep. of Res. Surg.) DAUTZENBERG. 4621

Charles A. Winter und **Lars Flataker,** *Der Einfluß von Cortison, Desoxycorticosteron, adrenocorticotropem Hormon und Diphenhydramin auf die Reaktion von Albinomäusen auf Allgemeinanästhetica.* Untersucht wurde die Wrkg. von *Cortison* (I), *Desoxycorticosteron* (II), *ACTH* (III) u. *Benadryl* (IV; *β-Dimethylaminoäthylbenzhydryläther-hydrochlorid = Diphenhydramin*). Die Anflutungsphase bei *Ae.*-Narkose wird durch I verlängert, II u. IV sind ohne Einfluß. Die Narkosedauer bei Ae. wird durch I verkürzt, durch II wenig, durch IV deutlich verlängert. II hebt die Wrkg. von I bei der Ae.-Narkose wieder auf. — Die Narkosedauer bei *Barbituraten* wird durch I u. III verkürzt, durch IV erheblich verlängert. II ist ohne Wirkung. Die zentral lähmende Wrkg. des Antihistaminicums IV wird durch I bei beiden Narkosearten nicht beeinflußt. (J. Pharmacol. exp. Therapeut. **105.** 358—64. Juli 1952. Rahway, N. J., Merck Inst. for Ther. Res.) DAUTZENBERG. 4621

Charles M. Landmesser, J. Gerard Converse und **Merel H. Harmel,** *Quantitative Beurteilung der bronchokonstriktorischen Wirkung von Curare beim narkotisierten Patienten: ein vorläufiger Bericht.* Es wird eine Meth. beschrieben, mit der die Bronchokonstriktion im Laufe einer Narkose unter gewöhnlichen klin. Bedingungen registriert werden kann. Von 9 untersuchten Patienten zeigten nach *d-Tubocurarinchlorid* 3 keine, 5 eine leichte u. 1 eine deutliche Bronchokonstriktion. (Anesthesiology **13.** 275—80. Mai 1952. Albany, N. Y., Albany Med. Coll. of Union Univ., Dep. of Anesthesiol.; Albany Hosp.) DAUTZENBERG. 4628

W. Sniper, *Messung und Vergleich der Histaminfreisetzung durch Muskelrelaxantien beim Menschen.* Bei je 10 Patienten wurden wirkungsgleiche Mengen *d-Tubocurarinchlorid, Dimethyltubocurarinjodid, Gallamintriäthojodid* u. *Dekamethoniumjodid* intracutan injiziert u. die Größe der Quaddel ausgemessen. Die mit dieser Meth. abgeschätzte *Histamin*-Freisetzung ist am größten bei *d-Tubocurarinchlorid* u. nimmt entsprechend der obigen Reihenfolge ab. (Brit. J. Anesthesia **24.** 232—37. Okt. 1952. Glasgow, Victoria Infirmary.) DAUTZENBERG. 4628

Erwin Bass und **Herbert Dietrich,** *Über die Anwendung von Buscopan bei spastisch bedingten Krankheitszuständen.* Bericht über die Wrkg. des *Scopolamin*-Abkömmlings *Hyoscin-n-butylbromid = Buscopan* (I; C. H. BOEHRINGER SOHN, Ingelheim/Rh.), einer spasmolyt. Verb., bei 65 Patienten, darunter 35 Ulcuskranken. Verabreichung oral in Tabletten in Einzelgaben von 0,008—0,02 g; für parenterale Injektion stand I in Ampullen zu 0,01 g zur Verfügung. Ausgezeichnete Verträglichkeit, keine Nebenwirkungen. Zuverlässige Wrkg. bei der Bekämpfung des Ulcusschmerzes u. bei allen anderen Schmerzzuständen auf spast. Grundlage. (Dtsch. med. Wschr. **77.** 906—09. 18/7. 1952. Hannover, Henriettenstift.) DOSSMANN. 4628

S. Thesleff, O. v. Dardel und **G. Holmberg,** *Succinylcholinjodid, ein neues Muskelrelaxans.* Kurzer Bericht über Erfahrungen mit *Succinylcholinjodid* in mehr als 1000 Fällen bei verschied. Indikationen. Gute Wrkg., rascher Abbau im Organismus, Fehlen jeglicher tox. Nebenwirkungen werden betont u. machen das Mittel bes. geeignet auch bei alten u. schwächlichen Personen, auch für längere Operationen (als Dauertropfinfusion). (Brit. J. Anaesthesia **24.** 238—44. Okt. 1952. Stockholm, Karolinska Inst., Dep. of Pharmacol.; Karolinska Sjukhuset.) DAUTZENBERG. 4628

Cedric M. Smith, Hyman L. Cohen, Edward W. Pelikan und **Klaus R. Unna**, *Wirkungsweise von Curareantagonisten.* Am Musculus rectus abdominis des Frosches (Rana pipiens) wurden folgende Verbb. untersucht: *Neostigmin, Physostigmin, Tetraäthylpyrophosphat,* sowie *3-Oxyphenyl-trialkyl-ammonium*-Verbb. mit folgenden Alkylresten: *-trimethyl-, -dimethyläthyl- (Tensilon), -methyldiäthyl-* u. *-triäthyl-*. Dabei ließen sich statist. signifikante Beziehungen zwischen der acetylcholinsteigernden, cholineesterasehemmenden u. decurarisierenden Wrkg. bei allen Verbb. nachweisen, während zur direkten muskelreizenden Wrkg. keine bestimmten Beziehungen bestehen. Die Ansprechbarkeit des Muskels auf *Nicotin* wird durch keine dieser Verbb. verändert. Die decurarisierende Wrkg. der *3-Oxyphenyltrialkylammonium*-Verbb. beruht demnach im wesentlichen auf ihrem hemmenden Einfl. auf die *Cholinesterase.* (J. Pharmacol. exp. Therapeut. **105.** 391—99. Aug. 1952. Chicago, Ill., Univ. of Illinois Coll. of Med., Dep. of Pharmacol.) DAUTZENBERG. 4628

Fr. Mainzer, *Frühbehandlung des Schlaganfalls mit Aminophyllin (Euphyllin): Ergebnisse und Deutung.* Vf. berichtet über 3 Fälle, die nach dem Auftreten eines Schlaganfalles mit *Aminophyllin* (I) intravenös behandelt wurden. Die durch den Schlaganfall bedingten Ausfallerscheinungen konnten innerhalb kürzester Zeit (2 Min. bis 1 Std.) behoben werden. Ein erneut auftretender Schlaganfall konnte ebenfalls wirksam mit I angegangen werden. Im Anschluß an diese Ausführungen werden morpholog. u. pathogenet. Unterss. diskutiert. (Münchener med. Wschr. **94.** 1724—33. 29/8. 1952. Alexandrien, Anglo-Swiss Hosp.) REICHLE. 4630

J. Lozano und **N. Gallego**, *Lipotrope Wirkung eines Jodderivates des Cholins.* Das *2-Jodäthyltrimethylammoniumjodid* gab bei Arteriosklerose in einer Dosis von 0,001 bis 0,002 g intramuskulär oder intravenös gute Resultate. Gegenüber der Hypertonie vermag es die Wrkg. anderer Spasmolytica zu unterstützen. Es wird angenommen, daß seine Wrkg. auf der Zurückdrängung des Cholesterins beruht. (Med. españ. [15] **28.** 99—104. Aug. 1952. Sevilla, Primera Clinica Méd.) GERBER. 4630

M. Battezzati und **A. Tagliaferro**, *Pathogenetische Betrachtungen und neue therapeutische Versuche in der peripheren Arteriopathie.* Auf Grund von Beobachtungen kommen Vff. zu der Annahme, daß die Arteriitis der unteren Gliedmaßen in vielen Fällen ein hypoton. u. nicht hyperton. Zustand sein kann. Hierdurch veranlaßt, behandelten sie 12 (6 ausgesuchte) Fälle von Arteriitis mit *p-Oxyphenylaminoäthanol* (NORDÊN), das sie schon bei RAYNAUD-Erkrankten mit gutem Erfolg erprobt hatten. In den klaren u. merklichen Besserungen, die bei den neuen Fällen erzielt wurden, sehen die Vff. eine mögliche Bestätigung ihrer Hypothese. (Minerva med. [Torino] **43.** I. 1365—70. 25/6. 1952. Genova, Univ., Clinica Chirurgica Gen.) ENDRASS. 4630

A. Rune Frisk, Lars Werkö und **Gunnar Wrange**, *Ein neues Quecksilberdiureticum: Diurgin (Di-Na-Salz des N-Succinyl-N'-[γ-carboxymethylmercaptomercuri-β-methoxypropyl]-carbamids). Diurgin* (I) ist ein weniger tox. Hg-Diureticum als Merallurid (II). Nebenwirkungen bei I in 1,8%, bei II in 5,2% der Fälle. Bei der vorgeschlagenen Dosierung von 2 cm³ pro Gabe konnten weder Veränderungen der Nierenfunktion noch Zeichen renaler Reizung während oder nach der I-Behandlung beobachtet werden. Das Risiko des Entstehens eines zu starken Verlustes von Elektrolyten u. W. (low salt syndrom), bes. bei Patienten mit Nierenerkrankungen während häufiger Anwendung von Hg-Diureticis, wird hervorgehoben. (Acta med. scand. **144.** 85—94. 14/11. 1952. Stockholm, St. Erik's Hosp.) BÖHM. 4634

Russell R. de Alvarez und **Dana F. Richards**, *Die Wirkung verschiedener Präparate auf die Diurese bei Schwangerschaftstoxämie.* Bei Patientinnen mit Schwangerschaftstoxämie zeigten *Meperidin* u. *Magnesiumsulfat* eine antidiuret. Wirkung. Desgleichen wurde dies nach Gabe von *Morphin, Aminophyllin* u. *Mercuhydrin* beobachtet, dagegen zeigte hyperton. Glucoselsg. keinerlei Effekt. (Amer. J. Obstetr. Gynecol. **63.** 1263—71. Juni 1952. Washington, Univ., Dep. of Gynecol. and Obstetr.) REICHLE. 4634

Albert C. Esposito, *Therapeutica für gewöhnliche Augenkrankheiten bei Tieren.* Es werden Behandlungsvorschläge für gewöhnliche Augenkrankheiten gemacht u. die Anwendung von *Antibioticis, Sulfonamiden, ACTH* u. *Cortison* beschrieben. (J. Amer. veterin. med. Assoc. **121.** 297—99. Okt. 1952.) KRUSEN. 4640

L. Cannavo, *Neue Wege und neue therapeutische Möglichkeiten in der Behandlung der Darmamöbiasen.* Ausführliche Übersicht über die Anwendung einiger Medikamente, die in neuerer Zeit für die Behandlung der Amöbenruhr vorgeschlagen wurden. Neben dem *Conessin*, das vor allem gegen frische oder wiederaufgeflammte Infektionen günstig wirkt, bespricht der Vf. vor allem die Antibiotica, unter denen das *Aureomycin* (I) vorwiegend auf die chron. Formen der Amöbiasis wirkt. Jedoch sind mit dem I nicht in allen Fällen Heilungen zu erzielen. Mit dem *Terramycin* sollen die Erfolge noch etwas besser sein. Alle anderen Antibiotica enttäuschten, da sie wie die Sulfonamide nur auf die durch die Amöbiasis patholog. veränderte Darmflora wirken, so daß sie nur in Kombination mit Amöbiciden (Emetin u. a.) angewendet werden. Abschließend berichtet Vf. über eigene günstige Erfahrungen mit einer solchen Kombination, u. zwar aus *Formosulfathiazol* u. *Chlorjodoxychinolin* (*Formo-Cibazol* + *Vioform*, CIBA). — 57 Literaturangaben. (Minerva med. [Torino] **43.** II. 129—33. 26/7. 1952. Messina, Univ., Ist. di Clin. Med. Gen. e di Clin. delle malattie infettive e tropicali.) IPPEN. 4649

Thomas B. Magath und **John H. Thompson jr.**, *Diäthylcarbamazine (Hetrazan) bei experimenteller Trichinose. Hetrazan = Diäthylcarbamazine = 1-Diäthylcarbamyl-4-methyl-piperazine-hydrochlorid* oder *-dihydrogencitrat*) vermag experimentell gesetzte Infektionen mit Trichinella spiralis in vivo bei Ratten selbst bei Anwendung massiver Dosen (25—50 mg/kg, 2mal täglich über 2 Wochen) nicht günstig zu beeinflussen. (Amer. J. trop. Med. Hyg. **1.** 307—23. März 1952. Rochester, Minn., Mayo Clinic and Mayo Found.) LIPPOLD. 4649

James H. Shaw, *Fluoride und die Gesundheit der Zahngewebe.* Zusammenfassende Besprechung der tox. Erscheinungen (Zähne) als Folge überhöhter F-Zufuhr ($>$2,5 γ/ml W.), des Einfl. des natürlichen F-Vork. sowie der Wrkg. künstlicher F-Anreicherung auf die Häufigkeit der Zahncaries, der lokalen F-Anwendung u. des F-Stoffwechsels. (Alimentat. et la Vie **40.** 109—18. 1952. Boston, Mass., Harvard School of Dent. Med.) SCHWAIBOLD. 4655

W. Freytag, *Vergleichende Untersuchungen gebräuchlicher Medikamente in der konservierenden Zahnheilkunde.* 12 Präpp. (9 nicht genannt), die zur Behandlung lebender u. toter kranker Zähne im Handel sind, wurden bzgl. Reizlosigkeit, Randfestigkeit, bakteriostat. Wrkg., Liegedauer usw. während 3 Jahren auf klin. Verh. sowie histolog. u. röntgenolog. Befunde geprüft. Nur 3 Mittel erfüllten die gestellten Anforderungen. Von diesen dienen *Draladentol* u. *Perchadentol* zur Behandlung marktoter Zähne u. *Biopulp* für den lebenden Zahn. — Außerdem Hinweis auf das Fettlösungsmittel *Prokavit* (Gemisch aus *p-Oxybenzoesäuremethylester* u. *Thymol*). (Zahnärztl. Rdsch. **62.** 14—16. 5/1. 1953. Göttingen.) KLESSE. 4655

U. Silvestri, *Über die Verwendung von p-aminosalicylsaurem 1-Phenyl-1-pyridyl-(2')-3-dimethylaminopropan (Avil) bei Hautkranken.* Bericht über 2 Gruppen von Kranken: a) 18, die noch kein Antihistaminicum erhalten hatten, b) 11, die bereits mit solchen behandelt worden waren. Die mit verschied. Hautkrankheiten Behafteten wurden mit *1-Phenyl-1-pyridyl-(2')-3-dimethylaminopropan-p-aminosalicylat* bei guter Verträglichkeit überwiegend mit guten Erfolgen behandelt. (Minerva med. [Torino] **43.** I. 562—65. 19/3. 1952. Bologna, Univ., Clinica Dermosifilopatica.) ENDRASS. 4661

Adolf Kudela, *Dermatitis herpetiformis bei einem Kinde.* Die Behandlung erfolgte mit *Infadin-forte* u. *A-Vitamin. Penicillin* heilte nur die sek. Infektion. Die endgültige Heilung erfolgte durch steigende Dosierung mit *Tinct. Fowleri* u. fl. *Rivanol*-Puder (1%ig.), die Nachbehandlung ebenfalls mit *Tinct. Fowleri*, Plasmatransfusion u. abwechselnder Behandlung mit *Chemaden* + *1% Methylenblau* u. 10%ig. *Sulfathiazol*-Salbe + 1% *Methylenblau* u. schließlich mit fl. 1%ig. *Rivanol*-Puder. (Českoslov. Dermatol. [J. Dermatol. Syphilol. Czechoslov.] **26.** 114—19. 31/3. 1951. Prag, Staatl. Krankenhaus Bulovka, Dermatol. Abt.) STEINER. 4661

Ja. W. Pankowa, *Die Anwendung von subcutaner Sauerstoffeinführung bei der Keloidnarbenbehandlung.* Bericht über gute Heilerfolge mit Oxygenotherapie bei Hautkrankheiten (Flechten, Dermatitis, troph. Geschwüren, Keloidnarben u. Narben nach Verbrennungen durch Säuren u. Feuer). (Вестник Венерологии и Дерматологии [Nachr. Venerol. Dermatol.] **1952.** Nr. 4. 55. Juli/Aug. Zentralinst. für Ärztefortbldg., Lehrstuhl für Haut- u. Geschlechtskrankheiten.) BURGHARDT. 4661

Th. Lüdecke, *Die Beeinflussung des Organgeschehens über die Haut.* Nach den Unterss. des Vf. lassen sich Muskel- u. Gelenkerkrankungen cutivisceral beispielsweise mit dem Protanemoninpräp. *Paracella* (= standard., stabilisiertes Ranunculaceenextrakt; enthält 175 mg Protanemonin/cm^3; CHEM.-PHARM. FABRIK HERMES, München) günstig beeinflussen. Beschreibung der Anwendungstechnik sowie Wiedergabe von 5 Krankengeschichten. (Med. Mschr. **6.** 391—92. Juni 1952.) LIPPOLD. 4670

George P. Child, Malcolm Crump und **Peter Leonard,** *Untersuchungen der Disulfiram-Äthanol-Reaktion.* Zur Feststellung der Empfindlichkeit gegen A. nach *Disulfiram* (**I**; *Tetraäthylthiuramdisulfid*) führen Vff. Verss. an Kaninchen durch, indem sie ihnen per os 4,2 g A./kg Körpergewicht geben u. 8—9 Std. später 1,5—5,0 g I/kg. Die Ergebnisse zeigen, daß die I–A.-Rk., gemessen an der gesteigerten Toxizität des A., von der zugeführten Menge I abhängig ist. Tägliche Gaben von I u. A. zusammen steigern die Intensität u. Dauer der I–A.-Reaktion. Obwohl während der I–A.-Rk. CH_3CHO entsteht, wird dessen Giftigkeit durch vorherige I-Gaben nicht erhöht. Somit kann die I–A.-Rk. nicht allein durch Anhäufung von CH_3CHO im Organismus erklärt werden. Die letale I-Menge beträgt bei Ggw. von 4,2 g A./kg 8 g/kg, bei Ggw. von 6,3 g A./kg nur 2 g/kg. (Quart. J. Stud. Alcohol **13.** 571—82. Dez. 1952. Kenilworth, N. J., White Labor.) FAHRNLAENDER. 4670

Frederick Lemere, William Berard und **Paul O'Hollaren,** *Reaktionen auf Thiopental (Pentothal) und ihre Behandlung mit ACTH.* Vff. behandelten chron. Alkoholiker mit *Thiopental* (**I**). Bei 32 von 1027 Patienten beobachteten sie allg. Unbehagen, Fieber, Haut- u. Gelenk-Rkk., die sie als allerg. bedingt ansehen. Diese Komplikationen reagieren prompt auf sofortige Gaben von *ACTH* (25—50 mg). Andere Komplikationen der I-Behandlung sind Erbrechen, Sistieren der Atmung, Husten u. Würgen infolge Laryngealspasmen, muskuläre Spasmen, Konvulsionen, nervöse Spannungen u. Thrombose der zur Injektion benutzten Venen. (Anesthesiology **13.** 86—88. Jan. 1952. Seattle, Wash.) K. BÖHM. 4670

L. Hernando Avendano, *Behandlung der Muskelschwächen.* Literaturbericht über die Erfahrungen mit verschied. Medikamenten bei Muskelschwächen. Als Ergebnis werden empfohlen: bei kongenitaler Myotonie *Chinin* (**I**) u. große Mengen Ca per os; bei dystroph. Myotonie ebenfalls **I**; bei progressiver Muskeldystrophie kein sicher wirkendes Mittel; bei Myasthenia gravis *Prostigmin* per os (in schweren Fällen subcutan u. intravenös), zusätzlich oder substituierend ein synthet. *Anticholesterinesterase*-Präp., bes. *Octamethylpyrophosphoramid* (*OMPA*) u. *Tetraäthylpyrophosphat* (*TEPP*), nebenbei gegebenenfalls Ca-Citrat oder $CaCl_2$. (Rev. clín. españ. **45.** 273—78. 31/5. 1952. Madrid, Univ., Clinica Méd.) FRÜHWALD. 4670

Je. M. Nikolajewa, *Der Einfluß von Benzindämpfen auf den Östralcyclus weißer Mäuse.* Weiße Mäuse wurden 2—4 Monate lang für 3 Std. täglich in sogenannten dynam. Kammern der Einw. von Benzindämpfen (10 mg/Liter) ausgesetzt. Bei 18 von 31 Tieren fanden sich keine Veränderungen des Östralcyclus, bei den übrigen zeigte sich eine gewisse Verkürzung der Ruheperiode. Uterus u. Ovarien zeigten in beiden Gruppen keine histolog. Besonderheiten. (Акушерство и Гинекология [Geburtshilfe u. Gynäkol.] **1952.** Nr. 2. 23—25. März/April. Geburtshilfl.-Gynäkol. Inst. des Gesundheitsminist. der UdSSR.) RENTZ. 4675

Ján Benca, *Kontaktekzeme nach Tragen von Gummischuhen.* In Testverss. mit natürlichem u. synthet. Kautschuk sowie mit den in der Schuhwarenerzeugung verwendeten Klebstoffen wurde Auftreten von Ekzemen beobachtet. Bis auf wenige Ausnahmen ist das Auftreten solcher Ekzeme auf die verschied. Chemikalien zurückzuführen, die bei der Herst. synthet. Kautschuks u. der fertigen Erzeugnisse mit verwendet werden. Nur in einem Falle waren Naturkautschuk, in zwei weiteren Fällen die Klebstoffe als Ursachen anzusprechen. (Českoslov. Dermatol. [J. Dermatol. Syphilol. Czechoslov.] **26.** 119—26. 31/3. 1951. Kaschau-Košice, PLFSU, Dermatol. Klinik.) STEINER. 4675

Carlo Ceresa, *Die Lungensilicose in der Provinz Novara.* Von 1943—1951 wurden 416 Fälle von Silicose beobachtet, davon 18 mit akt. Lungentuberkulose. (Minerva med. [Torino] **43.** II. 719—22. 18/10. 1952. Novara Ospedale Maggiore.) GERBER. 4681

Selman Abraham Waksman, Neomycin; nature, formation, isolation, and practical application. New Brunswick, N. J.: Rutgers Univ. Press. (233 S. m. Diagr.) $ 4,—.

F. Pharmazie. Desinfektion.

Gerhard Kärber, *Grundsätze des Council on Pharmacy and Chemistry der American Medical Association für die Anerkennung von Arzneimitteln.* Überblick mit übersichtlichen allg. u. speziellen Erklärungen. (Pharmaz. Ztg.-Nachr. **88.** 423—27. 15/6. 1952. Berlin-Dahlem, Robert-Koch-Inst. für Hyg. u. Infektionskrankh.) KERN. 4750

T. E. Wallis, *Minze und ihre Verfälschungen.* Übersicht über die botan. u. chem. Eigg. (An- oder Abwesenheit von Ca-Oxalat) von Minzarten u. als Verfälschung angewandten Pflanzen. (Pharmac. Weekbl. **87.** 684—92. 13/9. 1952.) WESLY. 4782

E. Steinegger, *Versuche an Hyoscyamus muticus L.* Bei Kulturverss. mit Hyoscyamus muticus (**I**) wird eine den Anforderungen des Schweizer Arzneibuches genügende

Droge erhalten. Auch reife Samen werden gewonnen. Die Kulturbedingungen werden erörtert u. mit denen von Datura stramonium verglichen. Diese Pflanze liefert ein Mehrfaches an Alkaloiden im Vgl. zu I, erreicht aber die Alkaloidausbeute von I je Bodenfläche nicht. (Pharmac. Weekbl. **87.** 674—78. 13/9. 1952. Bern, Univ., Pharmaz. Inst., Pharmakognost. Abt.) WESLY. 4782

H. J. Toxopeus, *Der Wert der Erforschung des Formenreichtums für die Veredelung von Arznei- und Gewürzpflanzen.* Bericht über die verschied. Formen der wilden u. kultivierten trop. Pflanzen *Derris elliptica* u. *Syzygium aromaticum.* (Pharmac. Weekbl. **87.** 631—36. 13/9. 1952. Wageningen, Landbouwhogeschool, Inst. voor Veredeling van Landbouwgewassen.) WESLY. 4782

W. Völksen, *Einsatzmöglichkeiten von Stärke und Stärkederivaten in der Pharmazie.* Allg. Übersicht, wobei bes. auf aussichtsreiche Verwendungsmöglichkeiten von hochviscosen Äthern u. Estern der Stärke hingewiesen wird. (Stärke **3.** 196—99. Juli 1951. Hannover.) ULMANN. 4786

H. Schlegel und **H. J. v. Heyden,** *Capillarspaltmessungen an Kunststoffüllungen und die daraus abgeleitete Notwendigkeit einer Dentinkonservierung.* In Phantomverss. mit Glasröhrchen werden Kontraktion u. Haftfestigkeit (Wandschluß) von *Palavit* (I) u. *Rapid-Paladont* (II) nach der Durchströmungsmeth. von KNAPPWOST untersucht. Bei I entstehen noch etwas breitere Wandspalten als bei II. Im Hinblick auf diese großen Spaltbreiten werden zur Verhütung einer Sekundärcaries Dentinkonservierung bzw. Unterfüllungen (mit *Cuprioxydzement, Kupferzement weiß* oder *Cervin* + *Reoganmilch*) gefordert. (Dtsch. dentist. Z. **6.** 245—50. 16/4. 1952. Tübingen, Univ., Zahnärztl. Inst., Abt. für Physikal. Chem. u. Werkstoffkunde.) KLESSE. 4798

J. Stüben, *„Capillarspaltmessungen an Kunststoffüllungen und die daraus abgeleitete Notwendigkeit einer Dentinkonservierung“.* (*Erwiderung auf die gleichnamige Arbeit von H. Schlegel und H. J. v. Heyden.*) Vf. lehnt die Übertragung der in Phantomverss. erhaltenen Ergebnisse von SCHLEGEL u. v. HEYDEN (vgl. vorst. Ref.) auf die Verhältnisse bei der Kunststoffverarbeitung im Mund ab. (Dtsch. dentist. Z. **6.** 428—29. 2/7. 1952. Kiel, Univ., Zahnärztl. Inst. Klinik für Zahn-, Mund- u. Kieferkrankheiten.) KLESSE. 4798

Hans Schlegel, *Capillarspaltmessungen an Kunststoffüllungen.* (Vgl. vorst. Reff.) Polemik gegen STÜBEN. (Dtsch. dentist. Z. **6.** 523—27. 13/8. 1952.) KLESSE. 4798

Hans Fieser, *„Plastal“, ein wirtschaftliches Abdruckmaterial.* Hinweis auf die elast. Abdruckmasse *Plastal* (auf Alginatbasis; bestehend aus einer gallertartigen Fl. u. einem Pulver). (Dtsch. dentist. Z. **6.** 67—68. 30/1. 1952. Karlsruhe, Dentist. Inst.) KLESSE. 4798

Armin Linz, *Die neueren Betäubungsmittel.* Aufzählung moderner Schmerzlinderungsmittel u. Erklärung ihres chem. Aufbaues u. ihrer pharmakolog. Wrkg., Erörterung der Suchtgefahr u. ihrer Entstehung. Genannt sind *Dolantin, Cliradon, Polamidon* u. *Dromoran.* (Pharmaz. Ztg.-Nachr. **88.** 419—23. 15/6. 1952.) KERN. 4806

W. N. Bukin, *Rohstoffbasen für Vitamine und die Wege ihrer Ausnutzung.* Zusammenfassende Übersicht. Von Rohstoffen werden genannt: Penicilliummycel als Ausgangsstoff für *Vitamin* D_2, Abfälle der fischverarbeitenden Industrie für die Gewinnung von *Vitamin* B_{12}, Mollusken für die *Vitamin-*D_3-Herstellung. Ferner werden erwähnt Teeplantagenabfälle als Quelle für Catechine. (Вестник Академии Наук СССР [Nachr. Akad. Wiss. UdSSR] **21.** Nr. 12. 49—59. Dez. 1951.) M. GORDIENKO. 4808

E. Dörzbach und **F. Lindner,** *Über Insulin. Seine Herstellung und seine Anwendungsformen.* Vff. zeigen die histor. Entw. in der Herst. der Insuline auf. Ihre Anwendungsformen u. Prüfmethoden werden eingehend beschrieben. Es wird auf eine besondere Entw. auf dem Gebiete der protrahiert wirkenden Insuline hingewiesen. (Pharmaz. Ztg.-Nachr. **88.** 437—42. 15/6. 1952. Höchst, Pharmazeut.-Wissenschaftl. Labor.) KERN. 4808

W. A. Woodard, *Die Pharmazie der Antibiotica.* Vf. berichtet über den Entwicklungsstand der pharmazeut. Anwendungsformen der Antibiotica Penicillin, Streptomycin, Dihydrostreptomycin, Chloramphenicol, Aureomycin, Terramycin u. PAS. (Pharmac. J. **169.** ([4] **115.**) 193—95. 13/9. 1952. Glaxo Laboratories Ltd.) ENDRASS. 4810

J. O. Davidson, *Die Antibiotica in der allgemeinen Praxis.* Kurze Übersicht über die im Handel erhältlichen Anwendungsformen (Injektionslsgg., Tropfen, Tabletten, Crèmes, Puder usw.) für Penicillin, Streptomycin u. Chloramphenicol, ihre Dosierungen für Injektion, orale Gabe sowie für die lokale Anwendung. (Pharmac. J. **169.** ([4] **115.**) 195. 13/9. 1952.) ENDRASS. 4810

W. Swallow, *Lösungen kristallinen Penicillins.* Zur Stabilisierung der Wirksamkeit von Lsgg. krist. Penicillinsalze eignet sich *Na-Äthylendiamintetraacetat* (I; *Irgalon*). Die Stabilisierung erreicht in ungepufferten Lsgg. nur einen Bruchteil der in citratgepufferten Lösungen. Als günstigste Konz. von I wurde für n. Zwecke die Verdünnung 1:500 ermittelt. Die Stabilisierungswrkg. wird der Inaktivierung von Schwermetallspuren durch I zugeschrieben. Als geeigneter bakterieider Zusatz zu den Lsgg. wurde *β-Phenoxyäthyldimethyldodecylammoniumbromid* (*Bradosol*, **II**) gefunden, das in einer Verdünnung von 1:28000 in 2½ Min. *Staph. aureus*, in der gleichen Zeit *Ps. pyocyanea* in der Verdünnung 1:7000 abtötet. Die DL_{50} von **II** wurde beim Meerschweinchen zu 11—12 mg/kg gefunden. Die Konz. des **II** wurde im Verhältnis 1:5000 gewählt. (Pharmac. J. **168.** ([4] **114.**) 467—68. 28/6. 1952. Chesterfield, Royal Hosp.) ENDRASS. 4810

E. N. Parabirsing, *Nachweis der Xylopiaarten von Surinam mit Hilfe von quantitativen mikroskopischen Verfahren.* Mehrere Xylopiaarten lassen sich mit quantitativen mkr. Verff., die auf dem Stomata-Index u. dem Palisadenverhältnis beruhen, untersuchen. (Pharmac. Weekbl. **87.** 657—60. 13/9. 1952. Leiden, Rijksuniv., Pharmaceut. Labor.) WESLY. 4880

Donald P. Lowdell, *Mitteilung über eine Schnellbestimmung für Ipecacuanhaextrakt und Ipecacuanhawurzel.* Statt der zeitraubenden Meth. nach der B. P. werden vereinfachte Verff. zur Best. der Alkaloide in Ipecacuanhaextrakt u. Ipecacuanhawurzel beschrieben. Prinzip: Extraktion der Alkaloide mit organ. Lösungsmitteln, Ausschütteln mit Säure u. Rücktitration mit Alkali (Methylrot als Indicator). (J. Pharmacy Pharmacol. **4.** 123—24. Febr. 1952.) ULEX. 4880

O. F. Uffelie, *Polarographische Bestimmung von Lobelin in Herba Lobeliae.* Das von NYMAN u. REIMERS vorgeschlagene Verf. (Dansk Tidsskr. Farmac. **15.** [1941.] 292) zur polarograph. Best. von Lobelin in Herba Lobeliae gibt infolge der Zers. des Alkaloids bei der Isolierung unregelmäßige u. zu niedrige Ergebnisse. Daher wird das Verdampfen des Ae. ersetzt durch Ausschütteln mit 0,1 n HCl. Das p_H dieser Lsg. muß mit Na_2HPO_4 auf 5,5 eingestellt werden. Das schnell ausführbare Verf. gibt etwas zu hohe Werte. (Pharmac. Weekbl. **87.** 646—51. 13/9. 1952. Utrecht, Rijksuniv., Pharmaceut. Labor.) WESLY. 4880

A. Anastasi, E. Mecarelli und **L. Novacic,** *Über die Anwendung elektrometrischer Methoden zur Bestimmung pharmazeutischer Produkte.* 7. Mitt. *Die Bestimmung des Hydrazids der Isonicotinsäure.* (Vgl. C. **1952.** 7223.) Es werden verschied. Methoden zur Best. des Isonicotinsäurehydrazids in Ggw. von Begleitstoffen beschrieben. Folgende Rkk. werden hierfür verwendet: 1. Oxydation des Hydrazinrestes mittels Cer(IV)-sulfat in saurem Medium. Der Endpunkt der Rk. wird elektrometr. mit Hilfe einer Pt-Elektrode bestimmt. 2. Rk. mit salpetriger Säure. Die Titration mit 0,1n $NaNO_2$-Lsg. wird als sehr genaue Meth. empfohlen, bes. zur Best. der Substanz in Kompretten, Injektionen u. Sirupen. Man kann die Best. direkt vornehmen, ohne die Begleitstoffe vorher abzutrennen. Der Umschlagspunkt der Titration wird elektrometr. unter Anwendung verschied. Elektrodenpaare, Pt-Kalomelelektrode oder 2 Pt-Elektroden oder Pt-Wolframelektrode bestimmt. 3. Best. der sauren u. bas. Gruppen durch Titration in nichtwss. Lösungen. Zur Titration der Hydrazingruppe wird die Substanz in Eisessig gelöst u. mit Perchlorsäure titriert, besser noch in einer Dioxanperchlorsäurelsg. oder in einer Chlf.–Eisessig-Lösung. Diese Meth. eignet sich bes. zur Analyse von Salben bei Ggw. der Grundlage. Man benutzt als Indicator Kristallviolett, vorteilhafter soll aber die elektrochem. Meth. sein unter Verwendung einer Glas- u. einer Kalomelelektrode. Zur Titration der Isonicotinsäuregruppe wird als Lösungsm. Diäthylamin verwandt, als Titrier-Fl. Na-Methylat. Der Endpunkt der Titration wird mit Thymolblau als Indicator, besser noch elektrometr. unter Verwendung des Elektrodenpaares Sb-Elektrode–Glaselektrode bestimmt. (Mikrochem. verein. Mikrochim. Acta **40.** 53—59. Juni 1952. Como, Stabilimento di Como, Farmitalia, Labor. Controllo.) HILDEGARD SCHULZ. 4880

C. Griebel, *Über mikrochemische Reaktionen der Kreislaufmittel.* Die wichtigsten Kreislaufmittel (*Adrenalin, Aludrin, Sympatol, Suprifen, Veritol, Ephedrin, Pervitin, Benzedrin*) werden auf Grund mikrochem. Rkk. mit verschied. Reagentien ($FeCl_3$, REINECKE-Salz, K-Oxalat, $CuSO_4$, Pt-Verbb.) unterschieden. Beachtung finden die dabei entstehenden Kristallformen. (Apotheker-Ztg. **3.** 172—75. Okt. 1951. Berlin, Inst. für Lebensmittel-, Arzneimittel- u. gerichtliche Chemie des Senats Berlin.) ULEX. 4880

Eugenio E. Vonesch und **Omar A. Guagnini,** *Wertbestimmung von Lokalanästheticis durch Photonephelometrie.* Vff. haben (Arch. Farmac. y Bioquím. Tucumán **4.** [1950.] 317) vorgeschlagen, Arylamine mittels 1.2-naphthochinon-4-sulfonsaurem Na zu bestimmen. Mit Hilfe des Photocolorimeters EVELYN gelang es, unter Verwendung von Kieselwolframsäure u. „*Darvan Nr. 1*" (Na-Salze von polymeren Alkylarylsulfonsäuren) eine genügende Trübung zu erzielen. An Hand von Kurven werden die Konzz. für folgende Verbb. angegeben: *Alypin, Cocain, Stovain, Eucain B, Larocain, Monocain, Metycain, Nirvanin, Pantocain, Percain, Procain, Tutocain.* (Rev. farmacéutica **94.** (**95.**) 104—06. Mai/Juni 1952. Buenos Aires. Univ., Nac. de La Plata, Fac. de Química y Farmacia.) ALTPETER. 4880

C. R. Bond, *Die Plattenmethode zur Penicillinbestimmung mit Staphylococcus aureus. Wirkung von Zuckern auf die Zonenränder und die Genauigkeit der Methode.* Beim Test von *Penicillin* (**I**) mit *Staphylococcus aureus* auf Agarnährboden werden bei einem Geh. der Untersuchungslsg. an Zuckern zu hohe Werte erhalten, wenn die Eichlsgg. keine Zucker enthalten. Die Durchmesser der Hemmzone von 0,5 Einheiten I/cm^3 wachsen bei steigender Konz. von Rohrzucker (**II**) bis 1,58 mm, bei Lactose 0,10 mm u. Glucose 1,14 mm. Die Ränder sind bei allen Zuckern, bes. **II**, schärfer als bei den Kontrollen, auch schon nach Zusatz von 0,1% **II**, die die Ablesung erleichtert. Bei 4 Einh. I/cm^3 u. 0,8% **II** beträgt die linear ansteigende Ablesung 6 Einh., deshalb müssen die Standards durch entsprechende Zucker ergänzt werden, um zu hohe Werte auszuschließen. (Analyst **77.** 118—23. März 1952. Manchester, Imperial Chemical Industries Ltd.)
Klingmüller. 4880

Josef Klosa, *Über eine Farbreaktion der alkalischen Zersetzungsprodukte von Terramycin mit Ferrichlorid.* Nicht nur durch Alkalischmelze, sondern auch durch 5std. Kochen mit 2nKOH am Rückflußkühler läßt sich aus Terramycin Salicylsäure abspalten, die mit $FeCl_3$-Lsg. Rotviolettfärbung gibt. (Apotheker-Ztg. **3.** 177—78. Okt. 1951. Berlin.)
Ulex. 4880

Flint Eaton & Co., übert. von: **Fred J. Bandelin,** Decatur, Ill., V. St. A., *Eisencholincitrat,* $[(CH_3)_3N \cdot CH_2 \cdot CH_2 \cdot OH] \cdot C_6H_5O_7Fe \cdot [Fe(OH)_3]_x$ entsteht durch Rk. von Cholincitrat mit $Fe(OH)_3$ in W. bei 80°. — Verwendung zur Behandlung von *Anämie.* (**A. P. 2 575 611** vom 22/7. 1949, ausg. 20/11. 1951.)
Langer. 4805

E. I. du Pont de Nemours & Co., Wilmington, Del., V. St. A., *Mittel zur Inaktivierung proteolytischer Fermente,* bestehend aus 50—90% eines Kationenaustauschers u. 10—50% Fettalkoholsulfonat. Der Austauscher kann durch Kondensation eines Polyalkylenpolyamins mit Formaldehyd u. einem Phenol hergestellt werden, er kann Aminogruppen enthalten. *Zur Behandlung von Ulcus.* (**E. P. 659 211** vom 20/4. 1949, ausg. 17/10. 1951. A. Prior. 23/4. 1948.)
K. Heinze. 4807

Sharp & Dohme, Inc., Philadelphia, Pa., V. St. A., *Herstellung von Sulfonamidobenzoesäuren* oder deren Estern durch Rk. von m- oder p-Aminobenzoesäureestern mit Verbb. der allg. Formel R—SO_2·Cl, worin R einen Benzyl-, β-Phenetyl- oder n-Heptylrest darstellt. — Z. B. werden 132 (g) p-Aminobenzoesäureäthylester u. 152 Benzylsulfonylchlorid in 225 Pyridin eingetragen. Temp. darf 35° nicht übersteigen. Aufarbeitung ergibt *p-Benzylsulfonamidobenzoesäureäthylester,* der zur freien Säure verseift werden kann. *Therapeut. Verwendung* gemeinsam mit Penicillin. (**E. P. 666 546** vom 27/8. 1947, ausg. 13/2. 1952. A. Prior. 5/9. 1946.)
K. Heinze. 4807

Hoffmann-La Roche Inc., Nutley, übert. von: **R. Duschinsky,** Essex Fells, N. J., V. St. A., *α-Äthylbenzylharnstoffe.* Durch Rk. von α-Äthylbenzylaminhydrochlorid mit KOCN erhält man *α-Äthylbenzylharnstoff* (**I**), F. 99°. Mit CH_3COCl gibt **I** *1-(α-Äthylbenzyl)-3-acetylharnstoff,* F. 88—89°; mit Propionylchlorid *1-(α-Äthylbenzyl)-3-propionylharnstoff,* 98—99°. — Mittel *gegen Krämpfe; Analgetica.* (**A. P. 2 612 522** vom 15/7. 1950, ausg. 30/9. 1952.)
Brösamle. 4807

Hoffmann-La Roche Inc., Nutley, übert. von: **Herman Herbert Fox,** Passaic, und **Wilhelm Wenner,** Montclair, N. J., V. St. A., *Herstellung von N-(p-Arsenosobenzyl)-harnstoff* (**I**) durch Rk. von p-Arsenosobenzylamin (**II**) mit HCN oder Cyaniden in Ggw. von Säuren. — Z. B. werden 46 g **II**-Hydrochlorid in 220 2nNaOH gelöst, mit einer konz. Lsg. von KCN versetzt u. mit Eisessig auf p_H 5—6 gebracht. Nach 24std. Stehen ist **I** ausgefallen, F. über 300°. Lsgg. zur therapeut. Verwendung in Äthylen- oder Propylenglykol. *Chemotherapeuticum mit baktericider u. protocider Wirkung.* (**A. P. 2 553 515** vom 11/12. 1948, ausg. 15/5. 1951.)

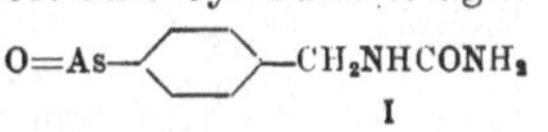

I

K. Heinze. 4807

Heinrich Steffens (Erfinder: **Heinrich Steffens** und **Hans Potratz**), Hamburg, *Herstellung von Lösungen des p-Oxybenzylthioharnstoffs* durch Entfettung zerkleinerter u. getrockneter Samen von Brassicaarten u. anschließende A.-Extraktion. Der Extrakt wird mit NH_3 bis p_H 6,8—7 behandelt, die Lsg. mit p-amidobenzolsulfonsaurem Ce versetzt u. auf p_H 5 gebracht. — *Gegen infektiöse Erkrankungen.* (**D. B. P. 866 229** Kl. 30h vom 1/9. 1950, ausg. 9/2. 1953.)
K. Heinze. 4807

Merck & Co., Inc., Rahway, N. J., übert. von: **Meyer Sletzinger,** Forest Hills, N. Y., und **Max Tishler,** Westfield, N. J., V. St. A., *Herstellung von 2.2-Diphenyl-3-methyl-4-methylformamidobutyronitril* (**III**) *und 2.2-Diphenyl-3-methyl-4-dimethylaminobutyronitril* (**IV**). Man erhitzt z. B. 89 (g) 1-Methylamino-2-propanol u. 180 $HCONH_2$ 3 Std. unter Rühren u. Rückfluß auf 150—160° u. fraktioniert das Reaktionsgemisch über eine Vigreux-Kolonne. Man erhält dabei 109,4 (93%) *1-Methylformamido-2-propanol* (**I**), $C_5H_{11}O_2N$, $Kp._{0,5}$ 71—92°, $Kp._4$ 103—124°, n_D^{23} 1,4652. — Zu 228 **I** u. 158 Pyridin (über

KOH getrocknet) tropft man bei 0—10° innerhalb 2 Std. 250 $SOCl_2$ u. hält 1 weitere Std. unter Rühren bei dieser Temp., erhitzt dann 7 Std. auf 90—100°, löst bei 30° in 650 cm^3 Chlf., wäscht 3mal mit je 150 cm^3 gesätt. NaCl-Lsg., extrahiert die wss. Phase mit 150 Chlf., wäscht den Chloroformextrakt mit 200 cm^3 gesätt. $NaHCO_3$-Lsg. u. macht mit festem $NaHCO_3$ alkalisch. Aus der Chloroformlsg. erhält man 171,8 (63,3%) *1-Methylformamido-2-chlorpropan* (II), $C_5H_{10}ONCl$, $Kp._{2,5}$ 78°, $Kp._{58}$ 139—141°, $n_D^{22,5}$ 1,4689. — Man mischt 19,3 Diphenylacetonitril in 40 cm^3 absol. Xylol mit einer Aufschlämmung von 3,9 $NaNH_2$ in Xylol, erhitzt 2 Std. unter N_2, Rühren u. Rückfluß auf 105—110°, gibt bei 30° innerhalb 15 Min. 6,8 **II** u. anschließend 0,27 NaJ zu, steigert die Temp. innerhalb von 20 Min. von 35 auf 110—115°, hält dort 3 Std., extrahiert 2mal mit je 45 cm^3 W., zieht die wss. Lsg. mit 50 cm^3 Bzl. aus u. erhält durch Eindampfen im Vakuum 23,2 Rückstand, der in 100 cm^3 Ae. gelöst u. über Nacht bei 5—10° stehen gelassen wird. Man erhält 8,4 (57,7%) **III**, $C_{19}H_{20}ON_2$, F. 127,5—129°. — 2 Trioxan, 6 HCOOH (98 bis 100%ig.) u. 5,84 **III** werden unter Rückfluß 112 Std. auf 97—100° erhitzt, in 100 cm^3 W. bei 25° gegossen, mit NH_3 alkal. gemacht. Nach Kristallisation beim Stehen u. Waschen mit W. erhält man 5,1 (91%) **IV**, F. 63—64,5°. Aus Isopropanol-Ae., F. 67°; *Pikrat*, F. 210—211°. — Zwischenprodd., bes. zur Herst. von *analget.* u. *morphinartig* wirksamen Verbindungen. (**A. P. 2 574 506** vom 2/7. 1948, ausg. 13/11. 1951.) MÜLLER-MEININGEN. 4807

Aktiebolaget Ferrosan, Malmö, Schweden, *Ester der p-Aminosalicylsäure. Propylester.* Durch Red. von p-Nitrosalicylsäure-n-propylester mit $H_2 + PtO_2$ in Alkohol, F. 102°. — Analog: *Isopropylester,* F. 75—76°. — *n-Butylester,* F. 93—94°. — *Isobutylester,* F. 84—85°. — Hemmen das Wachstum von *Mycobact. tuberculosis.* (**E. P. 670 490** vom 26/1. 1949, ausg. 16/4. 1952. Schwed. Prior. 31/1. 1948.) LANGER. 4807

Aktiebolaget Ferrosan, übert. von: **Kai Arne Jensen,** Kopenhagen, Dänemark, und **Karl-Gustaf Rosdahl,** Malmö, Schweden, *p-Aminosalicylamide.* Aus dem p-Aminosalicylsäuremethylester (I) u. NH_3 erhält man das *Amid,* F. 160°; aus **I** u. n-Butylamin das *n-Butylamid,* F. 122°. — *Tuberkuloseheilmittel.* (**A. P. 2 608 580** vom 18/3. 1949, ausg. 26/8. 1952. Schwed. Prior. 3/4. 1948.) FABEL. 4807

Schering Corp., Bloomfield, N. J., V. St. A., und **Francis Ernest Lord,** London, England, *Herstellung halogenierter Oxyzimtsäuren* durch Kondensation von vorzugsweise 4-Oxyhalogenbenzaldehyd mit aliphat. Carbonsäuren von 2—9 C-Atomen bzw. deren Salzen. — Z. B. werden äquimol. Mengen Na-Propionat u. 3.5-Dijod-4-oxybenzaldehyd in Ggw. von 4 Mol Propionsäureanhydrid 25—35 Std. auf 115—125° erhitzt. Aufarbeitung ergibt *α-Methyl-3.5-dijod-4-oxyzimtsäure,* F. 190—192° (Zers.). — Die entsprechende Äthylverb., F. 202—203°, n-Butylverb., F. 181—182°, n-Amylverb., F. 208—209°, n-Octylverb., F. 200°. — Weitere Beispiele. — *Gegen intestinale Infektionen.* (**E. P. 649 358** vom 8/6. 1948, ausg. 24/1. 1951.) K. HEINZE. 4807

Upjohn Co., übert. von: **Eugene H. Woodruff,** Kalamazoo, Mich., V. St. A., *Herstellung von Alkyl-β-(pyrrolidyl-1)-äthanolen* der allg. Formel **I**, worin Y für niedriges Alkyl oder H, u. X für H oder CH_3 stehen, durch Rk. entsprechend substituierter Pyrrolidine mit einem Alkylenoxyd (C_2—C_3), z. B. Äthylenoxyd (**II**), oder einem 1-Halogenalkanol-(2). — Z. B. wird eine Lsg. von 49,5 (g) 2,5-Dimethylpyrrolidin in 50 cm^3 Methanol bei 55—65° mit 29 **II** versetzt. *β-(2.5-Dimethylpyrrolidyl-1)-äthanol,* $Kp._{62}$ 113—116°. 1-Chlorpropanol-(2) u. 2.4-Dimethylpyrrolidin → *β-(2.4-Dimethylpyrrolidyl-1)-propanol-(2),* $Kp._{83}$ 118—119°. — *Zwischenprodd. für Therapeutica.* (**A. P. 2 552 502** vom 11/9. 1947, ausg. 8/5. 1951.) K. HEINZE. 4807

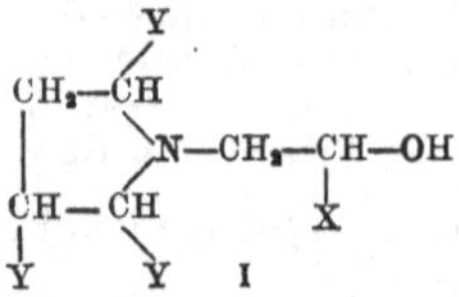

I

Wyeth Inc., Philadelphia, Pa., übert. von: **William F. Bruce,** Havertown, und **Joseph Seifter,** Willow Grove, Pa., V. St. A., *Substituierte Glycinamide* der Formel R′:NCH_2·CON:R″, worin R′:N u. N:R″ verschied. heterocycl. sek. Aminreste bedeuten. — *Benzotriazolylacetopiperidid.* Man setzt Chloracetylpiperidid mit Benzotriazol in alkal. Butanollsg. um, F. 198°. — Analog werden dargestellt: *Piperidinoaceto-1-benzotriazol,* $Kp._5$ 113—115°, u. *Piperidinoacetomorpholid,* $Kp._3$ 138—140°. — *Lokalanästhetica, Spasmolytica.* (**A. P. 2 568 141** vom 14/1. 1947, ausg. 18/9. 1951.) BRÖSAMLE. 4807

Gödecke & Co., Chemische Fabrik Akt.-Ges., Berlin (Erfinder: **Karl Zipf,** Kempten, Allgäu, und **Werner Heinrich,** Memmingerberg), *Gewinnung von Convallatoxin* (**I**), Digitoxin u. dgl. durch Extraktion mit einem azeotropen Lösungsmittelgemisch, z. B. Chlf.-Methanol (**II**) oder Methylenchlorid-Wasser. Vorher werden unwirksame Begleitstoffe extrahiert. Die Wirkstoffe können zunächst an Aktivkohle oder dgl. adsorbiert werden. — Beispiele für die Extraktion von Herba Convallariae majalis usw. (**D. B. P. 864 312** Kl. 30h vom 28/9. 1951, ausg. 22/1. 1953.) K. HEINZE. 4807

American Cyanamid Co., New York, N. Y., übert. von: **Sidney D. Upham**, Stillwater, Okla., und **Charles C. Reed**, Pearl River, N. Y., V. St. A., *Vitaminpuder*. Ca- oder Al-Alkoholat von Methyl-, Isopropyl- oder Butylalkohol wird gelöst u. mit einem Vitaminkonzentrat versetzt. Das Alkoholat wird mit W. hydrolysiert, u. die Lösungsmittel u. das W. werden unter schonenden Bedingungen verdampft. Es kann Ölüberschuß als Stabilisator für Vitamin A zugesetzt werden. — Z. B. werden 1000 (g) Al-Isopropylat in 1200 Bzl. gelöst u. mit 500 Vitamin-A-Acetat in Baumwollsaatöl (1. Mill. I.E. in 1 g) verrührt. Sodann wird 0,5 Nordihydroguajaretsäure in 20 A. zugesetzt u. mit 280 30% ig. A. hydrolysiert. Lösungsm. u. W. werden schonend entfernt. Arbeiten unter CO_2 oder N. (**A. P. 2 571 797** vom 24/2. 1949, ausg. 16/10. 1951.) · K. Heinze. 4809

F. Hoffmann-La Roche & Co., Akt.-Ges., Basel, Schweiz (Erfinder: **M. F. Furter** und **M. Hoffer**), *Herstellung von stabilen wässerigen Lactoflavinlösungen*. Man verwendet als Lösungsvermittler *Gentisinsäure* oder deren wasserlösl. Salze u. stellt den p_H-Wert der Lsg. durch Zusatz von Alkali, NH_4OH oder von organ. Basen auf 4—5 ein. (**Schwed. P. 133 628** vom 11/2. 1947, ausg. 20/11. 1951. A. Prior. 19/3. 1946.) Jürgen Schmidt. 4809

Paul Lappe (Erfinder: **Helmuth Nafziger**), Bensberg b. Köln, *Folsäure* (I). Man setzt 5.5-Dibrombarbitursäureimid-(2) oder 2-Imino-4.5.6-trioxohexahydropyrimidin mit p-($\beta.\gamma$-Diaminopropyl)-aminobenzoylglutaminsäure in W. in Ggw. schwacher Basen (NH_3, Pyridin) zur *Dihydrofolsäure* um, die dann in bekannter Weise in I übergeführt wird. (**D. B. P. 865 307** Kl. 12p vom 20/10. 1951, ausg. 2/2. 1953. Oe. Prior. 24/11. 1950.) Brösamle. 4809

American Cyanamid Co., New York, N. Y., V. St. A., *Abtrennung von Folsäure aus ihren Gemischen mit verwandten Pterinen*. Man behandelt die Gemische mit *Mg*-Verbb., bes. $MgSO_4$, u. $Ca(OH)_2$. Hierbei bildet sich Mg-Folat, das als wss. Lsg. abgetrennt werden kann u. aus dem durch Ansäuern die Folsäure gewonnen wird. (**Dän. P. 73 459** vom 26/6. 1947, ausg. 3/12. 1951. A. Prior. 13/8. 1946.) Jürgen Schmidt. 4809

Farbwerke Hoechst, vormals Meister Lucius & Brüning, Frankfurt/M. (Erfinder: **Ernst Auhagen**, Wuppertal), *Gewinnung von Wuchsstoffen* aus Kelter-Fll. von Bakterien, z. B. Coli oder Hefe, durch vorheriges Entwickelnlassen der Bakterien unter O_2-Zufuhr. Die Wuchsstoffe können mit Kohle oder Bleicherde aus der Nährlsg. adsorbiert u. dann eluiert werden. — Z. B. wird in eine mit B. coli geimpfte Lsg. von 10 (g) Glucose, 4 $(NH_4)_2 \cdot SO_4$, 0,4 $MgSO_4 \cdot 7H_2O$, 0,4 KH_2PO_4, 0,5 K_2HPO_4, 0,8 NaCl, 0,2 $Ca(NO_3)_2$, 0,4 (mg) Vitamin B_1, 0,4 Vitamin B_6, 4 dl-Pantothensäure u. 5 g Caseinhydrolysat 15 Std. bei 30° sterile, feuchte Luft eingeblasen. Die geklärte Nähr-Fl. wird mit 0,5 g Tierkohle geschüttelt u. das *Biotin* mit NH_3-haltigem W.-Methanol eluiert. (**D. B. P. 864 140** Kl. 30h vom 29/4. 1943, ausg. 22/1. 1953.) K. Heinze. 4809

Wilhelm Sandermann, Reinbek, Bez. Hamburg, *Vitamin-E-Konzentrate* aus Ölen durch schonende Verseifung, Abscheiden der Fettsäuren, Vakuumdest. der Säuren u. gegebenenfalls weitere Reinigung des Vitamin E enthaltenden Rückstandes. Die Rückstände können mit Glycerin verestert oder mit Kalk neutralisiert werden. — Z. B. werden 500 g Weizenkeimöl milde verseift. Die Fettsäure wird bei 2 mm Hg mit Wasserdampf dest.; der Rückstand enthält 11400 E./g Vitamin E u. ist oxydationsbeständig. (**D. B. P. 864 438** Kl. 30h vom 11/11. 1948, ausg. 26/1. 1953.) K. Heinze. 4809

Heinrich Schmidt, Niedercunnersdorf über Löbau/Sa., *Verstärkt wirksame Keimdrüsenextrakte* durch gemeinsame Extraktion von Ovarien bzw. Testes mit geringen Mengen Nebennieren. Es kann auch ein Nebennierenextrakt zu Ovarien- oder Testesextrakt zugesetzt werden. — Z. B. werden 10 (kg) Ovarien u. 0,5 Nebennieren mit 20 Liter A., dem 50 cm^3 n-HCl zugesetzt wurden, extrahiert, die Lsg. gereinigt u. auf p_H 6 gebracht. (**D. B. P. 865 636** Kl. 30h vom 18/10. 1949, ausg. 2/2. 1953.) K. Heinze. 4809

Upjohn Co., übert. von: **Robert H. Levin, A. Vern McIntosh jr.** und **George B. Spero**, Kalamazoo, Mich., V. St. A., *Oxysteroid- bzw. Steroidthioester der Pregnanreihe*, die in 5-Stellung eine Doppelbindung u. am C_{20} die Seitenkette $-(CH_2)_nCOSR$ (n = 0 oder 1 oder 2, R = Thioalkoholrest) enthalten, erhält man durch Veresterung der entsprechenden Verbb. mit der Seitenkette $-(CH_2)_nCOX$ (X = OH oder Halogen) mit einem Mercaptan in Ggw. eines säurebindenden Mittels unter gleichzeitiger Verseifung der 3-Acylgruppe. — 3β-Formoxy-Δ^5-cholensäurechlorid wird in Bzl. mit Äthylmercaptan u. Pyridin bei Raumtemp. behandelt, wodurch man *3β-Oxy-Δ^5-thiocholensäureäthylester* erhält, F. 108,5 bis 109,5°. — 3.11-Diformoxy-Δ^5-norcholensäurechlorid → *3-Oxy-11-formoxy-Δ^5-northiocholensäuremethylester*. — *3α.12α-Diacetoxynorthiocholansäurebenzylester*, F. 154—156° (korr.). — *3α.12α-Diformoxythiocholansäureäthylester*, F. 111—112°. — *3α-Oxy-12α-acetoxynorthiocholansäureäthylester*. — *3α.12α-Diacetoxynorthiocholansäureäthylester*, F. 85 bis 87°. — *3-Formoxythiocholansäureäthylester*, F. 70—75°. — *3-Acetoxy-Δ^5-thiocholen-*

säureäthylester, F. 100—102°. — *3-Methoxy-Δ*^{5}*-bisnorthiocholensäureäthylester*, F. 94 bis 96°. — *Thiodehydrocholsäureäthylester*, F. 244—246,5°. — *11-Ketothiocholansäureäthylester*. — *3-Benzoyloxy-Δ*^{5}*-thiocholensäureäthylester*, F. 178—182°. (**A. PP. 2 566 341** u. **2 566 342** vom 15/9. 1947, ausg. 4/9. 1951.) KRAUSS. 4809

Laboratoires Français de Chimiothérapie, Paris, Frankreich (Erfinder: **Léon Velluz** und **Georges Muller**), *Keton* der allg. Formel I, F. 254°; $[\alpha]_D$ +151° (c = 0,5 Chlf.). Östronacetat, F. 123—124°, wird in Essigsäure mit KCN umgesetzt, aus dem erhaltenen Cyanhydrin, F. 197—198°, wird mit $POCl_3$ W. abgespalten u. das Nitril, F. 114—115°, mit Methyl-MgBr umgesetzt, durch Hydrolyse u. anschließende katalyt. Hydrierung erhält man I. (**Schwz. P. 277 481** vom 18/11. 1948, ausg. 1/12. 1951. F. Prior. 2/1. 1948.) KRAUSS. 4809

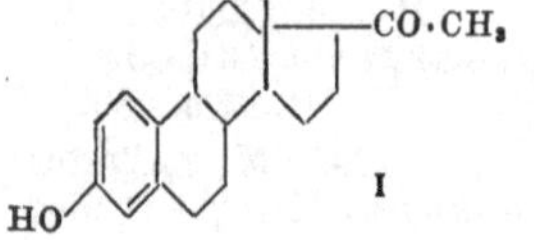

I

Farbenfabriken Bayer, Leverkusen (Erfinder: **Hans Lettré**, Heidelberg, und **Heinrich Kölling**, Wuppertal-Elberfeld), *Ketole*. Man überführt Stilban-α-carbonsäuren in ihre Halogenide, verwandelt diese durch Behandlung mit überschüssigem Diazomethan in äther. Lsg. bei tiefer Temp. in die Diazoketone u. hydrolysiert diese zu den entsprechenden Stilban-α-ketolen. — Beispiel: α-Phenyldihydrozimtsäure → *1-Oxy-2-oxo-3.4-diphenylbutan*, $Kp._1$ 157°. — *1-Oxy-2-oxo-3-phenyl-4-anisylbutan*, F. 39°; *1-Oxy-2-oxo-3.4-dianisylbutan*, F. 51°. — *Therapeutica* von ähnlicher Wrkg. wie *Corticosteron* oder *Cortison*. (**D. B. P. 865 441** Kl. 12o vom 30/3. 1950, ausg. 2/2. 1953.) BRÖSAMLE. 4809

Commercial Solvents Corp., übert. von: **Richard J. Hickey**, Terre Haute, Ind., V. St. A., *Penicillingewinnung* durch Züchtung von Penicillium chrysogenum unter aeroben Bedingungen in Nähr-Fll. mit einem Zusatz von 0,002—0,8 (%) Phenylacetamid u. 0,002—0,4 Na-Oleat. Ausbeuteerhöhung. (**A. P. 2 615 830** vom 6/1. 1950, ausg. 28/10. 1952.) SCHINDLER. 4811

D. Rowley, London, **H. Steiner**, Eccles, und **E. Zimkin**, Sale, England, *Extraktion von Penicillin aus wässerigen Lösungen*. Man führt die Extraktion mit *Methylcyclohexanon* oder mit Gemischen von Methylcyclohexanonen, wie *Mono-* u. *Dimethylcyclohexanon*, durch. Hierbei wird der p_H-Wert der wss. Lsg. auf 2—6, vorteilhaft auf ca. 4—5 eingestellt. (**Schwed. P. 133 352** vom 6/11. 1946, ausg. 23/10. 1951.) JÜRGEN SCHMIDT. 4811

Commercial Solvents Corp., übert. von: **Edward B. Hodge**, Terre Haute, Ind., V. St. A., *Darstellung kristalliner Alkalisalze von Penicillin* aus seinen teilweise gereinigten u. konz. Lsgg. durch Mischen dieser Lsgg. mit einem niederen aliphat. Alkohol mit 2—8 C-Atomen, z. B. n-Butanol, sek. Butanol, 2-Methyl-2.4-pentandiol, u. Dest. des azeotropen Gemisches bei ca. 40° u. Unterdruck. Durch Abdest. des W. entsteht der Nd. von krist. Penicillin-Alkalisalzen. Mehrere Beispiele für K-, Na- u. Ru-Penicillin. (**A. P. 2 602 045** vom 3/8. 1946, ausg. 1/7. 1952.) SCHINDLER. 4811

Eli Lilly & Co., übert. von: **John A. Leighty**, Indianapolis, Ind., V. St. A., *Alkalisalze des Penicillins in kristalliner Form* erhält man aus Lsgg. des Penicillins in Essigestern von aliphat. Alkoholen mit 3—6 C-Atomen, z. B. Amylacetat, mit K- oder Na-Acetat oder KOH oder NaOH, gelöst in Isoamylalkohol. Nach einem Beispiel kann der gegebenenfalls über A-Kohle gereinigte Amylacetatextrakt des fl. Anteils der Kulturlsg. unmittelbar verwendet werden. (**A. P. 2 599 401** vom 15/8. 1947, ausg. 3/6. 1952.) SCHINDLER. 4811

Imperial Chemical Industries Ltd., London, England, *Äthylaminoäthyl-p-aminobenzoat des Penicillins* erhält man durch Rk. der Komponenten in Chlf., Abdest. des letzteren nach Zusatz von n-Butanol oder Cyclohexanol bei 60—70 mm Hg u. Fällen des Salzes mit Methyläthylketon. Reinigung auf üblichem Wege. (**E. P. 649 381** vom 30/6. 1948, ausg. 24/1. 1951.) SCHINDLER. 4811

Rheinpreußen Akt.-Ges. für Bergbau und Chemie, Homberg/Ndrh. (Erfinder: **Walter Grimme, Werner Keil** und **Heinrich Schmitz**, Moers), *Herstellung von schwerlöslichen kristallisierten oder öligen Penicillinverbindungen* aus einem Penicillin (I) u. einem Ester einer aromat. Aminocarbonsäure mit einem Aminoalkohol (II), dad. gek., daß ein von einer Aminosalicylsäure (III) u. einem II abgeleiteter Ester der allg. nachst. Formel, worin R_1, R_2, R_3 u. R_4 H-Atome oder Alkyl-, Aryl-, Aralkyl- oder Alkylarylgruppen darstellen, die bis zu 10 C-Atomen enthalten können, die Gruppe $N(R_1)(R_2)$ gegebenenfalls auch einen heterocycl. Ring, wie z. B. einen Piperidinring, u. A eine gerade oder verzweigte Kette aus 2—12 Methylengruppen darstellen, mit einem I zur Rk. gebracht wird. Es können auch die Salze des Esters u. des I zur Rk. verwendet werden. An Stelle der Ester können auch deren N-Oxyde oder N-Oxydhydrate, in denen der aliphat. gebundene N in die

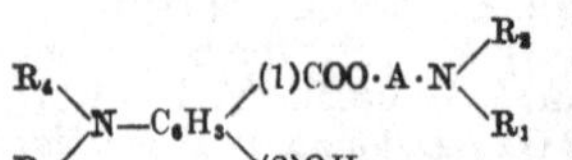

Oxydstufe übergeführt ist, als freie Basen oder deren Salze angewendet werden. Die Rk. kann in W. u./oder organ. Lösungsmitteln durchgeführt werden. Nach den Beispielen werden erhalten: **I**-*G-Salz des 2-Oxy-4-aminobenzoesäure-β-diäthylaminoäthylesters*, F. 111 bis 113° (Zers.); **I**-*G-Salz des 2-Oxy-4-aminobenzoesäure-β-piperidinoäthylesters*, F. 204 bis 206° (Zers.); **I**-*G-Salz des 5-Amino-2-oxybenzoesäure-β-diäthylaminoäthylesters*, Öl; **I**-*K-Salz des 2-Oxy-4-n-butylaminobenzoesäure-β-diäthylaminoäthylesters*, Öl; **I**-*G-Salz des 2-Oxy-3-aminobenzoesäure-(γ-isobutylamino)-n-propylesters*, Öl; **I**-*G-Salz des 2-Oxy-4-n-propylaminobenzoesäure-(α.β-dimethyl-γ-diäthylamino)-n-propylesters*, Öl. (**D. B. P. 866 040** Kl. 12p vom 17/11. 1950, ausg. 5/2. 1953.) SCHINDLER. 4811

A. E. Staley Mfg. Co., übert. von: **William F. Allen**, Decatur, Ill., und **Wendell W. Moyer**, Camas, Wash., V. St. A., *Nährlösung zur Züchtung Streptomycin erzeugender Mikroorganismen*, bestehend im wesentlichen aus Sojabohnenmehl neben den üblichen Bestandteilen u. einem Aminosäurengemisch eines Eiweißhydrolysates, z. B. aus Weizengluten oder Maiseiweiß. Ausbeuteerhöhung. (**A. P. 2 597 019** vom 1/7. 1947, ausg. 20/5. 1952.) SCHINDLER. 4811

Merck & Co., Inc., Raway N. J. (Erfinder: **Arabelle Banton Hodges**, Washington, D. C), V. St. A., *Herstellung von Streptomycin*, dad. gek., daß Sporen eines Streptomyces griseus-Stammes mit UV bestrahlt, die überlebenden Sporen isoliert, die isolierten Sporen in frischer Nährlsg. fortgepflanzt u. die höhere Streptomycinausbeuten liefernden Stämme ausgewählt u. zur Herst. des Antibioticums verwendet werden. Bei der UV-Bestrahlung sollen mindestens 90% der Sporen abgetötet werden. Die Nährlsg. soll Sojabohnenmehl außer Dextrose u. NaCl enthalten. (**D. B. P. 865 045** Kl. 30h vom 10/4. 1949, ausg. 29/1. 1953. A. Prior. 18/10. 1947.) SCHINDLER. 4811

Distillers Co. Ltd., Edinburgh, und **Philip Dalton Coppock**, Great Burgh, England, *Konzentrieren und Reinigen vorgereinigter Antibiotica*, wie Streptomycin (**I**), welches Histamin (**II**) u. Histidin (**III**) enthält, durch Chromatographie an einem anorgan. Basenaustauscher. — Z. B. wird eine Lsg., die 330 E./mg **I**-Sulfat, 1,61 mg/cm³ **II** u. **III** enthält, an einer mit NaCl aktivierten Säule von „Decalso" oder „Doncil" chromatographiert. 95% des vorhandenen **II** u. **III** werden entfernt. (**E. P. 653 088** vom 1/6. 1948, ausg. 9/5. 1951.) K. HEINZE. 4811

United States of America, übert. von: **Robert G. Benedict**, und **Frank H. Stodola**, Peoria, Ill., V. St. A., *Biologische Gewinnung von Oxystreptomycin* (**I**) durch Züchtung von Streptomyces griseo-carneus (**II**) submers bei 25—35° während 3—6 Tagen in einer Glucose u. Sojamehl enthaltenden Nährlösung. Nach Entfernen des Mycels wird das Antibioticum an A-Kohle adsorbiert u. mit durch HCl angesäuertem Methanol eluiert. Bei Zusatz von Aceton fällt das Hydrochlorid aus. Reinigung über das Helianthat. **I** hat F. 120°, **I**-Trihydrochlorid: $[\alpha]_D^{27}$ —95°. Morphologie des **II**. (**A. P. 2 617 755** vom 22/5. 1950, ausg. 11/11. 1952.) SCHINDLER. 4811

Ortho Pharmaceutical Corp., übert. von: **Heron O. Singher**, Plainfield, und **Charles R. Harmison jr.**, Somerville, N. J., V. St. A., *Röntgenkontrastmittel*, enthaltend 3-Acetylamino-2.4.6-trijodbenzoesäure (**I**) u. Hyaluronidase (**II**) in wss. Lösung. Es werden die Alkali-, NH_4- oder Trimethylammoniumsalze der **I** verwendet. Die Lsg. enthält mindestens 5 Einheiten **II** in 1,5 cm³ u. 1—30% **I**-Salz. Das Mittel kann subcutan oder intramuskulär injiziert werden. Bes. für Darst. von Blase u. Niere. (**A. P. 2 603 586** vom 8/7. 1950, ausg. 15/7. 1952.) K. HEINZE. 4829

Carl Heinz Fischer, Die Kunststoff-Füllung aus schnellhärtenden Polymerisaten. Leipzig: J. A. Barth. 1952. (VI + 106 S.) 8° = Zahnärztliche Fortbildung. H. 9. DM 5,60.

G. Analyse. Laboratorium.

Marcel Beckers und **Marcel Mathieu**, *Vom Bureau International des Etalons Physico-chimiques benutzte Methoden und Apparate*. 13. Mitt. *Ein einfacher Apparat für die Herstellung von ultrareinem Leitfähigkeitswasser*. Beschreibung eines Destillierapp., in dem zunächst sd. W. (dem wenig $KMnO_4$ u. H_2SO_4 zugesetzt wurde) mit durchgeleiteter reiner Luft von CO_2 befreit u. dann über eine Kolonne dest. wird, wobei nach einem Vorlauf ein Destillat der Leitfähigkeit $(6 \pm 0{,}5) \cdot 10^{-8}$ mho gewonnen wurde. (Bull. Soc. chim. belges **60**. 512—15. Nov./Dez. 1951. Bruxelles, Univ. Libre.) BLUMRICH. 5010

Ernst Palm, *Die Bestimmung sehr hoher Verteilungstemperaturen*. Einige der Methoden, mit denen man Verteilungs-Farb-Tempp. bisher unter Zugrundelegung des PLANCKschen Strahlungsgesetzes bestimmt hat, werden kurz beschrieben: 1. Meth. der ausgewählten Ordinaten, 2. Farbtemperaturgerade, 3. Meth. der Isochromaten, 4. Meth. der Isothermen. Vf. vgl. das Intensitätsverhältnis in einem ausgedehnten Spektralbereich

u. berechnet daraus die Verteilungstemperaturen. Er kommt zu dem Schluß, daß Meßfehler u. Unsicherheit der Auswertungsergebnisse die Meth. nur für extrem hohe Tempp. geeignet machen, wie sie gegebenenfalls bei Gasentladungen oder astrophysikal. Objekten in Frage kommen. Auch Temperaturbestimmungen am Krater eines Dochtkohlelichtbogens waren wenig befriedigend. (Ann. Physik [6] **10.** 327—35. **1952.** Greifswald, Inst. für Gasentladungsphysik der Deutschen Akad. der Wiss. zu Berlin.) MIETHING. 5016

Fritz Rössler, *Temperaturmessung nach der Methode der Linienumkehrung bei kurzzeitigen aperiodischen Vorgängen.* Die Temperaturmeßmeth. der Linienumkehr kann auf kurzfristige Vorgänge übertragen werden, wenn man mit moduliertem Vergleichslicht arbeitet. Der Zeitpunkt der Umkehr ist der photograph. Registrierung zu entnehmen. Als bequemes Mittel zur definierten Modulation hat sich die wechselnde Durchlässigkeit zweier Polarisationsfolien erwiesen, von denen eine rotiert. Fallende Konz. des färbenden Salzes erhöht den Umkehrbereich. Als Anwendungsbeispiel wird die Temp. im Strahl einer Rakete von nur $^1/_4$ Sek. Dauer gemessen. (Z. angew. Physik **4.** 22—29. Jan. 1952. Freiburg, Univ.) PAULI. 5016

A. I. Ssarachow, *Adsorptionswaagen hoher Empfindlichkeit.* Der Quarzwaagebalken von 1 mm Durchmesser u. 10 mm Länge ist an zwei Quarzfäden (in Winkel von 170°) aufgehängt. An einen dieser Quarzfäden ist ein zweiter Quarzfaden angeschmolzen, der an seinem anderen Ende mit einem Zählrad verbunden ist, welches durch einen Magneten in Drehung versetzt werden kann, u. durch welches die Waage ins Gleichgewicht gebracht werden kann. Der Nullpunkt wird durch einen Lichtstrahl, der von dem Spiegel der Waagebalken durch ein Prisma auf zwei Photoelemente reflektiert wird, deren Strom durch eine Brücke zu einem Amperemeter führt, festgelegt. Die Waage wird in einem Glasgehäuse montiert, das luftleer gepumpt werden kann, worauf es mit den zu untersuchenden Gasen oder Dämpfen von bestimmter Temp. gefüllt wird. Die Empfindlichkeitsgrenze liegt bei $8 \cdot 10^{-8}$ g. Gemessen werden kann eine Gewichtsänderung der Einwaage bis 2,4 mg. (Доклады Академии Наук СССР [Ber. Akad. Wiss. UdSSR] [N. S.] **86.** 989—92. 11/10. 1952. Moskau, Lomonossow-Univ. u. Inst. für physikal. Chem. der Akad. der Wiss. der UdSSR.) v. SCHROEDER. 5022

Louis E. Owen, *Zwillingsschalen-Mikromischer für Pulver.* Der aus Lucit hergestellte Mikromischapp. besteht aus zwei etwa senkrecht zueinander liegenden Armen mit einem Durchmesser von 1 inch u. eignet sich zur Mischung von 5—15 cm³ Pulver. Die Dreh- bzw. Schüttelbewegung geschieht mittels eines Motors. (Analytic. Chem. **24.** 1234. Juli 1952. Oak Ridge, Tenn.) GOTTFRIED. 5036

George L. Matheson, *Ausrichtung von Roller-Analysatoren.* Vf. macht darauf aufmerksam, daß es bei Anwendung der Meth. von ROLLER (Proc. Amer. Soc. Testing Mater. **32.** Part II [1932.] 607) zur Teilchengrößenbest. zwecks Erlangung reproduzierbarer Analysenergebnisse unbedingt notwendig ist, daß die bei der Analyse benutzten Röhren oder Kammern absol. vertikal aufgestellt sind. (Analytic. Chem. **24.** 904. Mai 1952. Linden, N. J., Standard Oil Development Co.) GOTTFRIED. 5048

S. Tolansky, *Ein Lichtprofilmikroskop für Oberflächenuntersuchungen.* Es wird eine neue mkr. Technik beschrieben, die schnelle Oberflächenunterss. an Metall- u. Kristalloberflächen gestattet. Diese Technik stellt eine Fortentw. der gewöhnlichen Lichtschnittmeth. von SCHMALTZ dar u. liefert bis zu 2000fache Profilvergrößerungen u. eine hohe Auflösung in der Größenordnung von 0,25 μ. Die Meth. wird bes. für solche Strukturen empfohlen, die für die Präzisionsinterferometrie gerade schon zu grob sind. — Anwendungsbeispiele. (Z. Elektrochem., Ber. Bunsenges. physik. Chem. **56.** 263—67. 1952. Egham, Surrey, Univ. of London, Royal Holloway Coll.) LEVI. 5056

V. E. Cosslett und **W. C. Nixon,** *Röntgen-Schattenmikroskopie.* Die techn. Einzelheiten der neuen Meth. (vgl. C. **1952.** 3217) werden in großen Zügen erklärt. Die Meth. eignet sich für jedes Material, das Inhomogenitäten enthält u. verschied. Absorption der Röntgenstrahlen verursacht. Bes. geeignet ist die neue Technik zur Unters. von biol. Material u. von Substanzen, die normalerweise lichtundurchlässig sind. Aufnahmen von Drosophila melanogaster sind beigefügt. (Nature [London] **170.** 436—38. 13/9. 1952. Cambridge, Cavendish-Labor.) GOTTFRIED. 5056

R. F. Trambarulo und **C. F. Luck,** *Ein einfacher Stark'scher Modulationsmikrowellenspektrograph.* (Sitzungsbericht.) Kurze Beschreibung des neu konstruierten Spektrographen. (Physic. Rev. [2] **87.** 172. 1/7. 1952. Duke Univ.) GOTTFRIED. 5063

Clarence F. Luck und **Walter Gordy,** *Ein Molekularstrahl-Modulationsmikrowellenspektrograph.* (Sitzungsbericht.) Es wurde ein Mikrowellenspektrograph konstruiert, bes. für Messungen an Substanzen, die auf sehr hohe Tempp. ($\sim$ 1000°) erhitzt werden müssen, um einen deutlichen Dampfdruck zu geben. Das Prinzip der Arbeitsweise des Spektrographen ist die mechan. Unterbrechung eines Molekülstrahls, der aus einem heißen Ofen durch die Bahn der Mikrowellenstrahlung ausgestoßen u. auf einer kalten Oberfläche gesammelt wird. (Physic. Rev. [2] **87.** 172—73. 1/7. 1952. Duke Univ.) Gottfried. 5063

N. Sidjak, *Interferometer zur Dickenbestimmung dünner transparenter Filme.* Zur Dickenbest. durchsichtiger, dünner Folien, wie sie bei Arbeiten mit Zählrohren erforderlich sind, gibt Vf. eine opt. Meßanordnung an, in der ein paralleles Lichtbündel auf die zu messende Folie unter einem kleinen Winkel gegen die Normale (ca. 7°) auffällt. Infolge Reflexion an Vorder- u. Rückfläche der Folie erhält man Interferenzminima, die durch ein Ocularmikrometer beobachtet werden. Die Dicke wird dann aus der Anzahl von Minima berechnet, die zwischen zwei Marken im Ocular auftreten. Die Eichung wird mittels Folien bekannter Dicke vorgenommen. Die Messungen werden vorzugsweise mit langwelligem Licht ($\lambda = 6500-5000$ Å) ausgeführt. Die App. erlaubt Dickenbestimmungen zwischen 1 u. 50 μ bei einer Meßgenauigkeit von 2%. (Canad. J. Technol. **29.** 362—70. Juli 1951. Chalk River, Ontario, Nat. Res. Council of Canada, Atomic Energy Project.) Reusse. 5064

Zoltán G. Szabó und **Edith Sugár,** *Stannometrie. Volumetrische Bestimmung von Eisen(III)-, Vanadat-, Bichromat-, Jodat-, Bromat-, Ferricyanidionen und Jod.* Weitere Bearbeitung u. Sicherung der schon mitgeteilten Meth. des Titrierens von Fe^{3+} mit 0,1 n$SnCl_2$ in HCl-saurer Lsg. (vgl. C. **1951.** I. 629) u. ihre Ausdehnung auf die Best. von $Cr_2O_7^{2-}$, VO_4^{3-} (Indicator: Diphenylamin), J, JO_3^- (Indicator: Stärke), BrO_3^- (am besten ohne Indicator auf farblos) u. $Fe(CN)_6^{3-}$ (auf Übergang in reines Hellblau). Angaben über Herst., Aufbewahrung (dauernd unter CO_2 aus kleinem Entwickler) u. Ablassen der $SnCl_2$-Lsg. in die angeschlossene Bürette; Titrieren unter CO_2 durch Einwerfen von $CaCO_3$-Stückchen in die saure Lsg.; Abhängigkeit der Ergebnisse von Acidität, Temp. usw. u. störenden Fremdionen; Fehler immer unter 0,5%. (Analytica chim. Acta [Amsterdam] **6.** 293—315. April 1952. Szeged, Univ., Inst. for Inorgan. u. Analyt. Chem.) Blumrich. 5066

Norman H. Spear, *Messen der spezifischen Wärme von Flüssigkeiten bei hohen Temperaturen. Apparat für kleine Proben.* Die spezif. Wärme von Fll. wird in einem kleinen Calorimeter bestimmt, dessen wesentliche Bestandteile 2 gut verschließbare Messinghohlzylinder sind. In dem einen befindet sich die zu untersuchende Fl., in dem 2. eine Fl. mit bekannter spezif. Wärme. Die Temp. in beiden Fll. wird mit einem Fe-Konstantan-Thermoelement gemessen. Die Zylinder befinden sich, durch Luft gut isoliert, in einem Flüssigkeitsbad konstanter Temp., das durch einen magnet. Rührer gut gerührt wird. Die zu untersuchende Vergleichs-Fl. wird auf 25 bzw. 75° über oder unter der Badtemp. erwärmt u. die Temperaturänderung in beiden jede Min. beobachtet. Die Formel für die Berechnung der unbekannten spezif. Wärme aus der bekannten der Vergleichs-Fl. wird angegeben. Der App. wurde mit Fll. bekannter spezif. Wärme bis 300° geeicht u. kontrolliert. Resultate wurden an *Isopropylphenylsilicat* gewonnen. (Analytic. Chem. **24.** 938—41. Juni 1952. New Haven, Conn., John B. Pierce Found.) Miething. 5084

J. J. Theron, *Eine verbesserte Apparatur für die differentielle thermische Analyse von Mineralien.* Es wird ein neu konstruierter, vollkommen automat. arbeitender App. zur Durchführung von differentiellen therm. Analysen an Mineralien beschrieben. (Brit. J. appl. Physics **3.** 216—20. Juli 1952. Pretoria, South Africa, Nat. Chem. Res. Labor.) Gottfried. 5084

Seppo Wilska, *Ozon. Seine physiologischen Wirkungen und seine analytische Bestimmung in der Laboratoriumsluft.* Kurzer Überblick über die Eigg., die physiol. Wirkungen u. die analyt. Best. des *Ozons* (**I**). Die **I**-Konz. in der Nähe eines Spektrographen u. einer UV-Lampe wurde jodometr. bestimmt. Während in der Nähe eines Spektrographen die **I**-Konz. in der Luft innerhalb einer Std. bis zu 1 p. p. m. ansteigen kann, lag in der Nähe der Quarzlampe die **I**-Konz. unter der Bestimmungsgrenze von 0,1 p. p. m. Durch den Geruch lassen sich 0,05—0,1 p. p. m. **I** erkennen. Auf die Giftigkeit des **I** wird hingewiesen; die MAC („Maximum Allowable Concentration") nach Elkins von 0,2 p. p. m. wird als zu hoch angesehen. Best. des **I**: 50 oder 100 Liter **I** enthaltende Luft werden mit einer Geschwindigkeit von 7 Liter/Min. zunächst durch eine mit 50 cm³ konz. H_2SO_4 enthaltende Waschflasche u. dann durch eine 2. Waschflasche, die 50 cm³ KJ-Lsg. (100 g KJ werden in W. gelöst u. zu 500 cm³ verd.) enthält, geleitet. Die KJ-Lsg. wird nach dem Ansäuern mit 1 cm³ 6nH_2SO_4 mit 0,01n$Na_2S_2O_3$-Lsg. gegen Stärke titriert. 1 cm³ 0,01n$Na_2S_2O_3$ entspricht 1,12 p. p. m. **I**. Die Empfindlichkeit der Meth. beträgt 0,1 p. p. m., die Genauigkeit $\pm 0,05$ p. p. m. (Acta chem. scand. **5.** 1359—67. 1951. Helsinki, Finland Inst. of Techn., Dep. of Chem.) K. F. Müller. 5088

a) Elemente und anorganische Verbindungen.

Monisha Bose, *Bestimmung von Beryllium in indischen Beryllen nach der fluorometrischen Methode.* Ind. Beryll wurde mit der fluorometr. Meth. von FLETCHER, WHITE u. SHEFTEL (C. **1947**. I. 81) auf seinen Geh. an Be untersucht. Die Meth. ist auf 1% genau, wie eine Kontrolle mit Hilfe der üblichen chem. Meth. zeigte. Sie hat bes. bei Reihenunterss. den Vorteil der Einfachheit u. Schnelligkeit. Der BeO-Geh. der ind. Erze von Ajmer liegt zwischen 12 u. 13,5%. (Ind. News Edit. J. Indian chem. Soc. **14**. 61—63. 1951. Calcutta, Univ. Coll. of Sci., Dep. of Phys. Chem.) R. MATTNER. G 281

R. W. Callon und **L. P. Charette**, *Analyse von Aluminium und Aluminumlegierungen unter Verwendung von Stäbchenproben. Direkt anzeigende spektrochemische Methoden.* Vff. untersuchen mit Hilfe des ARL-Forschungsquantometers Al u. seine Legierungen auf Si im Bereiche von 4—14%, Cu von 3—8%, Mg von 1—10%, Ni von 1—3%, Fe von 0,5 bis 4% u. Mn von 1—2%. Der Probendurchmesser betrug 0,25 in. Die Analysestreuungen betragen 1% im Konzentrationsbereich von 5% u. mehr, 1—2% im Bereich von 1—4%. Die Verwendung von zwei gleichen Stäbchenelektroden an Stelle der sonst gebräuchlichen Fläche–Graphit–Stab-Meth. wurde vorgezogen. Genaue Angaben über die Herst. der Stäbchenelektroden werden gemacht. Die Unters. erstreckt sich auf folgende Parameter für die genannten Legierungselemente: Innere Standardlinien des Al, geeignete Spektrallinien der Legierungselemente, Primär- u. Sekundärspannung der Spannungsquelle, Größe der Induktion parallel zu den Elektroden, Vorfunkzeit, Belichtungszeit, Form u. Durchmesser der Elektroden, Elektrodenabstand, opt. Variable sowie Größe des ausgeblendeten Teiles der Funkenstrecke. Als Al-Bezugslinien wurden Al 2568 Å u. Al 3066 Å, für Si die Linien 2516 u. 2988 Å, für Cu 2824 Å, für Mg 5184 u. 5528 Å, für Fe 2599, 3735 bzw. 3820 Å, für Ni 3134 u. 3858 Å, für Mn 2673, 2933 u. 3460 Å verwendet. Die Nachweisgrenzen für eine große Zahl von Spurenelementen mit den zugehörigen Linien u. den besten Anregungsbedingungen werden mitgeteilt. Die Anregungsbedingungen sind: Induktion 720 μh, Primärspannung 160 V, Elektrodenabstand 2 mm, Vorfunkzeit 1 Sek., Belichtungszeit 8,5$\pm$0,5 Sek., Spaltbreite auf der Empfängerseite 0,1 mm. Alle Angaben beziehen sich auf die Al-Linie 3066 als inneren Standard mit Ausnahme der Bi-Best., bei der Al 2568 Å als innerer Standard verwendet wird. Die Nachweisgrenzen sind: für *Be* 2349 Å 0,0001%, u. 3130 Å 0,0001%, für *Bi* 3068 Å 0,003%, für *Cr* 4254 Å 0,0007%, für *Cu* 3274 Å 0,0004% u. für 3248 Å 0,0003%, für *Fe* 3735 Å 0,002%, für *Mg* 5184 Å 0,003%, für Mg 2852 Å 0,0001%, für *Mn* 2933 Å 0,003% u. für Mn 2594 Å 0,0004%, für *Na* 5890 Å 0,0001%, für *Ni* 3858 Å 0,010% u. für Ni 3415 Å 0,0008%, für *Pb* 4058 Å 0,002%, für *Si* 2516 Å 0,0008% u. für Si 2882 Å 0,0007%, für *Sn* 3175 Å 0,005%, für *Ti* 3685 Å 0,001% u. für Ti 3349 Å 0,0002%, für *V* 4379 Å 0,001%, für *Zn* 3345 Å 0,002%, für *Zr* 3392 Å 0,0001%. Als Nachweisgrenze wird ein Betrag von 10% der betreffenden Linie oberhalb des Untergrundes u. des Dunkelstroms der Multiplier angenommen. Da keine Vergleichsproben mit Gehh. unter 0,0001% vorhanden waren, ist dieser Betrag als untere Grenze angegeben. Apparative Änderungen an dem elektr. Teil des Gerätes, den Multipliern u. dem Elektrodenhalter werden mitgeteilt. (Analytic. Chem. **23**. 960—66. Juli 1951. Arvida, Quebec, Can., Aluminium Labor. Ltd.) O. WERNER. G 294

Lewis Pokras und **Peter M. Bernays**, *Bestimmung von Scandium mit 8-Oxychinolin.* Es wurden die Arbeitsbedingungen für die quantitative Best. von Sc durch Fällung mit *8-Oxychinolin* (I) festgelegt. Besonderer Wert wird auf geringen Sc-Verbrauch u. auf Zurückgewinnung des gefällten Sc gelegt. Ausschlaggebend für einwandfreie Best. ist neben Entfernung anderer, mit I Ndd. bildender Elemente (Al, Seltene Erden) die Aufrechterhaltung eines p_H zwischen ca. 6,5 u. 8,5 u. ein Überschuß an I. Vorteilhaft wird zwischen 70 u. 80° unter geringem Aerosolzusatz gefällt, um den Nd. besser handhaben zu können. Ausgewogen wird der bei 100—110° getrocknete Nd. der Zus. $Sc(C_9H_6NO)_3 \cdot C_9H_7NO$ mit 7,243% Sc bzw. 11,10% Sc_2O_3. A u s f ü h r u n g: Die Lsg. mit ca. 0,03 Millimol Sc wird auf 110 cm³ verd. u. nach Zugabe von 5 Tropfen 0,005%ig. wss. Aerosollsg. auf 75° erhitzt. 10 cm³ I-Lsg. (5%ig. I-Lsg. in 2n-Essigsäure) u., unter Rühren, eine Mischung von 30 cm³ 2n NH_4-Acetat u. 15 cm³ 2n NH_4OH zugeben. Nach 2 Std. Nd. (gelb) auf Glasfiltertiegel sammeln, mit maximal 150 cm³ W. kalt waschen u. bei 100—110° bis zur Gewichtskonstanz trocknen. (Analytic. Chem. **23**. 757—59. Mai 1951. Chicago, Ill., Illinois Inst. of Technol.) FREE. G 299

F. Burriel-Marti, F. Lucena-Conde und **S. Bolle**, *Notiz über die Titration von Ferrocyanid in Gegenwart von Cyanid.* Ferrocyanid wird durch Cer(IV)-sulfat oxydiert, Cyanid dagegen nicht. Darauf beruht die gegenüber der klass. Meth. (Eliminierung des Cyanids durch CO_2 u. Titration mit $KMnO_4$) schnellere u. sehr genaue Titration von Ferrocyanid u. anderen reduzierenden Substanzen, wie H_2O_2, in Ggw. beliebiger Mengen Cyanid. Der einzige Nachteil der Meth. ist die Entstehung von HCN durch die Säurezugabe. — Die

Probelsg. wird mit 5 ml konz. HCl oder 6 ml konz. H_2SO_4 sowie 2 Tropfen Indicatorlsg. (Eisenphenanthrolin) versetzt u. mit einer 0,1n Cer(IV)-sulfatlsg. titriert. (Analytica chim. Acta [Amsterdam] **7.** 302—03. Okt. 1952. Madrid, Fac. of Sci. u. High Council of Sci. Res., Labor. for Analyt. Chem.) BARCHET. G 354

W. N. Podtschainowa, *Bestimmung von Kupfer(I)- und Kupfer(II)-oxyd und metallischem Kupfer in Kupferpulver.* Die Best. wird wie folgt ausgeführt: Eine Probe, die 0,1 g metall. Cu, 0,1 g Cu_2O u. 0,1 g CuO enthielt, kam in einen kon. Kolben (100—200cm³). Die Luft darin wurde durch einen CO_2-Strom verdrängt u. 10—15 cm³ 15%ig. NH_4Cl-Lsg. wurden zugegeben. Die Lsg. wird bis zur völligen Lösung des Cu_2O erwärmt, was 2—3 Min. in Anspruch nimmt. Die Lsg. wird im CO_2-Strom filtriert, mit W. auf 40 cm³ gebracht u. 10—15 cm³ 1nH_2SO_4 werden zugegeben. Die kalte Lsg. wird mit $KMnO_4$ bis zur schwachen Rosafärbung titriert. Der Überschuß des zugefügten $KMnO_4$ wird mit Na-Oxalat reduziert. Zur farblosen Fl. gibt man 2—3 g KJ u. titriert mit 0,1n$Na_2S_2O_3$-Lsg. in Ggw. von Stärke. Nach der Menge des verbrauchten $KMnO_4$ u. des $Na_2S_2O_3$ berechnet sich die Menge des Cu_2O in der Probe nach der Formel: $P_{Cu} = KV \cdot 0{,}06354$, wobei P_{Cu} die Menge des Cu im Cu_2O, K der Normalitätskoeff. der Lsg. u. V das verbrauchte Vol. ist. Das Filter mit dem Cu-Nd. u. CuO wird in einen kon. 50—100 cm³-Kolben gebracht u. mit 10—15 cm³ H_2SO_4 (1:3) behandelt. Die $CuSO_4$-Lsg. wird filtriert, das Filter 3—4mal mit W. ausgewaschen. Die Lsg. wird auf 50 cm³ gebracht u. das Cu jodometr. bestimmt. Die Menge des CuO wird nach obiger Formel berechnet. Der Rest des metall. Cu wird zusammen mit dem Filter in einen Porzellantiegel gebracht, getrocknet u. geglüht. Der Rückstand wird in H_2SO_4 gelöst u. Cu jodometr. bestimmt. Die Meth. gibt gute Resultate. Cu_2O wird mit einer Genauigkeit von 1% nach der jodometr. u. von 2—3% nach der Permanganatmeth. bestimmt. CuO u. metall. Cu werden mit einer relativen Genauigkeit bis zu 1% bestimmt. Dauer der Analyse ca. 1 Stunde. (Журнал Аналитической Химии [J. analyt. Chem.] **7.** 305—11. Sept./Okt. 1952.) STEINBERG. G 358

W. B. Tatarski, *Über die Trennung von Sedimentgesteinen durch schwere Flüssigkeiten.* In der Polemik gegen die Ausführungen von KARJAKIN (C. **1952.** 5626) zu dieser Frage wird die Gewinnung von 6 statt 2 Fraktionen jeder Probe für überflüssig gehalten. Wird nach dem Vorschlag KARJAKINs eine THOULETsche Lsg. (D. 2,80) verwendet, dann wird die schwere Fraktion häufig durch große Mengen gesteinsbildender Mineralien mit ähnlicher D. verunreinigt. Der Vorschlag, das gesamte Sand–Aleurit-Material (1 bis 0,01 mm) nach Abspülen der Tonteilchen für die Trennung nach der D. zu verwenden, wird als unbrauchbar abgelehnt. Am geeignetsten für die mkr. Unters. ist die Korngröße 0,25—0,005 mm, am bequemsten die Fraktion 0,25—0,10 mm, wenn sie ausreichend vertreten ist. Die Behauptung KARJAKINs, wonach BOLDYREW u. TATARSKI die groben Körner nach der Desintegration des Gesteins bei der Vorbereitung der Trennung mit Schwer-Fl. zerkleinern, wird dahin richtiggestellt, daß nicht die Körner, sondern das nicht der Desintegration zugängliche Gestein zerkleinert wird. (Записки Всесоюзного Минералогического Общества [Schr. Allunions mineralog. Ges.] [2] **80.** 76—78. 1951.) LEBTAG. 5290

Sol R. Silverman, Ruth K. Fuyat und **Jeanne D. Weiser,** *Quantitative Bestimmung von in Carbonat-Apatit enthaltenem Calcit.* Die Anwesenheit von Calcit in carbonathaltigen Phosphoriten wurde mittels röntgenograph. Unterss., durch differentielle therm. Analyse auf Grund der Tatsache, daß Calcit u. Carbonat-Apatit nicht bei der gleichen Temp. CO_2 abgeben, u. mit Hilfe von Löslichkeitsproben festgestellt. Als Lösungsm. für die Löslichkeitsprobe wurde eine wss. ½ mol. Lsg. von *Triammoniumcitrat,* die Calcit ca. 50mal besser löst als Apatite, verwendet. Die Methoden wurden an künstlichen Gemischen ausprobiert, wobei festgestellt werden konnte, daß die röntgenograph. Unters. auf 7,0%, die therm. Analyse auf 1,6% u. die Löslichkeitsprobe auf 0,1% Calcitgeh. ansprechen, u. dann zur Analyse natürlicher Mineralproben angewandt. Es wurde gefunden, daß mit 3 Ausnahmen alle untersuchten Carbonat-Apatite Calcit in wechselnden Mengen enthielten, daß jedoch in allen Präpp. auch noch beträchtliche Mengen CO_2 in anderer Form vorlagen. Bei den Lösungsverss. hatte eine Änderung der Partikelgröße sowie der Lösungszeit zwischen 24 u. 72 Std. keinen Einfl. auf die gelöste Calcitmenge. Damit ist die Annahme von HENDRICKS u. HILL (vgl. Proc. nat. Acad. Sci. **USA. 36.** [1950.] 731), daß der Calcit als kontinuierliches Netzwerk an geschützten inneren Oberflächen des Apatitkristalls eingebaut ist, widerlegt. — Im Anhang wird beschrieben, wie in einem natürlichen Apatit kleine Mengen Calcit bestimmt wurden, die durch organ. Substanzen verdeckt worden waren. (Amer. Mineralogist **37.** 211—22. März/April 1952.) LEVI. 5292

b) Organische Verbindungen.

R. Belcher und **G. Ingram,** *Eine Apparatur für die Mikrobestimmung von Schwefel und Halogen in organischen Verbindungen durch das Schnellverbrennungsverfahren.* Verbrennungsapp. u. Ausführung der Best. sind ähnlich der von Vff. (vgl. C. **1951**. I. 2482) bereits beschriebenen Schnellmeth. für C u. H. Die Substanz wird mit O_2 bei 900° verbrannt u. die entstehenden Säuren werden in einem mit Glasperlen gefüllten u. mit 2 ml H_2O_2 getränkten U-Rohr absorbiert. Die App., die wie die Ausführung der Analyse, genauestens beschrieben wird, benötigt wenig Raum. Maßanalyt. Methoden für die mit dest. W. aus dem U-Rohr gespülten Säuren werden angegeben, u. zwar für organ. Verbb. die nur S; S neben Cl oder Br; S neben N; nur Cl oder Br neben N; nur Jod enthalten. (Analytica chim. Acta [Amsterdam] **7**. 319—23. Okt. 1952. Birmingham, Univ.; Maidenhead, Courtaulds Ltd., Res. Labor.) BARCHET. 5352

Gjorgje Stefanović und **Milutin Stefanović**, *Gasparini's Methode zur Bestimmung von Schwefel in organischen Substanzen durch Elektrooxydation.* Vff. stellen fest, daß die fast vergessene Meth. von GASPARINI (Gazz. chim. ital. **372**. [1907.] 426) sich ebenso eignet wie die klass. CARIUSsche, in einigen Fällen u. vor allem bei Reihenunterss. gegenüber letzterer sogar vorzuziehen ist. 0,2 g S-haltige Substanz oder 0,5—1 g biol. Material wird in einem mit 2 Pt-Elektroden versehenen Gefäß mit 15 ml W. u. dann tropfenweise mit 15 ml konz. HNO_3 versetzt. Gleichzeitig wird an die Elektroden ein Strom von 6 A u. 2,5—4 V gelegt. Nach 6 Std. ist das Material restlos oxydiert, wird mit 100 ml W. aus der App. gespült, die Lsg. eingeengt, HNO_3 mit HCl verdrängt u. S wie üblich als $BaSO_4$ bestimmt. Eine große Anzahl Beleganalysen beweisen die Brauchbarkeit der Methode. (Analytica chim. Acta [Amsterdam] **6**. 506—09. Juni 1952. Belgrad, Jugoslavien, Serb. Akad. der Wiss., Chem. Inst. u. Fak. der Wiss., Chem. Inst.)
BARCHET. 5352

P. P. Schatko, *Bestimmung minimaler Arsenmengen in organischen Verbindungen mit Hilfe einer Lösung von zweiwertigem Chrom.* Die Schnellmeth. zur Best. von As in organ. Substanzen (*Harn* u. *Neosalvarsan*) beruht auf der Red. der As-Ionen durch Cr^{2+} in saurer Lsg. bis zum metall. As. Es findet folgende Rk. statt: $As^{5+} + 5\ Cr^{2+} \rightarrow As^0 + 5\ Cr^{3+}$. Das As wird filtriert u. jodometr. bestimmt: $2\ As + 5\ J_2 + 8\ H_2O \rightleftharpoons 10\ J^- + 16\ H^+ + 2\ AsO_4^{3-}$. Zur Best. des As im Harn wird dieser mit HCl (30% des Gesamtvol.) angesäuert u. im CO_2-Strom Cr^{2+}-Lsg. eingeführt. Beim Erwärmen der Lsg. auf 100° findet eine Red. bis zum metall. As statt. Das As wird abfiltriert, mit 5%ig. NH_4Cl-Lsg. ausgewaschen u. wie oben bestimmt. Auf 100—200 ml eingeengter Tagesharn u. Neosalvarsan werden zunächst mit HNO_3 u. 2%ig. $KMnO_4$-Lsg. oxydiert. Die Lsg. wird mit konz. H_2SO_4 eingedampft, um die Nitrate in Sulfate überzuführen. (Журнал Аналитической Химии [J. analyt. Chem.] **7**. 242—43. Juli/Aug. 1952.) STEINBERG. 5352

C. G. del Amo, V. Villar Palasí und **A. Santos Ruiz**, *Untersuchungen über die Biochemie der Protide. 5. Mitt. Notiz über eine Abänderung der Methode zur Bestimmung des Methionins von McCarthy-Sullivan.* Eichlsgg. werden hergestellt durch Auffüllen von 0,1—1 cm^3 *Methionin* (**I**)-Lsg. (100 mg reines d-**I**, in 5 cm^3 20%ig. HCl gelöst, auf 100 cm^3 verd.) mit W. auf 5 cm^3, Zusetzen von 1 cm^3 5nNaOH, dann 0,1 cm^3 10%ig. Na-Nitroprussiatlsg. unter gutem Durchmischen nach jeder Zugabe, 10 Min. Stehenlassen, Zufügen von 2 cm^3 3%ig. Glykokoll-Lsg., Umschütteln, 10 Min. Stehenlassen u. ganz langsames Zugeben von 2 cm^3 reiner H_3PO_4 unter Vermischen. Nach 5 Min. Entwicklungszeit wird die rosenrote Farbe unter Benutzung eines Grünfilters (540 mμ) photometriert, in guter Übereinstimmung mit dem BEERschen Gesetz. Zur Best. des **I** in unreinen *Proteinen* werden diese entweder in saurem Medium hydrolysiert u. 30 Min. durch Kochen mit Norit entfärbt oder in alkal. Medium ohne Entfärbung hydrolysiert. Hiervon wird ein Vol. mit 0,1—1 mg **I** mit W. auf 5 cm^3 aufgefüllt, dann weiter wie bei der Herst. der Eichlsgg. behandelt u. unter Abzug eines Leerwertes gemessen. Die an *Casein*-Hydrolysaten gefundenen **I**-Werte stehen in guter Übereinstimmung miteinander u. liegen innerhalb der Grenzen der Werte verschied. Autoren. (An. Real Soc. españ. Física. Quím., Ser. B **48**. 531—33. Juni 1952. Inst. esp. Fisiol. y Bioquím., Dep. Bioquím.)
METZENER. G 950

A. Rius und **H. Carrancio**, *Polarographische Untersuchung der Nitrophenole mit der Quecksilbertropfelektrode.* Die polarograph. Unters. der 3 Nitrophenole in alkal. Lsg. kann zu deren Best. verwendet werden. Ein Vgl. mit der polarograph. Red. der p-Oxynitrophenylarsinsäure zeigt, daß die hierbei beobachteten polarograph. Wellen nur auf die NO_2-Gruppe, nicht auf die AsO_3H_2-Gruppe zurückzuführen sind. Durch ein (von der für irreversible Prozesse unbekannten Gleichung der polarograph. Kurven unabhängiges) auf die direkte Anwendung des FARADAYschen Gesetzes gegründetes Verf. ist es grundsätzlich möglich, die Zahl der an jeder polarograph. Welle beteiligten Elektronen zu bestimmen. (An. Real Soc. españ. Física Quím., Ser. B **48**. 199—206. März 1952. Madrid, Inst. de Quím. fís. A. de G. Rocasolano.) R. K. MÜLLER. G 1060

K. Neelakantam und **G. Viswanath**, *Eine Bemerkung zur Bestimmung des Resacetophenons nach der Methode von Koppeschaar.* Es wird gezeigt, daß die Bromierung von *Res-*

acetophenon (**I**) eine langsame u. fortschreitende Rk. darstellt, die bei großem Bromüberschuß über die Di- u. Tribromierungsstufe hinausgeht; der Bromverbrauch ist von der Menge des anfänglich zugegebenen Bromid–Bromat-Überschusses abhängig, so daß durch die übliche Ausführung der Best. nach KOPPESCHAAR keine reproduzierbaren Ergebnisse erhalten werden. Trägt man jedoch das ursprüngliche Bromatvol. gegen den durch die Titration gefundenen Überschuß graph. auf u. extrapoliert auf Null, so erhält man (mit einem Maximalfehler von 5%) den einer Dibromierung von **I** entsprechenden Verbrauch. (Proc. Indian Acad. Sci., Sect. A **35.** 72—74. Febr. 1952. Waltair, Andhra Univ., Dep. of Chem.) K. F. MÜLLER. G 1180

G. B. Bonino und **V. Carassiti**, *Trennung der optischen Antipoden von racemischem β-Naphtholbenzylamin durch Papierchromatographie.* Vff. beschreiben die gelungene Antipodenspaltung von *β-Naphtholbenzylamin* (**I**) durch Verteilungschromatographie auf Papier. Über einen mit Phenol u. **I** getränkten Filtrierpapierstreifen wird als bewegliche Phase eine wss. Lsg. von *d-Weinsäure* (**II**) geleitet (5—15 Std.). Die Entw. erfolgt durch Auflegen des Streifens auf trockenes Na_2CO_3-Pulver u. Besprühen mit verd. NaOH. Beim Bestrahlen mit UV-Licht zeigen sich zwei stark fluorescierende Stellen, die aus *d*- bzw. *l*-**I** bestehen, wie ein Vgl. mit den R_F-Werten ergibt, die man bei Anwendung von opt.-akt. **I** als Ausgangsmaterial erhält. Entscheidend für das Verf. ist die Tatsache, daß die beiden aus **I** u. **II** gebildeten diastereoisomeren Salze verschieden schnell wandern. Die Empfindlichkeit der Meth. liegt bei 0,3 γ von **I**. (Nature [London] **167.** 569—70. 7/4. 1951. Bologna, Univ., C. N. R., Centro Studi di Chim. Fis. Inst. „Giacomo Ciamician".) HENKEL. G 2700

c) Bestandteile von Pflanzen und Tieren.

Perihan Cambel und **James Sgouris**, *Abänderungen der Bowie-Färbung von pepsinogenen Granula.* Die Abänderungen der Färbetechnik nach BOWIE beziehen sich auf eine Gegenfärbung mit wss. Alaun-Hämatoxylin, die Verwendung eines neutralen, synthet. Einschlußmittels *Permount* u. Modifikationen in der Zeitdauer der Fixierung, Färbung u. Differenzierung. Außerdem wird eine Meth. angegeben, den Magen kleiner Nagetiere, z. B. der Ratte, für histotopograph. Studien zu präparieren. (Stain Technol. **26.** 243—46. Okt. 1951. Gainesville, Fla., Univ., Cancer Res. Labor.) ITZEROTT. 5661

Edward W. Dempsey, Juan D. Vial, Russell V. Lucas jr. und **Albert I. Lansing**, *Charakterisierung der Reaktion zwischen Orcein und den elastischen Fasern von Ligamentum nuchae des Pferdes.* Elast. Fasern (e.F.) von Ligamentum nuchae wurden unter bestimmten Bedingungen mit *Toluidinblau* (**I**), *Tief-Grün-FCF* (**II**) u. *Orcein* (**III**) angefärbt. Die e.F. besitzen nur geringe Affinität zu **I** u. **II** unabhängig vom p_H; nehmen dagegen **III** auf, p_H-Einfl. gering. Durch Behandlung mit 1%ig. Perjodsäure u. Farbanzeige von SCHIFFS-Leukofuchsin konnten in e.F. aldehydähnliche Carbonylgruppen nachgewiesen werden. Diese Behandlung ändert die Affinität zu **III** nicht.

Versuche: Die e.F. von Ligamentum nuchae, bei —20° aufbewahrt, wurden in kleinen Stückchen für 24 Std. in 80%ig. A. gelegt, in Paraffin eingebettet u. in 5 μ-Schnitte zerlegt. Anfärbung mit **I, II oder III** bei 25° für 24 Std. unter Rühren. Farbstoffkonz. $5 \cdot 10^{-4}$ mol., Ionenstärke 0,01, p_H zwischen 2 u. 8,5. Einstellung mit Phosphat- oder Acetatpuffer. — 12 Abbildungen. (Anatom. Rec. **113.** 197—213. Juni 1952. St. Louis, Mo., Dep. of Anat., Washington Univ., School of Med.) BRATFISCH. 5661

G. D. Kalyankar, P. R. Krishnaswamy und **M. Sreenivasaya**, *Papyrographische Charakterisierung und Bestimmung organischer Säuren in Pflanzen.* Für die papierchromatograph. Best. von nichtflüchtigen organ. Säuren (*Aconit-, Citronen-, Fumar-, Glutar-, Itacon-, Milch-, Malein-, Äpfel-, Malon-, Oxal-, Bernstein-, Wein-* u. *Tricarballylsäure*) werden Lösungsmittelgemische angegeben, mit denen gute Trenneffekte erzielt werden. Für die Unters. von Früchten erwies sich ein Gemisch von 10 Voll. Butanol, 2 Voll. Ameisensäure u. 5 Voll. W. am günstigsten. Es wurden verschied. Früchte auf ihren Geh. an organ. Säuren untersucht u. die R_F-Werte in den verschied. Lösungsmitteln angegeben. (Current Sci. **21.** 220—22. Aug. 1952. Bangalore, Indian Inst. of Sci.) KAISER. 5666

Bharathi Bheemeswar und **Motnahalli Sreenivasaya**, *Papyrographische Studien an Peptiden.* Die Fraktionierung, Isolierung u. Charakterisierung von Peptiden, wie sie beim enzymat. Abbau von Eiweiß, Körper-Fll. u. Bakterienfiltraten vorkommen, kann leicht u. elegant mit Hilfe der Papyrographie durchgeführt werden. Es wurde eine Bestimmungsmeth. an Hand synthet. Peptide (*Alanyl-, Glycyl-, Diglycyl-* u. *Leucylglycylycin, Glycyltryptophan, -leucin* u. *-tyrosin* sowie *Glutathion*) ausgearbeitet, die auf die Unters. der Hämolymphe u. der Seidendrüsen der Seidenraupe angewendet werden soll. Als Lösungsm.

wurde Butanol–Eisessig–W. 10:2,5:10 oder Pyridin–W. 4:1 angewandt. Nach 5- bis 6std. Entw. bei 24° wurden gute Trenneffekte erzielt. Die Chloracetylderivv. von Leucin Tryptophan u. Tyrosin reagieren nicht mit Ninhydrin. Die tryptophanhaltigen Peptife geben mit Dimethyl-p-aminobenzaldehyd violette Flecken, während die tyrosinhaltigen mit MILLONs Reagens eine ziegelrote Farbe zeigen. Die Peptide wurden nach der Trennung extrahiert u. nach der Hydrolyse die einzelnen Aminosäuren bestimmt. (Current Sci. **21.** 213—15. Aug. 1952. Bangalore, Indian Inst. of Sci.) KAISER. 5666

Ss. M. Prokoschew, Je. I. Petrotschenko und **W. S. Baranowa,** *Eine Methode zu quantitativen Bestimmung von Glucoalkaloiden der Nachtschattengewächse.* (Vgl. C. **1952.** 6550.) Statt mit A. empfehlen Vff. bei der Best. von *Solanin* (**I**), *Demissin* (**II**) u. *Tomatin* (**III**) die Pflanzensubstanz mit 2,5%ig. H_2SO_4 (**IV**), Essigsäure oder Metaphosphorsäure (**V**) auszuziehen. Innerhalb p_H 8—11,7 ist die Löslichkeit von **I**, **II** u. **III** unabhängig vom p_H. Erstmalig wird die Löslichkeit von **II** u. **III** in der alkal. Lsg. nachgewiesen u. die Unlöslichkeit von **I** nach WOLF u. DUGGAR (J. agric. Res. **73.** (**1.**) [1946.] 1) widerlegt. Die Korrektur für die **I**-Löslichkeit beträgt nur $^1/_6$ des Wertes bei KOLTHOFF (Biochem. Z. **182.** [1925.] 289). Die Best. von **I**, **II** u. **III** im Pflanzenmaterial erfolgt in der Weise, daß man den mit 2%ig. **IV**, **V** oder Essigsäure erhaltenen Auszug mit konz. NH_4OH alkal. macht, auf 70—80° erhitzt u. den Nd. mit heißem A. extrahiert. Der Rückstand wird in 1n **IV** gelöst. Aus der Intensität der ALBERTI-Rk. nach PFANKUCH wird das Verhältnis Extinktion/mg Zucker berechnet. In derselben Lsg. wird nach 3—4 Std. Hydrolyse auf dem Wasserbad mittels BIAL-Reagens die Natur der Glucoalkaloide bestimmt. (Grünfärbung mit **II** oder **III**, Gelbfärbung bei Abwesenheit von **II** u. **III**). Aus der Glucosebest. nach HAGEDORN-JENSEN wird das Verhältnis Extinktion/mg Zucker berechnet. Liegt nur ein Glucoalkaloid im Pflanzenmaterial vor, dann stimmen die Werte nach der Zuckermeth. bei **I** mit der colorimetr. Best. mittels der ALBERTI-Rk. ziemlich gut überein, bei **II** u. **III** mit den Werten aus der BIAL-Reaktion. (Биохимия [Biochemie] **17.** 362—67. Mai/Juni 1952. Moskau, Bach-Inst. für Biochem. der Akad. der Wiss. der UdSSR.) LEBTAG. 5666

d) Medizinische und toxikologische Analyse.

Walther Schwarzacher, *Das optische Verhalten des Kohlenoxydhämoglobins im Infrarot.* Ausgehend von der schon bekannten Tatsache, daß *Kohlenoxydhämoglobin* (**I**) für kurzwelliges Infrarot durchlässig ist, während Hämoglobin u. Oxyhämoglobin Licht dieser Wellenlänge zum größten Teil nicht durchlassen, entwickelt Vf. ein Verf. zur hinreichend genauen quantitativen Best. des **I** im Blut unter Verwendung einer Cäsiumvakuumphotozelle, deren Empfindlichkeitsmaximum nahezu ident. mit dem Durchlässigkeitsmaximum des **I** im Infrarot ist. (Wiener klin. Wschr. **64.** ([N. F.] 7) 685. 29/8. 1952. Wien, Univ., Inst. für Gerichtl. Med.) GOTTFRIED. 5727

D. J. S. Gray, *Die Bestimmung von Quecksilberspuren im Urin durch das „Umkehrverfahren“.* Das von IRVING u. Mitarbeitern (C. **1950.** I. 1640) entwickelte „Umkehrverf.“ zur Hg-Best. im Urin mit *Dithizon* (**I**) stellt eine verbesserte Verwendung des Reagenses dar u. besteht in einer Behandlung des Urins mit $KMnO_4$–H_2SO_4, Entfernung von überschüssigem $KMnO_4$ mit $NH_2OH \cdot HCl$, Extraktion mit $CHCl_3$-Lsg. von **I**, Messung der Durchlässigkeit (T) bei 620 mμ u. Wiederholung derselben (T_0) nach Ausschütteln mit „*Reversions*“-Lsg. (Kaliumhydrogenphthalat + KJ in dest. W.). Nach Umwandlung der T-Werte in opt. Dichte-Werte nach $D = 2 - \log T$ u. $D_0 = 2 - \log T_0$ wird der Reversionswert $D_0 - D$ berechnet u. der Hg-Geh. einer Eichkurve entnommen. Die Meth. erlaubt die Best. von Hg-Mengen bis zu 0,5 γ in ca. 25 cm^3. (Analyst **77.** 436—38. Aug. 1952. Pretoria, South African Council for Sci. and Ind. Res.) K. MAIER. 5732

A. Schürch, *Die Chromoxyd–Indicator-Methode zur Verdaulichkeitsbestimmung.* Es wird eine vereinfachte Meth. zur Cr_2O_3 (**I**)-Best. in Futter u. Kot beschrieben. Veraschung von 1—2 g Substanz, die ca. 20—50 mg **I** enthält, Schmelze mit 1 g Na_2O_2, Best. der Lichttransmission im photoelektr. Colorimeter in wss. Lsg. mit Filter 420—440 mμ. Anwendung des BEER-LAMBERTschen Gesetzes nicht möglich; hingegen besteht eine lineare Beziehung zwischen **I**-Konz. u. reziprokem Transmissionswert. Die **I**-Konz. wird von einer unter gleichen Bedingungen bestimmten Eichkurve abgelesen. Unterss., in welchen die **I**-Indicatormeth. mit der konventionellen Meth. zur Verdaulichkeitsbest. verglichen wurde, ergaben gute Übereinstimmung beider Methoden bei Ratte, Mensch u. Schwein. Beim Schaf wurden mit der **I**-Meth. nur zuverlässige Werte erzielt, wenn neben Heu hohe Kraftfuttergaben als Träger für **I** verabreicht wurden. (Mitt. Gebiete Lebensmittelunters. Hyg. [Bern] **43.** 335—42. 1952. Montreal, Can., McGill Univ., Macdonald Coll.) C. VOGEL. 5734

G. A. Hunold und **B. Schühlein,** *Analytischer Beitrag zur Bestimmung der Rattengiftstoffe im Actosin und Tomorin.* Löslichkeitsunterss. an *3-[α-Phenyl-β-acetyläthyl]-4-oxycumarin* (*Warfarin, Actosin*; **I**). Der Nachw. dieses Giftstoffes u. von *3-[α-p-Chlorphenyl-β-acetyläthyl]-4-oxycumarin* (*Tomorin*; **II**) erfolgt über das nach LIEBEN aus Verbb. mit einer CH_3CO-Gruppe bei Behandlung mit Hypochlorit entstehende Chloroform. Dieses wird nach FUJIWARA durch Rotfärbung beim Erhitzen mit Pyridin nachgewiesen. **I** ergibt vorwiegend carminrote Farbtöne, **II** mehr rotbraune Färbungen. Die Extraktion der Giftpräpp. erfolgt mit acetonfreiem Methanol. Dicumarol (ohne Acetylgruppe) ergibt unspezif. Gelb- bis Orangefärbung. (Z. hyg. Zool. Schädlingsbekämpf. **40.** 129—33. Mai/Juni 1952. Berlin.) FRESENIUS. 5764

Paul-Jacques-Didier Longuet, Étude potentiométrique des solutions d'aluminate de calcium. Paris: Centre d'études et de recherches de l'industrie des liants hydrauliques. 1952. (16 S. m. Abb.) 8°.

H. Angewandte Chemie.

I. Allgemeine chemische Technologie.

O. L. Davies, *Statistische Methoden in der chemischen Industrie.* 1. Mitt. In der chem. Industrie kann zwar eine große Menge von Erfahrungen statist. ausgewertet werden, aber es ergeben sich Schwierigkeiten wegen der großen Anzahl der Prodd., den verschied. Reinheitsgraden u. den mannigfachen Ansprüchen seitens der Verbraucher. Versuchsfehler können durch Wiederholung der Verss. ausgeschaltet werden, wie am Beispiel des Kautschukabriebs gezeigt wird. Das gilt bes. beim Vgl. der Ausbeuten verschied. Verfahren. (Ind. Chemist **27.** 541—44. Dez. 1951.) STEINER. 5800

O. O. De Vree, *Die Anwendungen des Bleis in der chemischen Industrie.* Hinweis auf die trotz Einführung anderer, korrosionsbeständiger Materialien bleibende Bedeutung des Pb, bes. in Form von Schutzüberzügen. Überblick über die Verff. zur Bekleidung mit Pb-Folien oder zur homogenen Verbleiung sowie zur Herst. von Pb-Gußstücken. (Revêtement et Protection **5.** 73—74. Sept./Okt. 1952. La Louvière.) METZENER. 5806

J. F. Wilkes, *Korrosionsprobleme an einem Ionenaustauscher.* Infolge der verschied. Funktionen der Einzelteile eines Austauschers ist bes. auf deren Schutz zu achten. Die Behälter werden meist mit Gummi ausgekleidet. Krit. sind die Verbindungen von Rohren, Ventilen u. Fittings. Für Dichtungen ist bes. *Uscolite* (U. S. RUBBER CO.) geeignet. Rohre werden zweckmäßig mit *Saran* ausgekleidet. Der Säureregenerator wird mit Pb oder Saran geschützt. An deren Stelle kann auch stainless 20 treten. Für entionisiertes W. haben sich Asbest–Zement-Leitungen oder Auskleidungen mit Wachs oder Vinylverbb. bewährt. (Corrosion [Houston] **8.** Nr. 6. Topic of the month 1—2. Juni 1952. Chicago, Ill., Dearborn Chemical Corp.) J. FISCHER. 5826

Paul Dittmar und **Hans Heinrich Emschermann,** *Der Flüssigkeitsdruck in Propan- und Butan-Behältern mit hohem Füllungsgrad.* Wenn der Druck in mit Propan u. Butan gefüllten Flaschen so stark ansteigt, daß die Flasche platzt, können gefährliche Explosionen entstehen. Daher wurde versucht, den Druck, der sich bei höherer Temp. einstellt, zu berechnen. Das Resultat erwies sich als zu unsicher, daher wurde mit einer Differentialmeth. der Druck in einer Flasche in Abhängigkeit von der Temp. gemessen. Die Flasche wurde mit einer Membran verschlossen, auf die von außen ein Druck einwirkte, der mit Manometer gemessen wurde. Wenn Innen- u. Außendruck gleich sind, ist die Membran entlastet. Es ergab sich, daß der Druck in bei 0° mit verflüssigtem Gas angefüllten Flaschen bei 50° bei Propan auf 330 ata, bei Butan auf 350 ata anstieg. (Chemie-Ing.-Techn. **24.** 447—51. Aug. 1952. Berlin-Dahlem, Materialprüfungsamt vereinigt mit der Chem.-Techn. Reichsanst.) MIETHING. 5834

Rich. Müller, *Fluorchemie.* 1. Mitt. *Über fluorhaltige Kältemittel.* Ausführliche Übersicht über die physikal. Eigg. u. techn. Anwendungsmöglichkeiten der fluorhaltigen Kältemittel *Dichlordifluormethan* (*Freon 12*), *Monochlordifluormethan* (*Freon 22*), *Trifluormethan* (*Freon 13*), *Tetrafluormethan* (*Freon 14*), *Trichlormonofluormethan* (*Freon 11*), *Dichlormonofluormethan* (*Freon 21*), *Trifluormethan* (*Freon 23*), *Trichlortrifluoräthan* (*Freon 113*), *1.2-Dichlortetrafluoräthan* (*Freon 114*), *Monochlorpentafluoräthan* (*Freon 115*), *Hexafluoräthan* (*Freon 116*), *1-Monochlor-1.1-difluoräthan* (*Freon 142, Genetron 101*), *1-Difluoräthan* (*Genetron 100*), *Carrene 7* (Gemisch aus Freon 12 u. Genetron 100) u. *Octafluorcyclobutan* (*Freon C 318*). Bei den wichtigsten dieser Verbb. wird auch auf die Unbrennbarkeit, Ungiftigkeit, Öl- u. Wasserlöslichkeit u. auf das Korrosionsverh. eingegangen. (Chem. Techn. **4.** 394—402. Sept. 1952. Radebeul-Dresden, VEB Silikonchemie.) FORCHE. 5858

Siemens-Schuckertwerke Akt.-Ges., Berlin und Erlangen (Erfinder: **Herhart Wagner**, Ludwigsburg), *Specksteinhaltige Dichtungsmasse* stellt man durch einen Zusatz von Öl zu Specksteinpulver in gleichmäßiger Verteilung u. von feinkörniger Beschaffenheit her. (**D. B. P. 851 095** Kl. 22i vom 7/10. 1944, ausg. 2/10. 1952.) MAASS. 5813

Ernst Schmidt, Braunschweig, *Wärmezu- und -abfuhr bei formlosen Massen.* Mit den Massen werden über Wandungen (Kanäle oder Rohre) Stoffe, die sich in der Nähe ihres krit. Zustandes befinden, als Wärmetransportmittel in Berührung gebracht. — Vorrichtung. (**D. B. P. 859 297** Kl. 12g vom 14/5. 1943, ausg. 11/12. 1952.) STEIL. 5815

Aktiebolaget Elektrolux, Stockholm, Schweden (Erfinder: **N. E. Widell**), *Kühlanlage*-Kühlvorrichtungen, welche mit einer Absorptionslsg. arbeiten, hermet. geschlossen sind u. lange Zeit ohne Öffnung arbeiten sollen, werden mit Alkalinitriten als Korrosionsschutzmittel beschickt; die Absorptionslsg. enthält ca. 1—3% $NaNO_2$. (**Schwed. P. 133 121** vom 4/11. 1943, ausg. 2/10. 1951.) JÜRGEN SCHMIDT. 5859

Siemens-Schuckertwerke Akt.-Ges., Berlin und Erlangen (Erfinder: **Ludwig Schirmer**, Arzberg, Ofr.), *Behandlung von Flüssigkeiten mittels Ultraschall und ultravioletten Strahlen*, z. B. um sie zu entkeimen, zu vitaminisieren oder zu entfärben. Während der Bestrahlung mit UV-Licht werden in der Fl. mit Ultraschallschwingungen turbulente Bewegungen, vorzugsweise senkrecht zur Strömungsrichtung, hervorgerufen. (**D. B. P. 861 996** Kl. 12 g vom 8/10. 1942, ausg. 8/1. 1953.) STEIL. 5879

Pista Soc. An., Genf, Schweiz, *Behandlung von Flüssigkeiten*, die Kolloide enthalten, zwecks Ausflockung durch Behandlung mit $Fe(OH)_3$ unter gleichzeitiger Belüftung. In einem Behälter, der die mit $Fe(OH)_3$ versetzte Fl. enthält, wird eine Pumpe eingehängt, die 2 axial angeordnete Einsaugöffnungen enthält, eine obere zum Einsaugen der Luft u. eine untere zum Einsaugen der Fl. am Boden des Behälters. Nach inniger Durchmischung in der Pumpe wird die Mischung durch in radialer Richtung angeordnete Öffnungen ausgestoßen. — Zeichnung. (**Schwz. P. 281 144** vom 25/1. 1950, ausg. 3/6. 1952.) REICHELT. 5897

Badische Anilin- & Soda-Fabrik, Ludwigshafen/Rh. (Erfinder: **Heinz Lange**, Haßloch, und **Richard Conrad**, Heidelberg), *Herstellung aktiver Tonerde für katalytische Zwecke.* Die akt. Tonerde wird aus Hydraten, die eine Mischung von Böhmit u. Bayerit darstellen, z. B. durch Peptisieren u. Calcinieren, gewonnen. (**D. B. P. 858 840** Kl. 12g vom 8/12. 1944, ausg. 8/12. 1952.) STEIL. 5905

Badische Anilin- & Soda-Fabrik (Erfinder: **Wilhelm von Füner** und **Georg Wittmann**), Ludwigshafen/Rh., *Trennung von künstlich hergestellter Tonerde und Verbindungen von Metallen der 6. Gruppe.* Die vorher als *Katalysator* verwendete, neben der Tonerde z. B. MoO_3 enthaltende M. wird bei erhöhter Temp. (300—500°) mit S oder gas- oder dampfförmigen Verbb. des 2wertigen $S(H_2S)$ behandelt, dann mit HCl oder H_2SO_4 zusammengebracht, worauf die Mischung durch Filtration getrennt wird, z. B. in wss. Al-Sulfatlsg. u. unlösl. MoS_2. (**D. B. P. 858 994** Kl. 12g vom 14/6. 1944, ausg. 11/12. 1952.) STEIL. 5905

Badische Anilin- & Soda-Fabrik, Ludwigshafen/Rh. (Erfinder: **Franz Drexler**, Ludwigshafen/Rh., und **Heinz Lange**, Haßloch), *Herstellung von als Katalysatoren und Adsorbentien geeigneten festen, porösen Massen.* Salze der Amidosulfonsäure (z. B. das Al-, Fe-, Cr- oder Ti-Salz oder deren Gemische) werden vorzugsweise als Formlinge aus W. enthaltenden Pasten durch Erhitzen zersetzt. Es können dem Salz vor der Zers. auch Oxydhydrate des Al, Fe, Cr u. Ti zugegeben werden. (**D. B. P. 859 296** Kl. 12g vom 11/12. 1941, ausg. 11/12. 1952.) STEIL. 5905

Badische Anilin- & Soda-Fabrik, Ludwigshafen/Rh. (Erfinder: **Alois Gemassmer**, Köln), *Reduktion staubförmiger Katalysatoren*, bes. solcher, die Metalle der 8. Gruppe des Period. Syst. enthalten, durch Behandlung im Schwebezustand mit einem reduzierend wirkenden, die Teilchen aufwirbelnden Gasstrom. Die Behandlung erfolgt in einem sich von unten nach oben erweiternden Gefäß. — Vorrichtung. (**D. B. P. 859 442** Kl. 12 g vom 11/7. 1942, ausg. 15/12. 1952.) STEIL. 5905

III. Elektrotechnik.

Halvard Liander und **Evert Björkman**, *Das Papier in der Elektrotechnik.* Sulfatzellstoff für Isolierpapier soll die Roe-Zahl 3—5 u. unter 0,5% Asche haben u. salzarm sein. In USA darf die Summe von Chlorid u. Sulfat nicht über 0,006% betragen. Für Elektrolytkondensatoren dient sehr poröses Papier von 0,05—0,10 mm Dicke, das auch frei von Cl′ sein soll. Weiter werden die Anforderungen an mit Bakelitharz u. Lack getränktes Papier besprochen, für das dünnes Sulfatzellstoffpapier oder langfaseriges sogenanntes Reißpapier verwendet wird mit Schellack, Asphalt oder Kunstharz als Bindemittel. (Svensk Papperstidn. **55.** 597—601. 4/9. 1952.) Borchers. 5956

Martin Gerlach, *Porositätsuntersuchung an Hochspannungsisolatoren mit Ultraschall und ihre Bedeutung für die Energieversorgung.* Es wird ein vom Funkwerk Erfurt nach dem Echo- oder Radarverf. entwickeltes Prüfgerät beschrieben, das die Feststellung des Porositätsgrades an Vollkern-Isolatoren direkt gestattet. Das Werkstück muß eine Mindestlänge von 50 mm haben; gearbeitet wird am besten mit einer Frequenz von 800 kHz. (Silikattechnik **2.** 371—74. Dez. 1951. Bad Klosterlausnitz, Thür.) Steiner. 5956

Richard R. Clune, *Miniaturbatterien hoher Kapazität.* Vf. beschreibt eine Mikrotrockenzelle RM-1, die bei kleinstem Vol. (Durchmesser von 0,625 inch., eine Höhe von 0,650 inch.) eine hohe elektr. Kapazität besitzt u. für Hörhilfen u. Miniaturempfänger verwendet wird. Die Kapazität beträgt 1,0 Amperestunden. Der Dauerstrom beträgt 0,1 A, kurze Stromstöße bis zu 1 A können entnommen werden. Die Anode ist ein gepreßter Zylinder aus Zinkamalgam, die Kathode ein Preßkörper aus Quecksilberoxyd mit Graphitpulver. Der Elektrolyt besteht aus 100 g einer 85%ig. KOH-Lsg. mit 13,3 g ZnO u. 100 g W. in Baumwollgewebe. Im Innern entstehende Gase können entweichen. Eine größere Einheit mit einer Länge von 1,95 inch. hat eine Kapazität von 3,6 A/Stunde. (Electronics **25.** Nr. 4. 216—220. 222. April 1952. North Tarrytown, N. Y., Products Engng. P. R. Mallory.) Reusse. 5970

—, *Vergleich zwischen Elektrolyseuren mit zwei- und einpoligen Zellen.* Übersicht über die kennzeichnenden Unterschiede zwischen 2- u. 1poligen Zellen. (Oliën, Vetten Zeep **36.** 253—54. 11/10. 1952.) Wesly. 5992

Soc. An. Comp. des Freins et Signaux Westinghouse, Frankreich, *Germanium-Halbleiterkristalle.* Zur Herst. wird in einem Graphittiegel geschmolzenes Ge, das auch etwas Sn enthalten kann, mit einem neutralen Gas, z. B. N_2, durchspült. Dadurch kann der Geh. an leichtflüchtigen Verunreinigungen, z. B. As, verringert u. eine geeignete Verteilung von metall. Beimengungen, z. B. Sn, erzielt werden. (**F. P. 1 010 469** vom 23/8. 1948, ausg. 11/6. 1952.) Kessel. 5953

Bell Telephone Laboratories, Inc., New York, N. Y., übert. von: **Clifford E. Mitchell,** Plainfield, N. J., V. St. A., *Stabilisieren von Mikrophonkohlekörnern gegen Altern,* d. h. gegen Veränderung des elektr. Widerstandes beim Gebrauch. Die in üblicher Weise durch doppeltes Glühen in H_2-Atmosphäre vorbehandelten Körner werden in einem geschlossenen Raum heftigen Vibrationen ausgesetzt. — 3 Abbildungen. (**A. P. 2 606 817** vom 22/10. 1949, ausg. 12/8. 1952.) Zürn. 5955

E. I. du Pont de Nemours & Co., übert. von: **Frederick J. Emig,** Wilmington, Del., V. St. A., *Elektrisches Überzugsisoliermaterial,* bestehend aus zwei verschied. Stoffen, nämlich aus Polyvinylacetalharzen u. Nylon, von denen der eine ein Alkydharz enthalten kann. Die Harze werden in Form einer Lsg. aufgebracht, wobei die Nylonmasse als äußere Schicht kommt. (**Can. P. 485 631** vom 28/12. 1943, ausg. 12/8. 1952.) M. F. Müller. 5957

Samica Corp., Dover, Del., V. St. A., übert. von: **Gérard de Senarclens,** Breitenbach, Schweiz, *Herstellung von Isolierschichten aus Glimmer.* Glimmertafeln oder -blättchen werden auf 790—830° erhitzt u. in ein wss. Medium getaucht, so daß sie in Flocken u. beim Digerieren in der Fl. in kleinste Teile (1 μ) zerfallen, die zu Tafeln usw. geformt werden. Der Fl. kann ein Netzmittel zugesetzt werden. Beispiel: Glimmerblättchen werden 10 Min. auf 800° erhitzt u. sofort in konz. Sodalsg. gegeben. Nach dem Kühlen wird digeriert. Der Stoff wird abgeschleudert, sofort oder nach Waschen u. Trocknen in 2%ig. H_2SO_4-Lsg. digeriert, gewaschen, getrocknet u. auf der Papiermaschine oder in Handpressen ohne Bindemittel zu Tafeln usw. mit guter Kohäsion geformt. — Weitere Beispiele. (**A. P. 2 614 055** vom 10/5. 1948, ausg. 14/10. 1952. Schwz. Prior. 12/5. 1947.) G. Vogel. 5957

Westinghouse Electric International Co., New York, N. Y., V. St. A., *Isolierung elektrischer Spulen.* Man spritzt durch die Spulenumhüllung ein fl., wärmehärtbares Harz, z. B. ein Gemisch aus 35 (%) Styrol u. 65 eines Reaktionsprod. aus 1 (Mol) Maleinsäureanhydrid, 1 Adipinsäure u. 2 Propylenglykol, ein u. härtet das Harz durch Erhitzen. — 2 Abbildungen. (**E. P. 673 214** vom 16/2. 1950, ausg. 4/6. 1952. A. Prior. 1/3. 1949.) Mölleking. 5957

N. V. Philip's Gloeilampenfabrieken, Eindhoven, Holland, *Ferrithaltiges elektromagnetisches Material.* Dieses besteht im wesentlichen aus Mischkristallen mit Spinellstruktur der Verbb. $LiFe_5O_8$ u. $ZnFe_2O_4$. Es kann hergestellt werden durch Sintern eines Gemisches aus $LiFeO_2$, ZnO u. Fe_2O_3. — Z. B. wird γ-Fe_2O_3 mit einer Li-Verb. bei 400 bis 500° zur Rk. gebracht, wobei sich Li_2O bilden kann, worauf das Reaktionsprod. mit

ZnO u. Fe_2O_3 bei 1050—1200° gesintert wird. Das Material eignet sich bes. zur Herst. magnetisierbarer Substanzen, z. B. von Magnetkernen. (**Oe. P. 170 866** vom 25/4. 1950, ausg. 10/4. 1952. Holl. Prior. 28/4. 1949.) HANS HOFFMANN. 5959

Purdue Research Foundation, übert. von: **Karl Lark-Horovitz** und **Randall M. Whaley,** La Fayette, Ind., V. St. A., *Halbleiterelement.* Ge (Reinheitsgrad ca. 99%) erhält einen Zusatz von V, Nb, Ta oder Bi, z. B. 0,15—1,0 (At.-%) V oder ca. 0,5 Nb oder 0,44 Ta. — Tabellen, Zeichnungen. (**A. P. 2 600 997** vom 13/7. 1945, ausg. 17/6. 1952.) KESSEL. 5971

IV. Wasser. Abwasser.

P. H. Lefebvre, *Die Wasserchlorung in der Nahrungsmittelindustrie.* Es wird Chemismus u. Technik der Wasserchlorung im Hinblick auf die Entkeimung besprochen. Da in Konservenfabriken eine zuverlässige Entkeimung u. eine sterilisierende Wrkg. des Wassers angestrebt wird, ist Chlorung über den Knickpunkt mit 0,5—3,0 mg/Liter Rest-Cl üblich; bei noch weitergehender Überchlorung ist in Konservenfabriken nur Entchlorung mit Aktivkohle möglich. Die Chlorung beseitigt die aus dem W. stammenden Geschmacksstoffe, verhindert aber die Bldg. der aus dem Rest-Cl u. bestimmten Nahrungsmitteln, Bier, Gemüse, sowie bestimmten Insekticiden u. Herbiciden auftretenden Geschmacksstoffe nicht. Um das für Reinigungszwecke benutzte W. auf 15—20 oder besser auf 30—50 mg/Liter zu chloren, ist bei Dosierungsapp. mit einstellbarer Leistung die Einrichtung einer Umgehungsleitung zweckmäßig. Für kleine Betriebe ist Verwendung von Hypochloritlauge geboten. Wegen der schwachen Wrkg. der Hypochlorite ist es untunlich, alkal. Reinigungsmittel neben Cl zu verwenden. (Rev. Fermentat. Ind. aliment. **6.** 15—17. Febr. 53—57. April 1951.) MANZ. 6024

LeRoy W. van Kleeck, *Verwertung von Abwasserschlamm.* Unter Besprechung einzelner Gesichtspunkte, wie Vorteile der Kalkung des Schlammes durch bessere Ausnutzung von P, Ausfällung störender Stoffe, wie Cu, Al, Mn, Zn, werden folgende Leitsätze aufgestellt: Klärschlamm jeder Art soll nur nach Hitzebehandlung (10 Sek. auf mindestens 555°) auf Nutzland, nasser Faulschlamm nur nach Prüfung der Verhältnisse verteilt werden. Lufttrockener, auf Vakuumfiltern entwässerter, mehrere Monate gelagerter Faulschlamm kann in Gärten, auf Gemüseland verwendet werden, wenn das Gemüse nicht roh gegessen wird. Bei roh zu genießendem Gemüse muß der Faulschlamm schon im Herbst aufgebracht u. im Frühjahr untergepflügt werden. Heiß behandelter Schlamm ist unter allen Verhältnissen einwandfrei, jedoch ist Berührung mit den Händen zu vermeiden u. nach dem Arbeiten Reinigung der Hände mit Seife u. Warmwasser vorzuschreiben. (Water Sewage Works **99.** 463—67. Nov. 1952. Hartford, Conn., State Dep. of Health.) MANZ. 6036

A. G. Knight, *Die Bestimmung von Calcium im Wasser.* Um den Farbumschlag bei der Ca-Best. nach der Versenat–Murexid-Meth. deutlicher zu machen, wird empfohlen, einen mit *Naphtholgrün B* gemischten Indicator (0,2 g Murexid, 0,5 g Naphtholgrün B, 100 g reines NaCl, davon ca. 0,2 g auf 100 cm^3) zu verwenden; die erst olivgrüne Färbung wird allmählich dunkler u. geht kurz vor dem Endpunkt über Rötlichgrau in Blau über. (Chem. and Ind. **1951.** 1141. 22/12. Moonshine Lane, Sheffield Corp. Waterworks.) MANZ. 6060

Yoshihiro Matida, *Eine neue Methode zur Herstellung von reduziertem Strychninreagens für die Nitratbestimmung im Seewasser.* Durch Verwendung von fl. Amalgam nach KOBAYASHI [NAKOZONO, J. Chem. Soc. Japan **42.** [1921.] 526)] an Stelle von Zn für die Red. des Strychninsulfats unter CO_2 erreicht Vf. eine wesentliche Empfindlichkeitssteigerung bei der Prüfung des Seewassers auf Nitrat gegenüber den Angaben von HARVEY (J. Marine biol. Assoc. United Kingdom [N. S.] **14.** [1926.] 71). 0,27 g Strychninsulfat in 20 cm^3 9nH_2SO_4 lösen, mit 150 g fl. Amalgam unter kräftigem Durchleiten von CO_2 abwechselnd 3 Min. auf dem Wasserbad erhitzen u. 2 Min. schütteln (insgesamt 12 Min.), Amalgam entfernen u. 120 cm^3 konz. H_2SO_4 zugeben, dunkel aufbewahren. — 5 cm^3 von diesem Reagens vorsichtig zugeben zu einer Lsg. von 0,2 g NaCl p. a. in 5 cm^3 NO_3^--haltigem W., umschütteln, 12 Std. dunkel u. kühl aufbewahren mit PULFRICH-Photometer u. Filter S 53 schnell (sehr lichtempfindlich) messen. — 50 γ NO_3^-/Liter Wasser lassen sich noch gut bestimmen. (Bull. chem. Soc. Japan **24.** 254—57. Dez. 1951. Tokyo, Chuo-ku, Fisheries Agency, Tsukishima, Freshwater Fisheries Labor. [Orig.: engl.]) BARCHET. 6060

E. Kröger und **G. Trettin,** *Abwasseruntersuchung auf Tuberkelbakterien.* Im Abwasser aus 2 von insgesamt 4 Heilstätten gelang der Nachw. lebender TbB. Durch die

Mitverwendung fl. modifizierter KIRCHNER-Substrate konnten die positiven Befunde gesteigert werden. Wegen der regelmäßig auch in 37° Kulturen vorkommenden saprophytären Säurefesten ist bei Abwasserunters. die ergänzende Prüfung jedes bei 37° wachsenden Stammes im Tiervers. notwendig. Ein Modellvers. hinsichtlich Lebensdauer u. Virulenz von TbB in fließenden Abwässern ergab, daß aus TbB -haltigen,im Vorfluter einer Heilstätte eingehängten Kollodiumbeuteln lebende Keime noch nach 48 Tagen nachweisbar waren; der Teststamm wies am 24., deutlicher am 36. u. 48. Tag eine Virulenzabschwächung temporärer Art auf. (Zbl. Bakteriol., Parasitenkunde, Infektionskrankh. Hyg., I. Abt. Orig. **157.** 206—26. 27/8. 1951. Göttingen, Univ., Hygien. Inst.) MANZ. 6064

Henkel Kemiskt-Tekniskt Aktiebolag, Stockholm, Schweden (Erfinder: **E. Heinerth**), *Enthärtung von Wasser.* Um die Enthärung von W. mit überwiegender Nichtcarbonathärte zu erleichtern, versetzt man die Wässer mit Mischungen von Alkalicarbonaten u. $CaCO_3$ in Calcitform u. ca. 10% des Gemenges an Alkalicarbonat. (**Schwed. P. 131 796** vom 13/1. 1944, ausg. 29/5. 1951. D. Prior. 13/1. 1943.) JÜRGEN SCHMIDT. 6031

Stanley Osborne, London, **Gerald Raymond Collings** und **Albert Henry Brake,** Essex, England, *Elektrische Behandlung von Wasser zur Verringerung der Wirkungen der Härtebildner (Steinbildung).* Das W. wird dem Einfl. von elektr. Gleichstrom mit einer Spannung von 0,001—0,01 Volt ausgesetzt. Zu diesem Zweck wird das W. durch enge Zwischenräume, die von in geringem Abstand voneinander angeordneten Elektroden (I) gebildet werden, geführt. Die I besitzen scharfkantige Ecken (II), durch die das vorbeiströmende W. in feine Schichten aufgeteilt wird. Das W. kommt nur an den II der I mit blankem Metall in Berührung. Das so behandelte W. bildet beim Erhitzen Schlamm an Stelle von festem Stein. — Zeichnung. (**E. P. 652 967** vom 21/10. 1948, ausg. 2/5. 1951.) REICHELT

Hans Steffen Skougaard Andersen, Glostrup, Dänemark, *Entfernen von Kesselstein.* Man verwendet *Extrakte* aus *Rhabarberstengeln,* gegebenenfalls als eingedampftes Trockenpulver. (**Dän. P. 73 545** vom 21/6. 1949, ausg. 17/12. 1951.) JÜRGEN SCHMIDT. 6031

Richard Pierpont Moore, Germiston, Transvaal, Südafrika, *Anrühren und Dosieren von Kalkmilch* (I) zur Verbesserung der Konsistenz u. Fließfähigkeit der I unter Aufrechterhaltung eines konstanten Verhältnisses von W. zu Feststoff. I wird in einem Mischbehälter angerührt u. in einen darunter befindlichen spitz auslaufenden Absetzbehälter (II) geführt, in dem sie 2—6 Std. verbleibt. Die I aus II wird durch W., das im oberen Teil von II tangential zufließt, verdrängt, wobei es durch die Spitze abgeführt u. in die das zu *behandelnde W.* führende Leitung in Abhängigkeit von der durchströmenden Menge eingeleitet wird. — Zeichnung. (**E. P. 669 188** vom 8/9. 1948, ausg. 26/3. 1952.) REICHELT. 6025

H. Orin Halvarson, St. Paul, Minn., V. St. A., *Abwasserbehandlung.* Ungeklärtes Abwasser wird unter Versprühen über Tropfkörper geleitet, aus denen es in einen Klärbehälter abfließt. Der feuchte Schlamm mit einem Wassergeh. von ca. 98% wird unter Zugabe von $FeCl_3$, $Fe_2(SO_4)_3$, $FeCl_2$ u. $FeSO_4$ auf ein Sandbett (I) gepumpt. Durch Rk. der Zusätze mit den im Schlamm vorhandenen Carbonaten werden CO_2-Gasblasen gebildet, wodurch die Bldg. einer dichten Schlammschicht u. ein Verstopfen des I verhindert wird. Zur Sterilisation wird noch $CuSO_4$ zugegeben. Es wird eine Entwässerung des Schlammes bis zu 80% Wassergeh. erreicht. — Zeichnungen. (**A. P. 2 590 964** vom 26/9. 1947, ausg. 1/4. 1952.) REICHELT. 6043

V. Anorganische Industrie.

E. I. du Pont de Nemours & Co., Wilmington, Del., übert. von: **Carl V. Herrmann,** Highland, Ind., V. St. A., *Herstellung von harten, dichten Ammonchloridkristallen.* Gesätt. NH_4Cl-Lsgg. mit 1% $PbCl_2$ werden mit HCl angesäuert (p_H 5—7), kontinuierlich durch eine Verdampfungszone zirkulieren gelassen, dort unter Vakuum bis zur Bldg. einer übersätt. Lsg. eingedampft, mit NH_3 alkalisiert, zur Kristallisation gebracht u. die Kristalle von der Mutterlauge getrennt, die nach Zusatz von $PbCl_2$, NH_3 u. HCl in das Verf. zurückgeführt wird. — Vorrichtung. (**A. P. 2 591 067** vom 16/3. 1948, ausg. 1/4. 1952.) KARST. H 245

Hercules Powder Co., Wilmington, übert. von: **John E. Rothrock,** Newark, Del., V. St. A., *Gleichzeitige Gewinnung von konzentrierter reiner und von rauchender HNO_3.* N-Oxyde enthaltender Dampf von konz. HNO_3 wird in einen zickzackförmigen Röhrenkühler von unten eingeleitet u. darin kondensiert. In der Mitte des Kühlers zieht man rauchende HNO_3 ab. Durch die unten aus dem Kühler abfließende konz. HNO_3 leitet man die dampfförmige HNO_3, bevor sie in den Kühler geführt wird, so daß die letzten N-Oxydspuren ausgetrieben werden u. reine HNO_3 erhalten wird. — Zeichnung. (**A. P. 2 594 588** vom 19/6. 1947, ausg. 29/4. 1952.) Zürn. H 243

Universal Oil Products Co., übert. von: **Olaf M. Hanson**, Chicago, und **Carl B. Linn**, Riverside, Ill., V. St. A., *Gewinnen von* H_2F_2 aus seiner wss. Lösung. Durch Einleiten von wasserfreiem HCl dest. man aus der Lsg. ein Gemisch aus wasserfreiem H_2F_2 u. HCl ab, aus dem man durch Abkühlen auf -78^0 fl. H_2F_2 abtrennt. Man kann vorher die wss. Lsg. bei tiefer Temp. mit fl. wasserfreiem HCl behandeln, das der Lsg. den größten Teil des W. entzieht, worauf sich unter dem fl. H_2F_2 eine Schicht von wss. HCl-Lsg. bildet. — Vorrichtung. (**A. P. 2 568 889** vom 27/2. 1947, ausg. 25/9. 1951.) Zürn. H 246

Phillips Petroleum Co., übert. von: **Samuel C. Carney**, Bartlesville, Okla., V. St. A., *Herstellung von kolloidalem Schwefel.* Man löst oder dispergiert S in einer Schmelze (**I**) von p-Dichlorbenzol (**II**), kühlt **I** ab, bis sie erstarrt, u. entfernt **II** durch Sublimieren, bes. im Vakum. Es bleibt koll. S zurück, der sich leicht in W. verteilen läßt u. z. B. für Spritzmittel, zum Bestäuben von Pflanzen, für die Herst. von Salben usw. bes. geeignet ist. (**A. P. 2 586 914** vom 5/5. 1949, ausg. 26/2. 1952.) Zürn. H 253

Alexander Bonnington, Huntington, W. Va., V. St. A., *Umsetzung von Sulfiden zu Schwefel.* Die Sulfide, z. B. BaS, werden in wss. Lsg. mit S_2Cl_2 versetzt, wodurch sich $BaCl_2$ bildet u. S sich ausscheidet. Man kann mit dem Abtrennen des S aus der Lsg. mit $MgSO_4$ $BaSO_4$ ausfällen, die Lsg. eindampfen u. das $MgCl_2$ in metall. Mg u. freies Cl_2 überführen, das mit dem S unter Bldg. von S_2Cl_2 umgesetzt wird. (**A. P. 2 586 606** vom 11/6. 1948, ausg. 19/2. 1952.) Zürn. H 253

Great Lakes Carbon Co., Morton Grove, übert. von: **Bernard W. Gamson**, Chicago, Ill., V. St. A., *Schwefel aus* H_2S. H_2S wird nach $2\ H_2S + O_2 = 2\ H_2O + 2\ S$ mit O_2 enthaltenden Gasen gemischt. Das Gemisch wird bei $>1300^0$ verbrannt, worauf die Verbrennungsgase sehr schnell (110^0/Sek.) auf $<500^0$ abgekühlt werden, z. B. durch Eindüsen von W. oder einer anderen Fl., oder durch Zusatz kalter Gase. Es werden dadurch Ausbeuten von $> 75\%$ erzielt. — Diagramm. (**A. P. 2 594 149** vom 5/3. 1948, ausg. 22/4. 1952.) Zürn. H 253

Soc. An. des Manufactures des Glaces et Produits Chimiques de Saint-Gobain, Chauny & Cirey, Frankreich, *Lösungsmittel für Schwefeldioxyd.* Als Lösungsm. zum Trennen von SO_2 aus Gasgemischen wird Glykolsulfit vorgeschlagen, das bei 0^0 2790 (g), bei 25^0 520 u. bei 100^0 42 SO_2 löst, so daß durch Erhitzen SO_2-Gas aus der Lsg. gewonnen werden kann. (**F. P. 1 007 529** vom 3/1. 1949, ausg. 7/5. 1952.) Schönauer. H 253

Allied Chemical & Dye Corp., übert. von: **Harold G. McCann** und **Horace Q. Trout**, New York, N. Y., V. St. A., *Herstellung von Sulfurylchlorfluorid* aus SO_2Cl_2 durch Einw. eines Fluorierungsmittels, z. B. CoF_3, AgF_2 u. MnF_3, bei $110-120^0$. (**Can. P. 477 788** vom 28/2. 1949, ausg. 16/10. 1951. A. Prior. 31/8. 1948.) M. F. Müller. H 253

Pietro Guareschi, Giuseppina Maragliano-Busetti, Lucia Pettemati, Genua, Italien, *Intensivverfahren zur Herstellung von Schwefelsäure.* Durch die Reaktionstürme (**I**) wird parallel eine nitrose H_2SO_4 geleitet, die Nitroperschwefelsäure, $(SO_4NO_3)_2 \cdot 4\ H_2O$, enthält. Dies wird durch einen Geh. von 5—12% N-Oxyden erreicht, als N_2O_3 gerechnet. Die D. der H_2SO_4 beträgt $61-65^0$ Bé. Die Menge des in die **I** eingeführten SO_2 ist so zu wählen, daß das Molverhältnis $(SO_4NO_3)_2 \cdot 4\ H_2O : SO_2 > 12:1$ ist, so daß keine niedrigeren Oxyde als N_2O_3 gebildet werden. Vor die **I** wird ein Konzentrationsturm geschaltet, in dem denitrierte H_2SO_4 durch die heißen Röstgase konz. wird. Diese gelangen dann in Denitriertürme u. anschließend in die **I**. — Zeichnung. (**E. P. 674 403** vom 20/6. 1949, ausg. 7/5. 1952.) Zürn. H 253

Canadian Coppers Refiners Ltd., übert. von: **John H. Schloen** und **Luigi V. Franchetto**, Montreal East, Quebec, Can., *Selensäure aus seleniger Säure* durch Elektrolyse in einer Zelle, deren Kathodenraum durch eine poröse, nichtelektr. leitende Wand vom Anodenraum getrennt ist. Die Anode besteht aus Pb, C oder Pt, die Kathode aus Pb, C, Pt, Sn, Ti, Zn, Ni. Als Katholyt dient eine wss. Lsg. von 5—50% H_2SO_4, als Anolyt ein wss. Lsg. von H_2SeO_3 (**I**) u. H_2SeO_4 (**II**). Die Konz. von **I** soll nicht über 25%, von **II** 15—25% betragen. Anodenstromdichte 3—12 (A), Kathodenstromdichte 10—40. Bei Stromdurchgang wird der Fl. im Kathodenraum H_2O_2 zugesetzt, um die Bldg. von H_2Se u. die Red. von Se an der Kathode zu verhindern. (**Can. P. 484 664** von 4/8. 1949, ausg. 8/7. 1952. A. Prior. 24/5. 1949.) Wittholz. H. 254

Badische Anilin- & Soda-Fabrik, Ludwigshafen/Rh. (Erfinder: **Karl Rumscheidt**, Luzern, Schweiz, und **Ludwig Hill**, Dortmund), *Herstellung eisenfreier Kieselsäure aus eisenhaltigen Schlacken.* Man schließt durch Behandeln mit einem Überschuß von wss. HNO_3 mit <200 g HNO_3/Liter bei $<100^0$ auf. Die koll. Lsg. der SiO_2 läßt sich leicht von ungelösten Anteilen, wie Quarz, C, trennen. Beim Stehen scheidet sich die SiO_2 als Gel ab. Die Mutterlauge wird nach Zusatz von HNO_3 erneut zum Aufschluß verwendet u. nach Anreicherung von Nitraten auf Düngemittel verarbeitet. (**D. B. P. 854 208** Kl. 12i vom 26/2. 1944, ausg. 30/10. 1952.) ZÜRN. H 261

Claudio Alvarez-Tostado und **William B. Harlow,** Palo Alto, Calif., V. St. A., *Herstellung von Siliciumsulfid.* Ein inniges Gemisch von S u. Si oder Ferrosilicium, alle feingepulvert, wird in Ggw. von Gaswolle oder -pulver auf 750—1000° erhitzt. (**A. P. 2 589 653** vom 2/5. 1949, ausg. 18/3. 1952.) ZÜRN. H 261

Jean Charles Séailles, Paris, Frankreich, *Lösen roher Kalkaluminate und Verwendung dieser Lösung zur Herstellung von Tonerde.* Man fällt prakt. SiO_2-freie Al_2O_3 aus einer SiO_2-freien Aluminatlsg., die durch Auflösen roher Kalkaluminate in einer verd. Lsg. von Alkalisalzen erhalten worden ist, mit CO_2. Die zum Auflösen verwendete Lsg. soll <30 g/Liter Na_2CO_3 enthalten. — Vorrichtung. (**E. P. 648 248** vom 27/8. 1946, ausg. 3/1. 1951. F. Prior. 14/6. 1941.) NEBELSIEK. H 294

Sylvester & Co., übert. von: **Robert A. Schoenlaub,** Cleveland, O., V. St. A., *Gewinnung von Zirkondioxyd aus Zirkonsand.* Zirkonsand wird mit bas. Stoffen, wie Kalkstein (**I**) u. calciniertem Magnesit (**II**), in solchem Verhältnis vermischt, daß sich die bas. Oyxde der Zuschlagstoffe zu den sauren des Zirkonsandes wie 1:1 bis 2:1 verhalten. Beim längeren Erhitzen der Mischung auf ca. 3200° F tritt eine Rk. unter Bldg. von lösl. Orthosilicaten u. freiem ZrO_2 ein. Nach dem Zerkleinern der M. lassen sich die Orthosilicate von dem ZrO_2 trennen. — Z. B. werden 16,25 (Teile) **I** u. 3,75 **II** mit 27,5 Zirkonsand gemischt u. 2 Std. lang im elektr. Ofen auf 3200° F erhitzt. Nach dem Zerkleinern der M. wird das Feinere entfernt u. der Rückstand mit HCl behandelt. Nach dem Auswaschen der Chloride wird die M. mit NaOH-Lsg. behandelt u. das ZrO_2 von der entstandenen gelförmigen Kieselsäure getrennt. (**A. P. 2 578 748** vom 25/3. 1946, ausg. 18/12. 1951.) HANS HOFFMANN. H 322

VI. Silicatchemie. Baustoffe.

Harry Kalsing, *Gehärtetes Glas.* Es wird ein Überblick über das bei der Härtung des Glases bisher Erreichte gegeben, um zu ermöglichen, unter Ausnutzung ausländ. Vorbilder die für die deutschen Verhältnisse geeigneten Härteapparate zu entwickeln. Durch Abschrecken wird Glas an der Oberfläche druck-, im Innern zuggespannt. Beim Biegen kann sich die Zugspannung im Innern nicht auswirken, da sie durch die Druckspannung an der Oberfläche kompensiert wird. Wird die Oberfläche verletzt, so wird das Spannungsgleichgewicht gestört, u. die Zugspannungen im Innern zerreißen das Glas in kleinste Krösel. Das Abschrecken geschieht entweder durch Eintauchen in Öl oder Rinderfett von 100—200° u. anschließendes Kühlen im n. Kühlofen oder besser durch Anblasen mit Luft; ebene Platten können auch kurze Zeit zwischen wassergekühlte Eisenplatten gelegt werden. Das Anblasen hat gleichmäßig auf der ganzen Oberfläche zu geschehen, die gegenüberliegenden Flächen müssen annähernd gleichen Härtegrad haben, u. je größer die Wanddicke ist, um so größer muß die Druckspannung sein, daher ist für jedes Gefäß eine besondere Bauart der Härtevorr. nötig. Auf Grund engl. u. amerikan. Patente werden Härteapparate für Becher, Schalen u. Flaschen beschrieben. (Sprechsaal Keram., Glas, Email **85.** 115—19. 20/3. 1952.) THIENE. 6200

E. Plumat, *Einfluß großer Härtegeschwindigkeiten auf die charakteristischen Eigenschaften des Glases.* Vf. gibt einen Überblick über das Problem u. die von ihm angewandte Versuchsmeth., wobei Proben in Form von Stäben von 1—5 mm Durchmesser durch Abkühlen von Tempp. zwischen 400 u. 1600° in H_2O-, Hg-, Sn- u. Zn-Bädern oder zwischen Fe- bzw. Cu-Platten gehärtet wurden. Ausdehnungskoeff., Brechungsindex, Viscosität u. elektr. Leitfähigkeit wurden als charakterist. Eigg. gemessen. Als Ergebnis wird festgestellt, daß eine strukturbedingte Härtung nicht einzutreten scheint, wenn man das Glas von der unteren Grenze der Transformationszone (480—490°) schnell abkühlt, wohl aber wenn man die obere Grenze (750—800°) wählt, wobei die Härtung ähnlich ist wie bei einer Abkühlung von 1600 auf 20° in einem Hg-Bad. Nicht nur die Spannung zwischen äußerer Schicht u. Kern des Glaskörpers ergibt Härtungserscheinungen, sondern wahrscheinlich auch Änderung der Netzstruktur. (Silicates ind. **16.** 12—17. Jan. 1951.) KÜHNERT. 6200

I. Peyches, *Einige Anwendungen radioaktiver Spurenelemente auf Fragen der Glastechnik.* Vf. gibt eine Beschreibung des verwendeten GEIGER-Zählrohres u. eine Tabelle der von der Atomsäule Zoë gelieferten radioakt. Elemente. Er gibt dann Verf. u. Resultate einer Messung der Konvektionsströme in einem 12 t-Ofen, weiter Beobachtungen über die Wrkg. von Glas als Schmiermittel bei Stahldrahtzug u. schließlich Verss. über den Übergang von Spurenelementen vom Glas auf den Polierfilz, wobei zunächst ein Abrieb von Glas auf den Filz festgestellt wird, in einer zweiten Phase ein Austausch zwischen dem auf dem Filz angereicherten Glasstaub u. dem zu polierenden Werkstück. (Silicates ind. **17.** 241—46. Aug./Sept. 1952.) KÜHNERT. 6200

Luigi Santarelli und **Grazioso Goggi,** *Untersuchungen über künstliche Laboratoriums-Hochofenschlacken.* Ausführlicher Bericht über die Veränderung der hydraul. Eigg. synthet. Hochofenschlacken aus dem Dreistoffsyst. $CaO-SiO_2-Al_2O_3$ bei systemat. Abwandlung ihres hydraul. Moduls (0,9, 1,0 u. 1,1), ihres Tonerdegeh. (8—18% Al_2O_3), der Menge ihrer glasigen Bestandteile (Wassergranulation bzw. langsames Erkalten) u. Zusatz von Flußspat als Flußmittel. Die glasigen Bestandteile beeinflussen die hydraul. Eigg. einwandfrei günstig. Gleiches gilt für einen steigenden Tonerdegeh., jedoch nur, wenn die Zähigkeit der Schmelze durch Flußspat verringert wird. — 1 Diagramm, 1 Zahlen-, 6 Kurventafeln. (Silicates ind. **17.** 52—55. Febr. 1952.) MAUNE. 6206

Wilhelm Miehr, *Schamotte-Brennöfen.* Es wird die Beschaffenheit der zum Schamottebrand geeigneten Tone, Kaoline u. Schiefertone, ihre Veränderungen beim Brennen u. die für den Tonschamottebrand gebräuchlichen Öfen besprochen. Obwohl ältere Brennöfen wärmewirtschaftlich für den Schamottebrand nicht ungünstig sind, so sind sie doch für kleinstückiges Brenngut ungeeignet u. hinsichtlich des Ein- u. Aussetzens unrationell u. unhygienisch. Je nach der Eigenart der Rohtone muß das für den Schamottebrand geeignetste Ofensyst. ausgewählt werden. Kleinstückige oder pulverige Tone müssen brikettiert oder in Drehrohröfen gebrannt werden. Für grobstückigen u. grubenfeuchten Ton ist der ununterbrochen betriebene, mechan. beschickbare Schachtofen mit automat. Austragung des Brenngutes der geeignetste. Es wird eine Wärmebilanz u. ein Wärmestrombild sowie eine Zahlentafel über den Wärmeverbrauch beim Tonschamottebrand in den gebräuchlichen Brennöfen erläutert. — Schrifttum. (Tonind.-Ztg. keram. Rdsch. **76.** 65—70. März 1952. Berlin.) PISTOR. 6210

R. D. Holt, *Der Einfluß einer Verunreinigung durch Schwefel in niedrigschmelzenden Titanemails.* Schon ein sehr geringer Geh. der Raumluft an S verursacht beim Einbrennen des titanhaltigen Emails punktförmige Fehlerstellen in der Emailoberfläche. Erörtert werden die Ursachen des S-Geh. der Luft u. die Möglichkeiten ihrer Beseitigung. (J. Canad. ceram. Soc. **21.** 66—67. 1952. Oakville, Ontario, Can., Ferro Enamels [Canada] Ltd.) MARKHOFF. 6212

I. Ss. Kainarski und **B. Je. Pindrik,** *Brennen von geformten Dinassteinen im Tunnelofen.* Geformte Koks-Dinassteine wurden im Tunnelofen 171—172,5 Std. bei einer Maximaltemp. von 1425—1430° (somit 8,7 Std. länger u. bei einer um 5—10° höheren Temp. als MARTIN-Dinassteine) gebrannt. Es zeigte sich, daß dieses Brennverf. bei einem Stückgewicht von 10—12 kg durchaus geeignet ist. (Огнеупоры [Feuerfeste Mater.] **17.** 339 bis 353. Aug. 1952. Charkow, Inst. für feuerfeste Materialien.) v. WILPERT. 6218

W. A. Bron, *Feuerfeste Forsteritmaterialien mit Zusätzen von Magnesiaabgängen.* Als Mg-Zuschlag bei der Herst. von *Forsterit* (**I**)-Erzeugnissen aus *Dunit* (**II**) eignen sich die dispersen Abgänge mit ca. 70% MgO aus der Flotation der Talk-Magnesite von Schabrowka. Hierzu ist **II** bei 1000° vorzubrennen, ein Teil von **II** mit dem Zuschlag auf der Kugelmühle zu vermahlen. Die M. muß mindestens 45% der dispersen Fraktion $<$0,088 mm enthalten. Die Korngröße von **II** darf nicht über 1 mm hinausgehen. Die so hergestellten **I**-Erzeugnisse besitzen die Volumporosität 21,6—23,2%, die Druckfestigkeit 311—420 kg/cm². Die Deformation bei Belastung beginnt bei 1590°. (Огнеупоры [Feuerfeste Mater.] **17.** 406—13. Sept. 1952. Uraler Abt. des Inst. für feuerfeste Materialien.) LEBTAG. 6218

—, *Abkürzung der Trockendauer durch Dampfvorwärmung des Tones.* Die mechan. Vorbereitung des Tones durch eine geeignete Heißwasserdampf-Behandlung führt zur Verbesserung des Verh. der Ziegel beim Trocknen u. zu einer merklichen Abkürzung der Dauer desselben, sowie zur Verbesserung der Produktionsqualität. Außerdem wird nicht nur die Plastizität u. das Bindungsvermögen der Tone verbessert, sondern es werden manche Eigg. der gebrannten Waren beeinflußt. Es ist eine Zunahme der D. u. des mechan. Widerstandes beobachtet worden. Nach LYKOV ist jeder Ton durch einen maximalen krit. Wert des Feuchtigkeitsgefälles charakterisiert, wobei jede Überschreitung dieses krit. Wertes ein Rissigwerden des Tones verursacht. Aus diesem Grunde soll der Trockenvorgang so geregelt werden, daß der Wert des Feuchtigkeitsgefälles seinen krit. Wert nicht überschreitet. Außerdem ist festgestellt worden, daß die Feuchtigkeitsgefälle infolge einer Dampfvorwärmung des Tones vermindert werden u. dadurch die inneren Spannungen ebenfalls vermindert werden. Verss. haben eine Verminderung des Feuchtigkeitsgefälles von 3,2—5,2% für nicht vorgewärmte Tone auf 0,8—1,6% für vorgewärmte Tone ergeben. (Ind. céram. **1952.** 365—68. Dez.) PISTOR. 6228

Stig Lindroth, *Die Zähigkeit des Glases.* Vf. gibt eine Übersicht über die Methoden zur Messung der Zähigkeit des Glases (fallende Kugel, 2 konzentr. Zylinder, Herausziehen eines Pt-Drahtes, Verlängerung eines Glasfadens, Verdrehung eines Glasstabes, Verformung unter Druck). Die Abhängigkeit der Zähigkeit von der Temp., Zeit u. Zus. unter Berücksichtigung der Struktur wird kurz beschrieben. (Glas-Email-Keramo-Techn. **3.** 146—48. 15/5. 1952. Schweden.) THIENE. 6242

Borchard, *Ein neues Innendruckprüfgerät für Flaschen.* Nach Übersicht über die 3 wichtigsten Innendruckverss. (Schnellbruch-Vorstufen- u. Dauerstandvers.) wird ein neues Universalgerät für Innendruckprüfung von Flaschen beschrieben. Es ermöglicht sowohl die Halsringeinspannung im Parallelschraubstock als auch die Bodeneinspannung. (Glas-Email-Keramo-Techn. **3.** 161—63. 15/5. 1952. Herford, Glasprüfstelle der Techn.-Wirtschaftl. Arbeitsgemeinschaft.) THIENE. 6242

United Glass Bottle Manufactures Ltd., London, England (Erfinder: **R. Sturgeon** und **E. Seddon**), *Reinigen von Mineralien.* Kieselsäurehaltige Mineralien, wie Quarzsand, Quarzit, Quarzstein, Kies, Sandstein, oder auch andere Mineralien, wie Flußspat, Feldspat u. Aluminiumoxyd, werden zur Entfernung von Fe-Verunreinigungen mit wss. Lsgg. von Titanosulfat oder Titanochlorid mit Na_2SO_4 oder NaCl behandelt, die jedoch keine Fluorionen enthalten sollen. Die Lsgg. können außerdem $FeSO_4$ oder Hydrazinsulfat enthalten u. sind zweckmäßig angesäuert. Die Behandlung dient bes. zur Gewinnung von Rohstoffen für die Herst. farbloser Gläser. (**Schwed. P. 132 864** vom 25/10. 1949, ausg. 4/9. 1951. E. Prior. 25/10. 1948.) JÜRGEN SCHMIDT. 6171

Corning Glass Works, Corning, N. Y., V. St. A. (Erfinder: **C. F. De Voe**), *Qualitätsverbesserung von Glas.* Man zieht die Glasschmelze aus dem Glasofen über einen Zwischenbehälter ab, in dem ein Zentrifugalrührer arbeitet u. das Glas gegen die Wandung dieses Behälters drückt. Man eliminiert hierdurch Inhomogenitäten in der Glasschmelze u. erhält bes. gleichmäßige, für opt. Zwecke geeignete Gläser. — Zeichnungen. (**Schwed. P. 134 226** vom 8/8. 1946, ausg. 15/1. 1952. A. Prior. 9/8. 1945.) JÜRGEN SCHMIDT. 6201

National Lead Co., New York, N. Y., V. St. A. (Erfinder: **E. Wainer**), *Keramische Masse,* bestehend im wesentlichen aus TiO_2 oder *Titanaten* 2wertiger Metalle. Außerdem enthalten die Massen 0,005—0,5(%) organ. koll. Stoffe u. 0,005—0,5 wasserlösl. alkal. Stoffe, wie Alkalipyrophosphate, die in W. eine OH-Konz. von mindestens $1{,}0 \cdot 10^{-5}$ ergeben. Als organ. Stoffe sind Tannin, Gerbsäure, Leim, Agar-Agar, Alginsäure u. Gummi arabicum genannt. Diese Zusätze erhöhen die Plastizität der Massen u. erleichtern die Verformung vor dem Brennen, ändern aber in der geringen Menge nicht die elektr. Eigg. der Endprodukte. (**Schwed. P. 133 615** vom 26/5. 1942, ausg. 20/11. 1951. A. Prior. 24/5. 1941.) JÜRGEN SCHMIDT. 6209

Norton Co., Worcester (Erfinder: **Wallace Leslie Howe,** West Bolyston), Mass., V. St. A., *Gemisch für keramische Zwecke.* Das Hauptpatent 849 373 betrifft Gemische aus Körpern, auf denen durch einen Klebstoff ein Bindemittel festgehalten wird. Zum Verhindern des Zusammenklebens sind die Körner mit einem Stäubmittel, z. B. Bärlappsamen, überzogen. Es wurde gefunden, daß als Stäubmittel auch andere Mehle pflanzlicher Herkunft, z. B. Mehle von Lein-, Raps-, Baumwollsamen, Hülsenfrüchten, Ricinusbohnen, Nüssen, Kastanien, Mais u. Getreidearten, verwendbar sind. Auch gemahlener Kaffee ist für diesen Zweck zu benutzen. Die Gemische sind bes. als Preßmassen geeignet. (**D. B. P. 855 676** Kl. 80b vom 3/10. 1950, ausg. 13/11. 1952. E. Prior. 30/8. 1948. A. Prior. 30/7. 1949. **Zusatz zu D. B. P. 849 373.**) REINHART. 6209

Harbison-Walker Refractories Co., Pittsburgh, übert. von: **Elburt F. Osborne,** State College, Pa., V. St. A., *Forsteritsynthese.* Feinverteilte SiO_2 oder Silicate andererseits werden in einer Druckkammer in Ggw. von Wasserdampf unter einem Druck von wenigstens 25 at erhitzt. Es entsteht auf hydrothermalem Wege ein äußerst feinkörniger Forsterit von ca. 1 μ Korngröße. Das Prod. ist bes. als Bindemittel für *feuerfeste Stoffe* geeignet. (**A. P. 2 590 566** vom 22/6. 1949, ausg. 25/3. 1952.) REINHART. 6209

Handelsbolaget under Firma A. Johnson & Co., und **C. Shaw,** London, England (Erfinder: **C. Shaw, N. Evans, H. G. Emblem** und **W. E. Langrish-Smith**), *Herstellung von feuerfesten Gegenständen, besonders von Kernen und Formen für den Metallguß.* Man verwendet als Bindemittel für die Formen Chloralkylsilicate, bes. *Tetrakis-2-chloräthylsilicat,* gegebenenfalls mit Gelatinierungsmitteln, bes. Aminen, wie Piperidin. — Z. B. teigt man 100 (Teile) Sillimanit mit 18 Tetrachloräthylsilicat, dem 2% Piperidin zugesetzt sind, u. 11,6 A. (15%ig.) an, verformt u. brennt nach dem Trocknen bei 700—1000°. (**Schwed. P. 134 224** vom 16/11. 1946, ausg. 15/1. 1952. E. Prior. 28/11. 1945.)
JÜRGEN SCHMIDT. 6219

Clifford Shaw, William Edwin Smith und **Denis Eric Bosworth Greensmith,** übert. von: **Denis Eric Bosworth Greensmith,** London, England, *Feuerfester Stoff.* ZrO_2 wird mit feinverteiltem SiO_2 in dem stöchiometr. Verhältnis des $ZrO_2 \cdot SiO_2$ u. Zirkonmineral auf Tempp. über 1000° erhitzt, aber unterhalb der Temp., bei der die Mischung schm.; darauf wird die M. gekühlt. Es entsteht $ZrO_2 \cdot SiO_2$, das als Bindemittel für das Zirkonmineral wirkt. Als Ausgangsstoff für SiO_2 kann eine organ. Si-Verb., z. B. Äthylsilicat, verwendet werden, durch deren Zers. sich SiO_2 in äußerst feinverteiltem u. daher reaktionsfähigem Zustand bildet. (**A. P. 2 593 352** vom 23/7. 1946, ausg. 15/4. 1952. E. Prior. 23/8. 1945.) REINHART. 6219

Dynamidon-Werk Engelhorn & Co. G. m. b. H., Mannheim-Waldhof, und **Fritz Köberiche,** Itzehoe, Holst. (Erfinder: **Fritz Köberich** und **Felix Baumhauer,** Mannheim), *Herstellung feuerfester Steine.* Zementklinker werden nach teilweisem oder vollständigem Fortlassen ihres Feinstanteils, d. h. der Körnung bis ca. 0,2 mm, Magnesia oder Magnesia u. Kalk enthaltende Stoffe, wie Magnesit oder Dolomit, in rohem, gebranntem oder hydratisiertem Zustande in solchen Mengen zugesetzt, daß der Geh. des fertigen Gemisches an Schmelzphase, bes. Brownmillerit u. Tricalciumaluminat, unterhalb 15% liegt. Die aus diesem Gemisch hergestellten Formlinge werden dann in einem keram. Ofen bei ca. 1450° gebrannt. Die fertigen Steine sind sehr temperaturwechselbeständig u. bes. zum Ausmauern der Sinterzone von Zementdrehöfen geeignet. (**D. B. P. 858 377** Kl. 80b vom 1/5. 1951, ausg. 8/12. 1952.) REINHART. 6219

Babcock & Wilcox Co., Rockleigh, übert. von: **William A. Miller,** Elizabeth, und **Temple W. Ratcliffe,** Westfield, N. J., V. St. A., *Feuerfeste Isoliersteine.* Hochgebrannter, unbildsamer, feuerfester Stoff, wie kristalline Tonerde, wird solange mit eisernen Mahlkörpern zerkleinert, die nicht so hart sind wie der feuerfeste Stoff, bis der feuerfeste Stoff gepulvert u. darin eine geringe Menge metall. Fe verteilt ist. Die M. wird darauf in W. u. einem Verflüssigungsmittel, wie $NH_4H_2PO_4$, dispergiert u. durch Zusatz eines Stoffes, welcher mit den Eisenteilchen H_2 entwickelt, z. B. HCl, aufgetrieben. Die aufgetriebene M. wird durch Gießen in saugende Formen geformt u. die Formlinge nach dem Trocknen gebrannt. (**A. P. 2 588 646** vom 7/3. 1948, ausg. 11/3. 1952.) REINHART. 6219

Master Builders Co., Cleveland, übert. von: **Edward W. Scripture jr.,** Cleveland Heights, O., V. St. A., *Zementmischung.* Zement wird mit 0,001—0,005 (Gew.-%) eines Alkylphenylsulfonates, z. B. dodecylphenylsulfonsaurem Na, mit 9—18 C-Atomen in der Alkylgruppe vermischt. Dieser Zusatz wirkt beim Anmachen des Zementes mit W. plastifizierend u. lufteinführend. Weiterhin können dem Zement noch 0,1—5 Ca-Lignosulfonat (Trockenrückstand der Sulfitablauge) als Dispergierungsmittel zugesetzt werden. (**A. P. 2 593 492** vom 17/11. 1948, ausg. 22/4. 1952.) HANS HOFFMANN. 6223

Durisol, Inc., New York, N. Y., V. St. A., übert. von: **August Schnell** und **Alexander Bosshard,** Zürich, Schweiz, *Leichtbeton.* Organ. Faserstoffe, wie Sägemehl oder dgl., werden mit einer wss. Lsg. eines Schwermetallsulfates, wie $Al_2(SO_4)_3$, $FeSO_4$, imprägniert u. anschließend mit einem wss. bas. Mittel, wie Kalkmilch, behandelt, so daß sich durch Rk. ein viscoser Film bildet. Das so vorbehandelte Material wird dann mit 130—140 (%) Zement u. 50—70 W. vermischt u. verformt. (**A. P. 2 592 345** vom 25/8. 1947, ausg. 8/4. 1952.) HANS HOFFMANN. 6225

Grinding Improvements (Edinburgh) Ltd., England, *Herstellung von Schleifpapier.* Man befestigt das Schleifmaterial auf Kreppapier- oder -gewebe mittels Emulsionen plast. Kunstmassen u. das Papier mittels der gleichen Klebemittel auf Unterlagen, wobei das Papier auch mit härtenden Klebstoffen imprägniert werden kann. (**F. P. 990 852** vom 7/7. 1949, ausg. 27/9. 1951.) PANKOW. 6239

VII. Agrikulturchemie. Schädlingsbekämpfung.

Györgyné Fábry, *Die Bindung der Phosphorsäure im Boden.* Zur Klärung der Bindungsverhältnisse der Phosphorsäure (I) im Boden werden 6 definierte Bodensorten verwandt, von denen 3 kalkarm-sauer, 3 kalkhaltig-bas. sind. Der Geh. an lösl. I wurde in Anlehnung an KÜHN (Kisérletügyi Közlemények [Mitt. landwirtsch. Versuchsstat. Ung.] **38.** [1935.] 189) nach einmaliger Extraktion mit $(NH_4)_2CO_3$ (**II**)-Lsg. colorimetr. bestimmt. In Abhängigkeit von der Konz. der **II**-Lsg. u. der Extraktionsdauer erhält man verschied. Ergebnisse. Unters. nach 1,5 Std. Extraktionsdauer gibt 2 Maxima an I-Geh. bei 1,0n u. 0,2n **II**-Lsg., nach 1 Tag 1 Maximum bei 0,8n **II**-Lsg. u. nach 3 Tagen 2 Maxima bei 0,8n u. 0,3n. Änderung des p_H während der Extraktion wurde nicht beobachtet. Zur Unters. der I-Adsorption wurden dieselben Böden mit 1; 0,1; 10 mg P_2O_5/g Boden versetzt. Es wurde festgestellt, daß die kalkarmen Böden mehr I adsorbieren als die kalkhaltigen u. die maximale Adsorption bei 1 mg P_2O_5/g Boden nach 3 Tagen, bei 0,1 mg nach 1,5 Std. eintritt. Mit steigender Menge zugesetzter **I** steigt auch die Menge der adsorbierten **I**. Bei 10 mg P_2O_5-Zusatz keine genauen Ergebnisse. Die **I**-Best. lieferte in Abhängigkeit von der **II**-Konz. maximale Werte bei 0,8—1,0n. Allg. wird festgestellt, daß bei kalkhaltigen Böden eine Gesetzmäßigkeit schwerer zu erkennen ist als bei kalkarmen, wohl wegen des unterschiedlichen Verh. der Humuskomplexe. — Diskussion der Ergebnisse nach der Meth. von SCHÖNFELD (Mezögazdasagi Kutatasok **13.** [1940.] 213. **14.** [1941.] 258) mit Hilfe des $SiO_2/Fe_2O_3 + Al_2O_3$-Quotienten. — Literaturübersicht (69 Hinweise) über das Problem der **I**-Adsorption im Boden. (Agrokémia és Talajtan **1.** 25—49. Nov. 1951. Budapest, Agrokém. Kutato Int., Talajkém. oszt.) V. PILINSZKY. 6304

H. Schmidt, *Zur Entwicklung der chemischen Unkrautbekämpfungsmittel.* Vortrag.— 55 Literaturhinweise. (Nachrichtenbl. dtsch. Pflanzenschutzdienst [Berlin] [N. F.] **6.** (**32.**) 187—96. Okt. 1952. Berlin, Biol. Zentralanst. für Land- u. Forstwirtschaft.) WINIKER. 6312

Dale W. Bohmont, *Ein neues chemisches Präparat für die Landwirtschaft?* Nach kurzen Ausführungen über Vork., Gewinnung, Zus. von Schieferöl wird über die Möglichkeit einer Anwendung als Kontaktpflanzengift (40 Gallonen pro acre u. mehr) u. als Reizmittel für Pflanzenwuchs (10 Gallonen pro acre u. weniger) berichtet. (Farm Chemicals **115.** Nr. 3. 12—15. März 1952. Univ. of Wyoming.) SCHLÄGER. 6312

—, *Toxaphen.* Kurze Übersicht über die Anwendungsmöglichkeiten. (Farm Chemicals **114.** Nr. 10. 21—22. Okt. 1951.) RANG. 6312

Alfred Hey, *Verbreitung und Bekämpfung virusübertragender Blattläuse in Beziehung zum Auftreten von Kartoffelvirosen im Nachbau.* Freilandverss. mit dem DDT-Spritzpräp. *Certoxan* (**I**) u. dem organ. Phosphorpräp. *Wofatox* (**II**) ergaben bei **I** eine im allg. befriedigende insekticide, gleichzeitig aber eine erhebliche phytotox. Wirkung. **II** dagegen hatte eine in jeder Beziehung ausgezeichnete Wirkung. — 34 Literaturhinweise. (Nachrichtenbl. dtsch. Pflanzenschutzdienst [Berlin] [N. F.] **6.** (**32.**) 181—87. Okt. 1952. Berlin, Biol. Zentralanst.; Groß-Lüsewitz, Inst. für Pflanzenzüchtung, u. Frankfurt/Oder-Nuhssen, Inst. für Kartoffelforsch.) WINIKER. 6312

—, *Heuschrecken.* Weideland wurde in einer Konz. von 2 oz./acre mit Aldrin behandelt, ohne daß das Milchvieh Schaden nahm. Vorsichtshalber wird jedoch empfohlen, das Milchvieh 2—4 Wochen der behandelten Weide fernzuhalten. Für die Verabreichung auf trockenen Blättern hat sich Aldrin vor Toxaphen u. Chlordane bewährt. Blühende Pflanzenbestände sollen nicht behandelt werden, um Verluste an Bienen zu vermeiden. Bei Bekämpfung vom Flugzeug aus werden statt W. Ölemulsionen verwendet. (Farm Chemicals **115.** 33—34. 62. Sept. 1952.) GRÜTZ. 6312

Bernard Smit, *Grillen. Ihre Lebensweise und Bekämpfung.* Bei der Bekämpfung der Grillen (Acheta bimaculata, Gryllodes sigillatus, Brachytrypes membranaceus, Acanthoplus-Spezies, Grillotalpa africana) sind Giftköder mit folgender Zus. am wirksamsten: 5 lbs. Kleie + 1 lb. Zucker + 4 oz. Lindan (**I**; 10% γ; geruchlos). Weitere Mittel sind $Ca(CN)_2$ (Cyanogas; 1 Teelöffel je Höhle, Abdecken mit feuchter Erde) u. mit Pariser Grün oder Na-Fluosilicat (4 oz.) vergiftete Kleieköder. Die Grillen sind DDT-resistent. (Farming South Africa **27.** 455—56. Okt. 1952. Pretoria, Div. of Entomol.) RANG. 6312

Hans Walter Schmidt, *Die Mehlmotte.* Zur Bekämpfung eignen sich Kontaktinsekticide auf der Basis von DDT, Hexa u. CBHo. (Müllerei **5.** 405. 407. 21/6. 1952.) STOECKER. 6312

G. E. Carman, W. H. Ewart, L. R. Jeppson, E. L. Atkins und **J. C. Ortega,** *Parathion gegen Citrusschädlinge in Südkalifornien.* Parathion (**I**) bewährte sich zur Bekämpfung der verschied. Citrusschädlinge durchaus. Man verwendet es als Spritz- oder Stäubemittel, es kann mit den gebräuchlichen Fungiciden gemischt werden mit Ausnahme stark alkal. Spritzmittel. Der Übergang von **I** in das äther. Öl der Schalen ist minimal, in den Fruchsäften konnte es nicht nachgewiesen werden. (Calif. Citrograph **36.** 487. 504—06. Okt. 1951.) GRIMME. 6312

—, *Vorschläge zur Verwendung von Parathion als Schädlingsbekämpfungsmittel.* Parathion leistet gute Dienste als Ölspritzmittel gegen Citrusschildläuse, auch in Mischung mit anderen Insekticiden u. Fungiciden. Vorschriften zur Herst. geeigneter Spritzmittel. (Calif. Citrograph **36.** 487. 512—14. Okt. 1951.) GRIMME. 6312

Franz Kersting, *Versuche zur Bekämpfung von Petasites officinalis Mnch.* Zur Vernichtung von Petasites officinalis erscheinen 2.4-D-2.4.5-T-Ester-Mischpräpp. (6—10 kg/ha brauchbar. Die Bekämpfungsverss. mit 2.4-D, 2.4-D-Ester u. 2.4.5-T-Ester allein hatten keine befriedigenden Erfolge. (Nachrichtenbl. dtsch. Pflanzenschutzdienstes [Braunschweig] **4.** 167—68. Nov. 1952. Münster/Westf., Pflanzenschutzamt.) WINIKER. 6312

H. Goffart, *Zur Frage der Bekämpfung von Nematoden mit Methylbromid.* Es wurde festgestellt, daß Methylbromid (I) im Freiland keine ausreichend nematicide Wrkg. besitzt. Lufttrockene Erde konnte in einer Gaskammer bei einem Gramm-Stunden (gst)-Wert >600 entseucht werden. Bei Kartoffeln wurden durch I-Begasung bei einem gst-Wert von 200 Keimschädigungen hervorgerufen u. bei einem gst-Wert von 600 traten zu Nekrosen im Gewebe führende Schäden auf. Zuckerrüben u. Schalotten zeigten Keimschäden ab 350 gst-Wert. Bei Maiblumentreibkeimen traten bei gst-Werten > 200 Schädigungen der Blühfreudigkeit auf. (Anz. Schädlingskunde **25.** 104—06. Juli 1952. Münster/Westf., Inst. für Hackfruchtbau der Biol. Bundesanst.) WINIKER. 6312

—, *Benetzbares Ovotran. Ovotran* (DOW CHEMICAL CO.), ein äußerst feines, benetzbares Pulver enthaltend 50% p-Chlorphenyl-p-chlorbenzolsulfonat bewirkt in Verbindung mit DDT oder bestimmten anderen chlorierten KW-stoffen wie Methoxychlor oder Lindan bei Applikation sichere u. wirksame Bekämpfung von Moskitos, Fliegen u. auch Milben. Außer bei einigen sehr empfindlichen Pflanzen (z. B. Ligustrum vulgare) traten keine Laubschädigungen auf. (Farm Chemicals **115.** Nr. 8. 23—25. Aug. 1952.) RANG. 6312

Jean Lhoste, *Die Bekämpfung von gegen Insekticide widerstandsfähigen Hausfliegen.* (1. vgl. C. **1952.** 3559.) Vf. erwähnt die Widerstandsfähigkeit von Quadraspidiotus perniciosus Comst., Aonidiella aurantii Mask., Lepidosaphes citricola Pack., Aedes sollitans u. Aedes taeniorhynchus, bespricht die Hypothese über die Widerstandsfähigkeit, bes. von Fliegen gegen DDT, gegen Chlordan, gegen γ-$C_6H_6Cl_6$ u. gegen andere Insekticide. (Engrais **65.** 24—25. Juli—Aug. 1951.) LIEBNER. 6312

Sándor Schönfeld und **Lajosné Psik,** *Untersuchung der löslichen Bodenphosphorsäure auf Grund der Erfahrungen von sowjetischen Forschern.* Auf Grund der Annahme sowjet. Forscher, daß das Unlöslichwerden der Phosphorsäure im Boden vornehmlich auf der Adsorption an Fe-Oxydhydraten (I) beruht, wird eine Meth. zur Best. von an I gebundenem Phosphat entwickelt. Eine Bodenprobe (5 g Trockensubstanz) wird mit 200 ml 2,1%ig. Na-Oxalatlsg. u. 25 ml 10%ig. Na_2SO_4-Lsg. versetzt u. mit n-H_2SO_4 oder n-NaOH. auf p_H 7,0 gebracht. Es wird auf 250 ml aufgefüllt u. geschüttelt. Im Filtrat photometr. Best. von P_2O_5. Sodann wird eine weitere Best. ohne Oxalat, bei p_H 9,5 durchgeführt. Die Differenz beider Werte soll den an I gebundenen Anteil P_2O_5 ergeben. — Beleganalysen. (Agrokémia és Talajtan **1.** 15—24. Nov. 1951. Budapest, Agrokém. Kutato Int., Talajkém. oszt.) v. PILINSZKY. 6324

Andor Klimes-Szmik, *Über die Bestimmung von Metallkationen (Ca, Mg, K, Na) nebeneinander in Bodenauszügen.* Krit. Überprüfung einiger Methoden zur Best. von Ca, Mg, K, Na in wss. u. $BaCl_2$-haltigen Bodenauszügen. An Hand von Beleganalysen wird empfohlen, in wss. Auszügen Ca als Oxalat, Mg als Arsenat in $BaCl_2$-Lsgg. nach MELLICH (Soil Sci. **66.** [1948.] 429) zu bestimmen. K u. Na in beiden Lsgg. vorzugsweise als $K_2Na[Co(NO_2)_6]$ bzw. $NaMg(UO_2)_3(C_2H_3O_2)_9 \cdot 6{,}5\ H_2O$. Anwendung empir. Faktoren empfohlen. (Agrokémia és Talajtan **1.** 141—56. Dez. 1951. Budapest, Agrokém. Kutatoint., Talajfizik. és Kolloidik. oszt.) v. PILINSZKY. 6324

Irwin Hornstein, *Bestimmung von technischem Hexachlorcyclohexan in Erdnüssen und Böden.* Vf. benutzt die von SCHECHTER u. HORNSTEIN entwickelte Meth. zur Best. von Hexachlorcyclohexan (I), die auf der Entchlorierung des I zum Bzl. mit Zink in Essigsäure u. darauffolgender Nitrierung des Bzl. zu m-Dinitrobenzol (II) beruht. II reagiert mit Methyläthylketon, die entstehende violettrote Farbe wird photometr. gemessen. Es wurden Bestimmungen des Hexa in Erdnüssen u. in Böden vorgenommen. Im Gegensatz zur ursprünglichen Meth. wurde die Entchlorierung mit Zinkstaub durchgeführt. Bei der Analyse von Erdnüssen u. Erdnußbutter konnten Werte von 1,0—1,5 p.p.m. gefunden werden. Reaktionsbedingungen: 3 Std. bei 150° am Rückfluß. Geröstete Erdnüsse u. Erdnußbutter wurden vor der Best. mit Methylenchlorid extrahiert, wobei die Hauptmenge des Hexa (ca. 1,0 p.p.m.) im Rückstand verblieb, während im Öl durchschnittlich 0,3 p.p.m. gefunden wurden. Bei vorsichtigem Erhitzen der beiden Fraktionen vor der Analyse bleibt der Wert des I im Öl konstant, dagegen steigt er im Rückstand aus nichtgeklärten Gründen stark an. Die Unters. von gerösteten Erdnüssen ergab geringe Differenzen, die auf den Röstungsprozeß zurückzuführen sein können. Die Bestimmungen können bei den meisten Bodenarten direkt durchgeführt werden, nur bei hohem Geh. an organ. Substanzen wird eine vorherige Extraktion mit Eisessig empfohlen. (Analytic. Chem. **24.** 1036—37. Juni 1952. Beltsville, Bur. of Entomol. and Plant. Quarantine.) KNÖPKE. 6328

Wallace G. Kay, Grosse Point Park, Mich., V. St. A., *Begasungsmittel für den Erdboden.* Das Begasungsmittel (I), z. B. reines Äthylendibromid, wird in feste Gelatinekapseln, die dem Dampfdruck des I widerstehen, eingeschmolzen. In Berührung mit der

Bodenfeuchtigkeit erweicht die Gelatine u. läßt das I austreten u. zur Wrkg. gelangen. (**Can. P. 476 979** vom 15/7. 1948, ausg. 18/9. 1951.) WITTHOLZ. 6313

American Cyanamid Co., New York, N. Y., übert. von: **Richard L. Phelps**, Canonsburg, Pa., und **Jason M. Salsbury**, Stamford, Conn., V. St. A., *Entblätterungs- und Unkrautvertilgungsmittel.* Roher Calciumcyanamid (Kalkstickstoff) wird bei 60° in Ggw. von W. mit Alkalien, bes. NaOH u. Na_2CO_3, zur Rk. gebracht, worauf die Reaktionsmasse bei 160—295° durch Zerstäubung getrocknet wird. Die M. wird in Mengen von 4,5 bis 67,5 kg je 4000 m^2 zur Entblätterung von Bohnen, Baumwolle, Tomaten-, Pfefferpflanzen u. von Obstbäumen sowie zur Vertilgung von Unkräutern benutzt. (**A. P. 2 557 997** vom 15/7. 1949, ausg. 26/6. 1951.) KARST. 6313

B. F. Goodrich Co., New York, N. Y., übert. von: **Alan E. Ardis**, Cuyahoga Falls, und **Floyd D. Stewart**, Akron, O., V. St. A., *1-Acetoxy-1.1-dicyanäthan* (I) erhält man durch katalyt. Dampfphasen-Rk. von Keten mit HCN in Ggw. aktivierter Metalloxyde, wie Al_2O_3, MgO, V_2O_5, TiO_2 oder nichtaktivierter Kohle, wie Holzkohle, Koks, Graphit u. dgl., bei 200—550° nach der Gleichung: $2\,CH_2 = C{=}O + 2\,HCN \rightarrow CH_3{-}CO{-}O{-}C(CN)_2{-}CH_3$. — I, $Kp._{18}$ 110°, wird verwendet als *Insekticid, Fungicid, Herbicid* u. Zwischenprod. zur Herst. von Vinylidencyanid. (**A. PP. 2 574 234** u. **2 574 235** vom 10/1. 1950, ausg. 6/11. 1951.) MÜLLER-MEININGEN. 6313

Henkel & Cie. G. m. b. H., Düsseldorf (Erfinder: **Wolfgang Gündel, Helmut Damm, Eckart Meyer**, Düsseldorf, und **Werner Scherff**, Hilden), *Fungicides und baktericides Mittel.* Verwendung des bei der Chlorierung von Cyclohexanol entstehenden, bei 83—84° schm. Tetrachlorcyclohexanons als Stäubemittel mit inerten Trägermaterialien verschnitten, in fl. Form als spritzfähige Suspension oder Lsg., oder in reiner Form. (**D. B. P. 853 532** Kl. 45l vom 23/11. 1950, ausg. 27/10. 1952.) DUTTENHÖFER. 6313

R. T. Vanderbilt Co., Inc., New York, N. Y., übert. von: **Lester A. Brooks**, Norwalk, Conn., V. St. A., *Fungicide Präparate.* Man verwendet eine Lsg. des Monoäthanolaminsalzes des 2-Mercaptobenzothiazols, gelöst in Dioxan oder Verbb. der allg. Formel $H(OC_2H_4)_nOR$, in der RH oder Alkylreste mit 1—4 C u. n = 1—4 bedeuten. — Z. B. werden 0,269 (Teile) Monoäthanolamin in 1,506 Monoäthyläther des Monoäthylenglykols gelöst u. der Lsg. unter Rühren 0,736 2-Mercaptobenzothiazol zugefügt. Die klare Lsg. ist sehr stabil gegen Lichteinw., altert nicht u. besitzt hohe fungicide Eigenschaften. (**A. P. 2 582 857** vom 27/2. 1950, ausg. 15/1. 1952.) KARST. 6313

Yvonne Defaure de la Prade, Frankreich, *Insekticides Mittel*, welches gegen Menschen u. Tiere unschädlich ist u. nur auf Insekten u. ihre Larven wirkt, bestehend aus Saponinen, Sapogeninen, Sapogenolen, Glucosiden oder organ. Säurederivv., wie Sturthiin, Saponalbin, Saporubrin, Sapotoxine, Saporubrinsäuren. Als inerte Zusatzmittel sind genannt Talk, Bentonit, $BaSO_4$, Gips, Kalk, Infusorienerde. Gegebenenfalls werden noch antikryptogam. Mittel zugesetzt, z. B. Cu-Salze oder Schwefel. (**F. P. 977 513** vom 30/7. 1942, ausg. 2/4. 1951.) M. F. MÜLLER. 6313

J. R. Geigy Akt.-Ges., Basel, Schweiz (Erfinder: **I. E. Balaban** und **F. K. Sutcliffe**), *Herstellung von fluorhaltigen Kondensationsprodukten mit insekticider Wirkung.* Man kondensiert 2 Mol. von aromat. Verbb., die mindestens 1 F-Atom enthalten, zusammen oder nacheinander mit 1 Mol Chloral (I) oder Bromal, z. B. Fluorbenzol mit I. Man erhält *α.α-Bis-[p-fluorphenyl]-β.β.β-trichloräthan*, F. 45—46°. Weitere Beispiele für: *α-[p-Fluorphenyl]-β.β.β-trichloräthanol*, $Kp._{0,4}$ 94—96°, *α-[p-Chlorphenyl]-α-[p-fluorphenyl]-β.β.β-trichloräthan*, F. 67—69°, *α-[p-Fluorphenyl]-α-[p-tolyl]-β.β.β-trichloräthan*, $Kp._{0,2}$ 124 bis 130°, F. 56—58°, *α-[p-Fluorphenyl]-α-phenyl-β.β.β-trichloräthan*, F. 50—52°, *α-[p-Anisyl]-α-[p-fluorphenyl]-β.β.β-trichloräthan*, F. 77—78°, *α-Bis-[p-fluorphenyl]-β.β.β-tribromäthan*, F. 80—81°, *α.α-Bis-fluoranisyl-β.β.β-trichloräthan*, $Kp._{0,6}$ 146—149° u. *α.α-Bis-[chlorfluorphenyl]-β.β.β-trichloräthan.* (**Schwed. P. 132 227** vom 7/12. 1945, ausg. 10/7. 1951. E. Prior. 8/12. 1944.) JÜRGEN SCHMIDT. 6313

Oswald Theodor Krefft, Hamburg, *Herstellung von schwerlöslichen, basischen Kupferverbindungen*, die für die *Schädlingsbekämpfung* bes. geeignet sind. Man versetzt Lsgg. bzw. Suspensionen der NH_3-Additionsverbb. des Cu^{II}, bes. Kupferoxychloridammoniak, mit der zur Bldg. der bas. Salze (Oxysalze) notwendigen Menge freier Säure, beginnend bei einem p_H von ca. 10,5 bis herab zu ca. 6,7. (**D. B. P. 854 209** Kl. 12n vom 31/5. 1938, ausg. 30/10. 1952.) NEBELSIEK. 6313

Standard Oil Development Co., Del., übert. von: **Allen R. Kittleson**, Cranford, und **Louis A. Mikeska**, Westfield, N. J., V. St. A., *Insekticide Mittel.* Dicyclopentadien wird in Ggw. eines Katalysators, bes. Pt-Oxyd, vollständig zu Tetrahydrodicyclopentadien hydriert, worauf das erhaltene Prod. mit Cl_2 bei 0—100° in Ggw. von UV-Licht bis auf einen Cl-Geh. von 50—75% chloriert wird. Das Polychlortetrahydrodicyclopentadien, ein viscoses Öl, ist in A., Bzl., Aceton, KW-stofflösungsmitteln lösl. u. wird im Gemisch mit Netz- oder Dispergiermitteln, wie Laurylsulfat, Sulfonaten, Seifen oder dgl. oder festen Trägerstoffen zu Lsgg., Suspensionen, Emulsionen oder Stäubemitteln zur Vernichtung von *Hausfliegen, Kartoffelkäfern* u. anderen Pflanzenschädlingen verarbeitet. Arsenate, Fluoride, Rotenon, DDT u. $C_6H_6Cl_6$ können zugefügt werden. (**A. P. 2 561 209** vom 30/12. 1947, ausg. 17/7. 1951.) KARST. 6313

Pest Control Ltd., Bourn, England, übert. von: **Franz Duspiva**, Tutzing, Obbayern, Deutschland, *Insektenvernichtungsmittel.* Hochchlorierte KW-stoffkontaktinsekticide, wie *DDT, γ-Hexachlorcyclohexan, Chlordan, Aldrin* u. *Dieldrin*, werden gemahlen u. mit einem Überzug von Alginsäure oder Celluloseacetathydrophthalat versehen. Das Vermahlen der Verbb. erfolgt in einer alkal. Alginsäurelsg., worauf die M. auf die Oberfläche von bewegtem W., das eine Mineralsäure enthält, verspritzt u. dabei mit einem unlösl. Film überzogen wird. Die M. kann auch in Ggw. von Dämpfen einer flüchtigen Säure verspritzt oder mit einer Säure behandelt werden. Selektive Insektenvertilgung. (**A. P. 2 585 755** vom 18/12. 1950, ausg. 12/2. 1952. E. Prior. 14/12. 1949.) KARST. 6313

Pest Control Ltd., Bourn (Erfinder: **Denis William Pound**, Cambridge), Cambridgeshire, England, *Organische Phosphorverbindungen. Bis-(dimethylamino)-fluorphosphinoxyd:* Man setzt in Ggw. von Methyldibutylamin $POCl_3$ mit Dimethylamin in Chlf. um u. gibt dann eine konz. wss. Lsg. von KF zu dem Reaktionsgemisch. — *Bis-(monoisopropylamino)*-I, $Kp._2$ 125—128°, F. 59°. — *Dimethylamino-N-äthylcyclohexylamino*-I, $Kp._2$ 100°. — *Bis-morpholino*-I, F. 80—90°. — *Äthoxydimethylamino*-I, $Kp._{10}$ 80—85° (I = „fluorphosphinoxyd"). — *Schädlingsbekämpfungsmittel.* (**D. B. P. 865 742** Kl. 12o vom 10/8. 1950, ausg. 5/2. 1953. E. Priorr. 12/8. u. 23/12. 1949.) BRÖSAMLE. 6313

Hubert Hildebrand, Kassel (Erfinder: **Hubert Hildebrand**, Kassel, und **Richard Neu**, Münster/Westf.), *Mittel zur Wildverwitterung.* Man verwendet niedere u. mittlere Fettsäuren, z. B. *Capronsäure*, in Verbindung mit Trägern, z. B. Holzwolle, Watte, Papier oder zerstäubt bzw. verspritzt. (**D. B. P. 852 317** Kl. 45l vom 19/1. 1951, ausg. 13/10. 1952.) DUTTENHÖFER. 6313

M. V. **Edwards**, Effects of partial soil sterilization with formalin on the raising of Sitka spruce and other conifer seedlings. London: H. M. S. O. 1953. (22 S.) 1 s. 6 d.

VIII. Metallurgie. Metallographie. Metallverarbeitung.

Marcel Guedras, *Die Gegenwart von Staub im Gießereiformsand.* Mißerfolge bei Verwendung von gebrauchtem Formsand führten zu der Feststellung, daß hoher Staubgeh. seine Konsistenz verringert. Deshalb soll alter Sand entstaubt in die Zerkleinerungsmaschine eingeführt u. neuer Sand sowie 5% Bentonit allmählich zugesetzt werden. Ist die Mischung gut homogenisiert, so werden zum Erreichen der erforderlichen Bildsamkeit geringe Mengen W. beigefügt. (Métallurgie Construct. mécan. **84.** 564—65. Aug. 1952.) HAUG. 6382

William F. Davenport und **Adolph Strott**, *Präzisionsguß.* Um die üblichen Einbettmassen mit Äthylsilicaten u. Phosphaten als Binder zu ersetzen, wurden Verss. mit Lake-, Albany- u. Juniata-Formsand u. verschied. Bindern angestellt. Gute Eigg. zeigten Tonerdezement allein u. mit Gips gemischt u. Ca- u. NH_4-Phosphate als Binder. — Abb., Tabelle. (Foundry **80.** 92. 93. 192. 194. 196. 198. Juli 1952. Dayton, O.) BÜLTMANN. 6382

R. A. Dodd, *Restspannungen in Sandgüssen aus Aluminiumlegierungen.* Restspannungen in den Sandgüssen entstehen durch einen Wassergeh. der Formen, die Gießtemp., den Zeitunterschied zwischen Gießen u. Kokillenentnahme des Gußstückes u. durch die Festigkeit der Form (grüner oder trockener Sand). Es wird gezeigt, daß die Spannung ungefähr linear mit dem Anstieg des %-Geh. an W. im Formsand ansteigt. Innerhalb des n. Bereiches des Wassergeh. von 5—6,5% beim natürlich gebundenen Sand wächst sie nicht beträchtlich. Sie wächst jedoch stark bei einem Zeitunterschied zwischen Abguß u. Entnahme von über 10 Min. bis zu 1 Std., während die Gießtemp. nur einen kleinen Anstieg bedingt. (J. Inst. Metals **81.** 77—81. Okt. 1952. Johannesburg, Univ.) HOCHSTEIN. 6382

Horst-Günter Halt, *Der Aluminium-Schleuderguß.* (Metallurgie u. Gießereitechn. **1.** 221. Juli 1951. Leipzig.) PAHL. 6382

D. A. Spratt und **J. A. Kitchener**, *Eisen–Kohlenstoff–Schwefel-Schmelzen.* Untersucht wurde der S-Einfl. auf die Aktivität von C durch Messungen der Löslichkeit von Graphit in Fe–S-Schmelzen. Bei Abwesenheit von S wurden die Ergebnisse von RUOR u. BIREN bestätigt. Im Temperaturgebiet von 1200—1700° wird die Löslichkeit von Graphit in fl. Fe, das [S] % Schwefel enthält, durch die Formel % C = 1,19 +0,00262 t — [S]·[1,67 — 0,001 (t — 1200)] bestimmt. S verzögert die Auflsg. von Graphit u. hemmt die

Bldg. von Graphit bei der Abkühlung. Cementit löst einen geringen Betrag an Eisensulfid bei hohen Tempp., u. sehr kleine FeS-Einschlüsse scheiden sich bei niedrigeren Tempp. aus. — Schrifttumsangaben. (J. Iron Steel Inst. **172.** 383—86. Dez. 1952. London, Imp. Coll.) HOCHSTEIN. 6390

S. Klemantaski, *Wirkung von Inhibitoren der Kohlenstoffablagerung bei der Eisenerzreduktion.* Es wird gezeigt, daß bei 450° die Red. u. die C-Ablagerung während der Rk. von CO mit Cumberland-Hämatiterz durch die Geschwindigkeit des Gasflusses u. durch Zusatz von kleinen Konzz. von C-Ablagerungsinhibitoren (CN, NH_3, H_2, Sulfid u. CS_2) geregelt wird. Ein Verf. zur Best. des Betrages der C-Ablagerung in Hochöfen wird erörtert. — Schrifttumsangaben. (J. Iron Steel Inst. **171.** 176—82. Juni 1952. South Kensington, Imp. Coll. of Sci.) HOCHSTEIN. 6400

John R. Barnes, *Überblick über die Hochofenarbeit mit hohem Druck an der Gicht.* (Blast Furnace Steel Plant **40.** 407—09. 415. April 1952. Cleveland, O., Republic Steel Corp.) PAHL. 6400

Gustav Sper, *Windvorwärmung bei Kupolöfen.* (Metallurgie u. Gießereitechn. **1.** 136—38. Mai 1951. Leipzig.) PAHL. 6402

—, *Vorarbeiten zur industriellen Herstellung von Gußeisen mit Kugelgraphit in Polen.* Deutscher Auszug aus einer in Przegląd Odlewnicta **1.** [1951.] Nr. 1. 3/4 erschienenen poln. Arbeit. Gußeisen mit Kugelgraphit wurde durch einen doppelten Zusatz gewonnen. Zunächst wurde dem Gußeisen Mg, alkal. Metalle oder Erden (Kalk) zugesetzt u. nachfolgend Si-Eisen oder Si-Kalk. Der Zusatz war mit einer starken Wärme-, Licht- u. Rauchentw. verbunden. Die besten Ergebnisse wurden durch Zusatz von 0,5 % Mg in Form einer Cu–Mg-Legierung mit 18,84% Mg u. nachfolgender Zugabe von 0,65% Ferrosilicium (72% Si) zu geschmolzenem Gußeisen erzielt. Das Gefüge des so behandelten Gußeisens zeigt Kugelgraphit. (Gießerei **39.** 31—32. 24/1. 1952.) HOCHSTEIN. 6404

W. P. Fishel und **Robert C. Bramlette,** *Einige Untersuchungen über die Herstellung von sphärolithischem Gußeisen.* Bei Versuchsschmelzen im Induktionsofen wurde sphärolith. Gußeisen durch Zusatz von reinem Mg u. *Al–Mg*-Legierungen mit 40—20% Al, Rest Mg hergestellt. Verss. zur Erhöhung der Mg-Aktivität durch Legierung von Mg mit Si, Al u. Li ergaben, daß diese Legierungen, z. B. von der Zus. Mg_2Si, keine Wrkg. zeigten. *Li–Mg-* u. *Ca–Mg*-Legierungen schienen leichter zu verbrennen als reines Mg. Sphärolith. Gußeisen konnte auch aus Gußeisen mit hohem P-Geh. hergestellt werden. Sandgußstücke hiervon enthielten globularen Graphit in einer Grundmasse mit wechselnden Perlit- u. Ferritanteilen. Kokillengußstücke enthielten eine feinere Ausbldg. des globulären Graphits. Bei Zusatz von Ca reagiert dieser mit C u. P unter Bldg. von Calciumcarbid u. Calciumphosphid, wodurch die Gußeisenschmelze an diesen beiden Elementen abnimmt. (Amer. Foundryman **20.** 55—56. Sept. 1951. Vanderbilt Univ. u. Amer. Cast Iron Pipe Co.) HOCHSTEIN. 6404

Hans Bühler, *Einfluß einer künstlichen Alterung kaltverformten Stahles auf die Schwingungsfestigkeit.* Unterss. an *St 37* u. *St 52* ergaben keinen Einfl. einer künstlichen Alterung auf die Biegewechselfestigkeit kaltverformter Stäbe. (Werkstatt u. Betrieb **84.** 8. Jan. 1951. Saarbrücken.) HABBEL. 6408

Heinz Kornfeld, *Beziehungen zwischen Alterungs-Kerbschlagzähigkeit und chemischer Zusammensetzung bei unberuhigten Stählen.* Aufstellung einer Formel über das Alterungsverh. bei +20° nach Kaltverformung um 0—12% von unberuhigten weichen SIEMENS-MARTIN-Stählen sowie üblichen u. mit O_2-Zusatz erblasenen THOMAS-Stählen. Einfl. des Kerbdurchmessers auf die mittlere Alterungskerbschlagzähigkeit. — Diskussion. (Arch. Eisenhüttenwes. **23.** 345—52. Sept./Okt. 1952. Dortmund, Dortmund-Hörder Hüttenunion, Akt.-Ges.) HABBEL. 6408

Werner Pepperhoff und **Franz Zirm,** *Die rauchförmigen Blaseverluste beim basischen Windfrischen.* Die Verluste werden mit opt. Meßverff. unmittelbar bestimmt. Übermkr. Unterss. an Fe_2O_3-Rauch ergeben einen mittleren Durchmesser der Rauchteilchen von 55 mμ. Aus der mit Hilfe der theoret. Optik disperser Systeme berechneten Absorption eines einzelnen Rauchteilchens u. der experimentell bestimmten Absorption des Konverterrauches kann die Anzahl der während des Frischens im Abgas enthaltenen Rauchteilchen bestimmt werden. Die rauchförmigen Blaseverluste betragen ca. 0,02% des Schmelzengewichtes. Eine Best. des Dampfdruckes von Fe aus der im Abgas enthaltenen Fe-Menge ergab gute Übereinstimmung mit dem im Schrifttum angegebenen Dampfdruckwert. (Arch. Eisenhüttenwes. **22.** 295—97. Sept./Okt. 1951. Duisburg-Huckingen.) HABBEL. 6408

Marcel Michaud, *Die Verwendung von Sauerstoff zum Frischen im Elektrostahlofen.* (Metallurgia ital. **43.** Nr. 8. 315—22. Aug. 1951. Paris, Soc. l'Air Liquide.) K. STEIN. 6408

W. F. Brandsma, *Legierter Stahl.* Vortrag. (Metalen 6. 323—27. 15/9. 1951. Delft.) RUMPF. 6410

W. J. Koshuba und **J. A. Stavrolakis**, *Gesinterte Stoffgemische aus Keramik und Metallen für Gasturbinenschaufeln.* Unterss. an Carbiden u. Oxyden einerseits u. Al, Cr, Ti u. Be andererseits. Bevorzugte Herstellungsverff. sind das Heißpressen u. das Normalsintern. (Iron Age **168.** Nr. 22. 77—80. 29/11. 1951. Oak Ridge, Tenn., General Electric Co., Aircraft Gas Turbine Dep.) FAHLENBRACH. 6474

H. Kalpers, *Kontakt-Bimetalle.* Beschreibung der Eigg. der durch Plattieren, Löten u. Schweißen hergestellten Bimetalle für die Verwendung als Kontakte. (Feinwerktechnik **56.** 115—16. April 1952. Refrath bei Köln.) HABBEL. 6478

E. A. W. Müller, *Ultraschall als Hilfsmittel der Materialprüfung.* Überblick mit Schrifttumsangaben. (Werkstatt u. Betrieb **84.** 533—35. Dez. 1951. Erlangen.) HABBEL. 6480

Hans Beuse und **Herbert Koelzer**, *Erfahrungen mit der magnetinduktiven Prüfung von Stabstahl auf Risse.* (Arch. Eisenhüttenwes. **23.** 363—67. Sept./Okt. 1952. Wolfsburg. HABBEL. 6480

J. J. M. Roos, *Einige Gesichtspunkte zum Problem der künstlichen Atmosphäre in elektrischen Warmbehandlungsöfen.* Vortrag. (Metalen **6.** 215—16. 15/6. 1951. Willem Smit & Co's Transformatorenfabriek N. V., Nijmegen.) RUMPF. 6492

George Brailsford, *Wärmebehandlung im Betrieb mit Muffelöfen.* Anwendungsbeispiele, bes. für mit Schutzgas betriebene Muffelöfen bei der Stahlhärtung. (Steel Processing **37.** 569—71. Nov. 1951. Kingston Prod. Corp.) HOCHSTEIN. 6492

K. H. Twele, *Über die Warmbehandlung hochchromhaltiger Werkzeugstähle.* Die Werkzeugstähle mit 1,5—2,2% C u. 12% Cr finden Verwendung, wo hohe Verschleißfestigkeit, Druckfestigkeit u. Schneidhaltigkeit verlangt werden. Eine Gleichmäßigkeit in der Carbidverteilung bei diesen ledeburit. Stählen ist infolge ihrer schlechten Wärmeleitfähigkeit nur schwer zu erreichen. Um den geringsten Verzug beim Härten zu erhalten wird folgende Wärmebehandlung vorgeschlagen: 1. Vorwärmen im Luftumwälzofen bei ca. 450—550°. 2. Erwärmen auf 800° in einem Salzbad. 3. Erwärmen auf 950° im Laufe von 20 Min. im Salzbad. 4. Rückkühlen in dem unter 2. erwähnten Salzbad (nicht unter 800°). 5. Warmbad von 500° bis zum Temperaturausgleich. 6. Kürzere oder längere Lagerung an der Luft, damit restlose Umwandlung von Austenit zu Martensit eintritt. — Die Anlaßbehandlung nach der Härtung erfolgt am zweckmäßigsten im Luftumwälzofen. Die Höhe der Anlaßtemp. richtet sich nach der gewünschten Härte. (Fertigungstechnik **2.** 42—44. Febr. 1952. Königsee/Thür.) VOLLENBRUCK. 6492

Werner Hummitzsch, *Das wirtschaftliche Schweißen mit der Tiefbrand-Schleppelektrode.* Es handelt sich um eine Hochleistungsschweißelektrode, die bei großer Schweißgeschwindigkeit sehr tiefen Einbrand u. gute Festigkeits- u. Zähigkeitseigg. der Verbindung aufweist. Sie läßt sich bes. in Berührung mit dem Werkstück schleppend verschweißen. — Schrifttum. (Werkstatt u. Betrieb **85.** 49—52. Febr. 1952. Kapfenberg.) HABBEL. 6506

J. R. Handforth, *Praktische Aussichten des Argonarc-Schweißens von Aluminiumlegierungen.* Angaben über die Technik des Argonarcverf. in Anwendung auf Al-Legierungen. Zus. des Zusatzdrahtes, der Umhüllung u. Ausführung geeigneter Nahtformen. Die Technik der Hand- u. Maschinenschweißung wird im einzelnen beschrieben. — Diskussion. (Welding Metal Fabricat. **20.** 31—35. Jan. 1952.) WERNER. 6506

G. Urbain, *Beispiel für die Verwendung radioaktiver Tracer-Elemente. Untersuchung über die Abnützung der Wolframelektrode beim Schweißen in Argonatmosphäre.* Um die Abnützung der W-Elektrode beim Schweißen in Ar durch Versprühen u. Verdampfen quantitativ bestimmen zu können, benutzt Vf. eine vorher aktivierte Elektrode zum Schweißen von *18/8-Stahl* bzw. von *Al* u. kann so durch Aktivitätsmessungen den Verlust des W im Rauch, auf dem Blech u. in der Schweißnaht bestimmen. Die Ergebnisse für Gleich- u. Wechselstrom werden tabellar. mitgeteilt. Autoradiographien. Der Gesamtverbauch beträgt ca. 50 mg W/cm Länge für nichtrostenden Stahl, für Leichtmetalle etwa die Hälfte, wobei der Verlust durch Verbrennen u. Verkleben nicht gerechnet wird. (Soudure Techn. connexes **5.** 209—15. Sept./Okt. 1951.) WEITBRECHT. 6506

S. Agnew, **L. H. Stirling** und **W. P. Campbell**, *Prüfung von Elektroden mit geringem Feuchtigkeitsgehalt.* Fischaugenbldg. an Schweißstellen hat ihre Ursache im Feuchtigkeitsgeh. der Elektroden, dessen H_2 im Lichtbogen Blasenbldg. hervorruft. Zur Prüfung der Elektroden ist die *A. W. S. Glycerin-Meth.* üblich. Vff. stellen fest, daß die bei dieser Meth. entwickelte H_2-Menge für eine richtige Bewertung nicht genügt. Es wird vorgeschlagen, die Elektroden durch eine geeignete Verpackung vor Luftfeuchtigkeit zu schützen.

(Canad. Metals **14.** 40—46. Dez. 1951. Ottawa, Can., Scient. Serv., Dep. Mines Techn. Surv.) J. FISCHER. 6506

P. Joumat, *Punktschweißen von schwach legierten halbharten Stählen. Kritische Untersuchung über den Einfluß verschiedener Parameter auf die Qualität der Punkte.* An einem Mo-freien Stahlblech mit 0,18 (%) C, 0,19 Si, 1,17 Mn, 0,024 S, 0,018 P, Spuren V u. Cr, mit charakterist. mechan. Eigg. untersucht Vf. den Einfl. der Stärke u. der Zeitdauer verschied. Faktoren, bes. des Ausglühens, auf Makro- u. Mikrostruktur, Zugfestigkeit, Härte u. Kerbzähigkeit in der Ebene der Verbindungsstelle. Ohne Vorbehandlung erhält man 2 Zonen gesteigerter Härte. Ausglühen verändert die Struktur u. verbessert die Kerbzähigkeit. An Mikrophotographien werden die Ergebnisse diskutiert. (Soudure Techn. connexes **5.** 224—32. Sept./Okt. 1951. Levallois, S. N. C. F. Labor.) WEITBRECHT. 6506

R. C. Ulmer und **J. W. Wood,** *Inhibitoren zur Vermeidung von Korrosion an Dampf- und Kondensatleitungen.* Es werden zwei Behandlungsarten angewendet: Einführung von alkal. Substanzen zur Neutralisation der Säure u. Einführung von filmbildenden Substanzen. Im allg. gibt die Neutralisation die besten Ergebnisse. Im Fall von *Fe* ist ein p_H-Wert von 8 am günstigsten. Bei Verwendung von filmbildenden Zusätzen vom Octadecylamin- oder quartären Ammoniumsalztyp fällt die Korrosion nicht auf so kleine Werte ab wie bei der Neutralisation. Bei beiden Verff. wird ein Anwachsen der Korrosion bei höheren Konzz. von gelöstem O_2 beobachtet. Für *Cu* u. *Messing* geben beide Verff. gute Ergebnisse. — 22 Literaturstellen. (Ind. Engng. Chem. **44.** 1761—65. Aug. 1952. New York, N. Y., E. F. Drew & Co., Inc.) J. FISCHER. 6538

José Sánchez Egea, *Korrosion von Aluminium durch saure Lösungen.* Übersicht über maximale Korrosion durch Lsgg. der HCl, H_2SO_4, HNO_3, Milch-, Essig-, Wein- u. Citronensäure, Einfl. der Reinheit des Al, Wrkg. von H_3PO_4, H_2CrO_4, Propion-, Äpfel- u. Oxalsäure. — Tabellen. 18 Literaturstellen. (Ion [Madrid] **11.** 626—33. Nov. 1951.) ALTPETER. 6538

Frederick Foxton, London, **Frederick Thomas Seelye** und **Thomas Athol Rafter,** Wellington, *Behandlung von Erzen, Mineralien, Gesteinen und Sanden zwecks Gewinnung von Metallen und anderen Werkstoffen.* Diese Ausgangsstoffe werden in feinpulvriger Form mit Alkaliperoxyden, z. B. Na_2O_2, vermischt u. auf Tempp. unterhalb 540° erhitzt (vorzugsweise auf 350—500°) u. das gefrittete Prod. mit W. oder Säure behandelt. Das Verf. ist z. B. anwendbar für Thorit, Monazit, Carnotit, Patronit, Vanadinit, Ilmenit, Wulfenit, Scheelit, Wolframit, Chromit, Beryl, Rutil, Titanmagnetit, Zirkon u. Platinmetallerze. (**E. P. 661 527** vom 22/9. 1949, ausg. 21/11. 1951.) W. HAUSWALD. 6361

Armour & Co., Chicago, übert. von: **James A. Barr jr.,** Evanston, Ill., V. St. A., *Flotation oxydischer kieselsäurehaltiger Eisenerze.* Das mit kieselsäurigen Gangarten vermischte oxyd. Erz wird auf die übliche Maschenfeinheit zerkleinert u. mit W. versetzt in den Flotationskreislauf eingeführt. Als Sammler dient eine sulfonierte Tallölfraktion, die aus einer Mischung von Linolein- u. Ölsäure besteht, wobei der Geh. an Linoleinsäure größer als in dem natürlichen Tallöl ist u. aus den die Abietinsäure zuvor entfernt worden ist. Die oxyd. Erze werden mit dem Schaum ausgetragen. (**A. P. 2 607 486** vom 30/8. 1946, ausg. 19/8. 1952.) W. HAUSWALD. 6363

Thoger Gronborg Jungersen und **Thoger Gronborg Jungersen jr.,** Summit, N. J., V. St. A., *Vakuumgießverfahren.* Das Gießen erfolgt in einer Form, die außer dem eigentlichen Gießhohlraum noch einen zweiten Hohlraum enthält, in den das fl. Metall eingefüllt wird. Dieses tritt lediglich unter Einw. des erzeugten Vakuums in den Haupthohlraum über, wobei gleichzeitig durch entsprechende Neigung u. Rotation die Schwerkraft u. Zentrifugalkräfte zur Einw. kommen. (**Finn. P. 25 692** vom 31/12. 1947. Auszug veröff. 30/4. 1952. A. Prior. 18/7. 1946.) JÜRGEN SCHMIDT. 6383

Clifford Shaw und **William Edwin Smith,** London, England, *Herstellung von Formen oder Kernen für Metallguß.* Man vermischt hochschm. Stoffe, z. B. Silicate, wie Silimanit, mit Alkylorthosilicaten (Äthylsilicat) als Bindemittel (**I**) mit $<$1 Mol. W. u. einem Polymerisationsbeschleuniger (Piperidin). Die M. wird unter Zusatz von nur so viel W., daß gerade ein Brei oder eine Paste entsteht, auf das Modell (**II**) aufgetragen, erhärten gelassen u. nach Entfernung von **II** so weit erhitzt, daß **I** voll aushärtet oder in SiO_2 übergeführt wird, wozu ein Erhitzen auf 700—1000° notwendig ist. (**N. P. 78 644** vom 20/4. 1946, ausg. 4/6. 1951. E. Prior. 26/7. 1943.) JÜRGEN SCHMIDT. 6393

Hüttenwerke Ruhrort-Meiderich Akt.-Ges., Duisburg-Ruhrort (Erfinder: **Wilhelm Bischof,** Dortmund), *Erhöhen der Leistung von Werkzeugstählen.* Beim Gießen der Stähle wurden ihnen in der Gießpfanne oder in der Gießform niedrigschm., im Eisen lösl. Metalle, wie *Pb, Sn, Bi* oder deren Legierungen, z. B. in Form von Schrott oder körnigem Pulver, zugesetzt. (**D. B. P. 853 636** Kl. 31 c vom 18/8. 1944, ausg. 27/10. 1952.) BÜLTMANN. 6383

Allied Chemical & Dye Corp., New York, N. Y., übert. von: **William Tiddy**, Manhasset, N. Y., und **Franklin D. Cooper**, Ashland, Kent., V. St. A., *Umwandlung von Eisenoxyd in Eisen mit Koksofengas.* O-freies Eisen wird durch Umlauf von gereinigtem Koksofengas in Berührung mit Eisenoxyd bei Tempp. von 926—1037° erhalten, wobei die Feuchtigkeit aus dem Gas vor jedem Durchströmen durch das Eisenoxyd entfernt wird. Der Gasumlauf wird solange fortgesetzt, bis 50% des CH_4-Geh. im Koksofengas zers. sind u. das Gas wenigstens 10% CO_2 enthält, wodurch mehr als 99% des im Eisenoxyd enthaltenen O entfernt worden ist u. ein Stahl mit weniger als 0,26% erzeugt wird. Die Wasserentfernung aus dem Koksofengas nach dem Durchströmen der Eisenoxyde soll zweckmäßig unter ca. 50 mg/Liter liegen. Das Verf. eignet sich zur Herst. von Eisenpulver. — Abbildung. (**A. P. 2 545 933** vom 26/5. 1948, ausg. 20/3. 1951.) HOCHSTEIN. 6391

Minerals & Metals Corp. S. A., V. St. A., übert. von: **Herman A. Brassert** und **Frederick W. de Jahn**, *Oxydabbau von Eisenoxyden.* In einer Reduktionszone bei Tempp. zwischen 750 u. 900° werden Eisenoxyde mit einem reduzierenden Gas behandelt, das in der Hauptsache aus H_2 u. einem C-haltigen Gas besteht, welches bei den Tempp. u. in Ggw. der Eisenoxyde zu vercracken in der Lage ist. Die Menge des sich auf den Eisenoxyden niederschlagenden C wird durch einen Wasserdampfzusatz zum Behandlungsgas geregelt, der zwischen 32 u. 100 g/m^3 Gas liegt. Als C-haltige Gase werden vorzugsweise CO u. CH_4 benützt. Zweckmäßig kommt im Behandlungsgas auf 4 Teile C 1 Teil H_2. Das Behandlungsgas wird nach Gebrauch aus der Reduktionszone abgezogen, von oxydierten Gasbestandteilen sowie von überschüssigem Wasserdampf befreit u. nach Auffrischung wieder der Reduktionszone zugeführt. — Abbildung. (**F. P. 975 404** vom 23/11. 1948, ausg. 5/3. 1951. A. Prior. 25/11. 1947.) HOCHSTEIN. 6391

Guy Gence, Frankreich, *Tempern von Teilen aus weißem Temperrohguß.* Die auf ca. 150—200° vorgewärmte Teile werden in Bädern aus Metallcyaniden, allein oder im Gemisch mit anderen Salzen, in etwa 15 Min. rasch auf 950° erhitzt, bei dieser Temp. ca. 10—12 Std. gehalten u. in 15 Min. auf 700° abgekühlt. Die durch die Behandlung eintretende Carbidzers. ist vollständiger als bei den bisher üblichen Temperverfahren. Als Salzbad wird NaCN, allein oder im Gemisch mit anderen Cyaniden oder Salzen wie $CaCl_2$ u. NaCl verwendet. (**F. P. 978 628** vom 24/11. 1948, ausg. 16/4. 1951.) HOCHSTEIN. 6407

Bergische Stahl-Industrie, Remscheid, und **Ruhrgas Akt.-Ges.**, Essen (Erfinder: **Fritz Schulte**, Remscheid, und **Werner Heiligenstaedt**, Essen), *Glühfrischen von Temperrohguß.* Tempergas u. das zu tempernde Gut werden im Gleichstrom durch einen Durchlaufofen geleitet. Hierbei ist das Tempergas beim Eintritt in den Ofen so zusammengesetzt, daß es den fertigen Temperguß verzundern würde. Die Strömungsgeschwindigkeit des Gases muß in Abhängigkeit von der Vorschubgeschwindigkeit des Tempergutes so eingestellt werden, daß das Tempergut beim Durchlauf durch den Ofen zwar entkohlt, aber nicht verzundert. (**D. R. P. 753 786** Kl. 18c vom 14/1. 1938, ausg. 24/11. 1952.) HOCHSTEIN. 6407

Eugen Piwowarsky (Erfinder: **Eugen Piwowarsky**), Aachen, *Glühfrischen von Temperrohguß in Salzschmelzen oder Glasflüssen.* Den Salzschmelzen werden O_2-abgebende Salze, z. B. Nitrate oder Superoxyde, den Glasflüssen dagegen Schwermetalloxyde zugesetzt. Die Salzschmelzen bzw. Glasflüsse werden durch künstliche O_2-Zufuhr regeneriert oder in ihrem Wirkungsgrad beim Glühfrischen verbessert. (**D. B. P. 858 423** Kl. 18c vom 28/12. 1948, ausg. 8/12. 1952.) HOCHSTEIN. 6407

Vacuumschmelze Akt.-Ges., Hanau/M. (Erfinder: **Paul Braunsdorf**, Spandau), *Verhinderung des Verziehens von Kupfer-Beryllium-Legierungen.* Die Legierungen, die bis zu 2,5% *Be* u. gegebenenfalls noch Zusätze an *Zn, Ni, Al* u. *Sn* enthalten können, werden auf ca. 750° erhitzt u. in W. abgeschreckt. Hierauf werden sie erneut auf ca. 600° erhitzt u. wiederum abgeschreckt. Anschließend folgt das Aushärten durch achtstd. Anlassen bei 300°. (**D. B. P. 855 005** Kl. 40d vom 8/8. 1940, ausg. 10/11. 1952.) GÖTZE. 6433

Jacques Fondal, New York, N. J., V. St. A., *Kupfer–Nickel–Mangan-Legierungen* bestehen aus 50—80 (%) *Cu*, mindestens je 10 *Mn* u. *Ni*, wobei das Verhältnis des Mn zu Ni 1,2: 0,8 u. 0,8: 1,2 beträgt. Außerdem können sie bis 1 *Sn*, bis 1 *Be* u. bis 10 *Cr* enthalten. Die Legierungen sind korrosionsfest u. durch Wärmebehandlung härtbar. — Zustandsdiagramme. (**Schwz. P. 282 146** vom 25/2. 1948, ausg. 16/8. 1952. A. Prior. 23/10. 1939.) GÖTZE. 6433

Glyco-Metall-Werke Dalen & Loos G. m. b. H., Wiesbaden-Schierstein (Erfinder: **Bernward Garre**, Wiesbaden-Biebrich), *Härten handelsüblicher Bleibronzegußlegierungen.* Die Gußstücke werden nach dem Gießen einer Kaltverformung, alsdann einer Erwärmung unterhalb des F. auf Tempp. zwischen 500 u. 1000° unterworfen, abgeschreckt u. darauf bei ca. 200° angelassen. Das Altern kann auch durch eine mehrtägige Lagerung bei Raumtemp. durchgeführt werden, ebenso kann nach dem Abschrecken u. vor dem Anlassen eine weitere Verformung zwecks Härtesteigerung erfolgen. (**D. B. P. 856 360** Kl. 40d vom 18/6. 1943, ausg. 20/11. 1952.) GÖTZE. 6433

Ernest Dubois, La Chaux de Fonds, **Bruno Ernst Siegrist** und **Charles Henri Wakker,** Genf, Schweiz, *Eisen-Kobalt-Nickel-Legierungen* bestehen aus höchstens 0,1 (%) *C*, 20—45 *Co*, 20—35 *Ni*, 10—25 *Fe*, 1—5 *Ti*, 1—5 *Nb*, bis 10 *W*, bis 10 *Mo*, bis 20 *Cr*, bis 5 *Ta* u. bis 2 *Mn*, wobei der Gesamtgeh. an Nb u. Ti mindestens 3 beträgt, jedoch 7 nicht übersteigen darf. Die Legierungen sind ausscheidungshärtbar, rostsicher, sie besitzen die Festigkeitseigg. eines gehärteten Stahles u. eignen sich für Teile von Präzisionsinstrumenten, bes. für Triebfedern von Uhren. (**Oe. P. 171 923** vom 19/4. 1950, ausg. 25/7. 1952. Schwz. Prior. 12/5. 1949.) GÖTZE. 6435

Baker & Co., Inc., Newark, N. J., V. St. A., *Edelmetallegierungen* bestehen aus 30—70 (%) *Pd*, 5—10 *Pt*, Rest 20—60 *Ag*. Sie sind anlauf- u. säurebeständig, von weißer Farbe u. eignen sich bes. für Uhrengehäuse, opt. Gestelle u. Schmuck. (**D. R. P. 767 436** Kl. 40b vom 26/8. 1934, ausg. 8/9. 1952. A. Prior. 25/4. 1934.) GÖTZE. 6459

Baker & Co., Inc., Newark (Erfinder: **C. S. Sivil,** East Orange, und **E. O. Liebig,** Chatham, N. J.), V. St. A., *Zahntechnische Gegenstände* bestehen aus 10—40 (%) *Pd*, 10—50 *Ag*, 1—25 *Au*, Rest 20—60 *Pt*, wobei der Gesamtgeh. an Pt u. Au mindestens 40 u. der Gesamtgeh. an Pd u. Ag höchstens 60 beträgt. Sie bedürfen keiner Vergütung, sind leicht spanlos zu verarbeiten, hochpolierfähig, hart u. haben eine hohe Dehnung u. Zähigkeit. (**D. B. P. 841 363** Kl. 40b vom 16/12. 1939, ausg. 16/6. 1952. A. Prior. 13/9. 1939.) GÖTZE. 6459

Erzhütte Akt.-Ges., Wien, Österreich, *Herstellung von Eisenpulvern*. Man läßt konz. Fe-Salzlsgg. unter erhöhtem Druck mit Na-Amalgam reagieren. (**Schwz. P. 275 426** vom 22/11. 1948, ausg. 16/8. 1951. Oe. Prior. 18/3. 1948.) NEBELSIEK. 6475

Raytheon Mfg. Co., übert. von: **Theodore M. Burkholder,** Newton, Mass., V. St. A., *Überziehen von Nickel mit einer Quecksilberschicht.* Die Gegenstände werden zunächst in stark konz. HNO_3 geätzt, dann in konz. HCl u. schließlich in ein Bad aus Essigsäure, verd. HCl oder H_2SO_4 getaucht, auf dessen Boden sich eine Schicht aus Hg befindet, in die die Gegenstände unmittelbar danach gebracht werden. Die Behandlung in der verd. HCl kann auch elektrolyt. unter anod. Schaltung des zu überziehenden Gegenstandes durchgeführt werden. Das Hg benetzt die so vorbehandelte Ni-Oberfläche vollständig. — Zeichnung. (**A. P. 2 567 762** vom 7/3. 1947, ausg. 11/9. 1951.) MARKHOFF. 6517

Westinghouse Electric International Co., New York, N. Y., V. St. A., *Erzeugen von Kupferüberzügen auf elektrolytischem Wege.* Bei der galvan. Erzeugung von Cu-Überzügen mit sauren $CuSO_4$-Lsgg. als Elektrolyt werden der Lsg. 0,5—0,005 oz./U.S. gallon (3,75 bis 0,04 g/Liter) Zn oder Cd zugesetzt. Man erhält weiche u. feinkörnige Niederschläge. — Abbildung. (**E. P. 662 217** vom 20/9. 1949, ausg. 5/12. 1951. A. Prior. 13/10. 1948.) MARKHOFF. 6517

General Motors Corp., Detroit, Mich., übert. von: **Stanley R. Prance,** Dayton, O., V. St. A., *Herstellen von Abdeckmasken für Oberflächen mit Intaglien, besonders für die Intaglien selbst.* Die abzudeckenden Oberflächen werden zunächst durch Aufdampfen im Vakuum mit einer dünnen Metallschicht überzogen u. diese dann auf galvan. Wege verstärkt. Die verstärkten Metallschichten werden dann von der Unterlage abgehoben. Die so gebildeten Abdeckmasken sind eine genaue Reproduktion der Intaglien. Sie werden in einzelne Teile zerschnitten zum Abdecken einzelner Teile der Intaglien beim Aufbringen von Farbanstrichen verwendet. — Abbildung. (**A. P. 2 556 706** vom 4/6. 1947, ausg. 12/6. 1951.) MARKHOFF. 6517

Blaupunkt-Apparatebau G. m. b. H., Hildesheim (Erfinder: **Werner Flechsig, Werner Fanselau,** Hildesheim, und **Gisela Simon,** Sorsum, Kr. Hildesheim), *Kontaktierung von Halbleiterwiderständen aus Metalloxyden.* Der an den Kontaktstellen mit einer Kerbe versehene gesinterte Oxydkörper wird mit einem leitenden Überzug versehen; dann werden die drahtförmigen Stromzuführungen in den Kerben durch Verdrillen festgelegt u. durch elektrolyt. Niederschlagen einer Metallschicht auf Drähte u. Oxydkörper leitend verbunden. Zweckmäßig wird der gesamte Oxydkörper einschließlich der Kontaktstellen mit einem anorgan. oder organ. Überzug versehen. Die Verbindung zwischen Drähten u. Oxydkörper ist fest u. dauerhaft. — Abbildung. (**D. B. P. 825 192** Kl. 48a vom 23/4. 1950, ausg. 17/12. 1951.) MARKHOFF. 6517

Aktiebolaget Claude J. Zethraeus, Stockholm, Schweden (Erfinder: **A. E. Bergström),** *Herstellung von dünnen Blättchen oder Folien aus Metallen.* Man bringt die Metalle durch Kathodenzerstäubung oder Vakuumverdampfung auf Glas auf u. löst sie

durch Berührung mit ungeleimtem Papier vom Glas ab. Um ein leichtes Ablösen der Blättchen vom Glas zu ermöglichen, wird ein Siliconöl auf dem Glas als Isolator verwendet. (**Schwed. P. 130 704** vom 30/6. 1948, ausg. 30/1. 1951.)
JÜRGEN SCHMIDT. 6517

George D. Van Arsdale, Hydrometallurgy of base metals. New York: McGraw-Hill. (381 S. m. Abb. u. Diagr.) $ 9,50.

IX. Organische Industrie.

Shell Development Co., San Francisco, Calif., übert. von: **Joost Hudig,** Pasadena, Tex., V. St. A., *Fraktionierte Destillation.* Zur Trennung von Propylen (**I**) u. Äthan (**II**) in einer Mischung aus Methan (**III**), **II**, **I**, Propan (**IV**) u. C_4-KW-stoffen durch fraktionierte Dest. wird das Gemisch in einer Rektifizierzone getrennt. Das dampfförmige Kopfprod. enthält mehr **II**, **III** u. weniger **I** u. **IV**. In der Sumpf-Fl. verbleiben hauptsächlich **I**, **IV** u. C_4-KW-stoffe. Das Kopfprod. wird teilweise kondensiert, wobei der größere Teil von **I** u. **IV** als Rückfluß in die Rektifizierzone geht. Man vermehrt den Kondensatrückfluß mit Fremdpropan, so daß er der Menge (in Mol) an **I** u. **IV** in dem unkondensierten Kopfprod. vor dem Zusatz gleich ist, um die Wiedergewinnung von **I** aus dem fl. Sumpfprod. zu vermehren. — Zeichnung. (**A. P. 2 577 617** vom 28/4. 1947, ausg. 4/12. 1951.)
UNGER. H 500

Union Oil Co. of California, Los Angeles, übert. von: **George R. Lake,** Long Beach, Calif., V. St. A., *Trennen bestimmter Kohlenwasserstoffe oder Kohlenwasserstofffraktionen aus Mischungen* erfolgt durch kontrollierte azeotrop. Dest. mittels einer gesätt., heterocycl. Verb. (**I**) von 4 oder mehr C-Atomen als Hilfsmittel. Der Azeotropbildner wird so ausgewählt, daß sein Kp. nicht mehr als 35° unterhalb u. oberhalb des Durchschnittkochpunktes der zu behandelnden KW-stoffmischung liegt. Als **I** kommen Verbb. in Betracht, die im Ring mindestens ein O, N oder S-Atom enthalten, z. B. Oxane, Trioxane, Piperidine, Thiane, Dimethyldioxan, Morpholin, Thioxane, Thioformaldehyd, n-Äthylpiperidin, n-Phenylmorpholin, Pyrrolidin, Thiolan, Methyldioxolan, Tetramethylensulfid, n-Äthyltrimethylenimin. **I** trennt man aus dem azeotrop. Destillat, z. B. mittels Lösungsmittel, die gegenüber dem abgetrennten KW-stoff inert sind. — Eine Mischung aus gleichen Teilen n-Heptan u. Methylcyclohexan wird mit Dioxan azeotrop. dest., u. man erreicht dadurch eine Trennung in *n-Heptan* u. *Methylcyclohexan.* (**A. P. 2 555 650** vom 12/1. 1946, ausg. 5/6. 1951.) G. KÖNIG. H 510

Badische Anilin- & Soda-Fabrik, Ludwigshafen/Rh. (Erfinder: **Hans Krekeler,** Bielefeld, und **Rudolf Leutner,** Gimmeldingen), *Herstellung höherer Isokohlenwasserstoffe,* dad. gek., daß man gesätt. aliphat. Chlor-KW-stoffe bei —20 bis +60° u. solchem Druck, daß eine fl. Phase aufrechterhalten wird, in Ggw. von FRIEDEL-CRAFTS-Katalysatoren auf niedrigere Iso-KW-stoffe einwirken läßt. Die Rk. wird durch chem. akt. Strahlen gefördert. — Ein Gemisch aus Isobutan, Isobutylchlorid u. HCl wird in Ggw. von $FeCl_3$ bei —5° der Einw. von UV-Strahlen ausgesetzt. Man erhält Isooctan u. Isododecan. (**D. B. P. 856 887** Kl. 12o vom 20/6. 1943, ausg. 24/11. 1952.)
G. KÖNIG. H 510

Phillips Petroleum Co., Del., übert. von: **John S. Cormeans,** Dewey, Okla., V. St. A., *Gewinnung der O-haltigen Produkte der CO-Hydrierung* erfolgt durch mehrfache fraktionierte Dest., wobei man eine Trennung in neutrale u. saure Bestandteile in der 1. Kolonne vornimmt. Die mit W. azeotrop. übergehenden Alkohole, Aldehyde, Ketone u. geringe Mengen Carbonsäuren werden in den Mittelteil einer 2. Kolonne eingeleitet. Als Kopfdestillat entweichen die niedriger als Alkohole sd. Bestandteile. Unterhalb der Zuführleitung des Kopfdestillates aus der 1. Kolonne führt man zum Neutralisieren etwa noch vorhandener geringer Mengen Carbonsäuren eine Alkalihydroxydlsg. ein, kühlt das Bodenprod. u. arbeitet es in weiteren Fraktionierkolonnen zu säure- u. harzfreien Stoffen auf. — Zeichnung. (**A. P. 2 555 185** vom 19/12. 1949, ausg. 29/5. 1951.) G. KÖNIG. H 550

Canadian Kodak Co., Ltd., übert. von: **David C. Hull** und **Albert H. Agett,** Toronto, Ontario, Can., *Herstellung von α.β-ungesättigten Carbonsäureestern* durch Umsetzen von Keten ($CH_2{=}C{=}O$) mit einem Aldehyd, welcher wenigstens 2 C-Atome u. welcher kein konjugiertes Syst. von Doppelbindungen enthält, z. B. Propionaldehyd oder n-Butyraldehyd, in Ggw. einer Säure von der allg. Formel $X{-}SO_3H$, worin X ein einwertiges nichtmetall. Atom, aber nicht H, ist, z. B. H_2SO_4. — Nach dem Verf. werden z. B. hergestellt *Propenylacetat* oder *1-Buten-1-olacetat.* (**Can. P. 479 468** vom 11/7. 1946, ausg. 18/12. 1951. A. Prior. 3/10. 1945.) M. F. MÜLLER. H 810

Badische Anilin- & Soda-Fabrik, Ludwigshafen/Rh. (Erfinder: **Fritz Kögler,** Krefeld-Uerdingen, und **Elly Jagla,** Ludwigshafen/Rh.), *Aliphatische Dicarbonsäuren* erhält man aus den bei der Herst. von Adipinsäure (I) durch Oxydation von hydroaromat. Verbb. mit HNO_3 (II) nach Abscheidung der I anfallenden Mutterlaugen, indem man aus diesen bei Tempp. nicht $>60^0$ im Vakuum die Hauptmenge an W. u. II abdest. u. dann unter Zusatz von W., ebenfalls in Vakuum u. unter Steigerung der Temp. auf maximal 115^0, W. u. II völlig entfernt. (**D. B. P. 863 041** Kl. 12o vom 21/10. 1942, ausg. 15/1. 1953.) Müller-Meiningen. H 820

Badische Anilin- & Soda-Fabrik, Ludwigshafen/Rh. (Erfinder: **Fritz Kögler,** Krefeld-Uerdingen), *Gewinnung von Bernstein-* und *Adipinsäure* u. gegebenenfalls *Oxalsäure* aus ihren festen Gemischen. Man behandelt zunächst das Ausgangsgemisch mit soviel Konz., z. B. 62%ig. HNO_3 bei 50^0, daß die Adipin (I)- u. Oxalsäure (II) völlig gelöst werden, ein Teil der Bernsteinsäure (III) aber ungelöst bleibt, scheidet aus der Lsg durch Abkühlen ein nur noch wenig III enthaltendes Säuregemisch ab, das man bei n. oder mäßig erhöhter Temp. mit soviel W. auszieht, daß die noch vorhandene III u. die gegebenenfalls vorhandene II völlig gelöst werden u. I ungelöst zurückbleibt, worauf man die abgetrennte Lsg. gegebenenfalls in bekannter Weise von II befreit u. in das Verf. zurückführt oder aufarbeitet. (**D. B. P. 863 193** Kl. 12o vom 17/3. 1943, ausg. 15/1. 1953.) Müller-Meiningen. H 820

Badische Anilin- & Soda-Fabrik, Ludwigshafen/Rh. (Erfinder: **Hans-Albert Offe,** Leverkusen), *Aliphatische Dinitrile* erhält man durch Elektrolyse von Gemischen aus aliphat. Cyancarbonsäuren u. deren Salzen in einem nichtwss. oder nicht vorwiegend aus W. bestehenden Lösungsm., z. B. niedermol. Alkoholen, Aceton, $CH_3 \cdot CN$ oder Pyridin. — Man elektrolysiert z. B. 113 Gewichtsteile rohe γ-Cyanbuttersäure in 330 Voll. einer 1n CH_3ONa-Lsg. in CH_3OH (I) nach Zusatz von 5 Voll. einer gesätt. Cu-Acetatlsg. in CH_3ONa so lange bei 0,05 Amp./cm^2, bis 1 cm^3 Bad-Fl. nur noch 0,5 cm^3 n/10-NaOH verbraucht, dest. I ab, nimmt Rückstand in W. auf u. extrahiert z. B. mit Chlf., entsäuert den Extrakt mit $NaHCO_3$-Lsg. u. erhält durch Dest. *Korksäuredinitril*, $Kp._{15}$ 185^0. — Ausgangsprodd. für Kunststoffe. (**D. B. P. 862 749** Kl. 12o vom 9/5. 1944, ausg. 12/1. 1953.) Müller-Meiningen. H 820

Dow Corning Corp., Midland, Mich. (Erfinder: **L. H. Sommer,** State College, Pa.), V. St. A., *Organosilane* der Formel $R(CH_3)_2Si(CH_2)_nCOX$ (worin $R = C_6H_5$ oder CH_3, X = Halogen u. n = 2—5) erhält man durch Halogenierung von Verbb. der Formel $R(CH_3)_2Si(CH_2)_nCOOH$ mit $SOCl_2$, PCl_3 oder PBr_3. — Beispiel: $(CH_3)_3SiCH_2CH_2COOH \rightarrow$ *$(CH_3)_3SiCH_2CH_2COCl$*, $Kp._{65}$ 92^0. — *$(CH_3)_3SiCH_2CH_2COBr$*; *$C_6H_5(CH_3)_2SiCH_2CH_2COCl$*; *$(CH_3)_3Si(CH_2)_3COCl$*, $Kp._{57}$ 105^0. — Zwischenprodukte. (**D. B. P. 865 447** Kl. 12o vom 20/3. 1951, ausg. 2/2. 1953. A. Prior. 13/4. 1950.) Brösamle. H 1380

Dow Corning Corp., Midland, Mich. (Erfinder: **John Leopold Speier,** Pittsburgh, Pa.), V. St. A., *Trialkylsilylphenoxysilane* erhält man durch Rk. eines Halogenphenoxytrialkylsilans mit einem Trialkylsilan u. einem Alkalimetall; z. B. aus p-Chlorphenoxytrimethylsilan, $(CH_3)_3SiCl$ u. Na in Toluol bei ca. 100^0 *(p-Trimethylsilylphenoxy)-trimethylsilan*, $(CH_3)_3SiO \cdot C_6H_4 \cdot Si(CH_3)_3$, $Kp._{25}$ 132^0; *(o-Trimethylsilylphenoxy)-trimethylsilan*, $Kp._{25}$ 128^0; *[3-Methyl-4-(trimethylsilyl)-phenoxy]-trimethylsilan*, $Kp._{24}$ 148^0; *[2-Phenyl-4-(trimethylsilyl)-phenoxy]-trimethylsilan*, $Kp._{21}$ 195^0; *(o-Trimethylsilylphenoxy)-äthyldimethylsilan*, $Kp._{23}$ 144^0; *(p-Dimethyläthylsilylphenoxy)-trimethylsilan*, $Kp._{23}$ 144^0. — Zwischenprodukte. (**D. B. P. 863 340** Kl. 12o vom 26/11. 1950, ausg. 15/1. 1953. **A. P. 2 611 779** vom 18/9. 1950, ausg. 23/9. 1952. Beide E. Prior. 29/11. 1949.) Brösamle. H 1380

Dow Corning Corp., übert. von: **Leslie J. Tyler,** Midland, Mich., V. St. A., *Organopolysiloxane*. Ein Gemisch von 108 (Teilen) Diphenylsilandiol u. 118 Trimethyläthoxysilan (I) wird 16 Std. unter Rückfluß erhitzt; nach Zugabe weiterer 20 I werden A. u. nichtumgesetztes I abdestilliert. Der fl. Rückstand liefert bei der Vakuumdest. 102 *3.3-Diphenylhexamethyltrisiloxan*, $(CH_3)_3SiO[(C_6H_5)_2SiO]Si(CH_3)_3$, $Kp._{0,27}$ 110^0. Verwendet man an Stelle von I Dimethylphenyläthoxysilan, so erhält man analog *1.1.5.5-Tetramethyltetraphenyltrisiloxan*, $C_6H_5(CH_3)_2SiO[(C_6H_5)_2SiO]Si(CH_3)_2C_6H_5$, $Kp._{0,2}$ 183^0. (**A. P. 2 611 774** vom 9/1. 1950, ausg. 23/9. 1952.) Brösamle. H 1380

Metal & Thermit Corp., New York, N. Y., übert. von: **Ernest W. Johnson,** Mountainside, und **James M. Church,** Tenafly, N. J., V. St. A., *Herstellung von $(C_6H_5)_2SnCl_2$* (I). Man erhitzt ein Gemisch von $C_6H_5SnCl_3$ (II) u. $(C_6H_5)_3SnCl$ auf 175—225^0, red. den Druck unter Aufrechterhaltung der Temp., wobei I u. II abdest., die durch fraktionierte Dest. getrennt werden. II kehrt dann in das Reaktionsgemisch zurück. Analog lassen sich weitere Diaryl- u. auch Dialkylzinndihalogenide, z. B. *Dibutylzinndichlorid*, $(C_4H_9)_2SnCl_2$, darstellen. — Vorrichtung. (**A. P. 2 599 557** vom 24/3. 1948, ausg. 10/6. 1952.) Brösamle. H 1380

Vychodoceske Chemicke Zavody, übert. von: **Otto Daněk** und **Jaroslav Nosek,** Pardubice, Tschechoslowakei, *Aromatische Quecksilberhalogenide*. Man diazotiert ein aromat.

Amin, trägt das Diazoniumsalz (I) in ein säurehaltiges wss. Medium ein, das ein Mercurihalogenid (II) u. eine äquivalente Menge Cuprohalogenid enthält. Es bildet sich aus **I** u. **II** ein Doppelsalz, das sofort nach $RN_2Y \cdot HgY_2 + Cu_2Y_2 \rightarrow RHgY + 2\,CuY_2 + N_2$ zers. wird (R = Aryl, Y = Halogen). Aus Anilin wird z. B. *Phenylmercurichlorid*, C_6H_5HgCl, F. 251°, erhalten. — Analog: *Phenylmercuribromid*; *p-Tolylmercuribromid*, F. 233—234°; *p-Nitrophenylmercurichlorid*, F. 264°. (**A. P. 2 593 114** vom 9/3. 1951, ausg. 15/4. 1952. Tschech. Prior. 19/2. 1947.) BRÖSAMLE. H 1380

General Mills, Inc., übert. von: **John R. Roach** und **Harold Wittcoff**, Minneapolis, Minn., V. St. A., *Herstellung von ungesättigten Äthern von Polyoxykondensationsprodukten*, welche 5 Hydroxylgruppen besitzen, durch Rk. von Aceton oder Cyclohexanon mit CH_2O. Die aliphat. Äthergruppe enthält eine ungesätt. C–C-Bindung bei nicht mehr als 6 C-Atomen in der Kette. Genannt ist der *Allyläther* vom *2.2.6.6-Tetramethylolcyclohexanol*. Vgl. A. P. 2 483 739, C. **1950**. II. 224. (**Can. P. 477 260** vom 4/3. 1946, ausg. 25/9. 1951.) M. F. MÜLLER. H 1850

Badische Anilin- & Soda-Fabrik (Erfinder: **Walter Reppe**, Ludwigshafen/Rh., und **Hugo Kröper**, Heidelberg), *Carbonsäuren und deren Anhydride* erhält man durch Rk. von Olefinen mit nicht > 7 C-Atomen mit W. u. CO bei 50—100 at in Ggw. von Metallcarbonyle bildenden Metallen, z. B. Ni, Fe, Co, Mo, Wo, Rhe u. dgl. oder deren halogenfreien Verbb., gegebenenfalls unter Zusatz bekannter Aktivatoren. — In einen Cu-Autoklaven, der je Liter Rauminhalt 30 (g) aus $Ni(CO_4)$ hergestelltes Ni u. 30 W. enthält, werden 48 at C_2H_4 u. 50 at CO eingepreßt; unter Nachpressen von CO wird 15 Std. auf 285° u. ca. 200 at gehalten. Man erhält 83% *Propionsäure* (I), bezogen auf Wasser. — I-*Anhydrid*, $Kp._{760}$ 167—169°, VZ. 860. — *Cyclohexancarbonsäure*, $Kp._{22}$ 131—133°, aus Cyclohexen + W. + CO. — Aus Diallyl + W. + CO erhält man *2-Methyl-4-vinylbuttersäure*. — Butadien → *α-(Cyclohexenyl-3)-propionsäure*, $Kp._{13}$ 150—153°, u. *α-(Carbocyclohexyl)-propionsäure*, $Kp._{0,4}$ 198—200°. (**D. B. P. 863 194** Kl. 12o vom 1/4. 1943, ausg. 15/1. 1953.) MÜLLER-MEININGEN. H 2010

Standard Oil Development Co., Elizabeth, N. J., übert. von: **Edward F. Wadley**, Baytown, Tex., V. St. A., *Thiophen* erhält man durch Erhitzen eines konjugierten Diolefines (Butadien, Isopren, Pentadien) mit H_2S in einem mit SiO_2 ausgekleideten Gefäß bei 500—650° in Abwesenheit eines Katalysators in ca. 40%ig. Ausbeute. (**A. P. 2 570 083** vom 14/4. 1947, ausg. 2/10. 1951.) KRAUSS. H 3071

American Cyanamid Co., New York, N. Y., übert. von: **Johnstone S. Mackay**, Old Greenwich, Conn., V. St. A., *Melamin* (I), das bei hohem Druck u. hoher Temp. (z. B. in einem Autoklaven) fl. vorliegt, kann ohne Zers. gewonnen werden, indem man es mittels eines Zerstäubers rasch in einen Raum, der unter n. Druck steht u. ein inertes Gas, z. B. NH_3, enthält, verdampfen läßt. Durch Abkühlung der Dämpfe erhält man dann festes I. — Zeichnung. (**A. P. 2 566 229** vom 4/12. 1950, ausg. 28/8. 1951.) BRÖSAMLE. H 3313

American Cyanamid Co., New York, N. Y., übert. von: **Johnstone S. Mackay**, Greenwich, und **Joseph H. Paden**, Glenbrook, Conn., V. St. A., *Melamin* erhält man durch Rk. von Cyanursäure, Ammelid oder Ammelin in Ggw. von NH_3 unter Einw. des autogen entwickelten Drucks bei einer Reaktionstemp. von mindestens 300° u. unter im wesentlichen wasserfreien Bedingungen. (**A. P. 2 566 230** vom 29/10. 1943, ausg. 28/8. 1951.) BRÖSAMLE. H 3313

American Cyanamid Co., New York, N. Y., übert. von: **Joseph H. Paden**, Glenbrook, und **Johnstone S. Mackay**, Greenwich, Conn., V. St. A., *Melamin* erhält man durch Rk. von Harnstoff u. zusätzlichem NH_3 im Autoklaven bei 300—500° u. 200—300 at. Man kann auch ohne NH_3-Zusatz u. unter Einhaltung wasserfreier Bedingungen arbeiten. Die Reaktionstemp. beträgt dann mindestens 400°, der Druck mindestens 100 lbs./sq. in. (**A. P. 2 566 231** vom 17/7. 1943, ausg. 28/8. 1951.) BRÖSAMLE. H 3313

American Cyanamid Co., New York, N. Y., übert. von: **Johnstone S. Mackay**, Old Greenwich, und **Joseph H. Paden**, Stamford, Conn., V. St. A., *Substituierte Melamine* erhält man durch Erhitzen von Harnstoff (I), Alkyl- bzw. Arylharnstoffen, Cyanursäure (**IV**), Ammelid (**V**) oder Ammelin (**VI**) mit prim. oder sek. Alkyl- bzw. Arylaminen auf mindestens 300° im Autoklaven. — Aus **I** u. n-Butylamin (**II**) erhält man z. B. bei 400° ein Gemisch aus Melamin, *N-Butylamin* u. wenig *N.N'-Dibutylmelamin* (**III**); aus N-Butylharnstoff u. **II** bei 350° ein Gemisch aus **III** u. *N.N'.N''-Tributylmelamin*; aus **I** u. Anilin bei 350° ein Gemisch aus *N-Phenyl-*, *N.N'-Diphenyl-* u. *N.N'.N''-Triphenylmelamin*. **IV** liefert mit prim. Aminen hauptsächlich N.N'.N''-trisubstituierte Melamine, mit sek. Aminen vorwiegend N.N'.N''-hexasubstituierte. Aus **V** erhält man mit prim. u. sek. Aminen vorwiegend N.N'-di- u. N.N'-tetrasubstituierte, aus **VI** N-monosubstituierte Melamine. (**A. PP. 2 566 225** u. **2 566 226** vom 1/5. 1947, ausg. 28/8. 1951.) BRÖSAMLE. H 3313

X. Färberei. Organische Farbstoffe.

—, *Neue Farbstoffe, Produkte und Verfahren.* Die COMPAGNIE FRANÇAISE DES MATIÈRES COLORANTES bringt eine Serie unlösl. Azofarbstoffe für den Druck auf Baumwolle u. Viscose heraus. Bis jetzt umfaßt die Serie die Prodd. *Jaune Neutrigène 4 J., J. extra, Ecarlate Neutrogène R, Rouge Neutrogène J.* Die Farbstoffe zeichnen sich durch lebhaften Ton u. gute Echtheiten aus. Für den direkten Druck auf Baumwolle u. Viscose empfiehlt die Gesellschaft: *Orange Naphthazogène RN, Ecarlate Naphthazogène JN* u. *Bordeaux Naphthazogène RN.* Die Farbstoffe werden wie die Neutrogene unter Zusatz von *Solutène CI* gedruckt. — DURAND & HUGUENIN S. A., Basel: *Indigosolgoldgelb AR,* ein Indigosolfarbstoff für Baumwolle u. Kunstseide, leicht ätzbar. Der Farbstoff muß mit Na_2SO_4 gefärbt werden, da er sonst wenig substantiv ist. Er ist bes. gut wasch- u. chlorecht. (Teintex **17.** 525. 15/8. 1952.) FRIEDEMANN. 7018

Donald H. Marnon, *Das Marhenverfahren.* Vf. berichtet über sein Marhenverf., welches die sichere Überwachung großer u. bes. kontinuierlicher Küpenfärbungen, z. B. auf der WILLIAMS-App., dadurch gewährleistet, daß ein Reduktionspotential registriert wird, welches von den 3 wichtigsten Variablen der Küpenfärbung, Temp., p_H u. Konz. von Natriumhydrosulfit abhängt. Die Schaltung u. Arbeitsweise des Meßgerätes wird beschrieben u. prakt. Beispiele genannt. (Amer. Dyestuff Reporter **41.** P292—96. 12/5. 1952. General Dyestuff Corp.) ZAHN. 7020

—, *Bemerkung über die Färbung in der Wirkwarenindustrie.* Ratschläge für das Färben mit Neolanfarbstoffen, nach dem Metachromverf. u. mit sauren Farbstoffen. Um die Lichtechtheit der Färbungen zu verbessern, behandelt man sie mit Kunstharzen nach oder mit Verbb. von Diamin–Formaldehyd mit Cu. (Rev. gén. Teinture, Impress., Blanchiment, Apprêt (Tiba) **29.** Nr. 9. 22. Juli/Aug. 1952.) FRIEDEMANN. 7020

—, *Cibalanfarbstoffe auf Wolle.* Allg. gehaltene Darst. über die Anwendung u. Eigg. der Cibalanfarbstoffe auf Wolle u. Nylon. In diesem Zusammenhang werden das färber. Verh. dieser Farbstoffklasse an Hand von Aufziehkurven u. Echtheitstabellen ausführlich beschrieben. (Dyer, Textile Printer, Bleacher, Finisher **108.** 685—92. 14/11. 1952.) H. G. FRÖHLICH. 7020

—, *Nuancierung der Färbungen auf Wolle.* Färbung mit sauren Farbstoffen u. mit Chromierungsfarbstoffen. Die letzteren können mit Farbstoffen, die das Cr im Mol. enthalten, oder mit sauren Farbstoffen getönt werden. (Rev. gén. Teintures, Impress., Blanchiment, Apprêt (Tiba) **29.** Nr. 9. 19—21. Juli/Aug. 1952.) FRIEDEMANN. 7020

B. Kramrisch, *Das Färben der modernen synthetischen Faser.* Kurzer allg. Überblick über das färber. Verh. von Ardil-, Vicara-, Dynel-, Orlon-, Terylen- u. Perlonfasern. (Dyer, Textile Printer, Bleacher, Finisher **108.** 709—11. 713. 14/11. 1952.) H. G. FRÖHLICH. 7020

H. Palmer, *Probleme bei der Färbung von Nylon.* Nylon ist mit den meisten Farbstoffen färbbar. Indes ist es oft nötig, sehr hohe Tempp. zu benutzen, die Egalisierung ist häufig schlecht, u. es ist schwer, dunkle Töne zu erhalten. Mischungen anion. lösl. Farbstoffe egalisieren schlecht auf Nylon. Dies ist eine Folge der Feinstruktur des Nylons. Gewöhnlich wird sehr schnell gefärbt; die Orientierung der Faser macht keine Schwierigkeiten. Der wichtigste Punkt bei der Absorption anion. Farbstoffe ist der Geh. des Nylons an endständigen NH_2-Gruppen. Der Grad der Kristallisation der Faser ist maßgeblich für die Farbtiefe bei anion. Farbstoffen. Dispersionsfarbstoffe sind unempfindlich. Man teilt die Farbstoffe für Nylon ein: solche, die den Geh. an endständigen NH_2, die Kristallisation u. die Orientierung ausgleichen; Farbstoffe, die hinsichtlich der Orientierung unempfindlich, aber empfindlich gegen endständige NH_2-Gruppen sind; Farbstoffe, die gegen mol. Orientierung empfindlich sind, wie *Kitonrot 6 B* oder *Naphtholscharlach 4 R.* (Rev. gén. Teintures, Impress., Blanchiment, Apprêt (Tiba) **29.** Nr. 9. 17. Juli/Aug. 1952.) FRIEDEMANN. 7020

Y. Arnould und **H. Wahl,** *Beiträge zur Untersuchung der Acetylcellulose-Farbstoffe.* 1. Mitt. *Azofarbstoffe der Polyoxyäthylaniline. Grundstoffe.* Acetylcellulose ist prakt. mit wasserlösl. Farbstoffen nicht anfärbbar; färbbar ist sie mit dispergierten Farbstoffen der Monoazo- oder Anthrachinonreihe. Es ist nicht bekannt, ob die Einführung gewisser Gruppen die Färbekraft erhöht. Die Patentliteratur zeigt die bevorzugte Einführung von Oxyalkylengruppen entweder am N oder an einem phenol. Sauerstoff. Vff. stellten durch Koppelung von Diazoniumsalzen der Verbb. R_1NH_2 mit tert. Aminen Monoazofarbstoffe her. Geeignete Verbb. sind z. B. das N.N-Diäthylanilin u. seine Derivate. Die Prodd. wurden durch Rk. von *Äthylenoxyd* auf *Äthyloxyäthylanilin* von der FRANCOLOR hergestellt u. durch Vakuumdest. gereinigt. Die Prodd. sind dicke, farblose Öle. Aus Äthylenoxyd u. *N-Äthyl-N-oxyäthylanilin* erhält man eine Fraktion vom $Kp._1$ 146—148°, das

N-Äthyl-N-oxyäthyloxyäthylanilin. Eine zweite Fraktion vom $Kp._1$ 165—168° ist das *N-Äthyl-N-oxyäthyl-bis-(oxyäthyl)-anilin.* Beides sind in W. unlösl. Öle. Das *Bis-oxyäthylanilin* wird mit Äthylenoxyd unter Druck bei Ggw. von W. erhalten; es ist ein krist. Körper vom F. 58°. Vff. haben von den Prodd. eine Reihe von Derivv. hergestellt, vor allem dasjenige mit *Triphenylmethylchlorid.* (Bull. Soc. chim. France, Mém. [5] **18.** 491—93. Juli/Aug. 1951. Nancy, Fac. des Sci.) FRIEDEMANN. 7052

Neil M. Mackenzie, Herny E. Millson und Byron L. West, *Nickelderivate von Azofarbstoffen.* Die Unterss. haben gezeigt, daß die meisten der hergestellten Ni-Komplexfarbstoffe (die Formelbilder der jeweiligen Azokomponente sind gegeben) ganz hervorragende Lichtechtheiten aufweisen, während die Wasch- u. Schweißechtheiten, verglichen mit den entsprechenden Chromkomplexfarbstoffen, nur gering sind. (Ind. Engng. Chem. **44.** 1017—23. Mai 1952. Bound Brook, N. Y., American Cyanamid Co., Calco Chem. Div.) H. G. FRÖHLICH. 7052

Ciba Akt.-Ges., Basel (Erfinder: **Peter Gürtler,** Basel, und **Andreas Ruperti,** Arlesheim), Schweiz, *Herstellung trockener Pigmentpräparate.* Man trocknet eine Pigmentsuspension, die ein Pigment in zum Spinnfärben geeigneter Verteilung, Dispergiermittel sowie solche äthersauren (celluloseglykolsauren, cellulosemilchsauren, stärkeglykolsauren oder celluloseäthyläthersulfonsauren) Salze von hochpolymeren Kohlehydraten enthält, deren 3%ig. wss. Lsg. eine Viscosität von mindestens 0,5 Poise bei 25° zeigen. (**D. B. P. 858 093** Kl. 8m vom 31/5. 1950, ausg. 4/12. 1952.) v. SCHILLER. 7009

George N. Sandor, Mexico City, Mex., V. St. A., *Herstellung konzentrierter Küpensäuren* von schwerlösl. Küpenfarbstoffen (I). Man stellt eine Dispersion der **I** her, die Alkali, ein Reduktionsmittel u. eine ungenügende Menge W. enthält, um **I** zu lösen, red. in diesem nur teilweise gelöstem Zustand zur Leukoverb. u. fügt so viel Säure hinzu, daß die freie Küpensäure entsteht, wobei man diese in feiner Dispersion enthält. (**A. P. 2 590 213** vom 23/7. 1949, ausg. 25/3. 1952.) v. SCHILLER. 7021

General Aniline & Film Corp., New York, N. Y., übert. von: **Joseph A. Sprung** und **Willy A. Schmidt,** Easton, Pa., V. St. A., *Verfahren zum Bedrucken und Färben von Textilien* durch Erzeugen von Azofarbstoffen auf der Faser. Das Material wird mit einem Arylamid der 2.3-Oxynaphthoesäure als Kupplungskomponente imprägniert u. anschließend mit einer Druckpaste, die ein 2-Arylsulfonhydrazid, z. B. β-(4-Acetamidophenyl)-benzolsulfonhydrazid, enthält, bedruckt. Dann wird mit Dampf u. Luft bzw. O_2 behandelt u. der Farbstoff entwickelt. (**A. P. 2 593 930** vom 20/9. 1951, ausg. 22/4. 1952.) v. SCHILLER. 7023

Ciba Akt.-Ges., Basel (Erfinder: **Hugo Siebenbürger** und **Raymond Gunst,** Basel, und **Jakob Würgler,** Neue Welt), Schweiz, *Färbungen auf Leder,* vorzugsweise auf chromgegerbtem Leder, werden dadurch erzeugt, daß man dieses nach bekannten Methoden mit solchen Azofarbstoffen der Stilbenreihe färbt, welche erhalten werden, wenn man 4.4′-Dinitrostilben-2.2′-disulfonsäure mit Aminoazofarbstoffen der Formel $HO_3S-R_1-N{=}N-R_2(NH_2)_2$ kondensiert (R_1 u. R_2 aromat. Reste der Benzol- oder Naphthalinreihe). (**D. B. P. 854 192** Kl. 8m vom 31/12. 1949, ausg. 30/10. 1952. Schwz. Priorr. 4/2. u. 13/12. 1949.) v. SCHILLER. 7025

N. V. Centrale Suiker Mij. und **Leonard Kantebeen,** Amsterdam, Holland, *Herstellung von synthetischen Harzen* als *Bindemittel* für organ. Atomkomplexe, bes. *Farbstoffe.* Man kondensiert m-Phenylendiamin in Ggw. von Säure mit einem Aldehyd in wss. Medium. Hierbei werden die Mengen m-Phenylendiamin, Aldehyd, Säure u. W. so aufeinander abgestimmt, daß das Vol. des körnigen Harzes, das zu konstantem Gewicht getrocknet wird, mindestens 25, bes. 30—70%, des Vol. des frischkondensierten granulierten, aber nichtgetrockneten Harzes beträgt. (**Finn. P. 25 992** vom 15/2. 1951, Auszug veröff. 31/10. 1952. Holl. Prior. 16/2. 1950.) JÜRGEN SCHMIDT. 7049

Farbenfabriken Bayer, Leverkusen (Erfinder: **Hugo Schweitzer,** Weimar, und **Otto Bayer,** Leverkusen), *Herstellung von Monoazofarbstoffen,* indem man Diazoverbb. von aromat. Aminosulfonsäuren mit solchen 1-Arylpyrazolonen kuppelt, die den β-Chloräthylsulfamidrest $-SO_2-NH-CH_2-CH_2-Cl$ oder den γ-Chlorpropylsulfamidrest $-SO_2-NH-CH_2-CH_2-CH_2-Cl$ ein- oder mehrmal im Arylrest kerngebunden enthalten. — Z. B. 1-Aminobenzol-4-sulfonsäure → 1-(4′-Methylphenyl)-3-methyl-5-pyrazolon-3′-sulfo-β-chloräthylamid, oder → 1-Phenyl-3-methyl-5-pyrazolon-4′-sulfo-β-chloräthylamid; 1-Amino-2.4-dimethylbenzol-5-sulfonsäure → 1-Phenyl-3-methyl-5-pyrazolon-3′.5′-di-(sulfo-β-chloräthylamid). Die neuen Farbstoffe färben Wolle aus saurem Bade gelb, egalisieren u. sind licht- u. waschecht. (**D. B. P. 859 185** Kl. 22a vom 5/2. 1942, ausg. 11/12. 1952.) GRÄGER. 7053

Sandoz Akt.-Ges. (Erfinder: **Oscar Knecht** und **Willy Steinemann**), Basel, *Monoazofarbstoffe.* 2-Oxynaphthalin-4-sulfonsäure (**I**) wird mit diazotierter 1-Amino-4-oxybenzol-

3-carbonsäure (II) oder ihren kernsubstituierten Derivv. gekuppelt. Die Reaktionsprodd. geben gut haltbare Druckpasten u. können nach dem Aufbringen auf Gewebe aus natürlicher oder regenerierter Cellulose in Ggw. von Cr-Verbb. zu braunen Färbungen von guter Seifen- u. Chlorechtheit entwickelt werden. — Beispiel: 15,3 (Teile) **II** werden mit 24,6 Na-Salz von **I** gekuppelt; braune nadelförmige Kristalle. (**D. B. P. 850 037** Kl. 22a vom 30/6. 1943, ausg. 22/9. 1952. Schwz. Prior. 17/7. 1942.) Kalix. 7053

J. R. Geigy Akt.-Ges. (Erfinder: **Achille Conzetti**), Basel, Schweiz, *o.o'-Dioxyazofarbstoffe.* 44,7 (kg) 4-Chlor-2-amino-1-oxybenzol-o-sulfonsäure werden diazotiert u. mit 45,6 1-Carbomethoxyamino-7-oxynaphthalin in 500 W. + 22 40%ig. NaOH + 50 calc. Na_2CO_3 gekuppelt. Das Reaktionsprod. färbt im Einbad- oder Nachchromierverf. Wolle lichtecht blaustichig grau mit guter Abendfärbung. Azokomponenten mit höhermol. Carboalkoxyresten geben ähnliche Farbstoffe. (**D. B. P. 848 675** Kl. 22a vom 2/10. 1948, ausg. 8/9. 1952. Schwz. Prior. 21/2. 1944.) Kalix. 7053

Ciba Akt.-Ges. (Erfinder: **Eduard Moser**), Basel, Schweiz, *Azofarbstoffe.* 1 Mol eines Aminoazofarbstoffs der allg. Formel $R_1-N_2-A-NH_2$ wird mit 1 Mol eines Aminoazofarbstoffs der allg. nebenst. Formel mit Hilfe einer mindestens 2 bewegliche Halogenatome enthaltenden heterocycl. Verb., wie Cyanurchlorid vereinigt u. das Reaktionsprod.

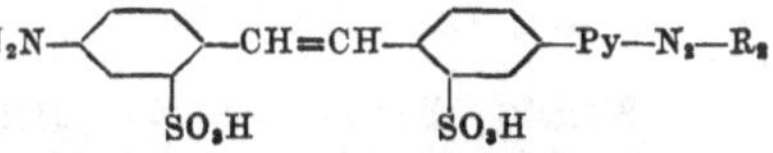

gegebenenfalls mit einer metallabgebenden Verb. behandelt. Hierbei bedeutet A einen Benzolkern, in dem NH_2 u. N_2 in 1.4-Stellung zueinander stehen, u. der in o-Stellung zu NH_2 eine COOH-Gruppe trägt; R_1 steht für den Rest einer Verb. mit enolisierbarer CO-Gruppe; Py ist der Rest eines 1-Aryl-5-pyrazolons u. R_2 ein aromat. Rest, der in o-Stellung zu N_2 eine Atomgruppierung besitzt, die fähig ist, zusammen mit $Py-N_2$ Metallkomplexe zu bilden. Beispiele für R_1 sind: Acetessigesterderivv., 3-Methyl-5-pyrazolon, 1-Phenyl-3-methyl-5-pyrazolon, Malon- u. Barbitursäurederivv., Benzoylaceton u. Dioxychinolin. — Beispiel: 35,9 (Teile) des Azofarbstoffs aus 4-Benzoylamino-1-aminobenzol-2-carbonsäure u. dem Pyrazolon der Formel I werden bei 0—5° mit 9,2 Cyanurchloridsuspension in Eiswasser verrührt, dann bei 35—40° mit 13 des Azofarbstoffs der

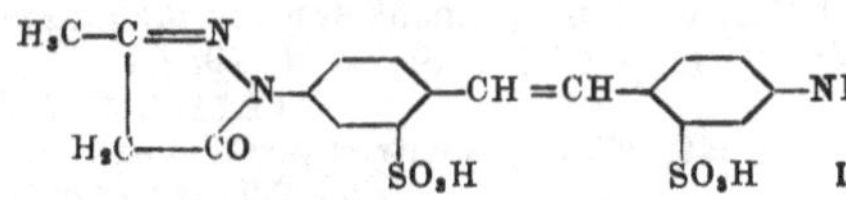

I

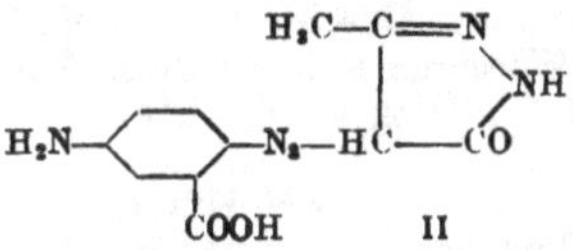

II

Formel II kondensiert u. schließlich mit 9 Anilin 1 Std. bei 90—95° verrührt. Rotbraunes, wasserlösl. Pulver. (**D. B. P. 846 145** Kl. 22a vom 3/9. 1944, ausg. 11/8. 1952. Schwz. Priorr. 16/11. u. 20/12. 1943 u. 3/8. 1944.) Kalix. 7055

Michael Erlenbach und **Adolf Sieglitz**, Frankfurt/M., *Indolyldiphenylmethanfarbstoffe* mit guten färber. Eigg. erhält man dadurch, daß man 3.3'-Disulfosäuren von 4.4'-Dihalogenbenzophenonen oder 4.4'-Dialkoxybenzophenonen mit Indolen, die in 2-Stellung, gegebenenfalls auch in 1-Stellung, durch aliphat. oder isocycl. KW-stoffreste substituiert sind u. noch weiterhin substituiert sein können, kondensiert u. die Kondensationsprodd. mit aromat. Aminoverbb. umsetzt. — Kondensiert man 4.4'-Dichlorbenzophenon-3.3'-disulfosäure mit 1-Methyl-2-phenylindol in ca. mol. Verhältnis u. setzt das erhaltene Kondensationsprod. mit einem Überschuß von Anilin um, so erhält man den Farbstoff der Zus. **I**, ein violett glänzendes Pulver, das Wolle u. Seide lichtecht rein blau färbt u. sich durch ein sehr gutes Ziehvermögen aus neutralem Bade auszeichnet. (**Schwz. P. 278 943** vom 24/6. 1949, ausg. 26/2. 1952. D. Priorr. 23/4. u. 1/6. 1949.) Roick. 7057

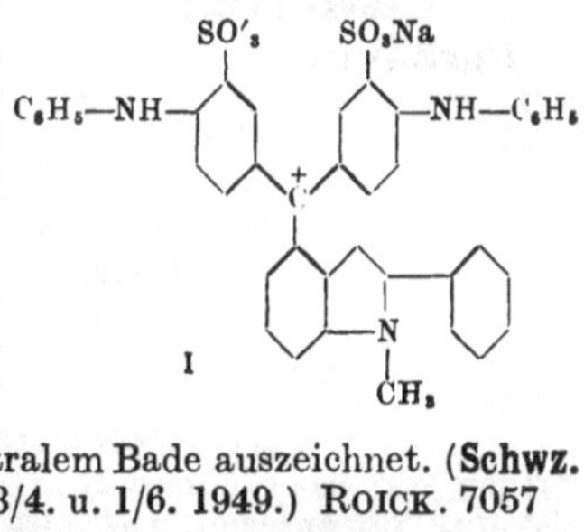

Celanese Corp. of America, New York, N. Y., übert. von: **Victor S. Salvin**, Irvington, und **John R. Adams jr.**, Summit, N. J., V. St. A., *Herstellung von Anthrachinonfarbstoffen* der Formel I, worin n 1—5 u. X eine Alkyl- bzw. Oxalkylgruppe bedeutet, durch Cyanierung von nach bekanntem Verf. hergestelltem 1-Amino-2-sulfo-4-β-alkoxyalkylaminoanthrachinon im wss., auf p_H 9,2—9,5 gepufferten Medium. Reaktionstemp. 75—90°; Reaktionsdauer 12—16 Stunden. — *1-Amino-2.3-dicyano-4-β-methoxyäthylaminoanthrachinon* wird erhalten durch 12std. Erhitzen von aus — 30 (Gewichtsteilen) Hydrochlorid hergestellter — 1-Amino-2-sulfo-4-β-methoxyäthyl-

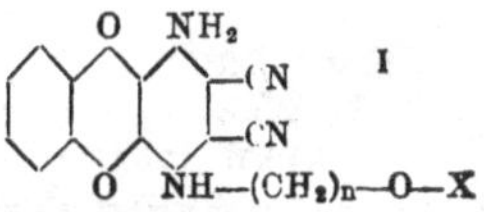

I

aminanthrachinonbase mit 30 NaCN in 1500 W., enthaltend 30 NaH_2PO_4 als Puffersalz bei 85° unter Rühren. Nach 2std. Durchleiten von Luft durch das auf 60—70° abgekühlte Reaktionsgemisch, durch Filtration abgetrennter Farbstoff, sehr rein u. in guter Ausbeute erhalten. Färbt *Celluloseacetat*-Material in grünlichblauen Tönen licht-, wasch- u. säureecht. (**A. P. 2 573 733** vom 3/1. 1950, ausg. 6/11. 1951.) SCHMAUSER. 7059

XIa. Farben. Anstriche. Lacke. Naturharze.

Peter W. Sherwood, *Synthetische Wachse.* Eine kurze Übersicht über Natur- u. synthet. Wachse, welche für die Farben- u. Lackherst. wichtig sind. Es wird vor allem auf die synthet. Wachse (z. B. chlorierte Naphthaline, I. G.-Wachse, Lanette-Wachse, Phthalimide u. Carbowachse) aufmerksam gemacht. (Canad. Paint Varnish Mag. **26.** Nr. 3. 8. 59—60. März 1952.) KLEFFNER. 7096

Felix Schlenker, *Über Metallalkoholate in ölhaltigen Anstrichsystemen.* Vortrag, in welchem Vf. an Hand der Literatur (Hinweise) u. eigener Verss. über die Verwendung von Metallalkoholaten, bes. Al-Alkoholate, in Anstrichen berichtet. (Farbe u. Lack **58.** 351—56. Aug. 1952. Wiesbaden-Biebrich, Chem. Werke Albert, Forschungsabt. Kunstharze.) WINIKER. 7096

P. Slansky, *Bemerkungen über geschwefeltes Leinöl und Alkalibeständigkeit von Filmen trocknender Öle.* Bei Behandlung von Leinöl mit S oder S_2Cl_2 entsteht ein Gel (Faktis); bei geringem Zusatz erzielt man geschwefelte Öle, die als Farbenbindemittel eine günstige Alkalibeständigkeit aufweisen, sich naß auf naß auftragen lassen (Faktorfirnis) u. sich für Rostschutzanstrich eignen. Analoge Alkalibeständigkeit wie Holzöl besitzt ein Leinöl, das mit 15,5% S_2Cl_2, gelöst in Lackbenzin, portionsweise unter starkem Rühren versetzt wird. Die gebildete HCl wird durch Lufteinblasen bei 80° während 6 Std. entfernt. Mit steigender Behandlungstemp. erhöht sich die Alkaliresistenz, zugleich aber auch die Trockenzeit, so daß stärker mit Co sikkativiert werden muß. Geschwefeltes Leinöl läßt sich mit Harz- u. Kongoester, Phenolharzen u. dgl. kombinieren, wobei niedere Kochtempp. (165—180°) einzuhalten sind, um starkes Schäumen zu vermeiden. Die resultierenden Lacke erfordern höheren Trocknerzusatz, bes. bei Co-Trockner, um Nachkleben zu verhüten. Geschwefeltes Leinöl zeigt trotz der erhöhten Alkalibeständigkeit eine gewisse Wasserempfindlichkeit. Auf nassem Beton u. Asbestzement ergeben sich günstige Resultate. (Paint, Oil chem. Rev. **115.** Nr. 19. 12—14. 55—58. 11/9. 1952.) SCHEIFELE. 7096

—, *Bleicyanamid.* Kurzer Überblick über Herst., Eigg. u. anstrichtechn. Verwendung. (Ind. Lackier-Betrieb **21.** 54. März 1953.) WINIKER. 7096

Fritz Reichel, *Zur Einbrennlackierung.* Allg. Ausführungen. (Ind. Lackier-Betrieb **21.** 48—49. März 1953.) WINIKER. 7106

—, *Über Maschinenlackierungen.* Allg. Ausführungen. (Ind. Lackier-Betrieb **21.** 50—51. März 1953.) WINIKER. 7106

—, *Streichen und Tauchen von Holzwaren.* Allg. Ausführungen. (Ind. Lackier-Betrieb **21.** 52—54. März 1953.) WINIKER. 7106

Luigi Angelino, *Das Streichen von Kunststoffen.* Allg. Ausführungen über das Streichen, Spritzen u. Tauchen von Kunststoffen sowie die Trocknung der Anstriche. (Ind. Vernice – Lack- u. Farben-Chem. **6.** 65—68. März 1952.) WINIKER. 7106

G. G. Manov und **Oscar M. Bizzell,** *Radioisotope in der Anstrichtechnologie.* An Hand der Literatur (24 Hinweise) geben Vff. einen kurzen Überblick über die Anwendungsmöglichkeiten in der Anstrichtechnologie (z. B. Radiographie der Anstriche, Dickenmessung, Unters. von Anstricheigg., Leuchtfarben). (Paint Technol. **17.** 241—51. Juni 1952. Oak Ridge, Tenn., U. S. Atomic Energy Comm., Advisory Field Serv. Branch, Isotopes Div.) WINIKER. 7106

—, *Analysenmethode für Casein.* Kurzer Überblick über die Unterss., welche zur Bewertung von Milchsäurecasein für Anstriche erforderlich sind (Feuchtigkeitsgeh., Mineralstoffe, Fettsäuregeh., Gesamtacidität, p_H-Best., Löslichkeit in einer Boraxlsg.) u. Zusammenstellung der für Labcasein üblichen Untersuchungsmethoden. (Ind. Vernice – Lack- u. Farben-Chem. **6.** 58—59. Febr. 1952.) WINIKER. 7154

Baker Castor Oil Co., Jersey City, übert. von: **Ivor Milton Colbeth,** Maplewood, N. J., V. St. A., *Kontinuierliche Dehydratation* von Oxyfettsäureestern, bes. der Ester (I) von Fettsäuren mit mehr als 6 C-Atomen. I wird bei einer Temp. von 200—275°, bei weniger als 0,5 at, in Abwesenheit von O_2, durch mehrere Reaktionskessel geführt, in denen ein Dehydratationskatalysator, z. B. H_2SO_4, in einer Menge von weniger als 1% des I anwesend ist. Die erhaltenen dehydratasierten I, z. B. *Ricinenöl*, haben wertvolle Trockeneigg., sind frei von schädlichen Polymeren, bes. geeignet für schnell trocknende *Schutzüberzüge*. — Zeichnung. (**A. P. 2 567 925** vom 25/3. 1948, ausg. 18/9. 1951.) REICHELT. 7097

Shell Development Co., Emeryville, übert. von: **Leonard P. Wiebe**, Long Beach, Calif., V. St. A., *Trocknende Öle* (I). Die Trockeneigg. von I mit einer JZ. von >120 wird durch Erhitzen auf 150—200° in Ggw. von 0,5—10% tert. Alkylperoxyden, z. B. Di-tert.-butylperoxyd, verbessert. (**A. P. 2 588 902** vom 26/9. 1950, ausg. 11/3. 1952.) LÜTTGEN. 7097

Imperial Chemical Industries Ltd., übert. von: **Henry Brunner** und **Harold S. Lilley**, London, England, *Herstellung von trocknenden Ölen* aus Ricinusöl durch Erhitzen mit einer Monocarbonsäure, welche 2 Äthylendoppelbindungen in 2- u. 4-Stellung besitzt, z. B. Sorbinsäure. Gegebenenfalls wird das erhitzte Prod. mit einem mehrwertigen Alkohol verestert. (**Can. P. 479 304** vom 1/9. 1944, ausg. 11/12. 1951.) M. F. MÜLLER. 7097

E. I. du Pont de Nemours & Co., übert. von: **Carl W. Mortenson**, Wilmington, Del., V. St. A., *Herstellung von trocknenden Ölen* durch Veresterung von Glycerin oder eines anderen mehrwertigen Alkohols mit einem Gemisch von einer kurzkettigen Mercaptocarbonsäure mit den Säuren von trocknenden Ölen, wobei alle OH-Gruppen des Glycerins verestert werden. (**Can. P. 479 708** vom 9/1. 1945, ausg. 25/12. 1951.) M. F. MÜLLER. 7097

Standard Oil Development Co., Elizabeth B., N. J., V. St. A., *Herstellung von synthetischen trocknenden Ölen bzw. Lackgrundstoffen oder Lacken* durch Erwärmen eines Gemisches von Butadien oder einem anderen Diolefin, wie Isopren, 2.3-Dimethylbutadien, 1.3-Piperylen oder 2-Methylpentadien-1.3, mit Styrol oder dessen ringalkylierten Homologen, wie Methyl-, Dimethyl-, Äthyl- oder Diäthylstyrol, in einem inerten KW-stoffverdünnungsmittel, wie Butan, Xylol, Bzl., Toluol oder Cyclohexan, in Ggw. von fein verteiltem Na, von einem Anhydrid einer ungesätt. Dicarbonsäure, wie Malein-, Chlormalein- oder Citraconsäureanhydrid, u. gegebenenfalls eines Äthers mit mehr als 2 C-Atomen im Mol., wie Dioxan, Diäthyl-, Diisopropyl-, Vinyläthyl-, Vinylisopropyl- oder Vinylisobutyläther. Pb-, Co- oder Mn-Naphthenate können als Sikkative zugesetzt werden. Die Prodd. können mit anderen Harzen gemischt werden. (**D. B. P. 855 292** Kl. 22h vom 29/7. 1950, ausg. 10/11. 1952. A. Prior. 1/7. 1949.) GRÄGER. 7097

Johann Max Danner und **Werner Zerweck**, Deutschland, *Herstellung von Lackharzen*. Man kondensiert Adipinsäure u. Pentaerythrit mit Reaktionsprodd. aus CH_2O mit Aminotriazinen u. einwertigen Alkoholen, wobei ein Teil der genannten Verbb. entsprechend durch andere Polycarbonsäuren, mehrwertige Alkohole u. Harnstoff, Thioharnstoff oder Dicyandiamid ersetzt werden kann. Die Harze geben harte, elast., glänzende Lacke. — Man erhitzt z. B. unter Wasserentfernung 136 (Teile) Pentaerythrit, 194,6 Adipinsäure u. 0,3—0,8 Benzolsulfochlorid bei 140—145° bis SZ. 150—155. Man behandelt ferner 63 Melamin, 185 Butanol, 265 36,1%ig. CH_2O (schwach alkal.), 0,5 $MgCO_3$ u. etwas Toluol unter kontinuierlicher azeotroper Dest., bis 75 W. abdest. sind, gibt 0,8 Phthalsäureanhydrid in Butanollsg. zu u. dest. bis zu 150 W., läßt 110—120 des oben genannten Esterharzes in 110 Butanol gelöst zulaufen u. setzt die azeotrop. Dest. fort, bis kein W. mehr übergeht, worauf filtriert u. verd. wird. (**F. P. 987 695** vom 31/5. 1949, ausg. 17/8. 1951. D. Prior. 1/10. 1948.) PANKOW. 7097

I. G. Farbenindustrie Akt.-Ges. (Erfinder: **Karl Daimler**), Frankfurt/M., *Anstrichbindemittel*, bestehend aus fremdelektrolytarmen bis -freien Lsgg. von Zinkcarbonatammoniakkomplexsalzen (I) in überschüssigem NH_4OH, gegebenenfalls mit Zusätzen von bekannten Verdickungsmitteln, Farbstoffen, Giftstoffen. Schon geringe Menge von NaCl oder eines Überschusses von $(NH_4)_2CO_3$ verhindern einen reibechten, glasurartigen Anstrich. Dieser wird nur erzielt, wenn man bei der Herst. von I von Zn-Hydroxyden, -Oxyden oder -Carbonaten ausgeht, die außergewöhnlich gut ausgewaschen oder so hergestellt worden sind, daß die Anwesenheit von Fremdsalzen ausgeschlossen ist, z. B. durch Verbrennung von Zn. (**D. R. P. 761 059** Kl. 22g vom 9/9. 1941, ausg. 15/12. 1952.) GRÄGER. 7097

Egon Meier, Friedberg/Hess., *Herstellung pulverförmiger Anstrich- oder Bindemittel auf Basis von Magnesiumoxychloriden*, dad. gek., daß in der Wärme herzustellende Magnesiumoxychloridteilanhydride, z. B. $3\,MgO \cdot MgCl_2 \cdot 2\,H_2O$, überschüssiges MgO u. gegebenenfalls übliche Farb- oder sonstige bekannte pulverförmige Zusätze vermischt werden. Zur Verwendung werden die Pulver mit W. oder mit verd. Harz-, Öl-, Kunstharz- oder Bitumenemulsion oder -dispersion oder wss. Weichmachern angemacht. (**D. B. P. 855 437** Kl. 22g vom 21/12. 1950, ausg. 13/11. 1952.) GRÄGER. 7097

Alfred Paul Rheinländer, Düsseldorf-Oberkassel, *Herstellen von Überzügen*. Man breitet ein freie Carboxylgruppen aufweisendes Polymerisat aus wenigstens einer ungesätt. Carbonsäure, gelöst oder dispergiert in einem fl. Verteilungsmittel, auf der Unterlage aus u. läßt hierauf das Verteilungsmittel teilweise verdunsten. — 5 (Gewichtsteile) eines Mischpolymerisates aus 1,7 Methacrylsäuremethylester u. 3,3 Methacrylsäure werden in 95 A. gelöst. Wenn man diese Lsg. auf eine Unterlage aufbringt u. trocknen läßt, entsteht ein Film, der mit Hilfe einer Alkalilsg. abgewaschen werden kann. (**Schwz. P. 282 803** vom 20/5. 1950, ausg. 16/8. 1952.) Schlitt. 7107

Deutsche Hydrierwerke Akt.-Ges., Düsseldorf (Erfinder: **Winfried Hentrich**, Riehen, Schweiz, **Alfred Kirstahler**, Düsseldorf, und **Rudolf Endres**, Frankfurt/M.), *Herstellung von Kondensationsprodukten.* Zweiwertige prim. Alkohole, die aus Dioxydiarylen oder Dioxydiarylalkanen durch vollständige Hydrierung, Wasserabspaltung u. Anlagerung von CO u. H_2 an die gebildeten Olefine erhalten werden, werden bes. mit mehrbas. organ. Carbonsäuren verestert. — Ein Gemisch isomerer Bis-[methylolcyclohexyl]-dimethylmethane wird unter N_2 mit Phthalsäureanhydrid erhitzt, bis die SZ. 3 beträgt. Das entstehende Harz wird in der gleichen Menge Leinölstandöl gelöst, die Lsg. mit Bzn. verd. u. sikkativiert. *Lack* zum Überziehen von Metallunterlagen. (**D. B. P. 862 955** Kl. 39c vom 25/12. 1941, ausg. 15/1. 1953.) Donle. 7107

Lewis Berger & Sons, Ltd., London, England, *Überzugsmasse*, bestehend aus einer KW-stofflsg. von in der Wärme härtenden Kondensationsprodd. aus CH_2O mit Harnstoff oder Polyazinen u. einem Polymerisat aus aromat. Vinyl-KW-stoffen u. partiell polymerisierten Mischestern mehrwertiger Alkohole. (**Finn. P. 25 995** vom 15/9. 1948, Auszug veröff. 31/10. 1952. E. Prior. 8/8. 1946.) Jürgen Schmidt. 7107

Indestructible Paint Co., Ltd., London, England (Erfinder: **C. R. Pye** und **H. F. Bremer**), *Herstellung von Isolierlacken.* Man erhitzt aliphat. Dicarbonsäuren, wie Adipinsäure, Sebacinsäure, mit einem mehrwertigen Alkohol mit höchstens 4 OH-Gruppen, wie Glycerin, Äthylenglykol, Pentaerythrit, gegebenenfalls in Ggw. eines Lösungsm., bis zur partiellen Kondensation u. erhitzt dann weiter bei ca. 220—240° in Ggw. von Hexamethylentetramin oder NH_3 u. CH_2O. Das erhaltene Kondensationsprod. wird in organ. Lösungsmitteln, bes. Gemischen aus Butanol u. Tetrahydrofuran oder Butanol, A. u. Xylol, gelöst. Die geeigneten Verhältnisse der 3 Komponenten sind in 6 Diagrammen wiedergegeben. (**Schwed. P. 133 339** vom 23/5. 1949, ausg. 23/10. 1951. E. Prior. 24/5. 1948.) Jürgen Schmidt. 7107

Westinghouse Electric & Mfg. Co., East Pittsburgh, Pa., V. St. A. (Erfinder: **H. H. Barker**), *Farbmasse für elektrisch isolierte Teile.* Die M. besteht aus feinverteiltem *Anthrazit* mit unter 10 Gew.-% flüchtigen Anteilen u. 85—10 Teilen Träger- oder Bindemittel. Die Bindemittel enthalten filmbildende Stoffe in gelöster Form u. ein Lösungsmittel. Man vermischt den feingemahlenen Anthrazit mit Harzlsg. u. vermahlt dann auf koll. Feinheit. Man erhält eine M., die Überzüge mit einem bestimmten, gleichmäßigen elektr. Widerstand ergibt. Als Bindemittel verwendet man Natur- u. Kunstharze, bes. Cumaronharze, Alkydharze, Schellack, Phenolaldehydharze, Äthylcellulose. (**Schwed. P. 132 882** vom 3/12. 1943, ausg. 11/9. 1951. A. Prior. 3/12. 1942.) Jürgen Schmidt. 7107

I. G. Farbenindustrie Akt.-Ges., Frankfurt/M. (Erfinder: **Hanns Bernard, Werner Kneip**, Krefeld, **Werner Zerweck** und **Karl Keller**, Frankfurt/M.), *Einbrennlacke*, enthaltend Mischungen von Lsgg. in organ. Lösungsmitteln harzartiger Kondensationsprodd., die durch Rk. von Amino- oder Hydrazinverbb. der Triazin- u. Diazinreihe mit Aldehyden, bes. CH_2O, erhalten sind, soweit die Kondensation in Ggw. von 1- oder mehrwertigen Alkoholen erfolgt, u. Lsgg. von Alkydharzen in organ. Lösungsmitteln. (**D. R. P. 748 829** Kl. 22h vom 17/10. 1939, ausg. 10/11. 1952.) Gräger. 7107

XIb. Plaste (Kunstharze. Plastische Massen).

Joachim Brandenburger, *Neue Erkenntnisse bei der Verarbeitung von Kunststoffen mittels Hochfrequenz.* Behandelt wird die Verarbeitung von Polystyrol, Polyäthylen, Phenolharzen, PVC, Celluloseacetat. (Plastverarbeiter **4**. 50—53. Febr. 1953.) Winiker. 7170

Joachim Brandenburger, *Fortschritte beim Hochfrequenzschweißen von Kunststoffen.* Behandelt wird das Verschweißen von Polyamid, Celluloseacetatfolien u. Saran. (Plastverarbeiter **4**. 15—16. Jan. 1953.) Winiker. 7170

E. Mesalla, *Wesentliches über das Verspritzen von Plexigum.* (Plastverarbeiter **4**. 4—6. Jan. 1953.) Winiker. 7172

M. P. Soulage, *Die Gelatine und ihre Verwendung als Kunststoff.* Besprochen werden Struktur, Eigg., Hydrolyse, Lösungsviscosität u. Verwendung der Gelatine (Kapseln, Behälter). (Ind. Plastiques **4**. Nr. 1. 43—45. Jan. Nr. 3 10—13. März 1952.) Winiker. 7198

R. V. William Son und **E. C. Lathrop**, *Sind Pflanzenrückstände eine neue Rohstoffquelle für Kunststoffe?* Entw. von zwei Verff. für die Herst. von Holztafeln: Behandlung von gemahlenen Holzfasern mit Vinsol bei hoher Temp.; Warmpressen einer Mischung von Holzfasern, Phenolformaldehydharz u. Kiefernharz. (Ind. Plastiques **4.** Nr. 1. 27—29. Jan. 1952. Peoria, Ill., Northern Regional Labor.) SCHEIFELE. 7204

N. V. de Bataafsche Petroleum Mij., Den Haag, Holland, *Weichmachungsmittel für Kunstharze* erhält man durch Rk. von Phthalsäureanhydrid mit prim. Octylalkohol in Ggw. von 0,6% H_2SO_4 oder Benzol-, Toluol- oder Naphthalinsulfonsäure als Veresterungskatalysator. Die Rk. erfolgt bei 75—175°. (**E. P. 670 507** vom 7/3. 1949, ausg. 23/4. 1952. Holl. Prior. 9/3. 1948.) MÖLLERING. 7171

Soc. An. des Usines Dior, Manche, und **Marcel-Jean Viard**, Seine, Frankreich, *Plastiziermittel für Kunstharze* (Äthyl-, Nitrocellulose, Vinylharze) bestehend aus Terpen- oder Sesquiterpenderivatalkoholen oder deren Estern. — Z. B. Nopinenylmethanol (**I**)-acetat für Polyvinylchlorid (**II**) u. Äthylcellulose (**III**), **I**-phthalat für **II**, **I** für **III**, Pinenylmethanolacetat für **II**, Polyvinylacetat, -butyral oder Nitrocellulose oder Pinenylmethanolphenylacetat für **II**. (**F. P. 992 707** vom 9/8. 1944, ausg. 22/10. 1951.) PANKOW. 7171

Dynamit Actien-Gesellschaft, Troisdorf (Erfinder: **Peter Pinten**, Köln), *Verbesserung der Eigenschaften von Polyäthylen.* Man bringt auf die fertigen Polymerisate mehrwertige Isocyanate oder ähnlich wirkende Verbb. (**1.6-Hexamethylen**diisocyanat, Bisphenylurethane) zur Einwirkung. Verbesserte Festigkeit, erhöhte Dehnung. (**D. B. P. 863 407** Kl. 39b vom 30/4. 1943, ausg. 19/1. 1953.) SALZMANN. 7173

Cassella Farbwerke Mainkur (Erfinder: **Werner Zerweck** und **Otto Trösken**), Frankfurt/M., *Polymerisation von ungesättigten Verbindungen in wässeriger Emulsion*, dad. gek., daß man als Emulgiermittel Ester der Sulfobernsteinsäure mit einer mittleren Kohlenstoffkette verwendet. — Beispiel für die Polymerisation von Vinylchlorid in 1%ig. wss. Lsg. der Na-Salze von gemischtem Sulfobernsteinsäureester mit 9—11 C-Atomen, der durch Veresterung der Sulfobernsteinsäure mit einem bei der Red. des in der Paraffinoxydation anfallenden Gemisches von Vorlauffettsäuren mit 9—11 C-Atomen entsteht. (**D. B. P. 861 611** Kl. 39c vom 3/10. 1944, ausg. 5/1. 1953.) DONLE. 7173

Farbenfabriken Bayer, Leverkusen, *Polymerisieren von Vinylverbindungen*, einschließlich Acrylestern u. Styrol, in wss. Emulsion unter Zusatz von Katalysatoren, dad. gek., daß als Emulgiermittel ein weitestgehend von Begleitstoffen befreites paraffinsulfosaures Salz (bes. monosulfosaures Salz) verwendet wird, das erhältlich ist, wenn man ein techn. Gemisch langkettiger Paraffin-KW-stoffe vom Kp. 240—320° einer unvollständigen Sulfochlorierung unterwirft, verseift u. vom Unverseifbaren abtrennt. — Beispiel für Polymerisation von Vinylchlorid. (**D. B. P. 864 455** Kl. 39c vom 7/12. 1941, ausg. 26/1. 1953.) DONLE. 7173

Kurt Thinius, Magdeburg, *Stabilisieren von Polymerisationsprodukten des Vinylchlorids* mit solchen organ. Stoffen, deren amin. Eigg. durch negative Radikale abgeschwächt sind u. die UV-Licht von $\lambda = 350$ mμ absorbieren, vornehmlich Sulfonamide, bes. das *p-Aminobenzolsulfonamid* u. seine in der Sulfonamidgruppe substituierten Derivv., ferner Aminomethylbenzolsulfonamid, Ester der Aminobenzoesäuren, p-Aminobenzylaminoäthanol, p-Aminobenzolsulfonsäure- oder -sulfonacet- oder -sulfonthiazylamid. Die Stoffe sind Licht- u. Wärmestabilisatoren. (**D. P. [DDR] 652** Kl. 39b vom 28/11. 1950, ausg. 15/5. 1952 [Wirtschaftspatent].) PANKOW. 7173

Kurt Thinius, Magdeburg, *Verbesserung der Stabilität von Polymerisationsprodukten des Vinylchlorids.* Als Licht- u. Wärmestabilisator verwendet man *Dicyandiamid.* (**D. P. [DDR] 653** Kl. 39b vom 14/10. 1951, ausg. 15/5. 1952 [Wirtschaftspatent].) PANKOW. 7173

Michael Erlenbach und **Adolf Sieglitz**, Deutschland, *Stabilisierungsmittel für Vinylharze.* Man gibt vor oder während der Polymerisation zu dem Ansatz (Vinylacetat, Vinylchlorid, Vinylidenchlorid) Erdalkalisalze, bes. Mg-Salze von Leinölsäure, Acetylricinusölsäure, Öl- oder Naphthensäure in Mengen von 0,1—2% u. erhält stabile, farblose oder wenig gefärbte Polymere. (**F. P. 993 704** vom 23/8. 1949, ausg. 6/11. 1951. D. Prior. 1/10. 1948.) PANKOW. 7173

Imperial Chemical Industries Ltd., England (Erfinder: **David Hay Coffey, Owen Burchell Edgar, Thomas James Meyrick** und **John Thomas Watts**), *Plastiziermittel für Vinylchloridpolymerisate und -mischpolymerisate.* Man mischt in 100 (Teile) der Polymeren 20—100 eines mit organ. Polyisocyanaten modifizierten, aus Glykolen u. Dicarbonsäuren oder deren Derivv., auch unter Zusatz einbas. Monocarbonsäuren oder deren Derivv. mit 10—12 C-Atomen hergestellten Polyesters. Die Rk. mit den Polyisocyanaten erfolgt bei

100—200° 10—720 Min., wobei 3—15% Polyisocyanate angewandt werden. Man erhitzt 808 (Gewichtsteile) Sebacinsäure u. 620 Äthylenglykol in N_2 12 Std. auf 200—220°, entfernt dann Äthylenglykol (220°, 15 mm Druck, 5 Std.); wachsartige M., F. 70°. Zu 100 des Polyesters gibt man bei 85° 7,35 Hexamethylendiisocyanat, rührt 15 Min. bei 85—90° u. im Ofen 2 Std. bei 140°. Harte, zähe M., von der 2 auf der Walze bei 125° in 8 Polyvinylchlorid eingemischt werden. Die M. kann 2 Min. bei 141° gepreßt werden. Verwendung zur Herst. von Dichtungen, Schläuchen, Membranen, biegsamen Treibstoffbehältern, elektr. Leitern, Schutzhüllen u. Überzügen auf Reifen, Gewebe, Bällen, Fußböden, von Lacken u. Farben auf Leder, Papier, Kautschuk, plast. Massen. (**F. P. 978 775** vom 8/1. 1949, ausg. 18/4. 1951. E. Prior. 30/1. 1948.) PANKOW. 7173

I. G. Farbenindustrie Akt.-Ges., Deutschland, *Plastiziermittel für Polymere.* Man verwendet Verbb. der Formel (Alkyl·OOC·H_2C·S)$_2$X (X = Alkylen mit höchstens 5 Elementen in der Kette, die auch Heteroatome enthalten kann; das Alkyl enthält höchstens 6 C-Atome in der Kette). Genannt sind Methylendithioglykolsäuredibutyl- oder bis-[thioglykolsäure-β-methoxyäthylester], Methylendithiopropionsäuremethylester, Äthylendithioglykolsäurediisobutyl- oder -dihexylester oder Äthylidendithioglykolsäuredibutylester oder eine Verb. der Formel (n-Butyl—OOC·CH_2·S·CH_2·CH_2)$_2$O. Die Plastiziermittel geben den Polymeren, wie Polyvinylchlorid, dessen Chlorierungsprodd., Polyvinylidenchlorid, Mischpolymeren von Vinylchlorid mit Vinylidenchlorid, Vinylacetat oder Acrylestern, Kältefestigkeit. (**F. P. 992 709** vom 9/8. 1944, ausg. 22/10. 1951.) PANKOW. 7173

Colombes-Goodrich (Pneumatiques et Caoutchouc Manufacturé) Soc. An., Seine, Frankreich, *Plastiziermittel für Polyvinylchlorid oder Vinylchloridmischpolymerisate.* Man verwendet Mono- oder Polyphenylvinylchlorid oder Mono- oder Polymethylphenylvinylchlorid. Man erhält sie durch Behandeln fl. KW-stoffe, wie Bzl. oder Toluol, mit Cl_2 in Ggw. von CaC_2, Reinigen u. Nachbehandeln mit NaOH. (**F. P. 993 030** vom 9/11. 1944, ausg. 25/10. 1951.) PANKOW. 7173

Soc. An. Manufacturé Landaise de Produits Chimiques, Seine, Frankreich, *Plastiziermittel für Kunstharze,* bes. Vinylharze, wie Polyvinylchlorid oder -acetat. Man verwendet die wenig flüchtigen Prodd. von der Naturharz- oder Holzverkohlung oder -crackung, wie Holzteeröle, Harzöle mit niedriger JZ., oder gewisse Holzteere. (**F. P. 994 783** vom 25/1. 1945, ausg. 22/11. 1951.) PANKOW. 7173

Felten & Guilleaume Carlswerk Akt.-Ges., Köln (Erfinder: **Ansley O. Blades**, New York, V. St. A.), *Weichmacher für Vinylpolymerisate,* bestehend aus einer Mischung von hydriertem Methylabietat mit einem Ester, der eine KW-stoffkette von 18 C-Atomen oder 2 KW-stoffketten von mindestens je 8 C-Atomen, z. B. acetyliertes Ricinusöl, Äthylenglykolmonobutylätherstearat oder Dioctylphthalat, enthält. (**D. B. P. 863 408** Kl. 39b vom 4/4. 1941, ausg. 19/1. 1953.) SALZMANN. 7173

Équipement Menager & Industriel „E. M. I.“, Paris, Frankreich (Erfinder: **R. Noël**), *Herstellung von Schaumstoffen aus Thermoplasten.* Zur Herst. von Schaumstoffen mit einer Vielzahl von geschlossenen kleinen Zellen erwärmt man Thermoplaste unter feiner Verteilung von Gas in diesen mit nachfolgender Entspannung durch Druckverminderung. Hierbei setzt man den Thermoplasten, bes. Polyvinylchlorid, ein Mittel zu, das mit dem Zellmaterial zu plastifizierenden Stoffen reagiert. Geeignet sind z. B. Anhydride von Phthalsäure, Maleinsäure oder Essigsäure, ferner Ketene sowie Stoffe, die sich gleichzeitig oder anschließend polymerisieren, wie Methylmethacrylat. In diesem Falle benutzt man O_2 als Katalysator, bes. in Form von Metalldioxyden. (**Schwed. P. 132 171** vom 16/8. 1949, ausg. 3/7. 1951. F. Priorr. 16/8. u. 30/12. 1948.) JÜRGEN SCHMIDT. 7173

Rudolf Decker und Hellmuth Holz (Erfinder: **Willy O. Hermann** und **Wolfram Haehnel**), München, *Herstellung von Kunststoffen* durch Polymerisieren von organ. Vinylestern in Ggw. von gesätt. Chlor-KW-stoffen, dad. gek., daß man die Polymerisation bis zu einer noch nicht festen, bes. zähfl. Konsistenz des Polymerisates führt. Beispiele für Polymerisation von Vinylacetat in CCl_4, Pentachloräthan u. Chlf. mit Benzoylperoxyd. Die Prodd. sind in Aceton, Alkoholen, Ae., Bzl., Estern, Chlor-KW-stoffen u. Pyridin mit relativ geringer Viscosität lösl., dienen zur Herst. von *Lacken* u. *Klebemitteln* u. sind bes. als *Weichmacher* geeignet. (**D. B. P. 865 208** Kl. 39c vom 22/10. 1942, ausg. 2/2. 1953.) SCHINDLER. 7173

Kodak-Pathé, Seine, Frankreich (Erfinder: **Leauté**), *Herstellung von Vinylharzen.* Durch Rk. von Essigsäure auf Alkyl- oder Arylacetylene oder von Essigsäureanhydrid auf Propion-, Butyr-, Valeraldehyd, Phenylessig- oder Methylphenylessigsäurealdehyd erhält man Methyl-, Äthyl-, Phenyl- usw. -vinylester, die polymerisiert u. deren Polymere verseift, umgeestert u. acetalisiert werden können. Man erhält so Harze mit verringerter Thermoplastizität, besserer Zug- u. Zerreißfestigkeit; auch die aus Polyvinylacetat u. Polymethylvinylacetat erhaltenen Mischacetale gehören hierzu. Man verwendet sie zur Herst. von Filmen, bes. Kinofilmen, Transparentfolien, Textilfäden, Preßmassen, Klebstoffen, Appreturen. (**F. PP. 986 628** u. **986 629** vom 26/11. 1943, ausg. 2/8. 1951.) PANKOW. 7173

Dow Chemical Co., Midland, Mich., V. St. A. (Erfinder: **O. R. McIntire**), *Herstellung zellenförmiger thermoplastischer Produkte.* Man füllt einen Behälter, der der Form der herzustellenden Gegenstände entspricht, mit einem thermoplast. Polymerisat u. führt gleichzeitig ein Gas (Olefine mit 3—4 C-Atomen) zu, das sich in dem Polymerisat löst. Das Gemisch wird unter Druck gesetzt u. die Temp. auf —30 bis +85° eingestellt. Hierbei geht das Polymerisat in ein fließfähiges Gel über; das gelöste Gas entweicht bei Entspannung mit nachfolgender Quellung u. Abkühlung. Es entstehen hierbei geschlossene Zellen mit dünnen Wänden. Die thermoplast. Polymerisate sollen als Komponente Polystyrol enthalten. (**Schwed. P. 132 278** vom 26/7. 1948, ausg. 10/7. 1951.) JÜRGEN SCHMIDT. 7173

Mathieson Chemical Corp., V. St. A. (Erfinder: **John Wilbur Churchill**), *Alterungsschutzmittel für Polystyrole,* wie Polystyrol, Polydichlorstyrol, deren Mischpolymerisate. Man mischt die Polymeren oder die Monomeren vor der Polymerisation mit 0,05—5% einer Organo-Sn-Verb., bes. Sn-Tetraphenyl, -Tetraoctyl, -Tetrabutyl oder -Dibutyldiphenyl oder Dibutyl-Sn-Maleat, -Dilaurat, -Malonat, -Phthalat, -Oxyd u. verhindert dadurch Haarrißbldg. bei den Polymeren. (**F. P. 991 331** vom 23/7. 1949, ausg. 4/10. 1951. A. Prior. 18/8. 1948.) PANKOW. 7173

Comp. Générale d'Électricité, Seine, Frankreich (Erfinder: **Henry Nicolas**), *Plastiziermittel für Polystyrol.* Es besteht aus hydrierten Abietylverbb., bes. hydriertem Kolophoniumöl ($D._{20}$ 0,970, Kp. 300—400°, Viscosität 20—22 Cp bei 20°, tgδ 0,0004 bei 20° u. 0,0015 bei 45°). Man erhält ein weiches Polystyrol, dessen elektr. Eigg. wenig verändert sind u. das für Bänder zum Umwickeln elektr. Leitungen, Hochfrequenzkabel u. Isolierbänder geeignet ist. (**F. P. 987 990** vom 19/7. 1943, ausg. 21/8. 1951.) PANKOW. 7173

Jacques-Louis-Léonce Bouvet, Seine, Frankreich, *Schichtkörper aus plastischen Massen.* Man imprägniert Karton, Papier oder Fasern, die auf die gewünschte Stärke ausgewalzt werden, mit einem Kunstharz, bes. Phenolharz, überzieht die Folien mit Mineralien, wie Bitumen, Gilsonit, Teer in Pulverform, Metallpulver oder Graphit, belegt die Folien mit Platten aus Holz, Metall, Kautschuk u. dgl., formt, preßt u. heizt. Material für Verpackung, Täfelung, Merk- u. Leuchttafeln, elektr. Gegenstände. (**F. P. 985 477** vom 4/11. 1943, ausg. 19/7. 1951.) PANKOW. 7205

Electrical & Musical Industries Ltd., Hayes, England (Erfinder: **W. E. Lord**), *Grammophonplatte.* Die Platte oder mindestens die für die Tonspur bestimmte Schicht besteht aus 50 (Gew.-%) Polyvinylharz (Polyvinylacetat), 40 amorpher Kohle (Ruß), Weichmacher u. Schmiermittel. Z. B. enthalten die Platten 52,3 Polyvinylacetat, 43,62 Kienruß, 0,58 Ca-Stearat, 0,87 Carnaubawachs u. 2,63 chloriertes Naphthalin. Bringt man die M. auf eine Al-Folie auf, so verwendet man als Klebmittel eine M. aus 6,0 Nitrocellulose (in 30%ig. Alkohol), 14,0 Polyvinylacetat, 14,0 chloriertem Diphenyl u. 66 Aceton. (**Schwed. P. 132 177** vom 5/2. 1947, ausg. 3/7. 1951. E. Priorr. 5/2. u. 28/8. 1946, 30/1. u. 24/7. 1947.) JÜRGEN SCHMIDT. 7205

American Cyanamid Co., V. St. A. (Erfinder: **Henry Peter Wohnsiedler** und **Edward L. Kropa**), *Herstellung von Aminoplast-Acrylharzmischungen* aus 45—95 (Gewichtsteilen) eines wärmehärtenden Melamin–CH_2O-Harzes u. 55—5 eines thermoplast. Polymeren aus wenigstens 25 Gew.-% Acrylnitril u. wenigstens einem niederen Alkylacrylat oder einem niederen N-Monoalkylacrylamid (Mol.-Gew. des Polymeren 15000—300000). — Man mischt z. B. 850 (Teile) des Melaminharzes mit 150 Äthylacrylat–Acrylnitril-Mischpolymerisat u. 10 Zn-Stearat auf der Differentialwalze (schnellere Walze 132°, langsamere 97°), zerkleinert die erhaltene Platte, mischt Füllstoffe oder Faserstoffe, Pigmente u. Härtemittel (Phthalsäureanhydrid, NH_4Cl) ein u. verwendet für *Preß-* u. *Spritzmassen,* für Lampen, elektr. Einrichtungen, Haushaltgegenstände, Schmuck, zur Herst. von Schichtstoffen aus Papier. (**F. P. 973 745** vom 15/10. 1948, ausg. 14/2. 1951. A. Prior. 16/10. 1947.) PANKOW. 7205

Soc. An. Erinoid, Seine, Frankreich, *Preßmasse.* Man mischt etwa gleiche Teile Casein u. Mg-Silicat (Talkum) u. gibt dazu $Sr(OH)_2$, Alaun, W. u. auch ein Plastiziermittel, wie Trikresylphosphat. Der daraus gepreßte Körper kann mit Formol nachbehandelt werden. Man nimmt z. B. je 25—35 kg Casein, u. Mg-Silicat, $^1/_6$ dieses Gewichts $Sr(OH)_2$, 15 bis 25 Gew.-% W., 150—250 g pro 15 Liter Alaun u. 0,25—0,5% des Gewichts Plastiziermittel. (**F. P. 976 121** vom 16/4. 1942, ausg. 14/3. 1951.) PANKOW. 205

XII. Kautschuk. Guttapercha. Balata.

Betty Jo Clinebell und **Leora E. Straka,** *Fortschritte auf dem Gebiet der Kautschuktechnologie 1951—1952.* Überblick an Hand der Literatur (133 Hinweise). (Rubber Age [New York] **36.** 485—92. Jan. 1953. Akron, O., Univ., u. Goodyear Tire & Rubber Co.) WINIKER. 7220

—, *Polysar Krynac.* Kurzer Überblick über Eigg. u. Veresterung von *Polysar Krynac,* Tieftemperaturnitrilkautschuk der POLYMER CORP. LTD. (Kautschuk u. Gummi **6.** Nr. 2. Wiss. u. Techn. WT 34—35. Febr. 1953.) WINIKER. 7224

Wilhelm Alfuss, *Neoprene-Einsatz in technischen Gummiwaren.* Vortrag. Behandelt werden: Herst. von Mischungen, Plattenziehen auf dem Kalander, Friktionieren, Herst. techn. Artikel (Förderbänder, Schläuche, Formartikel). (Kautschuk u. Gummi **5. Nr. 12.** Wiss. u. Techn. WT 199—202. Dez. 1952. Düsseldorf.) WINIKER. 7224

Guido Fromandi und **Rupr. Ecker,** *Anwendungstechnische Versuche zur Charakterisierung des aktiven Verhaltens von Füllstoffen im Kautschuk.* Zur Beurteilung der Füllstoff (I)-Aktivität wurden Verss. mit verschied. Rußsorten, Aerosil, Teg u. gemahlener Kreide durchgeführt. Bes. das Zweistoffsyst. Kautschuk–I wurde bei höheren Tempp. unter weitgehender Variation der I-Dosierungen bzgl. des therm., plast., physikal.-chem. u. mechan.-technolog. Verh. der Vormischungen, der fertigen Mischungen u. der entsprechenden Vulkanisate geprüft. Außerdem wurde die Wrkg. eines Verteilers (5% Stearinsäure, bezogen auf I) auf das Syst. Kautschuk–I untersucht. Die Unterss. ergaben, daß es kein einzelnes Kriterium für die Beurteilung der I-Aktivität gibt. Zur Klassifizierung eines I ist stets das gesamte Eigenschaftsbild der mit dem I hergestellten Rohmischung u. Vulkanisate heranzuziehen. (Kautschuk u. Gummi **5. Nr. 12.** Wiss. u. Techn. WT 191—98. Dez. 1952 u. **6. Nr. 1.** Wiss. u. Techn. WT 6—14. Jan. 1953. Leverkusen, Farbenfabriken Bayer, Kautschuk- u. Kunststoff-Abt.) WINIKER. 7226

F. Kirchhof, *Vorteile des Faktiseinsatzes in Kautschukmischungen. Faktisforschungs- und -entwicklungsarbeit in England.* (Kautschuk u. Gummi **6. Nr. 2.** Wiss. u. Techn. WT 30—33. Febr. 1953.) WINIKER. 7226

E. B. Busenburg, *Prüfung von Butylkautschukregenerat.* Beschreibung der Prüfmeth. für Butylkautschukregenerat. Verwandte Prüfmischung: Butylkautschukregenerat 100, ZnO 5, S 2, Tetramethylthiuramdisulfid 1, Mercaptobenzthiazol 0,5. (Rubber Age [New York] **70.** 608. Febr. 1952.) SCHÄFF. 7232

J. M. Buist, *Normung von Kautschuk. Ziele und Fortschritt.* Behandelt werden: Spezifikationen für GR-S, techn. klassifizierter Kautschuk, Spannungs–Dehnungs-Prüfung, Eiweißfestigkeit, Härte, Abrieb, Schichtenhaftung, Alterung, Biegerisse u. Rißwachstum, Gummi–Metall-Bindung, mechan. Konditionierung, Latex, Klassifizierung von vulkanisiertem Kautschuk nach physikal. Eigg., Kältebeständigkeit. — 31 Literaturhinweise. (Kautschuk u. Gummi **6. Nr. 1 u. 2.** Wiss. u. Techn. WT 1—6. Jan. WT 27—30. Febr. 1953. Manchester, Imperial Chemical Industries Ltd.) WINIKER. 7258

—, *Neue Methoden der Reifenprüfung. Ultraschall und infrarote Strahlen im Dienste der Reifenforschung.* Kurzer Hinweis auf die Möglichkeiten einer Reifenprüfung mit Hilfe von Röntgenstrahlen (Unters. der Reifenstruktur), Ultraschall (Feststellung von Bindefehlern zwischen Karkasse u. Protektor sowie im Protektor u. innerhalb der Karkasse) u. infraroten Strahlen (Unters. des chem. Aufbaus von Kautschuk u. mit ihm vermischten Stoffen). (Kautschuk u. Gummi **5.** 292. Dez. 1952.) WINIKER. 7258

Colombes-Goodrich (Pneumatiques et Caoutchouc Manufacturé) Soc. An., Seine, Frankreich, *Weichmachen von Kautschuk und Behandeln anderer plastischer Massen* (Phenol-, Vinyl-, Acrylharze). Das Mastizieren oder Walzen des Kautschuks kann durch Bestrahlen dünner Kautschukplatten mit infraroten Strahlen ersetzt werden. Kunstharze können so weiterpolymerisiert werden. (**F. P. 984 437** vom 24/9. 1943, ausg. 5/7. 1951.) PANKOW. 7221

Soc. An. pour la Fabrication d'Articles en Caoutchouc Carideng, Belgien, *Verzögerte Koagulation von Kautschukmilch.* Man läßt das Koagulationsmittel von einem Adsorptionsmittel (Ton, Kieselerde, Ruß) aufsaugen, gibt zu Kautschukmilch, verarbeitet diese durch Tauchen, Formen, Verschäumen, Streichen u. erwärmt darauf, wobei das Koagulationsmittel freigegeben u. wirksam wird. Man gibt z. B. 2 g 5%ig. Essigsäure in 12 g 25%ig. Ruß u. diesen in 425 g 60%ig. Kautschukmilch, die 1,5% Seife enthält. Beim Erwärmen auf 70—80° koaguliert die M. in 3 Minuten. (**F. P. 989 396** vom 21/6. 1949, ausg. 7/9. 1951. Belg. Prior. 9/8. 1948.) PANKOW. 7223

Farbwerke Hoechst, vormals Meister Lucius & Brüning (Erfinder: **Ludwig Orthner** und **Martin Rieber**), Frankfurt/M., *Hellfarbige Kautschukhydrochloride* werden aus

Lsgg. von Kautschukhydrochlorid durch Einleiten von ClO_2 in solchen Mengen u. in solcher Konz. hergestellt, daß kein wesentlicher Abbau stattfindet. Es können hierbei geringe Mengen von Chloriten zugesetzt werden. (**D. B. P. 853 205** Kl. 39b vom 10/2. 1950, ausg. 23/10. 1952.) OVERBECK. 7223

Soc. An. Usines de Melle, Deux-Sèvres, Frankreich, *Diolefinemulsionspolymerisation.* Man polymerisiert die Diolefine in wss.-alkal. Emulsion zusammen mit einer oder mehreren Carbonylverbb. (CH_2O, CH_3CHO, Propion-, Croton-, Butyraldehyd, Furfurol, Aceton, Methyläthylketon, Mesityloxyd, Methylphenylketon, Diacetonalkohol, Pentanolon, Acetaldol, Butyraldol) oder solche entwickelnden Verbb. u. einer oder mehreren gesätt. organ. Verbb. mit durch 2 benachbarte elektronegative Gruppen oder Atome (CN, $COCH_3$, COOR, C_6H_5, Cl) aktivierte Methylengruppen, wie Benzylcyanid, Cyan- oder Acetylessigester, Acetylaceton, Malonester. Man kann diese Zusatzstoffe vor der Polymerisation miteinander kondensieren, etwa Mesityloxyd mit Benzylcyanid kondensieren oder Aceton mit Methylenchlorid zu 1.1-Dimethyl-2.2-dichloräthylen. Die Polymeren besitzen neben guter Lösungsmittelfestigkeit gute Plastizität. Man gibt z. B. in eine Lsg. von 28 Liter 2%ig. Na-Laurylalkoholsulfonat, 112 g Na_2CO_3 u. 112 g Na_2HPO_4, 10 kg Butadien, 500 cm^3 $(NH_4)_2S_2O_8$ (10%ig), 1 kg Äthylacetylacetat u. 550 g Butyraldehyd u. hält 48 Std. bei 50°, worauf Butadien entfernt u. mit $BaCl_2$ koaguliert wird. (**F. P. 990 204** vom 16/3. 1944, ausg. 19/9. 1951.) PANKOW. 7225

N. V. de Bataafsche Petroleum Mij., Haag, Holland, *Kunststoffe.* Makromol. Stoffe, wie Naturkautschuk, Butadienkautschuk, Mischpolymerisate aus Butadien u. Isobutylen oder Styrol werden mit SO_2 in Ggw. von einem Oxyd des Chlors, wie ClO_2 oder Cl_2O_7, zweckmäßig nach einer vorhergehenden Behandlung mit einem milderen Oxydationsmittel, wie H_2O_2 oder HClO, behandelt. Durch die Chloroxyde wird die bekannte Rk. zwischen den hochmol. Stoffen u. SO_2 beschleunigt. Die Rk. kann in einem alle Komponenten lösenden Lösungsm. durchgeführt werden. — Z. B. kann das Verf. in der Weise ausgeführt werden, daß eine Lsg. der makromol., mehrfach ungesätt. Verb., die zugleich ein Chloroxyd enthält, durch geeignete Düsen in eine SO_2-Lsg. gespritzt wird, wobei zur gleichen Zeit eine Verformung durch Ausfällung erfolgt. (**E. P. 671 499** vom 14/3. 1950, ausg. 7/5. 1952. Holl. Prior. 24/3. 1949.) HERBST. 7225

Farbenfabriken Bayer (Erfinder: **Fritz Eichler** und **Johannes Casper**), Leverkusen, *Diisopropylxanthogendisulfid* erhält man in 75—80%ig. Ausbeute durch Oxydation von Isopropylxanthogenat mit Alkalihypochlorit (12%ig. NaOCl) in wss. Lsg. bei Raumtemp., E. 56—57°. — *Polymerisationsregler* für Butadiene. (**D. B. P. 853 445** Kl. 12o vom 19/2. 1944, ausg. 23/10. 1952.) KRAUSS. 7225

Firestone Tire & Rubber Co., Akron, O., übert. von: **Louis I. Hansen,** Minneapolis, Minn., und **George E. P. Smith jr.,** Akron, O., V. St. A., *Stabilisieren von Butadienkautschuk* (Mischpolymerisate aus Dienen mit Styrol, Vinylverbb. oder Acrylverbb.) mit geringen Mengen von Stannosalzen von Catecholaten oder Alkylcatecholaten, deren Alkyl bis zu 10 C-Atome enthalten kann. Man setzt z. B. die Salze dem Mischpolymerisatlatex zu u. koaguliert ihn dann. (**Can. P. 485 110** vom 5/3. 1948, ausg. 22/7. 1952. A. Prior. 6/8. 1947.) PANKOW. 7225

United States Rubber Co., V. St. A. (Erfinder: **Walter R. Dunn**), *Isobutylen–Acrylnitril–Emulsionsmischpolymerisation.* Man gibt zu einer Emulsion, die Isobutylen, Emulgator u. Polymerisationskatalysator enthält, bis zum Ende der Induktionsperiode 5—35% der Gesamtmenge an zuzusetzendem Acrylnitril (**I**) u. gibt laufend **I** zu, so daß die Gesamtmenge an **I** zugesetzt ist, wenn die Rk. zu 50—85% beendet ist. Das Harz hat eine Fließtemp. von 100—125°. Der erhaltene Latex dient zum Imprägnieren u. Überziehen von Textilien u. zur Herst. von Preßmassen. Man gibt in einem mit N_2 durchspülten u. evakuierten Autoklaven eine Emulsion aus 300 (Gewichtsteilen) W., 35 Isobutylen, 1 Dodecylmercaptan, 0,5 $K_2S_2O_8$, 3 Na-Diamylsulfosuccinat, heizt auf 65° u. pumpt in der Std. 4,33 **I** ein; nach 3 Std. beginnt die Polymerisation. Sobald der Umsatz 57% erreicht hat, wird das restliche **I** (insgesamt 65) zugegeben u. man heizt, bis 69% polymerisiert sind (ca. 23 Std.), kühlt ab, läßt Isobutylen entweichen, treibt **I** mit Wasserdampf ab, koaguliert den Latex, filtriert u. trocknet. Der Geh. des Polymeren an **I** ist während der ganzen Polymerisation fast konstant 72%. (**F. P. 986 406** vom 28/6. 1948, ausg. 31/7. 1951. A. Prior. 17/9. 1947.) PANKOW. 7225

Soc. An. Usines de Melle, Deux-Sèvres, Frankreich (Erfinder: **Raymond Buret**), *Verbesserung von Kautschuk und Kunstkautschuk.* (Nachtrag zu A. P. 2 524 424; C. **1951.** II. 2812.) Es können auch andere Säureanhydride, wie Tetrahydropyromucinsäureanhydrid, Borsäure-, Phosphor- u. Jodsäureanhydrid, angewandt werden. (**F. P. 973 687** vom 12/11. 1941, ausg. 13/2. 1951.) PANKOW. 7225

Soc. Auxiliaire de l'Institut Français du Caoutchouc, Seine, Frankreich (Erfinder: **Jean Le Bras**), *Alterungsschutzmittel für Kautschuk.* Man verwendet eine antioxydierend wirkende Mischung aus einem „typ. Antioxydans" (sek. aromat. Amine, Reaktionsprodd. von aromat. Aminen mit Aldehyden oder Ketonen) u. einem „desaktivierend wirkenden Antioxydans" (Imidazole). Ein „typ. Antioxydans" ist ein Stoff, der die Bindung von O_2 an Kautschuk unter Peroxydbldg. hindert, ein „desaktivierend wirkendes Antioxydans" ist ein solches, das die gebildeten Peroxyde desaktiviert. Genannt wird eine Mischung aus je 1 Teil Phenyl-β-naphthylamin u. Mercaptobenzimidazol. (**F. P. 977 673** vom 8/10. 1942, ausg. 4/4. 1951.) PANKOW. 7227

Imperial Chemical Industries Ltd., England (Erfinder: **David Hay Coffey, Owen Burchell Edgar, Thomas James Meyrick** und **John Thomas Watts**), *Plastiziermittel für Butadien–Acrylnitrilkautschuk.* Man verwendet hierfür mit organ. Polyisocyanaten modifizierte Polyester mit Mol.-Gew. von 1000 u. mehr, bes. 10000 u. mehr. — Man erhitzt z. B. 5560 (Gewichtsteile) Sebacinsäure u. 4340 Äthylenglykol (I) unter N_2 16 Std. bei 210° unter Wasserentfernung, dest. I bei 200° u. 0,3 mm ab (3 Std.); helles, sprödes Wachs; F. 70°, Mol.-Gew. 2800. 100 dieses Polyesters werden bei 80—90° 5 Min. mit 5,2 Hexamethylendiisocyanat gerührt u. 4 Std. auf Metallplatten bei 130° gehalten; zähe, harte M. (**II**). In 100 **II** walzt man bei 75° langsam 30 Perbunan, 1,5 ZnO, 0,6 Stearinsäure, 0,24 Mercaptobenzothiazol, 0,06 Diphenylguanidin u. 0,45 S u. heizt 35 Min. bei 141°. (**F. P. 982 718** vom 8/3. 1949, ausg. 14/6. 1951. E. Prior. 8/3. 1948.) PANKOW. 7227

West Virginia Pulp & Paper Co., V. St. A. (Erfinder: **Arthur Pollack** und **John Jacob Keilen jr.**), *Herstellung von Kautschuk-Lignin-Mischungen.* Kautschukmilch oder Kunstkautschuklatex (GR-S-Latex) wird mit Alkalilignat¹sg. gemischt, die Mischung durch Eingießen in verd. H_2SO_4 gefällt, das Koagulat abfiltriert u. gewaschen. Das Koagulat kann in wss. Medium beliebiger Rk. erneut dispergiert werden, die Dispersion kann zu Kautschukpulver sprühgetrocknet werden; man kann das Koagulat auch mit sonstigen Kautschukfüllstoffen u. Vulkanisiermitteln mischen u. auf Kautschukwaren verarbeiten. (**F. P. 981 754** vom 24/2. 1949, ausg. 30/5. 1951. A. Prior. 26/2. 1948.) PANKOW. 7227

Allon Skipsey, Woking, Surrey, England, *Kautschukvulkanisation.* Man verwendet als Vulkanisiermittel ein P-Sulfid zusammen mit einem Al-Salz einer organ. Säure, das in der Kautschukmischung lösl. ist. Das Salz kann auch zusammen mit einem Öl, in dem es lösl. ist, in Gelform verwendet werden. Al-Salze sind z. B. solche von Schellack, Kolophonium, Sulfonsäuren oder Carbonsäuren mit mindestens 12 C-Atomen. (**Can. P. 484 628** vom 9/2. 1949, ausg. 8/7. 1952. E. Prior. 27/2. 1948.) PANKOW. 7229

Monsanto Chemical Co., St. Louis (Erfinder: **James F. Hand,** Hudson, O.), V. St. A., *Vulkanisieren von synthetischem Kautschuk.* Die Vulkanisation von Butadienmischpolymerisaten erfolgt ohne S-Zusatz mit Aminsulfiden, die 2 Radikale mit zusammen 7 C-Atomen je N-Atom enthalten, wobei mindetens ein Radikal ein Alkyl- oder Cyclohexylrest ist, bes. mit **Aminosulfiden** der Formel $RR_1N-S_x-NRR_1$ (R = Alkyl, R_1 = Alkyl, Cyclohexyl oder Phenyl; $R + R_1 \geq 7$ C-Atome; x = bes. 4). (**D. B. P. 852 904** Kl. 39b vom 1/10. 1950, ausg. 20/10. 1952. A. Prior. 3/2. 1945.) OVERBECK. 7229

XIII. Ätherische Öle. Parfümerie. Kosmetik.

Gustavo A. Fester, Enzo A. Martinuzzi und **Armando I. Ricciardi,** *Einige flüchtige ätherische Öle.* 4. Mitt. (3. vgl. Rev. Fac. Ingeniería Quím. **19.** [1953.] 54.) Es wurden die äther. Öle folgender Pflanzen untersucht: *Tagetes minuta* (*glandulifera*): Im Öl wurden Ocimen, 2.6-Dimethyl-7-octenon-4 u. *Tageton* nachgewiesen. *Gnaphalium citrinum*: Aus den getrockneten Blüten wurden 0,1% eines schwer flüchtigen, schwach rechtsdrehenden Öles mit hohem Geh. an Fettsäuren gewonnen. *Porophylum lineare*: Das in einer Ausbeute von 0,1% gewonnene Öl ist wegen seines hohen Geh. an *d-Limonen* stark rechtsdrehend; es enthält ein gesätt. Keton, einen Isovaleriansäureester u. Palmitinsäure. *Psidium luridum*: Aus den getrockneten Blättern wurden 5,2% Öl mit viel Cineol u. α-d-Pinen gewonnen. Palmitinsäure wurde nachgewiesen. *Laurelia serrata*: Das aus der Rinde gewonnene Öl enthält viel *Safrol*, wenig Methyleugenol u. Azulene. *Chenopodium ambrosioides L.*: Das Öl enthält 20% Ascaridol u. ungefähr 50% p-Cymol. (Rev. Fac. Ingeniería Quím. **20.** 47—60. 1951. Sep.) STEINER. 7262

Domenico La Face, *Extraktionsverfahren, Ausbeuten und Kennzahlen der italienischen ätherischen Öle von süßen Orangen.* Die Kennzahlen erstrecken sich auf Aldehydgeh., Nichtflüchtiges, opt. Drehung, spezif. Gewicht.) (Boll. uff. R. Staz. sperim. Ind. Essenze Deriv. Agrumi Reggio Calabria **21.** 3—12. Jan./Juni 1951. Reggio Calabria, Centro di studio per le essenze del C. N. R.) SCHEIFELE. 7262

G. Migliardi, *Kennzahlen der Bergamotteöle der Kampagnen 1950—1951. (Januar-Februar 1951.)* (Boll. uff. R. Staz. sperim. Ind. Essenze Deriv. Agrumi Reggio Calabria **21.** 13—15. Jan./Juni 1951.) SCHEIFELE. 7262

—, *Bestandteile aromatischer Substanzen.* Eigg. u. Verwendungsmöglichkeiten der Buttersäureester der aliphat. u. Terpenalkohole, bes. in der Parfümerie. (Riv. ital. Essenze, Profumi, Piante officin., Olii veget., Saponi **34.** 497—99. 15/10. 1952.) STEINER. 7276

Morris B. Jacobs, *Capronate, Caprylate, Caprinate.* Von Methyl-, Äthyl-, Butyl-, Isobutyl-, Isoamyl-, Allyl-, Methallyl-, Cyclohexyl-, Octyl- u. Hydrocinnamylestern der Capron-, Capryl- u./oder Caprinsäure werden Eigg., Geruch u. Verwendungsmöglichkeiten bes. in der Parfümerie angegeben. (Amer. Perfumer essent. Oil Rev. **59.** 217—18. März 1952. Brooklyn, Politechn. Inst.) MÜHLMEISTER. 7276

Harry Hilfer, *Grundcremes und Schönheitswasser.* Rückblick u. Ausblick über die jüngste Entw. mit dem Ziel, durch Einführung von Pigmenten u. TiO_2 in Grundcremes diese mit Gesichtspudern zu kombinieren oder sie als wss. Emulsion oder in fl. Form herzustellen. (Drug Cosmet. Ind. **71.** 466—67. 557. Okt. 1952.) MÜHLMEISTER. 7284

Colgate-Palmolive-Peet Co., übert. von: **Earl L. Richardson** und **Kenneth L. Russell**, Jersey City, N. J., V. St. A., *Körperschweiß verhinderndes Mittel*, bestehend aus einem Al-Salz, z. B. Al-Sulfat oder -Chlorid u. einem neutralen Al-Salz einer Phosphorsäure, z. B. H_3PO_4. Das Mischungsverhältnis des Phosphats zum Salz der ersten Gruppe beträgt 1:1. Das Mittel kann in wss. Lsg. sowie in wasserhaltigen kosmet. Cremes zu 10—30% angewendet werden. (**Can. P. 485 623** vom 7/8. 1945, ausg. 12/8. 1952. A. Prior. 29/11. 1944.) WITTHOLZ. 7285

Franz Ströher Akt.-Ges., Frankfurt/M.,Bockenheim, *Haarfärbepaste.* Fl. Haarfärbemittel werden mit Monoestern aus seifenbildenden Fettsäuren mit 1wertigen hochmol. oder mehrwertigen aliphat. Alkoholen u. Emulgatoren, z. B. Cholesterin u. Fettalkoholsulfonaten, versetzt. (**D. R. P. 767 614** Kl. 30h vom 9/2. 1930, ausg. 5/1. 1953.) E. PETERSEN. 7285

Badische Anilin- & Soda-Fabrik, Ludwigshafen/Rh. (Erfinder: **Conrad Schöller**, Mannheim), *Haarfärbepaste*, gek. durch einen Geh. an höhermol. aliphat. Aminen, Amiden, Äthern oder Ketonen sowie (nichtionogenen) Emulgatoren. (**D. B. P. 860 689** Kl. 30h vom 1/11. 1950, ausg. 22/12. 1952.) E. PETERSEN. 7285

R. M. Gattefossé, Formulary of perfumery and of cosmetology. London: Leonard Hill. 1953. (VIII + 252 S.) 17 s. 6 d.

XIV. Zucker. Kohlenhydrate. Stärke.

Hans Wegner, *Über Phosphorsäuregehalt, Säuregrad und Inversionszahl des Stärkesirups.* Wie Vf. an Hand zahlreicher Beispiele zeigt, besteht zwischen dem P-Geh. eines Kartoffelmehles u. dem P-Geh. des daraus hergestellten Sirups ein direkter Zusammenhang. Im allg. besitzt ein Sirup mit einem zu hohen P-Geh. auch einen zu hohen Säuregrad u. eine zu hohe Inversionszahl. Für die Best. letzterer wird ein von WOLFF ausgearbeitetes, wenig Substanzmenge erforderndes Verf. angegeben. Inversionszahlen unter 5 liegen noch innerhalb der Norm, zwischen 5—10 sind die Sirupe schon zu sauer, u. bei über 10 sind sie für die Bonbonherst. als unbrauchbar zu bezeichnen. Durch Behandlung des Dünnsaftes mit schwach alkal. Mitteln, wie Schlämmkreide, oder auch mit Adsorptionsmitteln wie Bentonit lassen sich zu hohe P-Gehh. herabsetzen u. damit Sirupe von befriedigenden Eigg. gewinnen. Auch Kunstharzaustauscher mit Anionen austauschenden Eigg. lassen sich anwenden. (Stärke **3.** 187—91. Juli 1951. Berlin, Forschungsinst. für Stärkefabrikation.) ULMANN. 7446

Günther Heydt, *Stand der Technik der Stärketrocknung.* (Stärke **3.** 213—19. Juli 1951. Hamburg-Harburg, Eiweißtechnik.) ULMANN. 7448

A. Fritze, *Aufbau und Wirkungsweise der Rohmilch- und der Rinnenschleudern und ihr Einsatz in der Stärkeindustrie.* (Stärke **3.** 210—13. Juli 1951. Wunsdorf.) ULMANN. 7448

D. Ramondt, *Ionenaustauscher für Glucose.* Nach Beschreibung eines einfachen Laboratoriumsvers. zur Prüfung der Lebensdauer eines Anionenaustauschers bringt Vf. mit einem Spektralphotometer bei verschied. Wellenlängen aufgenommene Adsorptionskurven von Dünnsäften, Sirupen u. mit UV bestrahlten Sirupen. Eine Deutung der erhaltenen Kurvenbilder ist noch nicht möglich. (Stärke **3.** 194—96. Juli 1951. Amsterdam, Industrieele Maatschappij Activit N. V.) ULMANN. 7460

W. R. Fetzer, *Methoden in der Stärke- und Dextroseindustrie.* Überblick über die Entw. der Stärke- u. Dextroseindustrie u. die analyt. Methoden, die zur Best. von Stärkesirup, Dextrin u. Dextrose angewandt werden. Beschreibung der gebräuchlichen Viscosimeter. — 60 Literaturangaben. (Analytic. Chem. **24.** 1129—37. Juli 1952. Clinton, Iowa, Clinton Foods Inc.) KNÖPKE. 7490

Bernd Pagenstedt, *Stärketechnologische Studien mit dem Viscographen.* Beschreibung eines BRABENDER-Viscographen mit gesteuerter Aufheiz- u. Kühlvorr. u. Besprechung der Auswertungsverff. von damit erhaltbaren Verkleisterungskurven. Gegenüber *Weizen-, Mais-* u. *Reisstärke* zeigt *Kartoffelstärke* einen abweichenden Kurvenverlauf, der durch 2 Quellungsmaxima gek. ist. Vf. bringt weiterhin Kurven, die das Kleisterbildungsvermögen in Abhängigkeit von der Konz., dem Widerstand verschied. Stärken gegenüber einem fermentativen Abbau, sowie den Einfl. von Boraxzusätzen wiedergeben. Als neue Viscograph-Untersuchungsmeth. wird die zahlenmäßige Best. der „Zügigkeit" bzw. „Kürze" eines Kleisters beschrieben. (Stärke **3.** 202—10. Juli 1951. Duisburg.) ULMANN. 7490

Raffinerie Tirlemontoise Soc. An., Tirlemont, Belgien (Erfinder: **A. Smet**), *Gegenstromextraktion.* Stoffgemische, die einen festen Bestandteil enthalten, werden in mehreren Stufen mit einer Fl. im Gegenstrom unter Bedingungen behandelt, bei denen der feste Stoff fl. ist. Hierbei werden zwei verschied. Ströme von Extraktionsmitteln verwendet, die abwechselnd hin- u. herströmen u. bei diesem Hin- u. Herströmen für den Transport des Extraktionsgutes von Extraktstufe zu Extraktstufe sorgen. Das Verf. dient z. B. zum *Auslaugen von Rübenschnitzeln.* — Vorr., Zeichnungen. (**Schwed. P. 134 277** vom 18/8. 1949, ausg. 22/1. 1952. Belg. Prior. 23/8. 1947.) JÜRGEN SCHMIDT. 7413

Aktiebolaget Separator, Stockholm, *Reinigen von Zuckersaft* unter Ausfällung von organ. Verunreinigungen mit das p_H verändernden Chemikalien u. nachfolgende Filtration mit Filtrierhilfsmitteln als Filterkuchen oder -schlamm, dad. gek., daß diese Filterrückstände durch Zentrifugalseparierung vom Hauptteil der organ. Bestandteile befreit u. danach zwecks erneuter Verwendung bei der Filtration zurückgeführt werden. Hierbei kann auch das $CaCO_3$ der Kalkscheidung mit CO_2 als Filterhilfsmittel dienen. Arbeitsschema. (**D. B. P. 855 079** Kl. 89c vom 11/6. 1949, ausg. 10/11. 1952. Schwed. Prior. 26/11. 1947.) SCHINDLER. 7413

Corn Products Refining Co., New York, N. Y., übert. von: **Jacob B. Gottfried,** Chicago, Ill., V. St. A., *Reinigen von Zuckerlösungen* mit Ionenaustauschern, sulfoniertem Polystyrolharz als Kationen- u. sulfonierter Kohle als Anionenaustauscher, im fortlaufenden Cyclus mit Regeneration. Das Harz dient zum Entsalzen der Lsgg., wie sie bes. als Stärkehydrolysate (Dextrose) anfallen. Angaben über den Wechsel der Austauscherbehälter, Zeichnung. (**A. P. 2 599 757** vom 10/8. 1949, ausg. 10/6. 1952.) SCHINDLER. 7413

Refinerias de Maiz, S. r. l., Buenos Aires, Argentinien, *Kristallisieren von Zucker-, besonders Stärkezuckerlösungen.* Die zuvor auf eine Reinheit von 90% u. 38—42° Bé gebrachten Lsgg. werden zunächst mit 42—45° einer 1. Zone zugeführt, in der kleine Kristalle gebildet werden. In den folgenden 3 Zonen mit 35—38, 28—32 u. 20—25° werden die Kristalle zu großen Kristallen gezüchtet. Das Kühlwasser der 4. Zone läuft im Gegenstrom durch die 3 vorhergehenden Zonen. Die farbigen Kristalle werden schließlich abzentrifugiert. (**E. P. 676 361** vom 1/3. 1949, ausg. 23/7. 1952.) SCHINDLER. 7443

Corn Products Refining Co., New York, V. St. A., *Dextrose aus Dextrosepolymeren.* In der bei der Säurekonvertierung von Stärke entstehenden Lsg. koaguliert man die koll. Bestandteile mit Bentonit oder ähnlichen Tonen. Hierauf behandelt man diese Lsg. mit säureabsorbierender, gegen Dextrose inerter Substanz, z. B. einem Anionenaustauscher (I) auf Harzbasis, dann unter Umständen mit einem Kationenaustauscher u. zum Schluß nochmals mit einem I. (**Schwz. P. 279 902** vom 19/6. 1947, ausg. 1/4. 1952. A. Prior. 24/3. 1941.) HEINSEN. 7443

Johann Jónás, Heiligenberg/Bad., und **Walter Schoeller,** Konstanz/Bodensee, *Erhöhung der Süßkraft des Milchzuckers* (I) *oder seines Hydrolysats,* dad. gek., daß I oder sein Hydrolysat nach der Spaltung der Einw. solcher Mengen milder Alkalien unterworfen wird, die geeignet sind, einerseits die zur Hydrolyse verwendete Säure zu entfernen u. andererseits die Aldosen in Ketosen überzuführen, wobei die Neutralisierung der Basen durch kleinen Überschuß mit fällender Säure erfolgt. Z. B. erfolgt Hydrolyse mit H_2SO_4, α-Inversion mit $Ca(OH)_2$ u. Neutralisation mit H_2SO_4, H_3PO_4 oder CO_2. Zur Ketonisierung können auch Ester von Amino- oder Guanidosäuren usw. verwendet werden. (**D. B. P. 862 129** Kl. 89i vom 29/12. 1948, ausg. 8/1. 1953.) SCHINDLER. 7445

Blattmann & Co., Wädenswil, Schweiz, *Herstellung von Stärkederivaten und deren Abbauprodukten* durch Behandeln von gegebenenfalls vorbehandelter, trockener bis feuchter Stärke (I) in pulverigem Zustand mit Reaktionsmitteln, bes. Verätherungs- oder Veresterungsmitteln bei erhöhter Temp., dad. gek., daß die Behandlung mit den Reaktionsmitteln im Vakuum unter fortwährender Wasserverdampfung erfolgt u. das Reaktionsgut, gegebenenfalls nach einer therm., unter Ausschluß von O_2 durchgeführten Nachbehandlung, ebenfalls unter Ausschluß von O_2 gekühlt wird. Die Vorbehandlung der I kann mit SO_2, Enzymen oder Ultraschall erfolgen. Als Reaktionsmittel sind bes. Aldehyde oder z. B. Polyoxymethylene genannt. Die Behandlung selbst kann im Vakuum oder in Ggw. inerter Gase erfolgen. Hochstabile Prodd. ohne wesentliche reduzierende Eigenschaften. (**D. B. P. 864 396** Kl. 12o vom 30/1. 1951, ausg. 26/1. 1953. Schwz. Priorr. 7/2. u. 10/7. 1950.) SCHINDLER. 7449

XVI. Nahrungs-, Genuß- und Futtermittel.

A. Schulz, *Untersuchungen und Erfahrungen über die Verbesserung der Backfähigkeit von Weizenmehlen durch Pilzamylase.* An Hand der Literatur (9 Hinweise) u. auf Grund eigener Verss. berichtet Vf. über die günstige Wrkg. des Pilzamylasezusatzes zum Mehl (bessere Teigverarbeitung, größeres Gebäckvol., bessere Krumeneigg., kräftigere Oberflächenbräunung). Diese Verbesserungen der Mehlqualität lassen sich bereits mit Zusätzen von 0,15—0,30% erzielen. (Brot u. Gebäck **6.** 168—71. Nov. 1952. Detmold, Bundesanstalt für Getreideverarbeitung.) WINIKER. 7674

E. vom Stein, *Rationelle Hefemengen bei Brot und Gebäck.* Durch Festlegung der Minimal- u. Maximalgrenzen der Hefezugaben in den Teigen wurden die rationellen Hefemengen für Brot u. Gebäck ermittelt. Gebäckarten mit intensiver Hefegärung zeigten geschmacklich Vorteile, bes. beim Roggen- u. Roggenmischbrot. Dies beruht in erster Linie darauf, daß bei diesen Brotarten mit zunehmenden Hefezugaben der Säuregrad beachtlich zurückgeht. In keinem Falle werden bei irgendeinem Gebäck durch überhöhte Hefemenge eine Geschmacksbeeinträchtigung bewirkt. (Brot u. Gebäck **6.** 165—68. Nov. 1952. Kettwig/Ruhr.) WINIKER. 7674

E. Lindemann, *Neue Erfahrungen bei der Verwendung von Stärke in der Bäckerei.* Backverss. von Feingebäcken mit Weizen-, Mais- u. Milostärkezusätzen ergaben, daß mit Weizenstärke (I) der zarteste Schmelz u. die reinste Krumenfarbe erzielt wird. Bzgl. Aussehen, Bräunung, Schnittfestigkeit, Lockerung u. Gleichmäßigkeit wurden keine Unterschiede festgestellt. Mit abnehmendem Stärkezusatz traten die Vorzüge der I immer weniger deutlich in Erscheinung. Therm. oder mechan. Beschädigung von I verursachte eine deutliche Viscositätsabnahme u. bedingte backtechn. eine Verminderung des Vol. bzw. eine geringere Lockerung u. Gleichmäßigkeit. Unterss. von I-Fraktionen verschied. Körnchengröße ergaben, daß Kleister aus den kleineren I-Körnern eine höhere Viscosität besitzen als solche aus größeren. (Brot u. Gebäck **6.** 160—63. Okt. 1952. Detmold, Bundesanstalt für Getreideverarbeitung.) WINIKER. 7674

H. Stephan, *Möglichkeiten und Maßnahmen zur Beeinflussung des Geschmackes bei Mischbrot.* Behandelt werden: Mischungsverhältnis von Roggen- u. Weizenmehl, Vollsauerantei, Teigführung, -temp. u. -festigkeit, Höhe des Salzzusatzes, Gewürzzusätze. (Brot u. Gebäck **6.** 152—54. Okt. 1952. Detmold, Bundesanstalt für Getreideverarbeitung.) WINIKER. 7674

H. Stephan, *Toastbrot.* Überblick über Eigg. u. Herstellung. (Brot u. Gebäck **6.** 177—78. Nov. 1952. Detmold, Bundesanstalt für Getreideverarbeitung.) WINIKER. 7674

—, *Wirkungen von Invertzucker bei Zuckerbäckereiprodukten.* Zur Herst. von Konfekt ist ein gewisser, streng kontrollierter Geh. an Invertzucker (I) notwendig. Zuviel I führt zu weichen, klebrigen Prodd., während bei zu wenig I der Rohrzucker auskrist. u. die Prodd. körnig u. trocken werden. I kann während der Herst. durch Inversion des Rohrzuckers infolge Einw. von Hitze oder Säure, die entweder in den Rohmaterialien vorhanden ist oder in Form von Weinstein, Citronensäure usw. zugesetzt wird, entstehen. Oft ist es aber vorteilhaft, die gewünschte Menge I in Form von Invertsirup hinzuzufügen. Genau so wie I, aber viel langsamer wirkt Invertase, die wegen ihrer Hitzeempfindlichkeit jedoch nur bei solchen Prodd. verwendet werden kann, die bereits fertiggestellt sind, bei denen aber ein etwas höherer I-Geh. erwünscht ist. (Confect. Product. **18.** 987—90. Okt. 1952.) RUTKOWSKI. 7704

Nadia Avalle, *Stabilisierung des ätherischen Orangenöls in Getränken aus reinem Fruchtsaft.* Die Qualität des Orangensaftes muß durch Zugabe von Orangenöl verbessert werden. Da dessen D. nur ca. 0,84—0,85 beträgt gegenüber einer D. des gesüßten u. mit CO_2-haltigem W. u. Citronensäure versetzten Getränkes von 1,03—1,05 muß zwecks Verhinderung einer Ölabscheidung an der Oberfläche die D. des Orangenöles vorher durch Zugabe bromierter Öle auf diesen Betrag erhöht werden. Zur Emulgierung des Öls wird vorteilhafterweise *Karaya*-Gummi verwendet. (Riv. ital. Essenze, Profumi, Piante officin., Olii veget., Saponi **34.** 496—97. 15/10. 1952.) STEINER. 7706

H. Dörner, *Der Zustand der Milch in seiner Auswirkung auf das Dickungsvermögen von Stärken.* Prüfung von mit frischer u. auf natürliche Weise gesäuerter Vollmilch in üblicher Weise gekochte Puddings, wozu auch ein einfaches Gelometer benutzt wurde, durch das sich der Druck bestimmen läßt, den ein Pudding bis zum Zerreißen der Oberfläche aushält, ergab nur bei *Weizenstärke* eine Abnahme des Dickungsvermögens mit dem Ansteigen des Säuregrades. *Milostärke* reagiert gar nicht u. das Dickungsvermögen von *Maisstärke* nahm bei höheren Säuregraden zu. Auch Zusatz von organ. Säuren, wie Milchsäure u. Weinsäure zur Milch rief keine Puddingsverflüssigung hervor. (Stärke **3.** 191—93. Juli 1951. Detmold, Bundesanstalt für Getreideverarbeitung.) ULMANN. 7710

Carl Jensen, *Wichtige Aromen.* Gesichtspunkte u. Vorschläge für die Zus. von Ananas-, Kirsch- u. Erdbeeraroma. Hinweis auf die Wichtigkeit eines Anteils an höhersd. Komponenten. (Amer. Perfumer essent. Oil Rev. **59.** 219—20. März 1952. New York, Univ., Delaware, Givaudan.) MÜHLMEISTER. 7714

E. Beccard, *Trocknungsergebnisse bei besonders langer Trocknungszeit bei wechselnden Temperaturen und Bedingungen bei der Wasserbestimmung in Getreideprodukten.* Krit. Unters. der als verbindlich anerkannten Konventionalmethoden für die Best. des W. in Getreide u. Produkten daraus 1 Std. langes Trocknen bei 130° oder über Nacht bei 105°). (Brot u. Gebäck **5.** 92—95. Juni 1951. Berlin.) F. HEINRICH. 7796

Hermann Engelhard, Deutschland, *Schutz von Lebensmitteln und anderen organischen Stoffen vor Schimmelbefall.* Man bedient sich solcher Stoffe, welche die Eig. haben, die Oberflächenspannung stark zu erniedrigen u. welche außerdem Atomgruppen mit konservierender Wrkg. enthalten. Man kann auch fungicid wirkende Stoffe in Verb. mit oberflächenakt. Stoffen verwenden, die selbst keine fungicide Wrkg. entfalten können. (**F. P. 1 006 430** vom 13/1. 1948, ausg. 23/4. 1952.) HEYNE. 7635

C. F. Boehringer & Soehne G. m. b. H. (Erfinder: **Erich Rabald** und **Adolf Hagedorn**), Mannheim-Waldhof, *Schlagfähiges Eiweiß* (**I**). Aus Magermilch durch Ansäuerung ausgefälltes **I** wird in alkal. Fl. aufgeschlämmt, die Suspension unter Zusatz eines mit W. mischbaren organ. Lösungsm., wie A., kurz erwärmt u. mit weiterem Lösungsm. u. mit Säure bis zum Neutralpunkt versetzt. Das ausgefällte **I** wird abgetrennt u.getrocknet. (**D. B. P. 854 304** Kl. 53i vom 20/9. 1940, ausg. 4/11. 1952.) KRANZ. 7647

Adrianus Kleijn, Rotterdam, Holland, *Behandlung von Mehl oder ähnlichen Mahlprodukten mit Chlordioxyd.* Man verwendet eine wss. ClO_2-Lsg., leitet durch diese ein indifferentes Gas u. bringt den so beladenen Gasstrom mit dem Mehl in Berührung. (**Finn. P. 26 012** vom 25/8. 1950, Auszug veröff. 31/10. 1952. Holl. Priorr. 31/8. 1949 u. 23/1. 1950.) JÜRGEN SCHMIDT 7671

Henkel & Cie. G. m. b. H. (Erfinder: **Hellmut Damm** und **Hans Bartram**), Düsseldorf, *Teigbereitung.* Als Teiglockerungsmittel dienen an Stelle oder zusammen mit n. Bäckerhefe (*Saccaromyces cerevisiae*) Pentosen verwertende Gärungsmonilien, bes. *Candida tropicalis, albicans* oder *mortiferis.* (**E. P. 675 878** vom 14/10. 1949, ausg. 16/7. 1952.) KRANZ. 7675

Western Condensing Co., San Francisco, Calif., übert. von: **Reginald E. Meade**, Appleton, Wis., V. St. A., *Backhilfsmittel* mit hoher Wasseraufnahmefähigkeit. Molke wird auf p_H 4—5,6, dann auf p_H 6—9 eingestellt u. auf 185—280° F. erhitzt. Nach Zugabe von erhitzter Magermilch wird die Mischung noch ca. 30 Min. bei dieser Temp. gehalten, durch Verdampfen konz., erneut auf p_H 4—5,6 u. dann p_H 6—9 eingestellt u. getrocknet. (**A. P. 2 602 747** vom 19/7. 1949, ausg. 8/7. 1952.) KRANZ. 7675

Schering Akt.-Ges. (Erfinder: **Alfred Czyzewski, Karl Görnitz**, Teltow, und **Herbert Schotte**), Berlin, *Verhinderung der Keimung bei Hackfrüchten und dergleichen* durch Verwendung von Verbb. der allg. Formel $(R_1)(R)_2N-CS(S)R_3$, in der R_1 u. R_2 für H; R_1, R_2 u. R_3 für aliphat., alicycl. oder aromat. Reste stehen, wobei R_1, R_2, R_3 gleich oder verschieden sein können, gegebenenfalls im Gemisch mit Fäulnis verhindernden Mitteln, insekticiden Stoffen, Farbstoffen u. dergleichen. Z. B. Die Methyl-, Äthyl-, Propyl-, Butyl-Amylester von $N.N^1$-Dimethyldithiocarbaminsäure. (**D. B. P. 858 352** Kl. 53c vom 2/10. 1948, ausg. 4/12. 1952.) MAASS. 7679

Lech-Chemie Gersthofen (Erfinder: **Rudolf Hüttel** und **Lorenz Gänswürgen**), Gersthofen/Augsburg, *Verhinderung der Keimung von Kartoffeln und anderen pflanzlichen Knollenfrüchten,* die als Lebens- oder Futtermittel oder für techn. u. pharmazeut. Zwecke Verwendung finden, durch Zusatz der 3 chlorierten Essigsäuren in Form ihrer Amide oder substituierten Amide. (**D. B. P. 858 627** Kl. 53c vom 12/10. 1950, ausg. 8/12. 1952.) MAASS. 7679

Aktieselskabet de Danske Sukkerfabrikker, Kopenhagen, Dänemark, *Herstellung von Pektin.* Man extrahiert entzuckerte Rübenschnitzel mit Mineralsäurelsg. in solcher Menge, daß die Mischung eine Säurenormalität (**I**) von 0,05—0,15 aufweist. Die vom

Ungelösten abgetrennte Lsg. wird dann unter Erhöhung der I auf 0,3—1,0 hydrolysiert. Die Extraktion dauert bei 60—90° ca. 2—6 Std., die Hydrolyse bei 35—55° 1—3 Tage. (**Dän. P. 73 409** vom 17/3. 1947, ausg. 19/11. 1951.) JÜRGEN SCHMIDT. 7703

D. T. Berglund, Halmstad, Schweden, *Herstellung von gut gelierendem Pektin.* Pektin mit stark veresterten Galakturonsäuregruppen (I), z. B. Rübenpektin, wird unter laufender Best. der Acetyl- u. Methylgruppen hydrolysiert. Die Hydrolyse wird abgebrochen wenn die Abspaltung der Acetylgruppen so weit fortgeschritten ist, daß die acetylierten I unter 10, besser unter 5, aber höchstens bis auf ca. 3 (%) abgesunken ist. Die Abspaltung der Methylgruppen soll aber nur gering sein, so daß die methylierten I nicht wesentlich unter 30 absinken. Z. B. hydrolysiert man ein Rübenpektin mit 19 acetylierten u. 70 methylierten I mit 1,5%ig. HCl bei 60° ca. 8—10 Std. u. bei 50° ca. 18 Stunden. (**Schwed. P. 133 567** vom 27/6. 1947, ausg. 6/11. 1951.) JÜRGEN SCHMIDT. 7703

Saml. Hanson & Son, Ltd., London, England, *Behandlung von Zichorienwurzeln* (I). Die gewaschenen I werden zerkleinert, in einer feuchtwarmen Atmosphäre bei nicht über 70°, bes. 50—55°, so lange einer Gärung unterworfen, bis p_H der I auf ca. 5,0 gefallen ist, u. schnell bei ca. 150° im Heißluftstrom getrocknet. (**E. P. 649 791** vom 8/3. 1948, ausg. 31/1. 1951.) KRANZ. 7723

Svenska Mjölkprodukter Aktiebolag, Stockholm, Schweden (Erfinder: **K. Kremers**), *Herstellung von eigelbartigen Produkten.* Man erhöht den p_H-Wert von Milchcasein auf <7 u. setzt vorher oder nachher Emulgiermittel, wie Lecithin, Pflanzenleim oder Lecithin mit celluloseartigen Verbb., Kefir oder Kefireiweiß, zu u. verarbeitet alles zu einer homogenen Masse. Man kann weiterhin Fette u. Öle, Farbstoffe u. sonstige Zusätze für Backwaren u. Speisezwecke zusetzen. Der p_H-Wert wird mit Hilfe von alkal. Kalkverbb., bes. $Ca(OH)_2$, eingestellt. (**Schwed. P. 133 662** vom 15/5. 1939, ausg. 20/11. 1951. D. Prior. 5/12. 1938.) JÜRGEN SCHMIDT. 7755

Tage Nielsen, Kopenhagen, Dänemark, *Verhinderung der Buttersäuregärung bei der Käseherstellung.* Bei der direkten Käseherst. aus Milch setzt man ein wasserlösl. Perborat, bes. *Na-Perborat,* gegebenenfalls zusammen mit etwas NaCl u. KNO_3, zu. (**Dän. P. 73 507** vom 18/9. 1941, ausg. 10/12. 1951.) JÜRGEN SCHMIDT. 7761

Milton E. Parker and others, Elements of food engineering. New York: Reinhold. 1952. (395 S. m. Abb. u. Diagr.) $ 8,75.

XVII. Fette. Seifen. Wasch- u. Reinigungsmittel. Wachse. Bohnermassen usw.

Marcel Loncin, *Die spontane, autokatalytische Hydrolyse der Triglyceride.* Die meisten Rohfette zeigen während der Lagerung bzw. während des Transportes eine beträchtliche Zunahme des Geh. an freien Fettsäuren. Am Beispiel des Palmkernöles kann durch entsprechende Verss. gezeigt werden, daß hierfür weder Mikroorganismen noch Enzyme verantwortlich gemacht werden können u. daß die Hydrolyse lediglich durch vorherige Entwässerung oder Entsäuerung der Öle verhindert oder verzögert werden kann. (Oléagineux **7.** 695—98. Dez. 1952. Bruxelles, Centre d'Enseignement et de recherches des Ind. Aliment.) FIEDLER. 7870

Pierre Blaizot und **Pierre Cuvier,** *Die ernährungsmäßige Bedeutung der Fette und deren Synthese.* Der steigende Bedarf an für die Ernährung bestimmten Fetten erfordert, daß alle natürlichen Fette, gegebenenfalls nach entsprechender Veredelung bzw. Umarbeitung, vornehmlich der Ernährung zugeführt werden, während der Bedarf des techn. Sektors durch synthet. Prodd. gedeckt werden sollte, zumal die im Verlauf der letzten Jahre entwickelten Verff., die zum Teil ausführlich besprochen werden, zu wertvollen Prodd. führen. Der Einsatz synthet. Triglyceride für die Ernährung dürfte erst dann zweckmäßig sein, wenn die Forschung ihre eingeleiteten Unterss. abgeschlossen hat. (Oléagineux **7.** 685—92. Dez. 1952. Inst. de Recherches pour les huiles e oléagineux.) FIEDLER. 7876

Hugo Fontana, *Die für die Extraktion der Olivenöle geeignetsten Lösungsmittel.* Unter Ablehnung des Bzn. werden Vor- u. Nachteile von CS_2 u. C_2HCl_3 für die Extraktion des *Olivenöls* (I) erörtert u. wird darauf hingewiesen, daß beide Lösungsmittel infolge Zers. eine ähnlich große Verunreinigung mit S bzw. Cl zur Folge haben, daß diese aber in höherem Maße von der Vorbehandlung der Früchte (Trocknungsgrad), ihrem Zustand (frisch oder fermentiert unter Bldg. von *Ölsäure* [II]) u. der Fabrikationsweise (schnelle oder langsame Extraktion mit viel oder wenig Lösungsm., Dest. mit Dampf von verschied. Druck, Beheizung bei der Trocknung der Früchte durch Gase, die bei Verbrennung der Tresterrückstände unter ungenügender Luftzufuhr entstehen) abhängt. Auch die Korrosion der Anlagen ist weniger eine Folge des Lösungsm., außer infolge Einw. von feuchtem CS_2-Dampf auf die Kondensationsrohre oder von C_2HCl_3 auf krit. Teile bei Überhitzung, als des eventuellen II-Geh. der Trester. Deshalb empfiehlt Vf., gut ausgestattete Anlagen mit strenger Sicherheitskontrolle für CS_2 beizubehalten, aber alle CS_2-Anlagen in mangelhaftem Zustand u. nahe bei Siedlungen auf C_2HCl_3 umzubauen u. neue Anlagen nur für C_2HCl_3 mit Spezialmetallen für die krit. Teile zu errichten. Die Reinigung des rohen I ist für den direkten Verbrauch ebenso wie für die Hydrierung unumgänglich u. heute so wirksam, daß die Suche nach dem idealen, selektiven Lösungsm. sich erübrigt. (Ion [Madrid] **12.** 574—77. Nov. 1952.) METZENER. 7894

P. V. Nair, C. J. Philip und **T. A. Ramakrishnan,** *Limonensaft als Stabilisator für Pflanzenöle.* Während bei unbehandeltem Sesamöl bzw. Cocosnußöl im Verlauf von 20 bzw. 30 Tagen bei 40° die Peroxydzahl von 23,4 auf 290,6 bzw. 6,4 auf 89,6 ansteigt, erfolgt bei mit 0,1%ig. Limonensaft behandelten Ölen nur eine Erhöhung von 23,4 auf 31,9 bzw. 5,4 auf 9. Die Fähigkeit des Saftes, die Stabilität von Pflanzenölen zu erhöhen, beruht wahrscheinlich auf synergist. Wrkg. bestimmter unbekannter Stoffe mit Ascorbinsäure. (Sci. and Cult. **17.** 295—96. Jan. 1952. Trivandrum, Centr. Res. Inst., Div. of Appl. Chem.) RANG. 7894

Girdler Corp. (Erfinder: **Alton E. Bailey**), V. St. A., *Geruchlosmachen von Ölen und Fetten* in einer Mehrplattenkolonne, worin das Öl in eine Anzahl von in einer Kolonne übereinanderliegenden Verteilungsplatten gleichzeitig unter Zuführung von Wasserdampf eingeleitet wird. Das Öl wird dabei von unten nach oben unter red. Druck gegen mehrere Verteilungs-Prallplatten gespritzt. Dabei wird das Öl zunächst bei niederer Temp. entlüftet u. danach bei höherer Temp. desodorisiert. — Zeichnung. (**F. P. 997 631** vom 15/10. 1949, ausg. 8/1. 1952. A. Prior. 16/10. 1948.) M. F. MÜLLER. 7875

Eastman Kodak Co., übert. von: **James G. Baxter** und **Jacob L. Jakobsen,** Rochester, N. Y., V. St. A., *Reinigen von tierischen und pflanzlichen Ölen,* welche ein natürliches Antioxydationsmittel enthalten, durch Zusatz einer organ. mehrbas. Säure. Dadurch werden die in dem Öl enthaltenen Verunreinigungen koaguliert u. als Schlamm abgeschieden. Das vom Schlamm abgetrennte Öl wird im Hochvakuum dest. u. dabei wird eine Fraktion abgetrennt, welche das natürliche Antioxydans wenigstens teilweise enthält. (**Can. P. 485 640** vom 18/11. 1939, ausg. 12/8. 1952. A. Prior. 8/3. 1939.) M. F. MÜLLER. 7875

United States of America, übert. von: **John C. Cowan,** Peoria, und **Cyril D. Evans** Peoria Heights, Ill., V. St. A., *Antioxydationsmittel.* Fetten u. Ölen wird 0,005—0,1% Iminodibernsteinsäure zugesetzt. (**A. P. 2 594 294** vom 25/7. 1950, ausg. 29/4. 1952.) LÜTTGEN. 7877

Canadian Patents & Development Ltd., Ottawa, Ontario, übert. von: **Frantz Aimé Vandenheuvel,** Halifax, Nova Scotia, Can., *Verarbeiten von Fischleber.* Sie wird bei 45 bis 70° maceriert, mit wss. NaOH oder KOH (<1,5%, bezogen auf Leber) auf p_H 7,5—8,5 eingestellt u. auf 70° erwärmt, bis sich Öl- u. Eiweiß-W.-Schicht trennen. (**A. P. 2 588 388** vom 13/8. 1949, ausg. 11/3. 1952.) LÜTTGEN. 7899

Ewald Becker, Hamburg, *Herstellung von Wasser-in-Öl-Emulsionen,* wie *Margarine.* Man verleibt den Ausgangsstoffen für die Emulsion bzw. den Emulsionen während oder nach ihrer Herst. geringe Mengen von Eiweiß, das aus tier. Blut gewonnen ist, bzw. Eiweiß enthaltende Blutbestandteile ein. (**D. B. P. 865 100** Kl. 53h vom 14/11. 1950, ausg. 29/1. 1953.) MAASS. 7901

Badische Anilin- & Soda-Fabrik, Ludwigshafen/Rh. (Erfinder: **Martin Luther,** Mannheim, **Alfred Kürzinger,** Ludwigshafen/Rh., **Emil Keunecke,** Birkenau/Odenw.), *Stark schäumende Seife.* Feste Fettsäuren der Paraffinoxydation werden vor der Verseifung durch Lösen in z. B. Methylformiat u. Auskristallisieren bei z. B. —5° gereinigt. (**D. B. P. 850 497** Kl. 23d vom 26/6. 1943, ausg. 25/9. 1952.) LÜTTGEN. 7907

Ruhrchemie Akt.-Ges., Oberhausen (Erfinder: **Heinrich Tramm,** Mülheim/Ruhr, **Karl Büchner, Helmut Kolling, August Hagemann** und **Nikolaus Geiser,** Duisburg), *Geruchfreie, keinen Sekundärgeruch hinterlassende Seifen aus Olefinen der katalytischenKohlenoxydhydrierung.* Man geht von Olefinen aus, die halogeniert u. anschließend dehalogeniert werden. (**D. B. P. 843 587** Kl. 23e vom 2/10. 1948, ausg. 10/7. 1952. F. Prior. 31/5. 1948.) LÜTTGEN. 7911

Dow Chemical Co., übert. von: **Clarence L. Moyle,** Clare, und **Paul A. Wolf,** Midland, Mich., V. St. A., *3-Alkyl-2.2'-dioxy-3'.5.5'.6'-tetrachlordiphenylmethan.* Man setzt 4-Chlor-2-isopropylphenol bzw. 4-Chlor-2-sek.-butylphenol mit 2.4.5-Trichlorphenol u. CH_2O in Ggw. eines sauren Kondensationsmittels um. — *3-Isopropylverb.,* F. 186—187,5°; *3-sek.-Butylverb.,* F. 135—136°. — Zusatzstoffe zu *Seifen, Reinigungsmitteln,* plast. Massen, Kosmetika mit *desinfizierender Wirkung.* (**A. P. 2 606 210** vom 27/4. 1950, ausg. 5/8. 1952.) FABEL. 7911

Lever Brothers & Unilever Ltd., Port Sunlight, England, *Herstellung einer Seifenmischung* aus fertigem Seifenpulver durch Zusatz von feinzerteiltem $CaCO_3$ in einer Menge von höchstens 15%. Gegebenenfalls wird dem $CaCO_3$ vor dem Vermischen Na_2CO_3 als Verdünnungsmittel zugesetzt, z. B. verwendet man 1 (Teil) $CaCO_3$ auf 1—10 Na_2CO_3. — Die vermahlene Mischung enthält bis zu 2 (Teilen) $CaCO_3$ auf 100 Seifenpulver. Als Zus. des Seifenpulvers ist angegeben: 69,5 (%) Seifengrundlage mit 70 wasserfreier Seife, 16,8 Na_2CO_3 (wasserfrei), 12,1 neutrales Na-Silicat 80° Tw. u. 1,6 Wasser. (**Oe. P. 173 523** vom 5/6. 1950, ausg. 27/12. 1952. E. Prior. 30/5. 1949.) M. F. MÜLLER. 7913

Louis McDonald, Boston, Mass., V. St. A., *Waschmittel*, bestehend aus Seife, kleineren Mengen seifenfreier Waschmittel (I) u. einem emulgierten Quellmittel, bes. in W. unlösl. Äthylcelluloseäther (**III**), der die Bldg. von Micellen in der Waschlauge begünstigen soll. **I** soll aus 2 Komponenten bestehen, von denen die eine ein starkes Lösungsm. u. Dispergiermittel für Ca- u. Mg-Seifen ist, z. B. Arylalkylpolyäthersulfat, Alkylsulfat, Alkylarylsulfonat, u. das andere die Löslichkeit der Seife in Ggw. von Elektrolyten begünstigen soll, z. B. Arylalkylpolyätheralkohole (**II**) u. Polyoxyalkylenätherfettsäureester. — Beispiel: 450 (Teile) pilierte Seife, 120 alkyliertes Phenolsulfonat-Polyäthersulfat („Triton 770"), 40 **II** („Triton NE"), 8 **III**-Emulsion (25% **III**, 4% Mannitmonooleat, 71% inerter Löser), 2,5 20%ig. Methylcelluloselsg. u. 4 Wasserglas (40° Bé). (**A. P. 2 588 264** vom 1/12. 1944, ausg. 4/3. 1952.) LÜTTGEN. 7913

XVIIIa. Holz. Cellulose. Zellstoff. Papier. Papierdruck. Celluloid. Linoleum.

W. N. Koslow, *Probleme der Holzchemie und ihre weitere Entwicklung*. Kurze Zusammenfassung, wobei bes. auf die Wichtigkeit pyrolyt. Verff. hingewiesen wird. (Вестник Академии Наук СССР [Nachr. Akad. Wiss. UdSSR] **22**. Nr. 10. 98—101. Okt. 1952.) ULMANN. 7952

T. A. Kilroe-Smith, *Chemische Betrachtung über die Imprägnierung von Bergwerkshölzern, unter besonderer Berücksichtigung der Kupfersulfat–Natriumbichromat-Mischungen*. Zu berücksichtigen sind: Giftigkeit der Imprägnierungsmittel, Wirksamkeit, Eindringen in das Holz, korrosive Einflüsse der Chemikalien, Zunahme der Feuergefährlichkeit u. Kosten. $CuSO_4$ u. $Na_2Cr_2O_7$ sind sehr giftig für Pilze. Da die Salze lösl. in W. sind, werden sie leicht ausgelaugt. Sie werden indes vom Holz umgesetzt, u. es bilden sich CuO u. Cr_2O_3 bzw. $CuCrO_4$ oder $Cu(COO)_2$. Die Wrkg. der umgesetzten Salze ist verschieden: so wurde *Hydnum Henningsii* nicht angegriffen. $CuSO_4$ greift Stahl sehr an, doch wird die Wrkg. durch $Na_2Cr_2O_7$ verringert. Als zweckmäßige Lsg. wurde 1,3% $CuSO_4$ u. 1% $Na_2Cr_2O_7$ gefunden. (South African ind. Chemist **6**. 178—80. Juni 1952. Johannesburg, Chamber of Mines Res. Labor.) FRIEDEMANN. 7952

Bengt G. Rånby, *Physikalisch-chemische Untersuchungen über tierische Cellulose (Tunicin)*. Vf. untersuchte Feinbau, DP u. Mercerisierung tier. Cellulose (I) der Manteltiere Gattung Ascidiae, u. zwar *Corella parallelogramma* (Schweden) u. *Ascidia spp.* (Spanien). **I** wurde isoliert durch 20std. Kochen mit 1%ig. NaOH auf dem Wasserbad u. Waschen mit verd. Essigsäure. Die zur Mercerisierung erforderliche NaOH-Konz. ist für **I** höher als für Baumwolle (**II**) u. Holzcellulose (**III**). Der Feinbau wurde im Siemens-Elektronenmikroskop bei 1: 8500 untersucht. Die Fasern von **I** sind dicker u. steifer als von **II** u. **III** u. sind auch gegen 4std. Hydrolyse mit 2,5nH_2SO_4 beim Kp. beständiger als **II** u. **III**. Die DP-Gradbest. über das Nitrat ergab mindestens 4000, also für **I** höher als für **II**. (Ark. Kemi **4**. 241—48. 1952. Uppsala, Univ., Inst. für physikal. Chem.) BORCHERS. 7954

Bengt G. Rånby, *Physikalisch-chemische Untersuchungen über Bakteriencellulose*. Aus einer Saccharosenährlsg. wurde nach ASCHNER mit *Acetobacter xylinum* Bakteriencellulose (**I**) gewonnen u. durch wiederholtes Kochen mit 1%ig. NaOH auf dem Wasserbad isoliert. Die Röntgenstrahlenunters. nativer u. mercerisierter **I** ergab, daß diese ähnliche Beugungsintervalle hat wie Baumwollcellulose (vgl. C. **1951**. II. 3392), aber sich hierbei von tier. Cellulose unterscheidet. Auch die als Ergebnisse der Best. der Wassersorption u. des DP gehen in gleicher Richtung. — 4 Elektronenmikrophotos. (Ark. Kemi **4**. 249—55. 1952.) BORCHERS. 7954

R. Douglas Waddell, *Ammoniumbisulfit-Zellstoff-Herstellung*. Bericht über Betriebserfahrungen in dem bisher mit Dolomit als Base arbeitenden Werk Lebanon der CROWN ZELLERBACH CORP. (Paper Ind. **33**. 1442. März 1952. Crown Zellerbach Corp.) BORCHERS. 7962

Arno Kenetti, *Die Absorptionstheorie der Gase in Anwendung auf den Sulfitsäureturm*. Nach Darlegung der theoret. Wechselwirkungen zwischen Gasstrom u. Flüssigkeitsschicht werden die chem. Vorgänge zwischen $CaCO_3$ u. H_2SO_3 im Turm zur Herst. der

$Ca(HSO_3)_2$-Lsg. besprochen, weiter mathemat. die Grund- u. Geschwindigkeitsgleichung der Absorption abgeleitet sowie der Einfl. der die Absorptionsgeschwindigkeit beeinflussenden Faktoren erörtert. Zuletzt bespricht Vf. die Absorptionstheorie im Kalksteinturm, die dem HENRYschen Gesetz folgt, u. teilt nach BEUSCHLEIN u. CONRAD ein Diagramm über Abhängigkeit des SO_2-Teildruckes vom Geh. der Lsg. an Gesamt- u. gebundenem SO_2 bei 15° mit. — 10 Schrifttumshinweise. (Svensk Papperstidn. **55.** 477—82. 31/7. 1952.) BORCHERS. 7962

H. Borden Marshall, *Die Verwertung von Sulfitablauge. Bibliographie der 1951 veröffentlichten Literatur.* Die umfassende Übersicht ist gegliedert in NH_4- u.Mg-Bisulfitverff., Bindemittel, Chemikalien, Gärung, Eindickung, Wiederverwendung anorgan. Stoffe, Laborunterss., Abwasserstudien, Straßenbindemittel, Gerbstoffe. (Pulp Paper Mag. Canada **53.** Nr. 5. 125—37. April 1952. Ontario Res. Found.) BORCHERS. 7962

John N. McGovern, *Halbzellstoffe aus Hölzern der Pazifikküste.* Vf. teilt tabellar. die im U. S. FOREST PRODUCTS LABOR. ermittelten Ausbeuten u. Festigkeitseigg. von Laub- u. Nadelhölzern der Pazifikküste im Vgl. zu Hölzern aus dem Osten der USA mit. Die Eignung eines Holzes für Halbzellstoff hängt vom Verteilungsverhältnis zwischen Lignin, resistenter Cellulose u. Hemicellulose ab, wobei die Eignung gemessen wird durch Aufschlußzeit u. Ligningeh. bezogen auf Ausbeute. Rotahorn, Douglas-Kiefer, Aspe, Jack-Kiefer, Hemlock, Rotzeder wurden mit Neutralsulfit, Rotahorn u. Douglas-Kiefer mit Sulfatnatronlauge aufgeschlossen. Hierbei sind Alkaliverbrauch u. Stoffausbeute umgekehrt proportional. Die zur Zerfaserung aufzuwendende Arbeit ist bei beiden Chemikalien gleich. Weiter werden die Festigkeitseigg. nach Holzart u. Aufschlußverf. erörtert, ferner die 3-Stufenbleiche mit Cl_2, Alkaliextraktion u. Hypochlorit bzgl. Cl-Verbrauch, Ausbeute u. Eigg. gebleichter Stoffe u. deren Eignung zu Pappen, Pack- u. Druckpapieren sowie Pergamentersatz, die in der halbtechn. Versuchsanlage hergestellt wurden. (Pulp and Paper **26.** Nr. 5. 60—66. Mai 1952. Madison, Wis., US Forest Products Labor.) BORCHERS. 7964

Alan H. Vroom, *Rindenpyrolyse nach dem Wirbelschichtverfahren.* In einem gläsernen Rohr wurde lufttrockene, durch ein Sieb von 14 Maschen/Zoll gesiebte Rinde von Fichte mit N_2, CO_2 u. Wasserdampf bei Tempp. zwischen 275—460° der Pyrolyse nach dem Wirbelschichtverf. unterworfen. Menge u. Zus. des dabei entstandenen, aus CO_2, CO, CH_4 u. wenig H_2 bestehenden Gasgemisches sowie der fl. Destillate wurden ermittelt. Das bei 270° erhaltene Destillat war hell gefärbt u. löste sich völlig in A. u. W., während das Destillat bei 460° dunkel war u. bei Zerlegung in Aldehyde, Säuren, Phenole u. Neutralstoffe teilweise verharzte. Außer 2,2% Essigsäure wurde ca. 1% Lignocerinsäure, $C_{23}H_{47}CO_2H$, aus der trockenen Rinde gewonnen. Vf. entwickelte weiter eine Laborapp. zur kontinuierlichen Pyrolyse u. hält die techn. Durchführung nach dem Fluo-Solids-Verf. der DORR-CO. für möglich. (Pulp Paper Mag. Canada **53.** Nr. 5. 121—24. April 1952.) BORCHERS. 7966

Karl Borgin, *Eine neue Methode zur Bestimmung der Reaktionsfähigkeit der Cellulose gegenüber der Acetylierung.* Cellulosen mit nahezu ident. chem. Daten können sich bei der Acetylierung trotzdem verschieden verhalten. Die Best. der Reaktionsfähigkeit beruht auf der Ermittlung der bei der Acetylierung gebildeten Essigsäure durch elektr. Leitfähigkeit, die sich mit fortschreitender Acetylierung erhöht. Als Lösungsm. wird Methylenchlorid verwendet. Bei einer Reaktionsdauer von 10—60 Min. ist die Leitfähigkeit nahezu proportional der Zeit. Die Leitfähigkeit setzt sich aus 2 Faktoren zusammen, einmal ist sie abhängig von der Menge der gebildeten Essigsäure, zum anderen von der Auflsg. der acetylierten Cellulosefaser. Eine reaktionsfähige Faser zeigt einen schnellen, eine weniger reaktionsfähige einen langsameren Anstieg der Leitfähigkeit. Ferner hat Cellulose hoher Reaktionsfähigkeit eine geringere Anfangsleitfähigkeit, erreicht aber dafür früher das Maximum der Leitfähigkeit. Ein niedriger Geh. an Hemicellulose u. ein hoher Anteil an krist. Stoffen sind bei Linters für eine geringereAcetylierung verantwortlich. Auch Erhitzung erniedrigt, Vorbehandlung zwecks besserer Quellung erhöht die Reaktionsbereitschaft. Cellulosen mit hohem Geh. an Salzen, Säuren oder Alkalien eignen sich nicht für die Acetylierung. Das Verf. kann dazu verwendet werden, um den Einfl. verschied. Faktoren auf die Acetylierung der Cellulose zu untersuchen. (Norsk Skogind. **5.** 69—74. März 1951. Borregaard A/S, Cellulose Derivatives Labor.) GRAU. 7970

Francesco Pancirolli, *Über die Hemicellulosen.* Zusammenfassender Bericht über die verschied. Verff. zur Herst., die geeigneten Holzarten, die Eigg. u. die Bleichung unter Bezugnahme auf die Literatur. (Ind. Carta **6.** 53—59. Mai 1952. Milano, Staz. Sper. per la Cellulosa, Carta e Fibre Tessili Vegetali ed Artificiali.) FRÜHWALD. 7970

L. G. Cottrall, *Einfluß der chemischen Zusammensetzung und der Morphologie der Fasern von mechanischem und Kraftzellstoff auf ihre papiermachenden Eigenschaften.* Bei mechan. Zellstoff haben die Fasern den größten Einfl. auf das Papier. Zu seiner Best. führt Vf. den Grobheitsmodul (*coarseness modulus*) ein. Dazu wird der Stoff durch ein SOMMERVILLE-Sieb mit Siebplatten von 24, 42 u. 80 Maschen gesiebt. Die Summe der 3fachen +24-, der doppelten −24+42- u. die −42+80 Maschen-%-Sätze sind der Grobheitsmodul. Je kleiner er ist, desto feiner das Papier. Bei Kraftzellstoff hat die Kochdauer auf Helligkeit u. Härte Einfluß. Die Gestalt der Fasern bewirkt, daß schmale u. dünne Fasern feinere Papiere mit hoher D., Dehnung, Reißfestigkeit u. glatter Oberfläche u. dickere Fasern porösere Papiere mit grober Oberfläche geben, die sich gut zu Verpackungszwecken eignen. (Wld. Paper Trade Rev. **138.** 1777—84. 4/12. 1952.)
H. BECKER. 7974

F. A. Craig, *Praktische Mahlung.* Nach Besprechung der Holländer für period. u. der Refiner für kontinuierliche Mahlung werden Eintrag u. Mahlweise sowie Anforderungen an Papier für Zeitungs- u. Buchdruck- sowie Schreib- u. Packpapiere, einseitig glatte Papiere, Löschpapier u. Pergamentersatz behandelt. (Paper-Maker Brit. Paper Trade J. **1952.** 24—31. Mittsommer.) BORCHERS. 7976

D. Tollenaar, *Einige kritische Bemerkungen über den Feinheitsmesser für Druckerschwärze.* Der zur Prüfung von Druckerschwärze verwendete Feinheitsmesser besteht aus einem Stahlblock mit polierter Oberfläche, die eine keilförmige Nut mit Tiefenangabe in μ aufweist. Man füllt Druckerschwärze in die Nut u. streicht sie mit einem Kratzer über die Nut aus, wobei Pigmentkörner, deren Durchmesser größer als die Nuttiefe ist, die Oberfläche der Druckerschwärze ritzen. Die Zahl der Ritzstellen ist ein Maß für den Geh. an groben Teilchen; eine Formel, die die Zahl der Ritzstellen als Funktion der Nuttiefe ausdrückt, wird abgeleitet. (Verfkroniek **25.** 133—34. 20/5. 1952. Amsterdam, Inst. voor Graf. Techniek, T. N. O.) WESLY 8014

Hickson's Timber Impregnation Co. (G. B.) Ltd., Castleford, Yorkshire, England, *Holzkonservierung.* Man behandelt die Hölzer mit einer Arylarsensäure der allg. Formel $RAsO(OH)_2$ oder deren wasserlösl. Salzen. R bedeutet einen Benzol- oder Toluolrest, der durch eine Nitrogruppe oder ein oder mehrere Cl-Atome substituiert ist. R kann auch einen Naphthalinrest bedeuten, der jedoch nicht substituiert zu sein braucht. (**Finn. P. 25 838** vom 24/7. 1950, Auszug veröff. 31/7. 1952. E. Prior. 24/7. 1950.)
JÜRGEN SCHMIDT 7953

United Chemical and Metallurgical Works National Co., Prag, Tschechoslowakei, *Imprägnieren von Holz* mit Erdalkali- u. Mg-Thioarseniten, z. B. $Ca_3(AsS_3)_2$ u. $BaAs_2S_4$, in wenigstens 1%ig. Lösung. (**E. P. 670 509** vom 8/4. 1949, ausg. 23/4. 1952. Tschech. Prior. 14/4. 1948.) E. PETERSEN. 7953

Rayonier Inc., übert. von: **Ben T. Briggs,** Shelton, Wash., V. St. A., *Gewinnung von Zellstoff für Feinpapier, regenerierte Cellulose und Cellulosederivate.* Vor dem alkal. Aufschluß mit NaOH + Na_2S (akt. Na_2O: Holz = 0,14—0,3: 1) während 1—4 Std. bei 160—180° werden die Schnitzel (Western hemlock) 20—90 Min. mit direktem Dampf bei 160—200° behandelt, das Kondensat wird abgezogen u. mit der Kochlauge wieder eingepumpt. Ein Vergleichsvers. ergab, daß durch das Dämpfen der α-Cellulosegeh. von 93,6 auf 96,8% erhöht u. der Pentosangeh. von 6,0 auf 0,9% vermindert wurde. Die Cu-Viscosität fiel von 27 auf 10,5 Sekunden. (**A. P. 2 583 994** vom 21/6. 1946, ausg. 29/1. 1952.) G. VOGEL. 7957

Sunila Osakeyhtio und Oma Tarkkonen, Sunila, Finnland, *Erzeugung von Sulfatzellstoff.* Der Kocher wird mit Hackschnitzeln u. so viel Schwarzlauge einer früheren Kochung gefüllt, als zur Imprägnierung der Schnitzel erforderlich ist. Die Schwarzlauge soll noch die beim Ablaugen herrschende Temp. u. unveränderten Druck besitzen u. dient zur Betätigung des Schnitzelverteilers. Der Kocher wird dann mit Weißlauge aufgefüllt. — Zeichnung. (**A. P. 2 614 923** vom 1/2. 1947, ausg. 21/10. 1952. Finn. Prior. 17/4. 1946.) G. VOGEL. 7961

N. E. Nilsson, Vaggeryd, Schweden, *Rückgewinnung der anorganischen Bestandteile aus Celluloseablaugen.* Man verbrennt die Ablaugen im Schwebezustand, wobei den schwebenden Teilchen Primärluft zugeführt wird u. die feineren Teilchen unmittelbar verbrennen, während die gröberen unmittelbar zu Boden sinken u. durch weitere Luftzufuhr dort verbrannt werden. Hier wird bei niedrigerer Temp. verbrannt. Falls nötig, kann in der Nähe der Einspritzstelle noch Sekundärluft zugeführt werden. — Vorr., Zeichnung. (**Schwed. P. 133 379** vom 14/5. 1947, ausg. 23/10. 1951.)
JÜRGEN SCHMIDT. 7963

Iowa State College Research Foundation, übert. von: **Orland R. Swenney, Melvin H. Brown und Lionel K. Arnold,** Ames, Iowa, V. St. A., *Gewinnung von Zellstoff, Lignin* *und Pentosanen aus Ernteabfällen* (Mais- u. Haferschalen, Hanfabfällen, Stroh usw.). Die Rohstoffe werden mit verd. Säure, bes. einer Mischung, die 7 (%) H_2SO_4, 2,5 HNO_3 u. 2,5 HCl, die beiden letzteren auch als Na-Salze, enthält, z. B. 1—6 Std. bei 100° oder höher gekocht. Die saure Lsg. wird entweder mit Kalk oder Soda neutralisiert, auf p_H 4 eingestellt, konz. u. der Sirup zwecks Gewinnung von Pentosen, bes. Xylose, gereinigt oder zwecks Furfurolgewinnung mit oder ohne Dampf destilliert. Der zellstoffhaltige Rückstand wird durch Kochen, z. B. mit NaOH, vom Lignin befreit, das aus der Ablauge durch Ansäuern gefällt u. filtriert wird. Das Filtrat wird, gegebenenfalls nach Abtrennung von krist. Na_2SO_4, eingedampft. Der Zellstoff ist für Papier u. Cellulosederivv. geeignet. (**A. P. 2 615 883** vom 19/9. 1947, ausg. 28/10. 1952.) G. VOGEL. 7965

Konrad Mattern, Frankfurt/M., *Eindampfen von Sulfitablauge und gipshaltigen Lösungen, besonders durch stufenweises Erhitzen und Entspannen.* Die Erhitzungsgefäße bleiben krustenfrei, wenn der erhitzten Lsg. in den Entspannungsgefäßen vor oder bei Beginn der Entspannung feinverteilter Gips zugesetzt wird. Der laufend abgeschiedene Gipsschlamm wird teilweise als Zusatz wiederverwendet. (**D. B. P. 851 900** Kl. 55b vom 28/6. 1949, ausg. 9/10. 1952.) G. VOGEL. 7967

Zellstoff-Fabrik Waldhof (Erfinder: **Bruno Kober**), Mannheim-Waldhof, *Gerbend und leimend wirkende Kondensationsprodukte* erhält man durch Kondensation von Ligninsulfonsäure (I), bes. in wss. Lsg. mit Aldehyden bei erhöhter Temp., gegebenenfalls in Ggw. von Säuren oder Salzen ($ZnCl_2$, $AlCl_3$). — Wss. I mit 40—50% Trockengeh. wird mit 35%ig. CH_2O u. Al-Acetat 4 Std. auf 80° erhitzt, wodurch man einen *Gerbstoff* erhält. Verwendung auch als *Flammschutzmittel.* (**D. B. P. 859 013** Kl. 12o vom 22/7. 1941, ausg. 11/12. 1952.) KRAUSS. 7967

Kurt Thinius, Magdeburg, *Herstellung von plastischen Massen aus Cellulosetriacetat.* Als Weichmacher verwendet man Ester von aliphat. Oxycarbonsäuren mit Chloralkoholen, z. B. das *Trichloräthyllactat* (I) [$CCl_3 \cdot CH_2O \cdot CO \cdot CH(OH) \cdot CH_3$, aus 45 g 99,4%ig. Milchsäure u. 100 g Trichloräthanol durch 20std. Einleiten von HCl; $Kp._{20}$ 95—115°]. Man knetet 750 g Cellulosetriacetat mit 250 g I u. 750—250 g Methylenchlorid–Methanol (9: 1) einige Std., befreit auf der Walze von Flüchtigem, verkocht zum Block u. hobelt Folien ab, die als Elektroisoliermaterial oder Träger für Bild u. Ton verwendet werden. (**D. P.** [**DDR**] **711** Kl. 39b vom 8/4. 1949, ausg. 28/5. 1952 [Wirtschaftspatent].) PANKOW. 7971

Kurt Thinius, Magdeburg, *Plastifizierung von Celluloseacetobutyrat.* Man peptisiert den Mischester in einem Gemisch der beiden Nichtlöser Tetrachloräthan u. aliphat. Alkohole, bes. Sprit. — Man trägt z. B. 5 (Teile) Celluloseacetobutyrat in 95 eines Gemisches aus 90 Gew.-% symm. Tetrachloräthan u. 10 Gew.-% Sprit; klare, gut fließende Lsg., die einen klaren Film gibt. Das Lösungsmittelgemisch eignet sich auch zur Identifikation dieses Celluloseesters in der analyt. Chemie. (**D. P.** [**DDR**] **714** Kl. 39b vom 7/4. 1949, ausg. 28/5. 1952 [Wirtschaftspatent]). PANKOW. 7971

Bernard Chiego, Albion D. T. Libby, Newark, N. J., und **Frank Gardner**, Baltimore, Md., V. St. A., *Herstellung eines Ersatzstoffes für Papier.* 1 (Teil) Maishülsen oder Zuckerrohrrückstände (Bagasse) werden fein pulverisiert, gesiebt, mit 9—10 einer 1%ig. wss. NaOH-Lsg. gemischt u. ca. 30 Min. bei 100° gekocht. Nach dem Entlaugen wird der feste Rückstand mit NaOCl-Lsg. gebleicht, gewaschen, getrocknet u. pulverisiert. Das Prod. kann Papierstoff bis zu 50% ersetzen. Der Ausgangsstoff kann zuerst mit 10 kochendem W. extrahiert werden. Extrakt u. Ablauge sind zur Züchtung von Torula utilis u. Streptomyces griseus gut geeignet. (**A. P. 2 614 924** vom 8/3. 1949, ausg. 21/10. 1952.) G. VOGEL. 7975

XVIIIb. Textilfasern.

H. Stüpel, *Neuere, industrielle Anwendungen von synthetischen, oberflächenaktiven Substanzen.* Zusammenstellung von Arbeiten über sogenannte „Surfactants" (surface active agents). Die vielseitigen Verwendungsmöglichkeiten werden beschrieben. (Seifen-Oele-Fette-Wachse **78.** 212—14. 7/5. 1952. Hochdorf, Schweiz, Seifenfabrik.) SCHLÄGER. 8028

—, *Beitrag zur Frage der Gewebetrocknung.* Für wenig empfindliche Baumwollgewebe sind noch die Kalander viel im Gebrauch. Außerordentlich schnell u. schonend arbeiten Metallegierungen (Pb, Sn, Cd, Bi), durch die das Gewebe durchgezogen wird; über der Legierung befindet sich eine Schicht Gas, das die Oxydation hemmt. Verbreitet ist auch die Trocknung mit infraroten Strahlen, ebenso die Trocknung mit Ultrakurzwellen oder Hochfrequenz. Zu erwähnen ist ferner die Trocknung mit heißen Gasen, z. B. Heißluft, überhitztem Dampf im Hotflue usw. (Rev. gén. Teinture, Impress., Blanchiment, Apprêt (Tiba) **29.** Nr. 9. 30—32. Juli/Aug. 1952.) FRIEDEMANN. 8038

R. Meredith, *Eigenschaften von Textilien.* 1. Mitt. *Reißfestigkeit, Bruchdehnung und zugelastisches Verhalten von Fasern.* Die Begriffe Reißfestigkeit, Bruchdehnung, zugelast. Verh. werden definiert u. Beispiele an Baumwolle, Fortisan, Nylon, Seide, Vinyon, Reyon, Acetatreyon, Wolle u. Caseinfasern diskutiert. (J. Textile Inst. **43.** P755—64. Sept. 1952. Manchester, Brit. Cotton Ind. Res. Assoc.) ZAHN. 8040

R. Meredith, *Eigenschaften von Textilien.* 2. Mitt. *Starrheit, Steifheit und Knitterfestigkeit von Fasern.* (1. vgl. vorst. Ref.) Das Verh. der Fasern beim Verdrillen oder Biegen, die Starrheit („rigidity“) u. Steifheit („stiffness“) sowie der Einfl. des Faserdurchmessers u. der Querschnittsgestalt, der Feuchtigkeit usw. auf diese Eigg. u. schließlich die Knitterfestigkeit werden definiert u. diskutiert. (J. Textile Inst. **43.** P785—92. Okt. 1952.) ZAHN. 8040

—, *Das Carbonisieren von Wollwaren.* 1. Mitt. *Ein Überblick über moderne Methoden.* Kurzer allg. Überblick über die Arbeitsweise beim Carbonisieren mit H_2SO_4, gasförmiger HCl u. Al_2Cl_6. (Wool Rec. Textile Wld. **83.** 151—52. 15/1. 1953.) H. G. FRÖHLICH. 8060

R. S. Asquith und **J. B. Speakman,** *Chemischer Mechanismus der dauerhaften Fixierung.* Bei der dauerhaften Fixierung gedehnter Wollhaare (I) in Dampf bilden sich vermutlich RCH_2SNHR'-Gruppen in I (vgl. J. Soc. Dyers Colourists **52.** [1936.] 335). Ein direkter Beweis für die Teilnahme der ε-Aminogruppen der in I eingebauten Lysinreste wurde an um 40% gedehnten u. 1 Std. mit 2%ig. Boraxlsg. fixierten Lincoln-I erbracht. Mit der DNFB-Meth. wurde ein Absinken des Lysingeh. von 3,27% der unbehandelten I auf 2,15—2,53% der fixierten I festgestellt. Behandelt man die fixierten I mit 6n HCl, so findet man 3,33% Lysin, weil die —SNH- oder —CH=N-Bindungen gespalten worden sind. Sulfenamide zers. sich in Ggw. von Mercaptanen mit 6n HCl in Disulfid u. Amin, so daß eine Zunahme an Cystein nach Hydrolyse fixierter I nicht zu erwarten ist. (Nature [London] **170.** 798—99. 8/11. 1952. Leeds, Univ., Dep. Textile Ind.) ZAHN. 8060

M. van Overbeke, *Verfahren zum Schrumpffestmachen der Wolle.* Wolle geht durch Nachlassen ursprünglicher Spannungen u. durch Verfilzen ein; beide Vorgänge sind unabhängig voneinander. Ausgleich der Dehnungen durch Dekatur. Theorie der Walke. Verringerung der Verfilzung durch textiltechn. Maßnahmen. Behandlung der Wolle mit Cl_2 u. Cl-Derivv. (Sulfurylchlorid). Peroxyde: Behandlung mit $KMnO_4$, mit $CuSO_4$ u. H_2O_2. Reduktionsmittel sind wenig wirksam. Ebenso hat sich die Behandlung mit 8%ig. KOH in alkoh. Lsg. nicht bewährt. Rolle der Oberfläche u. der Epicuticula bei der Walke. Schutz der schuppigen Oberfläche: Überzug der Oberfläche mit synthet. Harzen (Lanaset-Verf., Resloom-Verf.). Durch den Harzüberzug wird der Griff der Wolle sehr verschlechtert. Entfernung der Schuppen: die Schuppen können durch eine 1%ig. Lsg. von Trypsin, aktiviert durch 0,4% Na_2S, verdaut werden. Nach dem *„Perzyme“-Verf.* wird erst mit H_2O_2 gebleicht u. dann mit Trypsin u. $NaHSO_3$ behandelt. Nach dem *„Chlorzyme“-Verf.* wird erst mit Cl_2 gechlort u. dann mit Papaverin nachbehandelt. (Teintex **17.** 481—94. 15/8. 1952.) FRIEDEMANN. 8060

L. R. G. Treloar, *Die Absorption von Wasser durch Haare und ihre Abhängigkeit von der angelegten Spannung.* Nach WHITE u. STAM soll der Wassergeh. von menschlichem Haar im Gleichgewichtszustand durch Anlegen einer Zugspannung abnehmen. Es wird nachgewiesen, daß dieses Ergebnis mit allg. thermodynam. Anschauungen in Widerspruch steht, die einen entgegengesetzten Effekt für den Fall erwarten lassen, daß Flüssigkeitsabsorption von einer Längenausdehnung begleitet wird. Verss. mit Pferdehaar, bei dem der Wassergeh. bei 75% relativer Feuchtigkeit im gespannten u. ungespannten Zustand durch Wägung bestimmt würde, zeigen einen geringen Anstieg des Wassergeh. bei Zugbelastung, wobei im Vgl. zum trocknen Zustand bei Zugspannung von 482 kg/cm² eine Zunahme von 0,28% gefunden wurde, was mit der thermodynam. Theorie quantitativ übereinstimmt. Weitere Messungen über die Längen- u. Querschnittsänderungen bei Zugspannung ergeben gemäß theoret. Erwartungen eine geringe Volumenzunahme. Auch für die Längenänderung durch Wasserabsorption sowie die Wasserabsorption bei verschied. relativer Feuchtigkeit werden Meßwerte mitgeteilt. Kurvenmäßig wird die theoret. Zunahme des Wassergeh. mit der longitudinalen Zugspannung im ganzen Feuchtigkeitsbereich u. die theoret. Abnahme im Wassergeh. bei seitlicher Druckbelastung dargestellt. Infolge der Quellungsanisotropie kann der Einfl. der letzteren Behandlung bis zu 200mal so groß als derjenige der ersteren sein. (Trans. Faraday Soc. **48.** 567—76. Juni 1952. London, Brit. Rayon Res. Assoc., u. Davy Faraday Labor.) HENTSCHEL. 8066

O. Kratky, E. Schauenstein und **A. Sekora,** *Beziehungen zwischen Kleinwinkelreflexen von Seide und dem Wachsgehalt.* Die früher (C. **1950.** II. 2870) gefundene neue Äquatorkleinwinkelperiode bei 45 Å in alkal. behandeltem Seidenfibroin (I) beruht auf einigen wachsartigen Substanzen, da der Reflex an mit Ae. u. A. 8 Std. bei 40° behandeltem I nicht mehr auftritt. Roh-I enthält 1—2% Wachs, welches scharfe Röntgenreflexe bei 45, 15, 9, 8 Å usw. liefert, die mit denen von alkal. behandelter nicht entwachster I gut übereinstimmen. Der Extrakt zeigt im UV Absorptionsbanden bei 3700 u. 4400 mm^{-1}, welche für konjugierte ungesätt. Fettsäuren charakterist. sind. Die Wachsmoll. sind in alkal. behandelter I senkrecht zur Rostebene der I-Kristallite orientiert. (Nature [London] **170.** 796—97. 8/11. 1952. Graz, Univ., Inst. theoret. physikal. Chem.) ZAHN. 8068

—, *Beständigkeit der künstlichen Textilfasern gegen die Trockenreinigung.* Vf. hat eine Reihe von künstlichen Textilfasern der chem. Reinigung mit Bzn., Solventnaphtha, Essenz F, Trichloräthylen u. Perchloräthylen unterworfen u. Quellung, Dehnung u. Festigkeit vor u. nach der Reinigung geprüft. Es fand sich, daß nur das Vinylchlorid gegen Bzn. u. Trichloräthylen empfindlich ist. (Teintex **17.** 497—501. 15/8. 1951.) FRIEDEMANN. 8070

—, *Technik der Knitterfestigkeitsappretur.* Behandelt werden vornehmlich Kunstseide- u. Zellwollgewebe. Die Imprägnierung geschieht mit synthet. Harzen. Es wird die App., die Trocknung u. die Aushärtung bei 150—180° beschrieben. (Rev. gén. Teinture, Impress., Blanchiment, Apprêt (Tiba) **29.** Nr. 9. 23—24. Juli/Aug. 1952.) FRIEDEMANN. 8074

L. P. Biefeld und **T. E. Philipps,** *Schlichten für Glastextilien zur Verstärkung von Kunststoffen aus Polyestern.* Vff. beschreiben die einzelnen Stufen der Herst. von Glasfasern (I), die zur Verstärkung von Kunststoffen verwendet werden, ferner die Anforderungen an die Schlichtemittel, Methoden zur Bewertung von Schlichten, Eigg. von mit verschied. Schlichten ausgerüstete I. (Amer. Dyestuff Reporter **41.** 501—06. 18/8. 1952. Owens-Corning Fiberglas Corp.) ZAHN. 8082

C. H. Giles und **E. Waters,** *Ein Nachweisschema für Textilausrüstungsmittel auf der Faser.* 60 verschied. Ausrüstungen für Cellulosefasern können nach einem Trennungsgang der Vff. unterschieden werden. Zunächst werden folgende Vorproben durchgeführt: Erhitzen, Wassertropfenprobe, N-Cl-Nachw., mkr. Unters. nach Einw. von Kuoxamlösung. Hierauf ist das systemat. Nachweisschema zu befolgen, das in 9 Tabellen niedergelegt ist. Erfaßt werden Ausrüstungen gegen Fäulnis, Entflammung, Benutzung, Behandlungen mit den verschiedensten Kunstharzen u. Naturprodd. wie Cellulosederivv., Polyamiden, Casein, Gelatine usw. Bzgl. der Einzelheiten wird auf das Original verwiesen. (J. Textile Inst. **42.** P 909—32. Okt. 1951. Manchester, Imp. Chemic. Ind. Ltd.) ZAHN. 8098

—, *Identifizierung von Textilien.* Im ersten Teil werden die analyt. bedeutsamen Merkmale folgender Fasern beschrieben: Wolle, Kaschmir, Seide, Tussahseide, Anapheseide, Baumwolle, mercerisierte Baumwolle, Organdy, acetylierte Baumwolle, Flachs, Jute, Hanf, Ramie, Sisal, Viscose (stark, animalisiert, mattiert, knitterfest), Cuprammonium (glänzend, matt, knitterfest), Celluloseacetat (reißfest, verseift [Fortisan], matt, teilweise verseift), Casein, Sojabohnenfaser, Erdnußfaser, Zein, Alginat, Nylon (glänzend, matt), Perlon, Vinyon, Vinyon N, Dynel, Orlon, Chemstrand, Polyvinylchlorid, Polyvinylidenchlorid, Asbest, Glas, Papiergarn. Es folgt die Beschreibung der Prüfmethoden (Vorbereitung der Fasern, Querschnitte, Nachw. von Harnstoff, CH_2O, Cl, D., Schrumpfungstemp., zahlreiche spezielle Färbe- u. Lösungs-Rkk.). In 6 umfassenden Tabellen sind die Rkk. aller Fasern bei den verschied. Prüfungen zusammengestellt. Die Arbeit schließt mit 64 Mikrophotos der wichtigsten Fasern in Längsansicht u. Querschnitt. (J. Textile Inst. **42.** S 25—114. Okt. 1951.) ZAHN. 8100

R. K. Bose und **D. P. Burma,** *Papierchromatographie in der Untersuchung der Zuckerbestandteile der Jutehemicellulose.* Jutebast wurde durch 10std. Kochen in 5%ig. *Ammoniumoxalat*-Lsg. von den Pektinstoffen befreit, durch Behandlung mit 5%ig. NaOH, Ansäuerung des Filtrats u. folgender Fällung mit A. die *Hemicellulose* gewonnen. Durch 8std. Kochen am Rückfluß in 1n H_2SO_4 wurde diese hydrolysiert, das Hydrolysat mit $BaCO_3$ neutralisiert u. im Vakuum zur Trockene verdampft. Der Rückstand wurde mit möglichst wenig *Pyridin* aufgenommen, die Lsg. zentrifugiert u. absteigend mit *n-Butanol–Eisessig–W.*, *Phenol–W.* u. *Benzylalkohol–Eisessig–W.* chromatographiert. Bekannte Zucker liefen zwecks Identifizierung mit. Durch Besprühen mit *Anilinbiphthalat* oder *Benzidin* konnten im Hydrolysat die Flecke von *Glucose, Fructose, Arabinose, Galaktose, Xylose, Rhamnose* u. wahrscheinlich auch *Mannose* gefunden werden. 2 Flecke mit den R_f-Werten 0,05 u. 0,22 konnten nicht identifiziert werden. Für *Galakturonsäure* oder *Glucuronsäure* konnte kein Fleck entdeckt werden, da diese Säuren vermutlich bei der Hydrolyse decarboxyliert u. in *Arabinose* u. *Xylose* umgewandelt wurden. (Sci. and Cult. **18.** 39—40. Juli 1952. Calcutta, Bose Inst., Dep. of Chem.) ENDRASS. 8104

Farbwerke Hoechst, vormals Meister Lucius & Brüning (Erfinder: **Ludwig Orthner** und **Theodor Jacobs**), Frankfurt/M., *N-Substituierte Monoäthylenharnstoffe oder ihre*

Homologe. Man läßt Äthylenimin (I) oder seine Homologen in Ggw. von Alkalien auf N-Chloramide von Monocarbonsäuren einwirken. — Beispiele: *N'-Cyclohexyl-N.N-äthylenharnstoff*, F. 80°. 8 (Gewichtsteile) Hexahydrobenzoesäurechloramid werden in 30 W. bei 10° mit 2,5 I versetzt. Man gibt bei 10° 6,3 NaOH (32,3%ig.) zu. Temp. steigt bis 20° an. (Hexahydrobenzoesäurechloramid aus Hexahydrobenzoesäureamid u. Cl_2). — *N'-Undecyl-N.N-äthylenharnstoff*, F. 49—51°. Aus Laurinsäurechloramid u. I. — *N'-Heptadecyl-N.N-äthylenharnstoff*, F. 60—63°, aus Stearinsäurechloramid u. I. In analoger Weise mit C-Methyläthylenimin die entsprechende C-Methyläthylenharnstoffverb. (*Textilhilfsmittel*). *N'-Phenyl-N.N-äthylenharnstoff*, F. 80—81°, aus Benzoesäurechloramid (aus Benzoesäureamid u. Cl_2) u. I. — *N'-Methyl-N.N-äthylenharnstoff*, aus Essigsäurechloramid (aus Acetamid u. Chlor) u. I. (**D. B. P. 864 867** Kl. 12p vom 24/7. 1940, ausg. 29/1. 1953.) UNGER. 8029

Sun Chemical Corp., übert. von: **William Kaplan**, New York, N. Y., V. St. A., *Herstellung von sulfoniertem Oleonitril.* Die Sulfonierung geschieht bei Tempp. unter 40° mit H_2SO_4 von mindestens 75%. Überführung der Sulfonsäure in das Na-Salz. — *Oberflächenakt. Mittel.* (**Can. P. 485 513** vom 21/4. 1947, ausg. 6/8. 1952. A. Prior. 12/2. 1946.) M. F. MÜLLER. 8029

Diamalt Akt.-Ges. (Erfinder: **Wolfgang Jülicher** und **Otto Appelt**), München, *Schlichten von tierischen, pflanzlichen und Kunstfasern.* Man verwendet Johannisbrotkernmehl, das mittels Halogenfettsäuren in Anwesenheit von Alkali u. W. veräthert worden ist. Bes. vorteilhaft bei der Herst. von Kreppgeweben. (**D. B. P. 852 982** Kl. 8k vom 3/11. 1944, ausg. 20/10. 1952.) v. SCHILLER. 8031

Hendrik W. Meijer, Veendam, Holland, *Glucoseureid* erhält man durch Rk. von Harnstoff mit Glucose bei 60—100° in Ggw. von W. u. einem Dehydratisierungsmittel, wie H_2SO_4, $ZnCl_2$ oder H_3PO_4. — Verwendung zum *Knitterfestmachen* von Textilien. (**A. P. 2 612 497** vom 12/1. 1949, ausg. 30/9. 1952. Holl. Prior. 24/1. 1948.) BRÖSAMLE. 8033

Chemieprodukte K.-G., Berlin-Britz (Erfinder: **Friedrich Winter**, Berlin-Neukölln), *Wasser- und treibstoffbeständige Textilstoffe.* Man imprägniert die Textilstoffe mit Lsgg. von durch kurzes Erhitzen mit höchstens 3% S schwach anfaktisierten fetten Ölen, wie Rüb-, Raps- oder Ricinusöl, u. Nitrocellulose, gegebenenfalls im Gemisch mit kältebeständigen Weichmachungsmitteln, wie chlorierte Phosphorsäureester; zweckmäßig verwendet man Rüböl u. Dinitrocellulose im Verhältnis 3: 2. Die so imprägnierten Textilstoffe zeichnen sich durch Dauerhaftigkeit, Elastizität, Helligkeit u. Wasserfestigkeit sowie durch Beständigkeit gegenüber Treibstoffgemischen u. vielen Lösungsmitteln, wie Bzn., Alkohole oder einfache Glykole, aus. (**D. P. [DDR] 317** Kl. 8k vom 25/4. 1942, ausg. 3/9. 1952 [Ausschließungspatent].) RAETZ. 8037

Courtaulds Ltd., London, England (Erfinder: **J. Wharton**), *Herstellung von Kunstfäden aus Viscose.* Das Fällbad soll außer H_2SO_4, Metallsalzen u. kationenakt. Verbb. auch ein Schmiermittel aus freien Fettalkoholen oder Fettsäuren mit mindestens 10 C-Atomen oder deren alkoxylierten Estern oder Äthern enthalten, wodurch feste Ablagerungen auf den Steuereinrichtungen, wie Rollen, vermieden werden. Z. B. verwendet man alkoxylierten Cetylalkohol oder alkyliertes Ölsäurepolyamid, das man aus 1 (Mol) Ölsäure, 1 Triäthylentetramin u. 1—2 Diäthylsulfat gewinnt. (**Schwed. P. 134 145** vom 2/2. 1949, ausg. 8/1. 1952. E. Prior. 9/2. 1948.) JÜRGEN SCHMIDT. 8075

Zellwolle Lenzing Akt.-Ges. (Erfinder: **Hans Liebenwein** und **Wilhelm Wurm**), Lenzing, Österreich, *Herstellung gut filtrierbarer Viscose.* Bis zu $^1/_3$, bes. ca. $^1/_6$ der üblichen CS_2-Menge von 36%, bezogen auf Cellulose, wird zu Beginn der Sulfidierung (I) in feinzerstäubtem, vernebeltem oder dampfförmigem Zustand auf die Alkalicellulose zur Einw. gebracht u. der Rest in fl. Form zugegeben. Die 1. Stufe von I wird bes. unter 27° durchgeführt, die Temp. dann vorübergehend auf 30—32° erhöht u. kurz vor der 2. Stufe von I auf 25° u. darunter gesenkt. (**D. B. P. 858 396** Kl. 12o vom 13/2. 1951, ausg. 8/12. 1952. Oe. Prior. 12/5. 1950.) FABEL. 8075

Thüringisches Kunstfaserwerk „Wilhelm Pieck" Schwarza VEB (Erfinder: **Reinhold Leinhos**, Mörla), Rudolstadt, *Künstliche Mischfäden aus Lösungen von tierischen und bzw. oder pflanzlichen Eiweißstoffen.* Man löst. zunächst den schwerer lösl. Eiweißstoff mit einem die Haltbarkeit der Gesamtlsg. nicht gefährdenden Überschuß an Alkali, setzt dann den leichter lösl. Eiweißstoff mit der restlichen, für die Herst. einer verspinnbaren Lsg. nicht ausreichenden Alkalimenge oder nur mit W. gequollen zu u. verspinnt alsdann die Gesamtlsg. wie üblich. Man erhält so techn. wertvolle künstliche Mischfäden aus Lsgg. verschiedenartiger tier. oder pflanzlicher Eiweißstoffe, wie Säurecasein (I), Labcasein, Sojacasein oder Fischeiweiß (II), in einem beliebigen Mischungsverhältnis. Bei der Herst. von z. B. Mischfäden aus I u. II löst man zuerst das schwerlösl. II mit einem entsprechen-

den Alkaliüberschuß u. setzt dieser Lsg. dann das mit W. gequollene, leichter lösl. I — ohne daß dieses vorher in Alkali gelöst wird — zu, wobei das I sich in der alkal. II-Lsg. löst. (**D. P.** [**DDR**] **775** Kl. 29b vom 24/11. 1940, ausg. 5/5. 1952 [Wirtschaftspatent].)
RAETZ. 8079

XIX. Brennstoffe. Erdöl. Mineralöle.

Ernst Terres und **Kurt Schultze**, *Beitrag zur Kenntnis des Ablaufs der physikalischen und chemischen Vorgänge bei der thermischen Behandlung von Rohtorfen.* Rohtorfe bestehen aus koll. Stoffgruppen von unterschiedlichem therm. Verhalten. Die zwischen 120 u. 300° erfolgende Kolloidzerstörung (I) ist keine Zeit-Rk., sondern nur von der Temp. abhängig. Dagegen sind die bei 150° beginnende u. erst bei 300° u. 1—1½std. Behandlungsdauer vollständige Decarboxylierung (II) u. Dehydratisierung (III) exotherm. Zeit-Rkk., deren Schnelligkeit mit der Temp. zunimmt, die aber nur jene Stoffgruppen umfassen, die bei der betreffenden Temp. einer Abspaltungs-Rk. unterliegen. II u. III verlaufen gleichzeitig mit I. Der physikal. Vorgang nach I läßt sich von den chem. Vorgängen nach II u. III durch Anwendung kurzer Aufheizzeiten weitgehend trennen, so daß vor Eintreten von II u. III ca. 80—90% des ursprünglich koll. gebundenen W. entfernt werden können. Hierauf gründet sich eine verbesserte Arbeitsweise der Entwässerung von Rohtorfen, da in vielen Fällen die Wärmeentw. durch die exotherm. Vorgänge als Wärmequelle nahezu ausreicht. Die Kombination von I mit II u. III führt bei wirtschaftlich günstigerer Torfentwässerung zu einer der Steinkohle äquivalenten Torfkohle. Torfkokse sind viel reaktionsfähiger als Steinkohlenkokse. (Brennstoff-Chem. **33**. 353—61. 19/11. 1952.)
STEINER. 8122

F. L. Kuhlwein, *Der Einfluß vulkanischer Hitze auf die Bildung der böhmischen Braunkohlen.* Auf der Grundlage einer Veröffentlichung von JURASKY in den Mitteilungen der Reichsstelle für Bodenforschung, wird eine Charakteristik der Genesis der Braunkohlen in den Nordböhm. Revieren Eger-Falkenau-Karlsbad u. Komotau-Brüx-Teplitz gegeben. Die Entstehung des vulkan. böhm. Mittelgebirges ist mit der Entw. großer Hitze verbunden gewesen. Die Wärmewrkg. hat die Bldg. der böhm. Hartbraunkohlen sehr wesentlich beeinflußt, ähnlich, wie es der FLEISSNER-Prozeß durch künstliche Druckerhitzung erzielt. Eine Folge ist die starke Verdichtung u. Dehydratation der Kohlen, unter gleichzeitiger Imprägnierung durch die aufgespaltenen bituminösen Bestandteile. (Fuel **30**. 25—30. Febr. 1951.)
v. MICKWITZ. 8124

I. G. C. Dryden, *Einwirkung von Lösungsmitteln auf Kohlen bei niedrigen Temperaturen.* 1. Mitt. *Ein qualitativer Überblick über die Einwirkungen von Flüssigkeiten auf Glanzkohlen niederer Ordnung.* Inhaltlich indent. mit der C. **1952**. 8067 referierten Arbeit. (Fuel **30**. 39—44. Febr. 1951. Leatherhead, Brit. Forschungs-Gesellschaft für Kohlenverwertung.)
v. MICKWITZ. 8126

J. G. Richardson, J. K. Kerver, J. A. Hafford und **J. S. Osoba**, *Laboratoriumsverfahren zur Bestimmung der relativen Durchlässigkeit.* Es werden auf Grund theoret. Erwägungen Beziehungen zwischen experimentellen Werten bei Best. des Grenzeffektes, der Verteilung des Druckes in einem Zweiphasensyst. u. der Gasausdehnung festgestellt. Vff. bestimmten den Öl- u. Gasdruck rund um eine Bohrung während des Ölaustritts u. stellten fest, daß der Grenzeffekt durch Laborunterss. in vielen Fällen ausgeschaltet werden kann. Wenn ein Gas u. eine Fl. zur Best. der relativen Durchlässigkeit benutzt werden, ist die verschied. Gasausdehnung entlang dem Ölaustritt ohne Einfl. auf die Laborbestimmungen. Die Methoden von HAFFORD, PENN STATE u. HASSLER bestimmen genau die relative Durchlässigkeit für Öl u. Gas. Die Best. der relativen Durchlässigkeit an einzelnen Bohrkernen ergibt zu hohe Werte, weil die relative Durchlässigkeit für Gas zu hoch ist. (J. Petroleum Technol. **4**, Petroleum Trans., AIME 187—96. Aug. 1952. Houston, Tex., Humble Oil and Ref. Co.)
ROSENDAHL. 8186

D. L. Katz, C. E. Turner, R. D. Grimm, J. R. Elenbaas und **J. A. Vary**, *Einfache Stufenmethode zur Bestimmung von Gasreserven.* Vff. beschreiben ein Verf., mit dessen Hilfe Kernbohrungen von Dolomiten in 7 verschied. Porositätsgrade eingeteilt werden können. Die quantitativen Werte der Porosität u. der Durchlässigkeit werden für jeden Grad durch statist. Beziehungen zwischen den Kernproben u. dem Porositätsgrad des Syst. bestimmt. Die erhaltenen Werte können unmittelbar verwendet werden zur Best. der in der Ölquelle vorhandenen Gesteine. Das von den Vff. entwickelte Verf. läßt sich auf alle dolomit. Gesteine anwenden. In den Becken, bei denen das Verf. angewendet wurde, kann die Porosität u. Durchlässigkeit mit annähernder Genauigkeit bestimmt werden, wie sich aus den Proben an den Bohrkernen ergibt. Die an den Bohrkernen ermittelten Werte lassen sich mit ziemlicher Genauigkeit auf einen größeren Flächenraum des Areals u. auch auf ähnliche geolog. Becken übertragen. (J. Petroleum Technol. **4**.

Petroleum Trans., AIME 207—12. Aug. 1952. Grand Rapids, Mich., Michigan Consolid. Gas Co.) ROSENDAHL. 8186

W. J. Wenger und **John S. Ball,** *Raffinationseigenschaften von neuen Rohölen. 6. Mitt. Rohöle aus dem Julesburg-Becken, Colorado, Nebraska und Wyoming.* (5. vgl. C. **1952. 2947.**) Von 32 Rohölen aus den neu erschlossenen Feldern des Julesburg-Beckens in Colorado, in Nebraska u. Wyoming wurden Analysendaten (D., Farbe, S-Geh., Viscosität bei 37° u. C-Rückstand) sowie Kennziffern der leichten u. mittleren Destillate angeführt. Die Daten zeigen, daß diese Öle ähnlich den Ölen des Powder River-Beckens (Wyo.) sind. Eigg. u. möglicher Verwendungszweck werden besprochen. Eines der Öle ist ein typ. Dunkelöl mit hohem S-Gehalt. (Petroleum Processing **7.** 821—25. Juni 1952. Laramie, Wyo., Bur. of Mines Exp. Stat.) K. O. MÜLLER. 8188

Momčilo Simonović und **Zoran Milovanović,** *Der Bohrschlamm aus der Probebohrung B in Bosnien.* Die physikal. Eigg. eines Bohrschlamms wurden bestimmt. Durch Behandlung mit einer durch Verss. ermittelten optimalen Menge 5%ig. NaOH werden diese Eigg. verbessert. (Nafta [Zagreb] **3.** 155—57. Juni 1952. Belgrad, Math.-naturw. Fak., u. Požarnica, Preduzeće za proizvodnju nafte.) BECKMANN. 8190

Nikola Plavšić, *Über die Methoden der Behandlung von Ton für die Anwendung in der Erdölindustrie.* Übersicht über die physikal.-chem. Eigg., bes. Kristallstruktur u. Basenaustauschvermögen, der wichtigsten Tonmineralien, ihre Verarbeitung zu Bleicherden, Katalysatoren u. alkali-aktivierten Bentoniten u. die dabei stattfindenden chem. u. physikal. Veränderungen. Die Verwertung der großen Montmorillonitvorkk. Jugoslawiens sollte unter Zuhilfenahme geeigneter Aktivierungsverff. möglich sein. (Nafta [Zagreb] **3.** 18—22. Jan. 1952. Zagreb, Inst. za naftu.) BECKMANN. 8192

G. Gutzeit, *Entfernung von Phenolen aus Abfällen mittels Kohle.* Hydrophobe feste Stoffe, z. B. bituminöse Kohlen, adsorbieren auf der Oberfläche polare Verbb., z. B. Phenol, Kresol, Mercaptane, Fettsäuren usw. Ausnutzung dieser Eigg. in einer Anlage zur Beseitigung von Phenolen aus Abwässern. Feinst zermahlene Kohle wird zu den sauer gemachten Abwässern gegeben u. die mit Phenolen angereicherte Kohle durch Flotation oder Filtration wieder entfernt. Bebilderter Bericht mit Betriebsergebnissen bei Durchsätzen bis zu 50000 Gall./8 Stunden. Die Menge Phenol, die durch eine bestimmte Menge Kohle in der Zeiteinheit entfernt werden kann, ist abhängig von der Phenolkonz., der Teilchengröße (Oberfläche) der Kohle, der physikal. u. chem. Konst. der Kohle, der Temp. des Abwassers in Ggw. von adsorbierbaren Fremdionen usw. (Petroleum Processing **7.** 828—32. Juni 1952. Saagertown, Pa., General American Transportation Corp.) K. O. MÜLLER. 8194

G. M. Pantschenkow und **W. Ss. Tretjakowa,** *Katalytisches Cracken als Aufeinanderfolge chemischer Reaktionen.* Die Crack-Rkk. werden als Reaktionsfolge aufgefaßt, bei der ein Stoff A zunächst in $A_1, A_2 \cdots A_n$ u. schließlich nur noch in A_1 u. A_2 (z. B. Gas u. Koks) zerfällt: $A \xrightarrow{k_1} \nu_1 A_1 + \nu_2 A_2 + \nu_3 A_3 \cdots \xrightarrow{k_2} \nu_4 A_1 + \nu_5 A_2$. Wenn x der im Abstand L vom Beginn der Reaktionszone umgewandelte Teil von A (A = 1), y die Menge des Zwischenprod. A_3 (z. B. Bzn.), also $y = \nu_3[1 + (1-x) \cdot \ln(1-x) - (1-x)]$ ist, dann ist die Benzinausbeute x_b in relativen Einheiten durch $x_b = \nu_3 x - y = -\nu_3(1-x) \cdot \ln(1-x)$ gegeben. Maximal ergibt sich $x_m = 1 - (1/e) \approx 0,63$. Wenn außer den Kondensationsprodd. z. B. Koks) alle Prodd. schwach adsorbiert werden, gilt $n_0[2x + (2-x) \cdot \ln(1-x)] = (\nu_2/\nu_3) n_0[-\ln(1-x) - x] - (k^*_1 L/5)$, wobei n_0 = Zahl der A-Moll., die in der Zeiteinheit in die Reaktionszone eintreten, $k^*_1 = k_1 \cdot$ Adsorptionskoeff., x = Partialdruck $= k_1 \cdot bn \cdot P$, $C = k^*_1 \cdot L/\nu_5$ = scheinbare Reaktionsgeschwindigkeitskonstante. Die Gleichungen werden experimentell bestätigt. (Доклады Академии Наук СССР [Ber. Akad. Wiss. UdSSR] [N. S.] **87.** 237—40. 11/11. 1952. Moskau, Gubkin-Erdölinst.) R. K. MÜLLER. 8196

Gastone Maresca, *Über thermoelastische Erscheinungen in Gußasphalten.* Beschreibung eines App. zur Messung der Längenänderung von aus Gußasphalt geschnittenen Stäben infolge therm. Behandlung. Beim langsamen Erwärmen von 20 auf 60°, danach Aufbewahrung bei 60° findet erst Ausdehnung statt, die bei längerer Einw. der höheren Temp. etwas zurückgeht. Nach Abkühlung auf 20° findet sogar eine Zusammenziehung unter die ursprüngliche Länge statt. Die Probe stammte aus einer bei 140—160° gegossenen Decke, die sich schnell abgekühlt hatte. Der damit erreichte Zwangszustand bleibt bei niedriger Temp. infolge des Zusammenhangs der Decke u. ihrer Verb. mit dem Untergrund erhalten, wird aber bei höherer Temp., wenn die M. eine gewisse Viscosität erreicht hat, rückgängig gemacht, so daß man von einer Quasielastizität beim Erwärmen sprechen muß. Bedeutung der Erscheinung für Straßenüberzüge in Abhängigkeit von der Art des Steinzuschlags u. dem Mischungsverhältnis. (Ricerca sci. **22.** 1593—95. Aug. 1952. Rom, Univ., Istit. Costruz. stradali ferroviarie.) METZENER. 8228

Comp. Française des Foyers Turbine, Frankreich, *Vergasung der Schwarzlauge.* Durch Vorwärmen der Schwarzlauge vor ihrer Verbrennung oder Vergasung erfolgt eine Verdampfung des in der Lauge enthaltenen W., so daß die organ. Bestandteile abgespalten werden u. die darauf folgende Vergasung besser u. vollständiger vor sich geht. Die Behandlung der Lauge erfolgt unter Druck u. Abschluß von äußerer Sauerstoffzufuhr, so daß sich bei der Vergasung neben brennbaren Gasen (CO u. H_2) unbrennbare Salze bilden, die infolge ihrer Schwerkraft ausgeschieden werden u. sich in Form von Pulver oder schmelzfl. M. in fast reinem Zustande niederschlagen. Die Ablagerungen in den Rohren der Wärmeaustauscher werden verringert. Die zur Vorwärmung der Lauge erforderliche Wärmemenge wird den verschied. Stufen des Vergasungs- bzw. Verbrennungsprozesses entnommen. (**F. P. 1 007 935** vom 16/4. 1948, ausg. 12/5. 1952.)
GLAFEY. 8129

I. G. Farbenindustrie Akt.-Ges. (Erfinder: **Walter Geisler** und **Karl Erb**), Frankfurt/M., *Entaschung von Rohbraunkohlen* mit vorwiegend säurelösl. Asche durch Behandlung mit wss. Mineralsäuren unter Zusatz wasserabstoßender Fll., wie Teeröl. Man versetzt den säurehaltigen Kohlebrei mit so geringen Mengen (8—15%) eines wasserabstoßenden Stoffes, daß er gerade noch filtrierfähig wird (ohne sich jedoch zu Klumpen zusammenzuballen). Zweckmäßig wird der versetzte Brei auf 100° vor dem Filtrieren u. Waschen erhitzt. (**D. R. P. 756 721** Kl. 1c vom 9/7. 1939, ausg. 10/11. 1952.)
W. HAUSWALD. 8135

Usines de Melle, Saint-Léger-lês-Melle, Frankreich (Erfinder: **H. M. Guinot** und **M. Mention**), *Säurefreimachen von sauren Teeren,* bes. von *Teersäuren* unter Rückgewinnung von konz. Säure. Man behandelt die Teere mit einem Gas im Gegenstrom in einer Sprudelkolonne, wobei die Tempp. die Zersetzungstemp. des Teeres nicht erreichen dürfen. Geeignet sind ca. 150°. Als Abtreibgas wird N_2 verwendet, der im Kreislauf geführt wird. Aus den Dämpfen werden die Säuren in konz. Form abgeschieden. (**Schwed. P. 133695** vom 18/12. 1944, ausg. 27/11. 1951. F. Prior. 17/12. 1948.) JÜRGEN SCHMIDT. 8177

F. J. Collin Akt.-Ges., Dortmund, *Gewinnung kristalliner Stoffe aus Teerfraktionen, besonders des Steinkohlenteers,* dad. gek., daß unmittelbar im Anschluß an die Dest. die betreffende Fraktion nach oder unter gleichzeitiger Abkühlung auf eine schnellaufende Siebschleuder aufgegeben wird, in welcher die weitere Auskristallisation u. die Abtrennung der einzelnen kristallinen Stoffe von der fl. Phase in einem Zuge stattfindet. — Der Fraktion wird vor oder während des Zentrifugierens eine alkal. Lsg. zur Bindung der in der Fraktion enthaltenen sauren Bestandteile zugesetzt. Zur Bindung der in der Fraktion enthaltenen bas. Bestandteile werden gegebenenfalls noch Säuren zugesetzt. — Um während des Zentrifugierens die bas. u. sauren Bestandteile abzuscheiden, werden vor oder während des Zentrifugierens von wss. Lsgg. mineral. Salzlsgg., z. B. $ZnCl_2$, $AlCl_3$- oder Zn-Acetatlsgg., zugesetzt, welche gleichzeitig wasserlösl. organ. Lösungsmittel enthalten. — Zeichnung. (**Oe. P. 172 623** vom 1/2. 1950, ausg. 25/9. 1952. D. Prior. 10/12. 1949.)
M. F. MÜLLER. 8177

Phillips Petroleum Co., Del., übert. von: **John L. Groebe** und **Joseph T. Karbosky,** Bartlesville, Okla., V. St. A., *Abtrennung von Stickstoff aus Methan und anderen Mischungen.* Ein Gemisch aus N_2, CH_4, 2 C-Atome enthaltenden u. höhersd. KW-stoffe wird komprimiert u. gekühlt, wobei sich die 2 C-Atome enthaltenden u. die höhersd. KW-stoffe kondensieren. Die Restgase, aus N_2 u. CH_4 bestehend, werden bei tiefer Temp. fraktioniert dest., wobei eine teilweise Trennung von N_2 u. CH_4 erfolgt. Man zieht aus dieser Zone ein Kopfprod. (aus überwiegend N_2 u. CH_4) ab u. leitet dieses in eine selektiv arbeitende Adsorptionstrennzone, in der man N_2 u. CH_4 trennt. Man zieht als Kopfprod. N_2 u. als Bodenprod. CH_4 aus dieser Zone ab. — Zeichnung. (**A. P. 2 598 785** vom 4/1. 1950, ausg. 3/6. 1952.) UNGER. 8187

Petrolite Corp. Ltd., übert. von: **Roderick B. Perkins jr.,** Wilmington, Del., V. St. A., *Raffinieren von Erdöl mit Lösungsmitteln.* Man verwendet ein organ. Lösungsm., welches mit dem Öl teilweise mischbar ist u. dessen DK. mindestens doppelt so groß ist wie die Konstante des Öles. Die Lösungsmittelextraktschicht wird zusammen mit der Raffinatschicht der Einw. eines elektr. Feldes unterworfen, wobei die in der Lösungsmittelschicht enthaltenen Verunreinigungen abgeschieden werden. — Zeichnung. (**Can. P. 485 493** vom 26/11. 1945, ausg. 5/8. 1952.) M. F. MÜLLER. 8195

Badische Anilin- & Soda-Fabrik (Erfinder: **Heinrich Hopff** und **Hanns Ufer**), Ludwigshafen/Rh., *Verbesserung von Kohlenwasserstoffölen,* bes. *Schmierölen,* dad. gek., daß den KW-stoffölen halbfeste oder feste Polymerisate des Äthylens oder seine Mischpolymerisate mit anderen polymerisationsfähigen Verbb. zugesetzt werden. — Man verwendet z. B. C_2H_4-Polymerisate mit Mol.-Gew. $>$ 20000 u. setzt polymere Isoolefine, z. B. Polyisobutylen, zu. (**D. B. P. 856 682** Kl. 23c vom 18/10. 1941, ausg. 24/11. 1952.)
DERSIN. 8221

Farbwerke Hoechst, vormals Meister Lucius & Brüning, Frankfurt/M. (Erfinder: **Ludwig Orthner,** Frankfurt/M., und **Gerhard Ball†,** Neu-Isenburg), *Öle für die Metallbearbeitung,* enthaltend Nitrile, Amide oder Ester von Säuren der allg. Formel: $R(XR_1 \cdot COOH)_n$, worin R u. R_1 KW-stoffreste bedeuten, welche wenigstens einen gesätt., aliphat. oder cycl. KW-stoffrest mit mindestens 6 C-Atomen enthalten, X für S oder O steht u. n die Zahlen 1—4 bedeutet. — Man behandelt z. B. ein durch Sulfochlorierung eines von 230—320° sd. aliphat., durch CO-Red. gewonnenen Mineralöles mit anschließender Red. durch Zn-Staub erhaltenes KW-stoff–Alkylmercaptan-Gemisch mit Acrylnitril. Das Gemisch der gebildeten Alkylthioätherpropionitrile wird in Form einer wss. Mineralölemulsion als *Bohröl* verwendet. (**D. B. P. 856 686** Kl. 23c vom 22/7. 1943, ausg. 24/11. 1952.) DERSIN. 8221

Standard Oil Co., Chicago, Ill., übert. von: **Karman Duchon,** Lansing, Ill., und **Frederick H. MacLaren,** Munster, Ind., V. St. A., *Schmiermittel,* bestehend aus 50 bis 95% Asphalt, 5—30% Pb-Naphthenat u. aus 1—20% eines Olefinpolymeren (Mol.-Gew. 500—25000), das aus einem Monoolefin mit weniger als 6 C-Atomen entstanden ist, z. B. eines Isobutylen- oder Propylenpolymeren. Der Asphalt ist geblasen (ASTM-Penetration 15—110 bei 77° F u. ASTM-Erweichungspunkt von 110—260° F). (**A. P. 2 607 732** vom 21/6. 1950, ausg. 19/8. 1952.) UNGER. 8223

Carl Kröger, Grundriß der technischen Chemie. T. 4. Göttingen: Vandenhoeck & Ruprecht. 1952. (227 S. m. 117 Abb.) 8°. 4. Technische Brennstoffchemie. DM 18,80.

XXIII. Tinte. Hektographenmassen und andere Spezialpräparate.

A. H. Woodhead, *Die Herstellung von Schablonierfarben.* Schablonierfarben auf Basis wss. u. öliger Bindemittel enthalten vorwiegend Gasruß u. erfordern relativ farblose Bindemittel u. nichtausblutende Pigmente. Die Farben dürfen nach dem Auftrage nicht mehr fließen. Unters. ihres rheolog. Verhaltens. (Paint Manufact. **22.** 283—86. 313. Aug. 1952.) SCHEIFELE. 8422

David E. Gould und **T. A. McCormack,** *Kugelschreiberpaste.* Fortführung der in C. **1952.** 2612 referierten Arbeit. Beschreibung der Prüfverff. für Kugelschreiberpasten mit dem Fadeometer auf Lichtbeständigkeit u. der Verff. zur Identifizierung der verwendeten Farbstoffe. (Amer. Ink Maker **29.** 34—35. 63. Aug. 1951.) KUNZMANN. 8500

Établissements A. Maurin, Soc. An. (Erfinder: **François Boige**), Paris, Frankreich, *Herstellung von Tinten,* bes. für Füllhalter, dad. gek., daß der Farbstofflsg. zwecks Verdickung koll. Stoffe zugesetzt werden, die vorher oder nachher mit ultrakurzen Schallwellen behandelt sind bzw. werden. Frequenz 300000 bis 1 Million. Erhöhung der Dünnflüssigkeit. (**D. B. P. 843 581** Kl. 22g vom 21/9. 1950, ausg. 10/7. 1952. F. Prior. 6/7. 1948.) SCHINDLER. 8421

Deutsche Hollerith-Maschinen G. m. b. H., Berlin (Erfinder: **Samuel Brand, Otto Weidmann** und **Kenneth John Mackenzie,** Binghamton, N. Y., V. St. A.), *Herstellung stromleitender Druckfarben oder Tinten,* die durch stromleitende Organe zur Steuerung z. B. von Buchhaltungsmaschinen abgefühlt werden. Der Farbe, die aus in Glycerin u. in einer ein flüchtiges Lösungsm. enthaltenden Fl. aufgeschwemmtem, stromleitendem Stoff, z. B. Graphit, hergestellt ist, wird Kaolin als Füllmittel beigemischt, damit diese beim Drucken eine gleichmäßige u. festere Schicht bildet. Die Farbe kann auch auf Farbbänder aufgetragen werden. (**D. R. P. 754 624** Kl. 15 l vom 9/11. 1940, ausg. 29/9. 1952. A. Prior. 4/1. 1940.) LAASS. 8421

E. I. du Pont de Nemours & Co., Wilmington, übert. von: **Benjamin F. Skiles,** New Castle County, Del., V. St. A., *Alkohollösliche schwarze Farbstoffmischung für Durchschreibfarben,* bestehend aus 100 (Teilen) Chrysoidin, 66—89 Kristallviolett u. 35—50 Victoria Blau. Diese Mischung wird in üblicher Weise einem Mineralöl–Carnaubawachs-Gemisch zugefügt, u. das Ganze auf Papier oder Farbbänder aufgebracht. (**A. P. 2 586 570** vom 12/10. 1950, ausg. 19/2. 1952.) LAASS. 8421

Sandor Bernfeld, Bernard Bomse und **Sylvain Scharfspitz,** New York, N. Y., V.St.A., *Tinte für Kugelschreiber,* bestehend aus 5000 (g) W., je 50 Stearin u. Glycerin, je 100 Triäthanolamin u. Lanolin, 1000 A., 20 Tolubalsam, 30 „Muscone“, je 50 „Ambrette“, „Patchouli“ u. Styrax, 2 Cholesterin u. 400 eines Anilinfarbstoffs. (**A. P. 2 585 531** vom 16/12. 1949, ausg. 12/2. 1952.) KRANZ. 8421

U. S. Rubber Co., New York, übert. von: **Cornelius W. Smith,** Grosse Point Farms, und **Harold Golden,** Detroit, Mich., V. St. A., *Signierungsstift für Kautschuk.* Eine Mischung von z. B. 100 (Teilen) nichtvulkanisiertem Kautschuk, 10 Zn u. 100 TiO_2 wird in einer Schmelze von 150 Stearinsäure, 150 Hartparaffin u. 500 Carnaubawachs gelöst u. vergossen. — Eine bes. feste Kennzeichnung gibt eine signierte Gummiplatte, die mit einer gleichen unvulkanisierten unter Vulkanisierung vereinigt wird. (**A. P. 2 560 195** vom 7/11. 1947, ausg. 10/7. 1951.) SALZMANN. 8421

National Cash Register Co., Dayton, O., V. St. A., *Registriermasse für die Vervielfältigung.* Die Papierbögen oder dgl. enthalten ein festes Adsorbens (I) u. ein organ. Adsorbat (II), das bei Berührung mit I eine bestimmte Farbe annimmt. Hierbei ist II in sehr kleinen Tröpfchen eingegossen, die in einer kontinuierlichen Belagphase auf der einen Seite eines Unterlagebogens (III) angebracht sind. Auf der anderen Seite von III befindet sich ein Belag, in dem feinverteilte Teilchen von I verteilt sind. Der Belag kann z. B. aus Stärke bestehen. Mehrere solche Bögen werden zu einem Stapel oder Block vereinigt. Bzgl. I u. II s. N. PP. 77 513, 77 692 u. 77 691; C. **1952.** I. 2613. (**N. P. 78 652** vom 7/7. 1949, ausg. 4/6. 1951. A. Prior. 31/7. 1948.) JÜRGEN SCHMIDT 8423

United States of America, übert. von: **John H. Buscher,** Washington, D. C., V. St.A., *Herstellung von Tinte annehmenden beständigen Überzügen auf Pausleinwand.* Man behandelt mit einer Mischung von 2 g Pfeilwurzstärke, 1 (Unze) Gelatine, $^1/_4$ $Al_2(SO_4)_3$, 1 Alkohol, 1 CH_2O (37%ig.) u. W. u. trocknet. (**A. P. 2 576 921** vom 24/11. 1948, ausg. 4/12. 1951.) v. SCHILLER. 8423

National Cash Register Co., Dayton, O., V. St. A., *Aufzeichnungspapier mit einer druckempfindlichen Schicht,* die durch Druck z. B. mit einem Griffel farbige Zeichen ergibt. In einer wss. Methylcelluloselsg. (I) wird Kaolin u. in einer zweiten I das Lacton des Malachitgrüns (II) dispergiert. II wird mit HCl gelöst u. mit NH_4OH feinkörnig ausgefällt. Beide Dispersionen werden gemischt u. auf Papier vergossen. — Vgl. Oe. P. 166 940; C. **1951.** I. 1258. (**Schwz. P. 277 328** vom 6/1. 1948, ausg. 1/12. 1951. A. Prior. 9/3. 1945.) LAASS. 8423

Soc. An. Carbone Lorraine, Frankreich, *Herstellung von Bleistiftminen.* Die pulverförmigen Bestandteile (Ruß, Graphit, Ton usw.) werden mit der Lsg. eines härtbaren Kunstharzes (z. B. Phenolformaldehydharz) zu einer Paste verarbeitet. Zwecks besserer Verarbeitung werden Weichmacher (z. B. Phosphorsäure- oder Phthalsäureester) zugefügt. Die aus dieser M. geformten Minen werden allmählich erhitzt, so daß zunächst Lösungsm. u. Weichmacher entweichen u. die Härtung des Harzes stattfindet. Beim endlichen Erhitzen auf 700° verkohlt die organ. Substanz. Die Minen werden mit Wachs oder Fett imprägniert. (**F. P. 983 935** vom 3/9. 1943, ausg. 29/6. 1951.) HEYNE. 8499

André-Robert Julien, Frankreich, *Zeichenmasse,* bestehend aus einer Mischung eines plast. u. eines elast. Bestandteiles. Als plast. Bestandteile können verwendet werden einzeln oder in Mischung: natürliche oder synthet. Harze, natürlicher oder synthet. Kautschuk, Chlorkautschuk, Faktis, Guttapercha, ferner Casein, Gelatine. Als färbende Bestandteile eignen sich: Pigmente, organ. Farbstoffe, Graphit, Beinschwarz, Ruß. Durch Mischen beider Bestandteile erhält man die Zeichenmasse, aus der durch Formen, Pressen, Spritzen alle Arten von Zeichenstiften, Minen für Bleistifte, Pastell- u. Schülerkreiden, Schiefergriffel hergestellt werden können. (**F. P. 974 387** vom 28/10. 1948, ausg. 21/2. 1951.) HEYNE. 8499

XXIV. Photographie.

I. G. Farbenindustrie Akt.-Ges., Frankfurt/M., *Herstellung von Mehrfarbenbildern durch farbgebende Entwicklung.* Das verwendete lichtempfindliche Material enthält, auf eine Seite oder auf beide Seiten verteilt, 3 verschieden sensibilisierte Halogensilberschichten, in denen sich Farbkomponenten befinden, die mit farbgebenden Entwicklern zu Farben entwickelbar sind, die denen ihrer Sensibilisierungsbereiche komplementär sind. Erfindungsgemäß sind die an sich bekannten Farbkuppler durch Einführung von Resten hochpolymerer Eiweißaminosäuren oder von Ketten mit $>$ 5 C-Atomen diffusionsfest gemacht worden, z. B. mittels Stearyl-, Palmityl- oder Decylresten. (**D. R. P. 759 108** Kl. 57b vom 4/10. 1935, ausg. 27/10. 1952.) KALIX. 8631

Ernst v. Angerer, Wissenschaftliche Photographie. Eine Einf in Theorie u. Praxis. 5. erw. Aufl. von Georg Joos. Leipzig: Geest & Portig. 1952. (VII + 227 S. m. 112 Abb. u. 3 Taf.) 8°. DM 13,80.

Herausgeber u. verantwortlich für den Inhalt: Prof. Dr. Maximilian Pflücke, Berlin W 8, Jägerstraße 22/23. Fernsprecher: 200481, 201464. Redaktion: Chefredakteure Dr. Eugen Klever und Prof. Dr. Maximilian Pflücke. Verlag: Akademie-Verlag GmbH, Berlin NW 7, Schiffbauerdamm 19 (Fernsprecher 425571, Postscheckkonto Berlin 35021) u. Verlag Chemie, GmbH, Weinheim/Bergstraße (Postscheckkonto Frankfurt/M. 145314 u. Berlin [West] 7430, Fernsprecher: Weinheim 2017). Bestell- u. Verlags-Nr. dieses Heftes: 1007/124/23. Das Chemische Zentralblatt erscheint wöchentlich.
Satz u. Druck: VEB Leipziger Druckhaus, Leipzig, III/18/203. VI. 53.
Veröffentlicht unter der Lizenznummer 1212 des Amtes für Literatur und Verlagswesen der Deutschen Demokratischen Republik.
Printed in Germany.

Kolibri 360 GmbH
Ferdinand-Jühlke-Straße 7
99095 Erfurt, Deutschland
produktsicherheit@kolibri360.de